高等学校规划教材

# 数 值 分 析

（第 2 版）

张　铁　阎家斌　编

北　京
冶 金 工 业 出 版 社
2022

## 内 容 提 要

本书是为工科专业研究生的数值分析课程编写的教材，主要介绍计算机上常用的数值计算方法，内容包括线性方程组的数值解法，非线性方程（组）求根，矩阵特征值和特征向量的计算，函数的插值与逼近，数值积分，求解常微分方程和偏微分方程的差分方法等。书中着重阐述了各种数值方法的基本思想和基本原理，注重基本方法的掌握和运用，同时在理论上也作了必要的分析和论证。书中各章节均附有习题和参考答案，并配有上机计算实验题目。

本书也可作为运用计算机进行科学计算工作的工程技术人员的参考书。

**图书在版编目(CIP)数据**

数值分析/张铁，阎家斌编．—2版．—北京：冶金工业出版社，2007.3（2022.6重印）

高等学校规划教材

ISBN 978-7-5024-4186-9

Ⅰ．数…　Ⅱ．①张…　②阎…　Ⅲ．数值计算　Ⅳ．O241

中国版本图书馆CIP数据核字(2007)第007302号

**数值分析（第2版）**

出版发行　冶金工业出版社　　电　　话　(010)64027926

地　　址　北京市东城区嵩祝院北巷39号　　邮　　编　100009

网　　址　www.mip1953.com　　电子信箱　service@mip1953.com

责任编辑　杨　敏　美术编辑　彭子赫　版式设计　张　青

责任校对　王永欣　李文彦　责任印制　李玉山

三河市双峰印刷装订有限公司印刷

2001年1月第1版，2007年3月第2版，2022年6月第16次印刷

880mm×1230mm　1/32；10.75印张；337千字；331页

**定价22.00元**

**投稿电话　(010)64027932　投稿信箱　tougao@cnmip.com.cn**

**营销中心电话　(010)64044283**

**冶金工业出版社天猫旗舰店　yjgycbs.tmall.com**

（本书如有印装质量问题，本社营销中心负责退换）

# 第 2 版前言

伴随着计算机技术的飞速发展，科学与工程计算已经成为最重要的科学研究方法和手段之一。科学与工程计算是计算机技术与计算数学理论相结合的产物，本书则是介绍这一领域中最基本的理论、知识和方法的入门教材。本书第 1 版自 2001 年出版以来，共印刷 4 次，受到师生的欢迎。随着科学技术的进步，新的问题和需求不断出现，经过五年的教学实践，我们感到本书在内容安排方面需要调整、补充，以进一步满足工程实际应用的需要。

本书在保持第 1 版的主要内容和特点的基础上，增减了部分章节的内容，例如，增加了有理插值、特殊积分和刚性方程组等内容，在内容叙述和例题选取上也作了适当的改动，使之更便于教学。为了加强和培养学生上机计算解决实际问题的能力，书中对一些最常用的数值方法给出了算法程序，并配备了上机计算实验题目。

本书内容仍分九章，其中基本内容部分（不打 * 号的章节）的讲授约需 56 学时。本书第 1 ~3 章、第 8 章、第 9 章由张铁修订，第 4 ~7 章由阎家斌修订，齐秉寅教授审阅了初稿。

本书的出版得到了东北大学研究生院出版资金的资助，在此表示衷心感谢。

编　者

2006 年 10 月

# 第 1 版前言

本书是为工科硕士研究生及非数学专业本科生编写的教材。读者只需具有高等数学和线性代数的基本知识就可阅读本书。编写本书的目的是使读者能够掌握数值分析的基本理论、基本思想和基本方法，并为进一步学习和研究科学计算理论与方法打下良好基础。

本书内容的选取参照了 1991 年国家教委工科研究生数学课程教学指导小组制定的“工学硕士研究生数值分析课程教学基本要求”，着重介绍了科学和工程计算中常用的数值计算方法，阐明了各种数值方法的基本思想和原理，并作了适当的理论性分析。力求做到重概念、重方法、重应用、重能力的培养。为了便于学生的学习和有关人员的应用，书中对一些最常用的数值方法也给出了算法程序。

本书共分 9 章，讲授全书约需 90 学时，其中基本部分约需 60 学时，选学内容（带 * 号的章、节）约需 30 学时。教师可根据不同学生的实际情况，对选学内容进行取舍，这不会影响本课程的基本要求。

本书第 1 ~3 章、第 8 章、第 9 章由张铁编写，第 4 ~7 章由阎家斌编写，齐秉寅教授对全书作了仔细的审阅，并提出了宝贵的意见和建议。本书编写也得到了东北大学研究生院的大力支持，谨此向他们表示衷心的感谢。

限于水平，本书中难免存在一些缺点和错漏之处，恳请读者批评指正。

编　者

2000 年 8 月

# 目　录

# 1 绪　　论

## 1.1 数值分析研究的对象和内容

数值分析是研究科学计算中各种数学问题求解的数值计算方法．众所周知，传统的科学研究方法有两种：理论分析和科学实验．今天，伴随着计算机技术的飞速发展和计算数学理论的日益成熟，科学计算已经成为第三种科学研究的方法和手段．用电子计算机进行科学计算，解决实际问题，其基本过程如下：

实际问题 → 数学模型 → 数值计算方法 → 程序设计 → 计算机计算求出结果

根据数学模型提出的问题，建立求解问题的数值计算方法并进行方法的理论分析，直到编制出算法程序上机计算得到数值结果，以及对结果进行分析，这一过程就是数值分析研究的对象和内容．数值分析是计算数学学科的一个分支，它不像纯数学那样只研究数学本身的理论，而是把理论与计算紧密结合，着重研究面向计算机的、能够解决实际问题的数值计算方法及其理论．具体地说，数值分析首先要构造可求解各种数学问题的数值计算方法；然后分析方法的可靠性，即按此方法计算得到的解是否可靠，与精确解之差是否很小，以确保计算解的有效性；其次，要分析方法的效率，分析比较求解同一问题的各种方法的计算量和存贮量，以便使用者根据各自的情况采用高效率的方法，节省人力、物力和时间，这样的分析是数值分析的一个重要部分．应当指出，数值计算方法的构造和分析是密切相关不可分割的．

对于给定的数学问题，常常可以提出各种各样的数值计算方法．如何评价这些方法的优劣呢？一般说来，一个好的方法应具有如下特点：

（1）结构简单，易于计算机实现；

（2）有可靠的理论分析，理论上可保证方法的收敛性和数值稳定性；

(3) 计算效率高，时间效率高是指计算速度快，节省时间；空间效率高是指节省存贮量；

(4) 经过数值实验检验，即一个算法除了理论上要满足上述三点外，还要通过数值试验来证明是行之有效的.

在学习数值分析方法时，我们要注意掌握数值分析的基本原理和思想，要注意方法处理的技巧及其与计算机的结合，要重视误差分析、收敛性及稳定性的基本理论. 此外，还要通过应用数值方法编程计算来提高使用各种数值方法解决实际问题的能力.

目前，数值计算方法与计算机技术相结合已深入到计算物理、计算力学、计算化学、计算生物学、计算经济学等各个领域，计算机上使用的数值计算方法已浩如烟海. 本书只限于介绍科学计算中最基本的数值计算方法. 主要内容有：线性代数方程组的数值解法，非线性方程和方程组的迭代解法，矩阵特征值和特征向量的计算，函数的插值与逼近，数值积分，常微分方程和偏微分方程的有限差分方法等. 本书是以工科各专业研究生为主要对象编写的，目的是使读者获得数值分析的基本概念和思想，掌握适用于电子计算机的常用算法，具有基本的理论分析和实际计算能力.

## 1.2 误差来源和分类

在科学与工程计算中，估计计算结果的精度是十分重要的，而影响精度的是各种各样的误差. 误差按照它们的来源可分为模型误差、观测误差、截断误差和舍入误差四种.

(1) 模型误差　反映实际问题有关量之间关系的数学公式或方程，即数学模型，通常只是近似的. 由此产生的数学模型的解与实际问题解之间的误差称为**模型误差**.

(2) 观测误差　数学模型中包含的一些物理参数，它们的值往往是通过观测和实验得到的，难免带有误差. 这种观测数据与实际数据之间的误差称为**观测误差**.

(3) 截断误差　求解数学模型所用的数值方法一般是一种近似方法，只能得到数学模型的近似解. 这种因近似方法的使用所产生的误差称为**截断误差**或**方法误差**. 例如，利用 **Taylor（泰勒）公式**，函数 $e^x$ 可表示为

$$e^x = 1 + \frac{x}{1!} + \frac{x^2}{2!} + \cdots + \frac{x^n}{n!} + \frac{x^{n+1}}{(n+1)!}e^{\theta x}, \quad 0 < \theta < 1$$

对给定的 $x$，要计算函数值 $e^x$ 时，可采用近似公式

$$e^x \approx I = 1 + \frac{x}{1!} + \frac{x^2}{2!} + \cdots + \frac{x^n}{n!}$$

那么此近似公式的截断误差为

$$R = e^x - I = \frac{x^{n+1}}{(n+1)!}e^{\theta x}, \quad 0 < \theta < 1$$

（4）舍入误差　由于计算机的字长有限，参加运算的数据以及运算结果在计算机上存放时，计算机会按舍入原则舍去每个数据在字长之外的数字，从而产生误差，这种误差称为**舍入误差**或**计算误差**. 例如，在十进制十位的限制下，会出现

$$(1.000002)^2 - 1.000004 = 0$$

这个结果是不准确的，准确的结果应是 $4 \times 10^{-12}$，这里所产生的误差就是计算舍入误差.

在数值分析中，一般总假定数学模型是准确的，因而不考虑模型误差和观测误差，主要研究截断误差和舍入误差对计算结果的影响.

## 1.3　绝对误差、相对误差与有效数字

设 $x$ 是精确值 $x^*$ 的一个近似值. 记

$$e = x^* - x$$

称 $e$ 为近似值 $x$ 的**绝对误差**，简称**误差**. 如果 $\varepsilon$ 为 $|e|$ 的一个上界，即

$$|e| \leqslant \varepsilon$$

则称 $\varepsilon$ 为近似值 $x$ 的**绝对误差限**或**绝对误差界**，简称**误差限**或**误差界**. 精确值 $x^*$，近似值 $x$ 和误差限 $\varepsilon$ 三者的关系是：$x - \varepsilon \leqslant x^* \leqslant x + \varepsilon$，通常记为

$$x^* = x \pm \varepsilon$$

例如，$x = 1.414$ 作为无理数 $\sqrt{2}$ 的一个近似值，它的绝对误差是

$$e = \sqrt{2} - 1.414$$

易知

$$|e| \leqslant 0.00022$$

所以，$x = 1.414$ 作为 $x^* = \sqrt{2}$ 的近似值，它的一个绝对误差限为 $\varepsilon = 0.00022$.

用绝对误差来刻画近似值的精确程度是有局限的，因为它没有反映出它相对于精确值的大小或它占精确值的比例. 例如，两个量 $x^*$ 和 $y^*$ 与它们的近似值 $x$ 和 $y$ 分别为

$$x^* = 10, \quad x = 10 \pm 1$$

$$y^* = 1000, \quad y = 1000 \pm 3$$

则有误差限

$$\varepsilon_x = 1, \quad \varepsilon_y = 3$$

虽然 $\varepsilon_y$ 是 $\varepsilon_x$ 的三倍，但在 1000 内差 3 显然比 10 内差 1 更精确些. 这说明一个近似值的精确程度除了与绝对误差有关外，还与精确值的大小有关. 记

$$e_r = \frac{e}{x^*} = \frac{x^* - x}{x^*}$$

称 $e_r$ 为近似值 $x$ 的**相对误差**. 由于 $x^*$ 通常是未知的，实际使用时总是将 $x$ 的相对误差取为

$$e_r = \frac{e}{x} = \frac{x^* - x}{x}$$

$|e_r|$ 的上界，即

$$\varepsilon_r = \frac{\varepsilon}{|x|}$$

称为近似值 $x$ 的**相对误差限**或**相对误差界**. 显然有 $|e_r| \leqslant \varepsilon_r$.

**例 1-1**　设 $x = 2.18$ 是由精确值 $x^*$ 经过四舍五入得到的近似值. 问：$x$ 的绝对误差限 $\varepsilon$ 和相对误差限 $\varepsilon_r$ 各是多少？

**解**　根据四舍五入原则，应有

$$x^* = x \pm 0.005$$

所以

$$\varepsilon = 0.005, \quad \varepsilon_r = \frac{\varepsilon}{|x|} = \frac{0.005}{2.18} \approx 0.23\%$$

凡是由精确值经过四舍五入得到的近似值，其绝对误差限等于该近似值末数位的半个单位.

**定义 1.1** 设数 $x$ 是数 $x^*$ 的近似值. 如果 $x$ 的绝对误差限是它的某一数位的半个单位，并且从 $x$ 左起第一个非零数字到该数位共有 $n$ 位，则称这 $n$ 个数字为 $x$ 的**有效数字**，也称用 $x$ 近似 $x^*$ 时**具有 *n* 位有效数字**.

**例 1-2** 已知下列近似值的绝对误差限都是 0.005，

$$a = 3.14, \quad b = -0.0257, \quad c = 0.0031$$

问：这些近似值有几位有效数字？

**解** 由于 0.005 是近似值小数点后第二个数位的半个单位，则根据定义 1.1 可知：$a$ 有三位有效数字 3，1，4；$b$ 有一位有效数字 2；$c$ 没有有效数字.

数 $x$ 总可以写成如下形式

$$x = \pm 0.\alpha_1\alpha_2\cdots\alpha_k \times 10^m$$

式中，$m$ 是整数，$\alpha_i (i = 1,2,\cdots,k)$ 是 0 到 9 中的一个数字，$\alpha_1 \neq 0$. 根据定义 1.1 容易推得，$x$ 作为 $x^*$ 的近似具有 $n$ 位($n \leqslant k$) 有效数字，当且仅当

$$|x^* - x| \leqslant \frac{1}{2} \times 10^{m-n} \tag{1.1}$$

由此可知，近似值的有效数字越多，它的绝对误差就越小，近似值的精确程度也就越高.

**例 1-3** 为了使 $x^* = \sqrt{20}$ 的近似值的绝对误差小于 $10^{-3}$，问应取几位有效数字？

**解** 由于 $\sqrt{20} = 4.4\cdots$，则近似值 $x$ 可写为

$$x = 0.\alpha_1\alpha_2\cdots\alpha_k \times 10, \quad \alpha_1 = 4 \neq 0$$

根据式 (1.1)，令

$$\frac{1}{2} \times 10^{1-n} \leqslant 10^{-3}$$

故取 $n = 4$，即取四位有效数字. 此时 $\sqrt{20} = 4.472135\cdots$的具有四位有效数字的近似值为 $x = 4.472$. 它满足此题要求.

值得注意，按有效数字概念，数 1.14001 的两个近似值 1.14 和 1.1400 是有区别的，前者有三位有效数字，后者有五位有效数字，因而后者的精确程度比前者更高.

精确值的有效数字可认为有无限多位.

## 1.4 数值计算中的若干原则

在计算机上进行数值计算时，由于计算机的字长有限，只能保留有限位有效数字，因而每一步计算都可能产生误差，比如计算舍入误差. 在反复多次的计算过程中，将产生误差的传播和积累. 当误差积累过大时，会导致计算结果失真. 因此，为减少和控制舍入误差的影响，设计算法时应遵循如下一些原则.

（1）**避免两个相近的数相减** 在数值计算中，两个相近的数相减会使有效数字受到损失，有效数位减少. 例如，设 $x = 5.143$，$y = 5.138$ 都是具有四位有效数字的近似值，但 $x - y = 0.005$ 却至多有一位有效数字.

事实上，如果 $x^*$，$y^*$ 的近似值分别为 $x$，$y$，则 $z = x - y$ 是 $z^* = x^* - y^*$ 的近似值. 此时，相对误差满足估计

$$|e_r(z)| = \left|\frac{z^* - z}{z}\right| \leqslant \left|\frac{x}{x - y}\right| |e_r(x)| + \left|\frac{y}{x - y}\right| |e_r(y)|$$

可见，当 $x$ 与 $y$ 非常接近时，$x - y$ 作为 $x^* - y^*$ 的近似值其相对误差有可能很大.

在数值计算中，如果遇到两个相近的数相减运算，可考虑能否改变一下算法以避免两数相减. 例如：

当 $x_1$ 与 $x_2$ 接近时，可有

$$\log x_1 - \log x_2 = \log \frac{x_1}{x_2}$$

当 $x$ 接近零时，可有

$$1 - \cos x = 2\sin^2 \frac{x}{2}$$

当 $x > 0$ 且很大时，可有

$$\sqrt{x + 1} - \sqrt{x} = \frac{1}{\sqrt{x + 1} + \sqrt{x}}$$

如果找不到适当方法，可考虑在计算机上采用双倍字长计算，以增加有效数字，提高精度.

（2）**防止大数“吃掉”小数**　参加计算的数，有时数量级相差很大，如果不注意采取相应措施，在它们的加、减法运算中，绝对值很小的数往往被绝对值很大的数“吃掉”，不能发挥其作用，造成计算结果失真. 例如，在八位十进制计算机上计算

$$A = 63281312 + 0.2 + 0.4 + 0.4$$

此时，按照加法浮点运算的对阶规则，应有

$$A = 0.63281312 \times 10^8 + 0.000000002 \times 10^8 + 0.000000004 \times 10^8 + 0.000000004 \times 10^8$$

由于计算机只能存放八位十进制数，上式中后三个数在计算机上变成“机器零”，计算结果为

$$A = 0.63281312 \times 10^8 = 63281312.0$$

即相对小数 0.2 和 0.4 已被大数 63281312 吃掉，计算结果失真. 如果改变计算次序，先将三个小数相加得到数 1，再进行加法运算，就可避免上述现象. 此时

$$A = 63281312 + (0.2 + 0.4 + 0.4) = 63281312 + 1.0 = 63281313.0$$

（3）**绝对值太小的数不宜作除数**　在计算过程中，用绝对值很小的数作除数会使商的数量级增加. 当商过大时，或者其数值超出计算机表示的范围引发“溢出”现象，或者作为一个大数它将吃掉参与运算的一些小数. 此外，小数作除数也可能放大商的绝对误差. 假设 $x^*$ 和 $y^*$ 的近似值分别是 $x$ 与 $y$，则 $z^* = \frac{x^*}{y^*}$ 的近似值是 $z = \frac{x}{y}$. 此时，$z$ 的绝对误差

$$|e(z)| = |z^* - z| = \left|\frac{(x^* - x)y + x(y - y^*)}{y^* y}\right| \approx \frac{|y||e(x)| + |x||e(y)|}{|y|^2}$$

可见，当 $|y|$ 很小时，$z$ 的绝对误差可能很大.

(4) **注意简化计算程序，减少计算次数**　同一个问题的计算，可以有不同的计算方法. 若方法选取得当使计算次数减少，则不仅可提高计算速度，也可减少误差积累. 例如，对给定的 $x$，计算多项式

$$p_n(x) = a_n x^n + a_{n-1}x^{n-1} + \cdots + a_1 x + a_0$$

的值. 如果采用逐项计算然后相加的算法：

$$\begin{cases} u_k = a_k x^k, \quad k = 0,1,\cdots,n \\ p_n(x) = u_0 + u_1 + \cdots + u_n \end{cases}$$

所需的乘法次数为

$$1 + 2 + \cdots + (n-1) + n = \frac{n(n+1)}{2}$$

加法次数为 $n$. 如果把 $p_n(x)$ 改写为

$$p_n(x) = (\cdots((a_n x + a_{n-1})x + a_{n-2})x + \cdots)x + a_0$$

采用如下算法

$$\begin{cases} w_n = a_n \\ w_k = w_{k+1}x + a_k, \quad k = n-1,\cdots,1,0 \\ p_n(x) = w_0 \end{cases}$$

则只需 $n$ 次乘法和 $n$ 次加法运算.

(5) **选用数值稳定性好的算法**　一种数值算法，如果其计算舍入误差积累是可控制的，则称其为**数值稳定**的，反之称为**数值不稳定**的. 数值不稳定的算法没有实用价值. 考虑定积分计算

$$I_n = \int_0^1 x^n e^{x-1} dx, \quad n = 0,1,\cdots$$

利用分部积分法可得计算 $I_n$ 的递推公式

$$I_n = 1 - nI_{n-1}, \quad n = 1,2,\cdots \tag{1.2}$$

注意 $n = 0$ 时，

$$I_0 = \int_0^1 e^{x-1} dx = 1 - e^{-1} = 0.63212055\cdots$$

取 $I_0$ 具有四位有效数字的近似值 $I_0 \approx 0.6321$，按式 (1.2) 递推计算，可得到 $I_n$ 的计算值 $I_0, I_1, \cdots, I_9$ 如下：

0. 6321, 0. 3679, 0. 2642, 0. 2074, 0. 1704,

0. 1480, 0. 1120, 0. 2160, −0. 7280, 7. 5520

由计算结果可见，虽然初始值 $I_0$ 的绝对误差不超过 $\frac{1}{2}\times 10^{-4}$，但随着计算步数的增加（$n$ 增大），$I_n$ 的计算值已严重偏离了 $I_n$ 的精确值. 比如，对任何 $n$ 都有 $I_n>0$，但 $I_8$ 的计算值已为负值. 发生这种现象的原因是，算法（1.2）是数值不稳定的，不能控制住误差的传播和积累. 事实上，设 $I_n^*$ 是由精确的初始值 $I_0^*=1-e^{-1}$ 按式（1.2）精确计算得到的，即

$$I_0^*=1-e^{-1},\quad I_n^*=1-nI_{n-1}^*,\quad n=1,2,\cdots \tag{1.3}$$

由式（1.2）和式（1.3）可得

$$I_n-I_n^*=-n(I_{n-1}-I_{n-1}^*)=\cdots=(-1)^n n!(I_0-I_0^*)$$

由此可见，初始近似微小的误差随着计算步数的增加将迅速放大，最终使计算结果失真.

如果将计算公式（1.2）改写为

$$I_{n-1}=\frac{1}{n}(1-I_n),\quad n=k,k-1,\cdots,1 \tag{1.4}$$

由 $I_n$ 的一个估计值开始倒推计算，仍按上述分析可得

$$I_k-I_k^*=(-1)^{n-k}\frac{k!}{n!}(I_n-I_n^*),\quad k=n,n-1,\cdots,1,0$$

这表明，随着计算步数的增加初始近似误差 $I_n-I_n^*$ 是可控制的，因而算法（1.4）是数值稳定的. 例如，当 $0\leqslant x\leqslant 1$ 时，$e^{-1}\leqslant e^{x-1}\leqslant 1$，则可得到 $I_9$ 的估计

$$\frac{e^{-1}}{10}\leqslant I_9=\int_0^1 x^9e^{x-1}dx\leqslant\frac{1}{10}$$

取近似值 $I_9\approx\frac{1}{2}\left(\frac{e^{-1}}{10}+\frac{1}{10}\right)=0.0684$，按计算公式（1.4）倒推计算得到 $I_9,I_8,\cdots,I_0$ 的计算值为

0. 0684, 0. 1035, 0. 1121, 0. 1268, 0. 1455,

0. 1709, 0. 2073, 0. 2642, 0. 3679, 0. 6321

此时 $I_0 = 0.6321$ 已精确到小数点后四位.

## 习　题　1

1-1　下列各数都是经过四舍五入得到的近似值. 试分别指出它们的绝对误差限，相对误差限和有效数字的位数.

$$x_1 = 5.420,\quad x_2 = 0.5420,\quad x_3 = 0.00542$$

$$x_4 = 6000,\quad x_5 = 0.6\times 10^5$$

1-2　下列近似值的绝对误差限都是 0.005，

$$a = -1.00031,\quad b = 0.042,\quad c = -0.00032$$

试指出它们有几位有效数字.

1-3　为了使 $\sqrt{10}$ 的近似值的相对误差小于 0.01%，试问应取几位有效数字?

1-4　求方程 $x^2 - 56x + 1 = 0$ 的两个根，使它们至少具有四位有效数字（$\sqrt{3132}\approx 55.964$）.

1-5　若取 $\sqrt{783}\approx 27.982$ 及初始值 $y_0 = 28$，按递推公式

$$y_n = y_{n-1} - \frac{1}{100}\sqrt{783},\quad n = 1,2,\cdots$$

计算 $y_{100}$，试估计 $y_{100}$ 的误差.

1-6　设 $S = \frac{1}{2}gt^2$，假设 $g$ 是精确的，而对时间 $t$ 的测量有 ±0.1 秒的误差. 证明：当 $t$ 增大时，$S$ 的绝对误差增大而相对误差减小.

# 2 解线性方程组的直接方法

在科学计算中，经常需要求解含有 $n$ 个未知量 $x_1,x_2,\cdots,x_n$ 的 $n$ 个方程构成的线性方程组

$$\begin{cases} a_{11}x_1 + a_{12}x_2 + \cdots + a_{1n}x_n = b_1 \\ a_{21}x_1 + a_{22}x_2 + \cdots + a_{2n}x_n = b_2 \\ \vdots \\ a_{n1}x_1 + a_{n2}x_2 + \cdots + a_{nn}x_n = b_n \end{cases} \tag{2.1}$$

其中，$a_{ij}$，$i,j=1,2,\cdots,n$．称为方程组的系数，$b_i$，$i=1,2,\cdots,n$，称为方程组的右端．方程组（2.1）的矩阵形式可写为

$$\boldsymbol{Ax}=\boldsymbol{b} \tag{2.2}$$

其中

$$\boldsymbol{A}=\begin{bmatrix} a_{11} & a_{12} & \cdots & a_{1n} \\ a_{21} & a_{22} & \cdots & a_{2n} \\ \vdots & \vdots & & \vdots \\ a_{n1} & a_{n2} & \cdots & a_{nn} \end{bmatrix},\quad \boldsymbol{x}=\begin{bmatrix} x_1 \\ x_2 \\ \vdots \\ x_n \end{bmatrix},\quad \boldsymbol{b}=\begin{bmatrix} b_1 \\ b_2 \\ \vdots \\ b_n \end{bmatrix}$$

若系数矩阵 $\boldsymbol{A}$ 非奇异，即行列式 $\det(\boldsymbol{A})\neq 0$，则方程组（2.1）有唯一解 $\boldsymbol{x}=(x_1,x_2,\cdots,x_n)^{\mathrm{T}}$．

根据 **Cramer（克莱姆）法则**，方程组（2.1）的解可表示为

$$x_j=\frac{D_j}{D},\quad j=1,2,\cdots,n$$

其中，行列式 $D=\det(\boldsymbol{A})$．$D_j$ 是把 $D$ 的第 $j$ 列用右端向量 $\boldsymbol{b}$ 替换所得到的行列式．用 Cramer 法则求解方程组（2.1）时，要计算大量的行列式，所需乘法次数大约为 $N=(n^2-1)n!$．当 $n$ 较大时，这个计算量是惊人的．例如，当 $n=20$ 时，约需 $N=9.7\times 10^{20}$ 次乘法．如果用每秒百万次的计算机来计算，大约需要三千万年，可见 Cramer 法则不是一

种实用的方法.

求解线性方程组的数值方法可分为两大类：直接方法和迭代方法. 本章讨论直接方法，迭代方法将在下一章讨论.

直接方法的特点是，如果不考虑计算过程中的舍入误差，运用此类方法经过有限次算术运算就能求出线性方程组的精确解. 需要指出，由于实际计算中舍入误差的存在，用直接法一般也只能求得方程组的近似解.

## 2.1　Gauss（高斯）消去法

**Gauss 消去法**是一种规则化的加减消元法. 它的基本思想是：通过逐次消元计算把需求解的线性方程组转化成上三角形方程组，也就是把线性方程组的系数矩阵转化为上三角矩阵，从而使一般线性方程组的求解转化为等价（同解）的上三角形方程组的求解.

### 2.1.1　顺序 Gauss 消去法

Gauss 消去法是由消元和回代两个过程组成，为了对消去法有一个比较清楚的理解，先讨论一个具体的线性方程组的求解.

考虑线性方程组

$$\begin{cases} 2x_1 - 4x_2 + 2x_3 = 2 \\ x_1 + 2x_2 + 3x_3 = 3 \\ -3x_1 - 2x_2 + 5x_3 = 1 \end{cases} \tag{2.3}$$

首先进行消元计算. 第一步是用方程组（2.3）中第一个方程消去其余方程中的未知量 $x_1$. 为此，用 $-\dfrac{1}{2}$ 乘以第一个方程加到第二个方程、用 $\dfrac{3}{2}$ 乘以第一个方程加到第三个方程，得到

$$\begin{cases} 2x_1 - 4x_2 + 2x_3 = 2 \\ 4x_2 + 2x_3 = 2 \\ -8x_2 + 8x_3 = 4 \end{cases} \tag{2.4}$$

第二步是用方程组（2.4）中第二个方程消去第三个方程中未知量 $x_2$.

为此，用 2 乘以第二个方程加到第三个方程得到

$$\begin{cases} 2x_1 - 4x_2 + 2x_3 = 2 \\ \qquad\quad 4x_2 + 2x_3 = 2 \\ \qquad\qquad\quad 12x_3 = 8 \end{cases} \tag{2.5}$$

至此，经消元计算，线性方程组（2.3）已约化为等价的上三角形方程组（2.5），消元过程结束．下面进行回代求解．由方程组（2.5）中第三个方程解得 $x_3 = \dfrac{2}{3}$，将 $x_3$ 代入第二个方程解得 $x_2 = \dfrac{1}{6}$，再将 $x_2, x_3$ 代入第一个方程解得 $x_1 = \dfrac{2}{3}$．则原线性方程组（2.3）的解为

$$x_1 = \frac{2}{3}, \quad x_2 = \frac{1}{6}, \quad x_3 = \frac{2}{3}$$

现在，再利用矩阵的初等行变换来实现上述消元过程，这是 Gauss 消去法所采用的运算形式．将线性方程组（2.3）写成矩阵方程 $\boldsymbol{Ax} = \boldsymbol{b}$，它的增广矩阵为

$$[\boldsymbol{A}, \boldsymbol{b}] = \begin{bmatrix} 2 & -4 & 2 & 2 \\ 1 & 2 & 3 & 3 \\ -3 & -2 & 5 & 1 \end{bmatrix}$$

上述消元过程就是对增广矩阵进行一系列初等行变换，使其中矩阵 $\boldsymbol{A}$ 的部分约化为上三角矩阵．第一步：用 $-\dfrac{1}{2}$ 乘以增广矩阵第一行加到第二行、用 $\dfrac{3}{2}$ 乘以增广矩阵第一行加到第三行，得到矩阵

$$\begin{bmatrix} 2 & -4 & 2 & 2 \\ 0 & 4 & 2 & 2 \\ 0 & -8 & 8 & 4 \end{bmatrix} \tag{2.6}$$

第二步：用 2 乘以矩阵（2.6）的第二行加到第三行，得到矩阵

$$\begin{bmatrix} 2 & -4 & 2 & 2 \\ 0 & 4 & 2 & 2 \\ 0 & 0 & 12 & 8 \end{bmatrix} \tag{2.7}$$

至此，原增广矩阵 $[\boldsymbol{A},\ \boldsymbol{b}]$ 中矩阵 $\boldsymbol{A}$ 的部分已约化为上三角矩阵，消元过程完成. 新的增广矩阵（2.7）所对应的线性方程组就是上三角方程组（2.5），从而可进行回代求解.

现在介绍求解线性方程组（2.1）的**顺序 Gauss 消去法**，它由消元和回代两个过程组成，消元过程包含 $n-1$ 步.

记 $\boldsymbol{A}^{(1)}=\boldsymbol{A},\boldsymbol{b}^{(1)}=\boldsymbol{b},a_{ij}^{(1)}=a_{ij},b_i^{(1)}=b_i$. 线性方程组（2.1）的增广矩阵为

$$[\boldsymbol{A}^{(1)},\boldsymbol{b}^{(1)}]=\begin{bmatrix} a_{11}^{(1)} & a_{12}^{(1)} & a_{13}^{(1)} & \cdots & a_{1n}^{(1)} & b_1^{(1)} \\ a_{21}^{(1)} & a_{22}^{(1)} & a_{23}^{(1)} & \cdots & a_{2n}^{(1)} & b_2^{(1)} \\ a_{31}^{(1)} & a_{32}^{(1)} & a_{33}^{(1)} & \cdots & a_{3n}^{(1)} & b_3^{(1)} \\ \vdots & \vdots & \vdots & & \vdots & \vdots \\ a_{n1}^{(1)} & a_{n2}^{(1)} & a_{n3}^{(1)} & \cdots & a_{nn}^{(1)} & b_n^{(1)} \end{bmatrix}$$

顺序 Gauss 消去法的消元过程可表述如下.

第一步：设 $a_{11}^{(1)}\neq 0$，将第一列 $a_{11}^{(1)}$ 以下各元素消成零，即依次用

$$-l_{i1}=-\frac{a_{i1}^{(1)}}{a_{11}^{(1)}}\quad (i=2,3,\cdots,n)$$

乘以矩阵 $[\boldsymbol{A}^{(1)},\boldsymbol{b}^{(1)}]$ 的第一行加到第 $i$ 行，得到矩阵

$$[\boldsymbol{A}^{(2)},\boldsymbol{b}^{(2)}]=\begin{bmatrix} a_{11}^{(1)} & a_{12}^{(1)} & a_{13}^{(1)} & \cdots & a_{1n}^{(1)} & b_1^{(1)} \\ 0 & a_{22}^{(2)} & a_{23}^{(2)} & \cdots & a_{2n}^{(2)} & b_2^{(2)} \\ 0 & a_{32}^{(2)} & a_{33}^{(2)} & \cdots & a_{3n}^{(2)} & b_3^{(2)} \\ \vdots & \vdots & \vdots & & \vdots & \vdots \\ 0 & a_{n2}^{(2)} & a_{n3}^{(2)} & \cdots & a_{nn}^{(2)} & b_n^{(2)} \end{bmatrix}$$

其中

$$a_{ij}^{(2)}=a_{ij}^{(1)}-l_{i1}a_{1j}^{(1)},\quad i,j=2,3,\cdots,n$$

$$b_i^{(2)}=b_i^{(1)}-l_{i1}b_1^{(1)},\quad i=2,3,\cdots,n$$

第二步：设 $a_{22}^{(2)}\neq 0$，将第二列 $a_{22}^{(2)}$ 以下各元素消成零，即依次用

$$-l_{i2}=-\frac{a_{i2}^{(2)}}{a_{22}^{(2)}}\quad (i=3,4,\cdots,n)$$

乘以矩阵 $[\boldsymbol{A}^{(2)}, \boldsymbol{b}^{(2)}]$ 的第二行加到第 $i$ 行，得到矩阵

$$[\boldsymbol{A}^{(3)},\boldsymbol{b}^{(3)}] = \begin{bmatrix} a_{11}^{(1)} & a_{12}^{(1)} & a_{13}^{(1)} & \cdots & a_{1n}^{(1)} & b_1^{(1)} \\ 0 & a_{22}^{(2)} & a_{23}^{(2)} & \cdots & a_{2n}^{(2)} & b_2^{(2)} \\ 0 & 0 & a_{33}^{(3)} & \cdots & a_{3n}^{(3)} & b_3^{(3)} \\ \vdots & \vdots & \vdots & & \vdots & \vdots \\ 0 & 0 & a_{n3}^{(3)} & \cdots & a_{nn}^{(3)} & b_n^{(3)} \end{bmatrix}$$

其中

$$a_{ij}^{(3)} = a_{ij}^{(2)} - l_{i2}a_{2j}^{(2)}, \quad i, j = 3,4,\cdots,n$$

$$b_i^{(3)} = b_i^{(2)} - l_{i2}b_2^{(2)}, \quad i = 3,4,\cdots,n$$

如此继续下去，第 $n-1$ 步消元结束后，得到矩阵

$$[\boldsymbol{A}^{(n)},\boldsymbol{b}^{(n)}] = \begin{bmatrix} a_{11}^{(1)} & a_{12}^{(1)} & a_{13}^{(1)} & \cdots & a_{1n}^{(1)} & b_1^{(1)} \\ & a_{22}^{(2)} & a_{23}^{(2)} & \cdots & a_{2n}^{(2)} & b_2^{(2)} \\ & & a_{33}^{(3)} & \cdots & a_{3n}^{(3)} & b_3^{(3)} \\ & & & \ddots & \vdots & \vdots \\ & & & & a_{nn}^{(n)} & b_n^{(n)} \end{bmatrix}$$

这就完成了消元过程.

增广矩阵 $[\boldsymbol{A}^{(n)}, \boldsymbol{b}^{(n)}]$ 对应如下上三角形方程组

$$\begin{cases} a_{11}^{(1)}x_1 + a_{12}^{(1)}x_2 + \cdots + a_{1n}^{(1)}x_n = b_1^{(1)} \\ \qquad a_{22}^{(2)}x_2 + \cdots + a_{2n}^{(2)}x_n = b_2^{(2)} \\ \qquad\qquad \vdots \\ \qquad\qquad a_{nn}^{(n)}x_n = b_n^{(n)} \end{cases}$$

这是与原线性方程组（2.1）等价的方程组，可对此方程组进行回代求解，从最后一个方程开始，依次求出 $x_n, x_{n-1},\cdots,x_2,x_1$，即得到方程组（2.1）的解.

顺序 Gauss 消去法的计算过程如下：

**消元过程：** 对于 $k = 1,2,\cdots,n-1$，执行

对于 $i = k+1,\cdots,n$，计算

$$l_{ik}=\frac{a_{ik}^{(k)}}{a_{kk}^{(k)}}$$

$$a_{ij}^{(k+1)}=a_{ij}^{(k)}-l_{ik}a_{kj}^{(k)},\quad j=k+1,\cdots,n$$

$$b_i^{(k+1)}=b_i^{(k)}-l_{ik}b_k^{(k)}$$

**回代过程：** 置 $x_n=b_n^{(n)}/a_{nn}^{(n)}$

对于 $i=n-1,\ n-2,\cdots,1$，计算

$$x_i=\frac{b_i^{(i)}-\sum\limits_{j=i+1}^{n}a_{ij}^{(i)}x_j}{a_{ii}^{(i)}}$$

顺序 Gauss 消去法求解 $n$ 元线性方程组的乘除法运算总次数为

$$N=\frac{1}{3}(n^3-n)+2\times\frac{n(n-1)}{2}+n=\frac{1}{3}(n^3+3n^2-n)$$

与 Cramer 法则相比，顺序 Gauss 消去法的计算量大为减少．例如，当 $n=20$ 时，顺序 Gauss 消去法只需 3060 次乘除法运算．

顺序 Gauss 消去法通常也简称为 Gauss 消去法．

### 2.1.2　列主元 Gauss 消去法

顺序 Gauss 消去法计算过程中的 $a_{kk}^{(k)}(k=1,2,\cdots,n)$ 称为**主元素**，在第 $k$ 步消元时要用它作除数，所以若出现 $a_{kk}^{(k)}=0$，消元过程就不能进行下去．此外，即使 $a_{kk}^{(k)}\neq 0$，消元过程能够进行，但若 $|a_{kk}^{(k)}|$ 很小，也会造成舍入误差积累很大，导致计算解的精度下降．因此在消元过程中选择绝对值较大的元素作为主元素是必要的，这就产生了**列主元 Gauss 消去法**和**完全主元 Gauss 消去法**．由于这两种主元 Gauss 消去法的精度差不多，且完全主元 Gauss 消去法程序编制复杂，占用机器时间较多，在实际应用中一般采用列主元 Gauss 消去法，它既简单又能保证计算精度．本书只介绍列主元 Gauss 消去法．

列主元 Gauss 消去法与顺序 Gauss 消去法的不同之处在于，后者是按自然顺序取主元素进行消元，而前者在每步消元之前先选取主元素然后再进行消元．

给定线性方程组 $\boldsymbol{Ax}=\boldsymbol{b}$，记 $\boldsymbol{A}^{(1)}=\boldsymbol{A}$，$\boldsymbol{b}^{(1)}=\boldsymbol{b}$．列主元 Gauss 消去法的具体过程如下：

首先在增广矩阵 $[\boldsymbol{A}^{(1)}\quad \boldsymbol{b}^{(1)}]$ 的第一列的 $n$ 个元素中选取绝对值最大的元素作为主元素，并把此主元素所在的行与第一行交换，即

$$|a_{k1}^{(1)}| = \max_{1\le i\le n}|a_{i1}^{(1)}|,\quad a_{kj}^{(1)}\leftrightarrow a_{1j}^{(1)},b_k^{(1)}\leftrightarrow b_1^{(1)}$$

然后进行第一步消元得到增广矩阵 $[\boldsymbol{A}^{(2)},\ \boldsymbol{b}^{(2)}]$. 其次，在矩阵 $[\boldsymbol{A}^{(2)},\ \boldsymbol{b}^{(2)}]$ 第二列的后 $n-1$ 个元素中选取绝对值最大的一个作为主元素，并把此主元素所在的行与第二行交换，即

$$|a_{k2}^{(2)}| = \max_{2\le i\le n}|a_{i2}^{(2)}|,\quad a_{kj}^{(2)}\leftrightarrow a_{2j}^{(2)},b_k^{(2)}\leftrightarrow b_2^{(2)}$$

然后进行第二步消元得到增广矩阵 $[\boldsymbol{A}^{(3)},\boldsymbol{b}^{(3)}]$. 按此方法继续进行下去，经过 $n-1$ 步选主元和消元运算，得到增广矩阵 $[\boldsymbol{A}^{(n)},\boldsymbol{b}^{(n)}]$，它对应的方程组 $\boldsymbol{A}^{(n)}\boldsymbol{x} = \boldsymbol{b}^{(n)}$ 是一个与原方程组等价的上三角形方程组，可进行回代求解.

容易证明，只要 det（$\boldsymbol{A}$）$\neq 0$，列主元 Gauss 消去法就可以顺利完成，即不会出现主元素 $a_{kk}^{(k)}=0$ 的情形.

**例 2-1** 在四位十进制的限制下，试分别用顺序 Gauss 消去法和列主元 Gauss 消去法求解下列线性方程组

$$\begin{cases} 0.0120x_1 + 0.0100x_2 + 0.1670x_3 = 0.6781 \\ 1.000x_1 + 0.8334x_2 + 5.910x_3 = 12.10 \\ 3200x_1 + 1200x_2 + 4.200x_3 = 983.3 \end{cases}$$

此方程组具有四位有效数字的精确解为

$$x_1 = 17.46,\quad x_2 = -45.76,\quad x_3 = 5.546$$

**解** （1）用顺序 Gauss 消去法求解

采用顺序 Gauss 消去法求解，消元过程如下

$$\begin{bmatrix} 0.0120 & 0.0100 & 0.1670 & 0.6781 \\ 1.000 & 0.8334 & 5.910 & 12.10 \\ 3200 & 1200 & 4.200 & 983.3 \end{bmatrix}$$

$$\rightarrow\begin{bmatrix} 0.0120 & 0.0100 & 0.1670 & 0.6781 \\ 0 & 0.0001 & -8.007 & -44.41 \\ 0 & -1467 & -4453\times 10 & -1798\times 10^2 \end{bmatrix}$$

$$\rightarrow\begin{bmatrix} 0.0120 & 0.0100 & 0.1670 & 0.6781 \\ 0 & 0.0001 & -8.007 & -44.41 \\ 0 & 0 & -1175\times 10^5 & -6517\times 10^5 \end{bmatrix}$$

经回代求解得

$$x_1 = 5.810,\quad x_2 = -31.78,\quad x_3 = 5.546$$

（2）用列主元 Gauss 消去法求解

采用列主元 Gauss 消去法，消元过程如下（带黑框者选为主元素）：

$$\begin{bmatrix} 0.0120 & 0.0100 & 0.1670 & 0.6781 \\ 1.000 & 0.8334 & 5.910 & 12.10 \\ \boxed{3200} & 1200 & 4.200 & 983.3 \end{bmatrix}$$

$$\rightarrow \begin{bmatrix} 3200 & 1200 & 4.200 & 983.3 \\ 0 & \boxed{0.4584} & 5.909 & 11.79 \\ 0 & 0.5500\times 10^{-2} & 0.1670 & 0.6744 \end{bmatrix}$$

$$\rightarrow \begin{bmatrix} 3200 & 1200 & 4.200 & 983.3 \\ 0 & 0.4584 & 5.909 & 11.79 \\ 0 & 0 & 0.0961 & 0.5329 \end{bmatrix}$$

经回代求解得

$$x_1 = 17.46,\quad x_2 = -45.76,\quad x_3 = 5.545$$

由此可见，列主元 Gauss 消去法的精度明显高于顺序 Gauss 消去法. 对于此例，顺序 Gauss 消去法中的主元素绝对值非常小，使消元乘数绝对值非常大，计算过程中出现大数吃掉小数现象，产生了较大的舍入误差，最终导致计算解 $x_1 = 5.810$ 和 $x_2 = -31.78$ 已完全失真.

## 解线性方程组列主元 Gauss 消去算法

用列主元 Gauss 消去法求解线性方程组 $\boldsymbol{Ax}=\boldsymbol{b}$.

**输入**　$\boldsymbol{A} = (a_{ij})$，$\boldsymbol{b} = (b_1, \cdots, b_n)^{\mathrm{T}}$，维数 $n$

**输出**　方程组解 $x_1,\cdots,x_n$，或方程组无解信息

（1）对于 $k = 1,2,\cdots,n-1$，循环执行步 2 到步 5；

（2）按列选主元素 $a_{ik}$，即确定下标 $i$ 使

$$|a_{ik}| = \max_{k\leqslant j\leqslant n} |a_{jk}|;$$

（3）若 $a_{ik}=0$，输出 “no unique solution”，停止计算；

（4）若 $i\neq k$，换行

$$a_{kj}\leftrightarrow a_{ij},\quad j = k,\cdots,n$$

$$b_k \leftrightarrow b_i;$$

（5）消元计算，对于 $i = k+1,\cdots,n$，计算

$$l_{ik} \Leftarrow \frac{a_{ik}}{a_{kk}}$$

$$a_{ij} \Leftarrow a_{ij} - l_{ik}a_{kj}, \quad j = k+1,\cdots,n$$

$$b_i \Leftarrow b_i - l_{ik}b_k;$$

（6）若 $a_{nn}=0$，输出 'no unique solution"，停止计算；

（7）回代求解

$$x_n \Leftarrow \frac{b_n}{a_{nn}}$$

$$x_i \Leftarrow \frac{b_i - \sum_{j=i+1}^{n} a_{ij}x_j}{a_{ii}}, \quad i = n-1,\cdots,2,1;$$

（8）输出 $x_1,x_2,\cdots,x_n$.

## 2.2 矩阵三角分解方法

### 2.2.1 Gauss 消去法的矩阵运算

从节 2.1.1 中讨论可知，顺序 Gauss 消去法的消元过程是将增广矩阵$[\boldsymbol{A},\boldsymbol{b}]=[\boldsymbol{A}^{(1)},\boldsymbol{b}^{(1)}]$逐步约化为矩阵$[\boldsymbol{A}^{(n)},\boldsymbol{b}^{(n)}]$. 从矩阵运算的观点来看，每一步消元运算等价于用一个单位下三角矩阵左乘前一步约化得到的矩阵. 下面说明在消元过程中，系数矩阵 $\boldsymbol{A}=\boldsymbol{A}^{(1)}$ 是如何经矩阵运算约化为上三角矩阵 $\boldsymbol{A}^{(n)}$ 的. 设

$$\boldsymbol{A}^{(1)} = \begin{bmatrix} a_{11}^{(1)} & a_{12}^{(1)} & \cdots & a_{1n}^{(1)} \\ a_{21}^{(1)} & a_{22}^{(1)} & \cdots & a_{2n}^{(1)} \\ \vdots & \vdots & & \vdots \\ a_{n1}^{(1)} & a_{n2}^{(1)} & \cdots & a_{nn}^{(1)} \end{bmatrix}$$

若 $a_{11}^{(1)} \neq 0$，令 $l_{i1} = a_{i1}^{(1)}/a_{11}^{(1)}$，$i=2, 3, \cdots, n$，

$$
\boldsymbol{L}_1 = \begin{bmatrix} 1 & & & & \\ -l_{21} & 1 & & & \\ -l_{31} & & 1 & & \\ \vdots & & & \ddots & \\ -l_{n1} & & & & 1 \end{bmatrix}
$$

施行第一步消元，得到

$$
\boldsymbol{A}^{(2)} = \boldsymbol{L}_1\boldsymbol{A}^{(1)} = \begin{bmatrix} a_{11}^{(1)} & a_{12}^{(1)} & \cdots & a_{1n}^{(1)} \\ 0 & a_{22}^{(2)} & \cdots & a_{2n}^{(2)} \\ \vdots & \vdots & & \vdots \\ 0 & a_{n2}^{(2)} & \cdots & a_{nn}^{(2)} \end{bmatrix}
$$

若 $a_{22}^{(2)} \neq 0$，令 $l_{i2} = a_{i2}^{(2)}/a_{22}^{(2)}, i = 3,4,\cdots,n$，

$$
\boldsymbol{L}_2 = \begin{bmatrix} 1 & & & & \\ 0 & 1 & & & \\ 0 & -l_{32} & 1 & & \\ \vdots & \vdots & & \ddots & \\ 0 & -l_{n2} & & \cdots & 1 \end{bmatrix}
$$

施行第二步消元，得到

$$
\boldsymbol{A}^{(3)} = \boldsymbol{L}_2\boldsymbol{A}^{(2)} = \begin{bmatrix} a_{11}^{(1)} & a_{12}^{(1)} & a_{13}^{(1)} & \cdots & a_{1n}^{(1)} \\ 0 & a_{22}^{(2)} & a_{23}^{(2)} & \cdots & a_{2n}^{(2)} \\ 0 & 0 & a_{33}^{(3)} & \cdots & a_{3n}^{(3)} \\ \vdots & \vdots & \vdots & & \vdots \\ 0 & 0 & a_{n3}^{(3)} & \cdots & a_{nn}^{(3)} \end{bmatrix}
$$

如此下去，施行第 $n-1$ 步消元，得到

$$A^{(n)} = L_{n-1}A^{(n-1)} = \begin{bmatrix} a_{11}^{(1)} & a_{12}^{(1)} & \cdots & a_{1n}^{(1)} \\ & a_{22}^{(2)} & \cdots & a_{2n}^{(2)} \\ & & \ddots & \vdots \\ & & & a_{nn}^{(n)} \end{bmatrix}$$

由此可见，在顺序 Gauss 消去法的消元过程中，系数矩阵 $A=A^{(1)}$ 经过一系列单位下三角矩阵的左乘运算约化为上三角矩阵 $A^{(n)}$，即

$$A^{(n)} = L_{n-1}A^{(n-1)} = L_{n-1}L_{n-2}A^{(n-2)} = \cdots = L_{n-1}L_{n-2}\cdots L_2L_1A \tag{2.8}$$

其中

$$L_k = \begin{bmatrix} 1 & & & & & \\ & \ddots & & & & \\ & & 1 & & & \\ & & -l_{k+1k} & 1 & & \\ & & \vdots & & \ddots & \\ & & -l_{nk} & & & 1 \end{bmatrix}$$

且有

$$L_k^{-1} = \begin{bmatrix} 1 & & & & & \\ & \ddots & & & & \\ & & 1 & & & \\ & & l_{k+1k} & 1 & & \\ & & \vdots & & \ddots & \\ & & l_{nk} & & & 1 \end{bmatrix}$$

记 $U=A^{(n)}$，$L=L_1^{-1}L_2^{-1}\cdots L_{n-1}^{-1}$，容易验证

$$L = \begin{bmatrix} 1 & & & & \\ l_{21} & 1 & & & \\ l_{31} & l_{32} & 1 & & \\ \vdots & \vdots & & \ddots & \\ l_{n1} & l_{n2} & \cdots & l_{nn-1} & 1 \end{bmatrix}$$

则从顺序 Gauss 消去法的矩阵运算表示式（2.8）可知，系数矩阵 $A$ 可

分解为一个单位下三角矩阵 $\boldsymbol{L}$ 和一个上三角矩阵 $\boldsymbol{U}$ 的乘积，即

$$\boldsymbol{A} = \boldsymbol{L}_1^{-1}\boldsymbol{L}_2^{-1}\cdots\boldsymbol{L}_{n-1}^{-1}\boldsymbol{A}^{(n)} = \boldsymbol{L}\boldsymbol{U}$$

上式称为矩阵 $\boldsymbol{A}$ 的**三角分解**，利用矩阵三角分解可构造出求解线性方程组的各种直接解法.

### 2.2.2　直接三角分解方法

前已述及，若在顺序 Gauss 消去法的消元过程中，每步消元的主元素 $a_{kk}^{(k)} \neq 0$，则矩阵 $\boldsymbol{A}$ 可分解为 $\boldsymbol{A}=\boldsymbol{L}\boldsymbol{U}$，$\boldsymbol{L}$ 为单位下三角矩阵，$\boldsymbol{U}$ 为上三角矩阵，此分解称为 $\boldsymbol{A}$ 的**直接三角分解**（也称为 **Doolittle 分解**）.

**定理 2.1**　设 $n$ 阶方阵 $\boldsymbol{A}$ 的各阶顺序主子式均不为零，则存在唯一单位下三角矩阵 $\boldsymbol{L}$ 和上三角矩阵 $\boldsymbol{U}$ 使 $\boldsymbol{A}=\boldsymbol{L}\boldsymbol{U}$.

**证明**　先证分解的存在性. 根据上述讨论，需要证明在定理条件下，$a_{kk}^{(k)} \neq 0$. 设 $\boldsymbol{A}_k$ 为 $\boldsymbol{A}$ 的 $k$ 阶顺序主子阵，我们只须证明

$$\det(\boldsymbol{A}_k) = a_{11}^{(1)}a_{22}^{(2)}\cdots a_{kk}^{(k)}, \quad k = 1,2,\cdots,n \tag{2.9}$$

显然，$\det(\boldsymbol{A}_1) = a_{11}^{(1)}$，即式（2.9）对 $k=1$ 成立. 假设式（2.9）对 $k=m-1$ 成立，由 $\det(\boldsymbol{A}_{m-1}) = a_{11}^{(1)}a_{22}^{(2)}\cdots a_{m-1m-1}^{(m-1)} \neq 0$，则可完成 Gauss 消去法的第 $m-1$ 步消元. 根据消元过程矩阵运算规则得到

$$\begin{bmatrix} \boldsymbol{L}_m & \boldsymbol{O} \\ \boldsymbol{M} & \boldsymbol{I}_{n-m} \end{bmatrix}\begin{bmatrix} \boldsymbol{A}_m & \boldsymbol{B} \\ \boldsymbol{C} & \boldsymbol{D} \end{bmatrix} = \begin{bmatrix} \boldsymbol{U}_m & \boldsymbol{V} \\ \boldsymbol{W} & \boldsymbol{X} \end{bmatrix}$$

其中 $\boldsymbol{L}_m$ 为 $m$ 阶的单位下三角矩阵，$\boldsymbol{U}_m$ 为 $m$ 阶的上三角矩阵且对角元素为 $a_{11}^{(1)},a_{22}^{(2)},\cdots,a_{mm}^{(m)}$. 利用分块矩阵运算法则得到

$$\boldsymbol{L}_m\boldsymbol{A}_m = \boldsymbol{U}_m, \quad \det(\boldsymbol{L}_m)\det(\boldsymbol{A}_m) = \det(\boldsymbol{U}_m)$$

由此得知式（2.9）对 $k = m$ 也成立. 根据归纳法原理，式（2.9）得证. 下面证明唯一性. 设 $\boldsymbol{A}$ 有两种分解

$$\boldsymbol{A} = \boldsymbol{L}\boldsymbol{U} = \overline{\boldsymbol{L}}\,\overline{\boldsymbol{U}}$$

由于 $\boldsymbol{A}$ 可逆，则 $\boldsymbol{U}$，$\overline{\boldsymbol{L}}$ 也为可逆矩阵. 于是得到

$$\overline{\boldsymbol{L}}^{-1}\boldsymbol{L} = \overline{\boldsymbol{U}}\boldsymbol{U}^{-1}$$

由于 $\overline{\boldsymbol{L}}^{-1}\boldsymbol{L}$ 仍为单位下三角矩阵，$\overline{\boldsymbol{U}}\boldsymbol{U}^{-1}$ 是上三角矩阵，所以两者相等意味着它们是单位矩阵，即

$$\bar{L}^{-1}L=\bar{U}U^{-1}=I$$

由此可知，$L=\bar{L}$，$U=\bar{U}$ 成立，唯一性得证.

**注** 定理 2.1 的条件可减弱为 $A$ 的前 $n-1$ 个顺序主子式不为零，参见文献［9］.

给定线性方程组 $Ax=b$，设矩阵 $A$ 已分解为 $A=LU$，那么此方程组等价于

$$Ly=b,\quad Ux=y \tag{2.10}$$

先由第一个方程组解出 $y$，再由第二个方程组解出 $x$，所得的向量 $x$ 就是方程组 $Ax=b$ 的解.

方程组（2.10）由两个上、下三角方程组构成，它们非常容易求解. 现在的问题是如何实现三角分解 $A=LU$，亦即由矩阵 $A=(a_{ij})$ 的元素计算出矩阵 $L=(l_{ij})$，$U=(u_{ij})$ 的元素. 顺序 Gauss 消去法给出了一种途径，但并不实用. 下面介绍矩阵三角分解的 Doolittle 分解方法.

设 $A=LU$，即

$$\begin{bmatrix} a_{11} & a_{12} & \cdots & a_{1n} \\ a_{21} & a_{22} & \cdots & a_{2n} \\ \vdots & \vdots & & \vdots \\ a_{n1} & a_{n2} & \cdots & a_{nn} \end{bmatrix}=\begin{bmatrix} 1 & & & \\ l_{21} & 1 & & \\ \vdots & \vdots & \ddots & \\ l_{n1} & l_{n2} & \cdots & 1 \end{bmatrix}\begin{bmatrix} u_{11} & u_{12} & \cdots & u_{1n} \\ & u_{22} & \cdots & u_{2n} \\ & & \ddots & \vdots \\ & & & u_{nn} \end{bmatrix}$$

根据矩阵乘法法则可得

$$a_{ij}=\sum_{m=1}^{n} l_{im}u_{mj},\quad i,j=1,2,\cdots,n$$

注意到

$$l_{ii}=1,\quad l_{im}=0,\quad m>i,\quad u_{mj}=0,\quad m>j$$

则从上式可推得

$$a_{ij}=\sum_{m=1}^{i-1} l_{im}u_{mj}+u_{ij};\quad a_{ij}=\sum_{m=1}^{j-1} l_{im}u_{mj}+l_{ij}u_{jj} \tag{2.11}$$

这给出了由 $a_{ij}$ 计算 $l_{ij}$ 和 $u_{ij}$ 的计算公式. 计算顺序为：先计算 $U$ 的第一行和 $L$ 的第一列元素；再计算 $U$ 的第二行和 $L$ 的第二列元素；依此下

去. 一般地，在计算出 $\boldsymbol{U}$ 的前 $k-1$ 行和 $\boldsymbol{L}$ 的前 $k-1$ 列元素以后，可计算出 $\boldsymbol{U}$ 的第 $k$ 行和 $\boldsymbol{L}$ 的第 $k$ 列元素. 整个计算公式为（参见式(2.11)）

$$\begin{cases} u_{1j} = a_{1j}, \quad j = 1,2,\cdots,n \\ l_{i1} = \dfrac{a_{i1}}{u_{11}}, \quad i = 2,3,\cdots,n \\ \text{对于 } k = 2,3,\cdots,n, \text{计算} \\ u_{kj} = a_{kj} - \sum\limits_{m=1}^{k-1} l_{km}u_{mj}, \quad j = k,\cdots,n \\ l_{ik} = \dfrac{a_{ik} - \sum\limits_{m=1}^{k-1} l_{im}u_{mk}}{u_{kk}}, \quad i = k+1,\cdots,n \end{cases} \tag{2.12}$$

在上述计算过程中，可将矩阵 $\boldsymbol{U}$ 的元素逐行存贮在 $\boldsymbol{A}$ 的上三角部分，将矩阵 $\boldsymbol{L}$ 的元素逐列存贮在 $\boldsymbol{A}$ 的下三角部分. 按式（2.12）计算出矩阵 $\boldsymbol{L}$ 和 $\boldsymbol{U}$ 后，可进行方程组 $\boldsymbol{Ly}=\boldsymbol{b}$ 和 $\boldsymbol{Ux}=\boldsymbol{y}$ 的求解. 计算公式如下.

$$\begin{cases} y_1 = b_1 \\ y_i = b_i - \sum\limits_{j=1}^{i-1} l_{ij}y_j, \quad i = 2,3,\cdots,n \\ x_n = \dfrac{y_n}{u_{nn}} \\ x_i = \dfrac{y_i - \sum\limits_{j=i+1}^{n} u_{ij}x_j}{u_{ii}}, \quad i = n-1,\cdots,1 \end{cases} \tag{2.13}$$

计算公式(2.12) ~ (2.13) 就是求解线性方程组 $\boldsymbol{Ax}=\boldsymbol{b}$ 的直接三角分解方法.

**例 2-2**　利用直接三角分解方法解线性方程组

$$\begin{bmatrix} 2 & 1 & 1 \\ 4 & 4 & 3 \\ 6 & 7 & 7 \end{bmatrix}\begin{bmatrix} x_1 \\ x_2 \\ x_3 \end{bmatrix} = \begin{bmatrix} 3 \\ 7 \\ 13 \end{bmatrix}$$

**解** 进行直接三角分解 $\boldsymbol{A}=\boldsymbol{LU}$

$$\begin{bmatrix}2&1&1\\4&4&3\\6&7&7\end{bmatrix}=\begin{bmatrix}1&0&0\\2&1&0\\3&2&1\end{bmatrix}\begin{bmatrix}2&1&1\\0&2&1\\0&0&2\end{bmatrix}$$

求解方程组 $\boldsymbol{Ly}=\boldsymbol{b}$，即

$$\begin{bmatrix}1&0&0\\2&1&0\\3&2&1\end{bmatrix}\begin{bmatrix}y_1\\y_2\\y_3\end{bmatrix}=\begin{bmatrix}3\\7\\13\end{bmatrix}$$

得到

$$y_1=3,\quad y_2=1,\quad y_3=2$$

再求解方程组 $\boldsymbol{Ux}=\boldsymbol{y}$，即

$$\begin{bmatrix}2&1&1\\0&2&1\\0&0&2\end{bmatrix}\begin{bmatrix}x_1\\x_2\\x_3\end{bmatrix}=\begin{bmatrix}3\\1\\2\end{bmatrix}$$

得到

$$x_1=1,\quad x_2=0,\quad x_3=1$$

解线性方程组的直接三角分解方法的计算量约为$\frac{1}{3}n^3$，与 Gauss 消去法相当. 直接三角分解方法的优点在于，当需要求解具有同系数矩阵的一系列方程组 $\boldsymbol{Ax}=\boldsymbol{b}_k$，$k=1,2,\cdots,m$ 时，可大大节省计算量. 此时，在完成三角分解 $\boldsymbol{A}=\boldsymbol{LU}$ 并存贮矩阵 $\boldsymbol{L}$ 和 $\boldsymbol{U}$ 后，右端项每改变一次仅需增加 $n^2$ 次运算. 例如，当需要计算 $\boldsymbol{C}=\boldsymbol{A}^{-1}\boldsymbol{B}$ 时（$\boldsymbol{B}=\boldsymbol{I}$ 时计算逆矩阵 $\boldsymbol{A}^{-1}$），记 $\boldsymbol{C}=(\boldsymbol{c}_1,\boldsymbol{c}_2,\cdots,\boldsymbol{c}_n)$，$\boldsymbol{B}=(\boldsymbol{b}_1,\boldsymbol{b}_2,\cdots,\boldsymbol{b}_n)$，由于 $\boldsymbol{AC}=\boldsymbol{B}$，则矩阵 $\boldsymbol{C}$ 的列向量 $\boldsymbol{c}_k$ 为如下线性方程组的解

$$\boldsymbol{Ac}_k=\boldsymbol{b}_k,\quad k=1,2,\cdots,n$$

采用直接三角分解方法求解这 $n$ 个方程组，所需计算量约为$\frac{4}{3}n^3$ 次运算，若采用 Gauss 消去法求解，理论上约需$\frac{1}{3}n^4$ 次运算.

上述直接三角分解方法来源于顺序 Gauss 消去法，没有进行选主元，可能产生数值不稳定现象. 现在考虑如何利用列主元 Gauss 消去法的思想，导出相应的列主元直接三角分解方法.

在直接三角分解方法中，仅有矩阵 $\boldsymbol{U}$ 的对角元素 $u_{kk}$ 作为除数出现（事实上，$u_{kk}$ 即为消去法中第 $k$ 步的主元素 $a_{kk}^{(k)}$），选主元就是设法调整 $u_{kk}$ 的计算使其绝对值尽可能的大. 设已完成 $\boldsymbol{A}=\boldsymbol{LU}$ 的 $k-1$ 步分解计算，即已求出 $\boldsymbol{U}$ 的前 $k-1$ 行和 $\boldsymbol{L}$ 的前 $k-1$ 列. 将分解结果以紧凑格式写出就是矩阵

$$\begin{bmatrix} u_{11} & u_{12} & \cdots & \cdots & u_{1k} & \cdots & u_{1n} \\ l_{21} & u_{22} & \cdots & \cdots & u_{2k} & \cdots & u_{2n} \\ \vdots & \vdots & \ddots & & \vdots & & \vdots \\ l_{k-11} & l_{k-12} & \cdots & u_{k-1k-1} & u_{k-1k} & \cdots & u_{k-1n} \\ l_{k1} & l_{k2} & \cdots & l_{kk-1} & a_{kk} & \cdots & a_{kn} \\ \vdots & \vdots & & \vdots & \vdots & & \vdots \\ l_{n1} & l_{n2} & \cdots & l_{nk-1} & a_{nk} & \cdots & a_{nn} \end{bmatrix} \tag{2.14}$$

注意，$\boldsymbol{A}$ 的前 $k-1$ 行列位置元素 $a_{ij}$，$i, j \leqslant k-1$，已不再参与分解运算. 按正常的分解计算可有（见式（2.12））

$$u_{kk} = a_{kk} - \sum_{m=1}^{k-1} l_{km} u_{mk}$$

如果将矩阵（2.14）中的第 $i \geqslant k$ 行和第 $k$ 行互换，再进行分解计算，则新的 $u_{kk}$ 为

$$u_{kk} = S_i = a_{ik} - \sum_{m=1}^{k-1} l_{im} u_{mk}$$

因此，应选取主元 $u_{kk}$ 满足

$$u_{kk} = S_{i_k}, \quad |S_{i_k}| = \max_{k \leqslant i \leqslant n} |S_i|$$

在选出主元 $u_{kk}=S_{i_k}$ 后，将式（2.14）中矩阵的第 $i_k$ 行和第 $k$ 行互换，然后进行第 $k$ 步分解计算，求出 $\boldsymbol{U}$ 的第 $k$ 行和 $\boldsymbol{L}$ 的第 $k$ 列. 这个过程就是列主元直接三角分解方法.

需要指出，在用列主元直接三角分解方法求解方程组 $\boldsymbol{Ax}=\boldsymbol{b}$ 时，进行选主元换行的同时右端向量 $\boldsymbol{b}$ 的分量也要做相应交换.

## 解线性方程组列主元直接三角分解算法

用列主元直接三角分解方法求解线性方程组 $\boldsymbol{Ax}=\boldsymbol{b}$，$\boldsymbol{A}$ 的 $\boldsymbol{LU}$ 分解结果按紧凑格式存入数组 $A$.

**输入** $\boldsymbol{A}=(a_{ij}),\boldsymbol{b}=(b_1,\cdots,b_n)^{\mathrm{T}}$，维数 $n$

**输出** 方程组解 $\boldsymbol{x}=(x_1,\cdots,x_n)^{\mathrm{T}}$

(1) 对于 $k=1,2,\cdots,n$，循环执行步 2 到步 5；

(2) 进行第 $k$ 次选主元

$$S_i \Leftarrow a_{ik}-\sum_{m=1}^{k-1} a_{im}a_{mk},\quad i=k,k+1,\cdots,n$$

确定 $i_k$ 使 $|S_{i_k}|=\max\limits_{k\leqslant i\leqslant n}|S_i|$；

(3) 若 $i_k=k$，转步 5，否则执行步 4；

(4) 交换紧凑存贮矩阵的 $k$ 行和 $i_k$ 行

$$a_{kj}\leftrightarrow a_{i_kj},\quad j=1,2,\cdots,n$$

$$b_k\leftrightarrow b_{i_k};$$

(5) 计算第 $k$ 步分解结果 $u_{kj}$ 和 $l_{ik}$

$$a_{kj}\Leftarrow u_{kj}=a_{kj}-\sum_{m=1}^{k-1} a_{km}a_{mj},\quad j=k,\cdots,n$$

$$a_{ik}\Leftarrow l_{ik}=\frac{a_{ik}-\sum\limits_{m=1}^{k-1} a_{im}a_{mk}}{a_{kk}},\quad i=k+1,\cdots,n;$$

(6) 求解 $\boldsymbol{Ly}=\boldsymbol{b}$

$$y_1\Leftarrow b_1$$

$$y_i\Leftarrow b_i-\sum_{m=1}^{i-1} a_{im}y_m,\quad i=2,\cdots,n;$$

(7) 求解 $\boldsymbol{Ux}=\boldsymbol{y}$

$$x_n\Leftarrow \frac{y_n}{a_{nn}}$$

$$x_i\Leftarrow \frac{y_i-\sum\limits_{m=i+1}^{n} a_{im}x_m}{a_{ii}},\quad i=n-1,\cdots,2,1;$$

(8) 输出 $x_1, x_2, \cdots, x_n$.

### 2.2.3 平方根法

在实际应用中，常见一类非常重要的线性方程组 $\boldsymbol{Ax}=\boldsymbol{b}$，其中 $\boldsymbol{A}$ 为对称正定矩阵，即 $\boldsymbol{A}$ 是对称的且对任何非零向量 $\boldsymbol{x}$ 都有 $\boldsymbol{x}^{\mathrm{T}}\boldsymbol{Ax}>0$. 本节将对这类方程组导出更有效的三角分解求解方法，称之为平方根法.

设 $\boldsymbol{A}$ 为对称正定矩阵，那么 $\boldsymbol{A}$ 的所有顺序主子式均大于零. 根据定理 2.1，存在唯一三角分解 $\boldsymbol{A}=\boldsymbol{LU}$，即

$$\boldsymbol{A} = \begin{bmatrix} 1 & & & \\ l_{21} & 1 & & \\ \vdots & \vdots & \ddots & \\ l_{n1} & l_{n2} & \cdots & 1 \end{bmatrix} \begin{bmatrix} u_{11} & u_{12} & \cdots & u_{1n} \\ & u_{22} & \cdots & u_{2n} \\ & & \ddots & \vdots \\ & & & u_{nn} \end{bmatrix} \tag{2.15}$$

记 $\boldsymbol{A}_k(1\leqslant k\leqslant n)$ 为 $\boldsymbol{A}$ 的 $k$ 阶顺序主子阵，由式 (2.9)，注意 Gauss 消去法中的主元素 $a_{kk}^{(k)} = u_{kk}$，则得到

$$\det(\boldsymbol{A}_k) = u_{11}u_{22}\cdots u_{kk} \tag{2.16}$$

那么由 $\det(\boldsymbol{A}_k)>0$，可知

$$u_{kk} > 0, \quad k = 1,2,\cdots,n$$

令对角矩阵 $\boldsymbol{D}=\mathrm{diag}(u_{11},u_{22},\cdots,u_{nn})$，则分解式 $\boldsymbol{A}=\boldsymbol{LU}$ 可改写为

$$\boldsymbol{A} = \boldsymbol{LDM} \tag{2.17}$$

其中 $\boldsymbol{M}=\boldsymbol{D}^{-1}\boldsymbol{U}$ 为单位上三角矩阵，$\boldsymbol{M}$ 的元素 $m_{ij}=\dfrac{u_{ij}}{u_{ii}}$. 当 $\boldsymbol{A}=\boldsymbol{A}^{\mathrm{T}}$ 为对称矩阵时，由式 (2.17) 和分解的唯一性可知 $\boldsymbol{M}=\boldsymbol{L}^{\mathrm{T}}$. 此时，$\boldsymbol{A}$ 有分解式

$$\boldsymbol{A} = \boldsymbol{LDL}^{\mathrm{T}} \tag{2.18}$$

令 $\boldsymbol{D}^{\frac{1}{2}}=\mathrm{diag}(\sqrt{u_{11}},\sqrt{u_{22}},\cdots,\sqrt{u_{nn}})$，$\boldsymbol{G}=\boldsymbol{LD}^{\frac{1}{2}}$，从式 (2.18) 得知，对称正定矩阵 $\boldsymbol{A}$ 具有如下分解

$$\boldsymbol{A} = \boldsymbol{GG}^{\mathrm{T}} \tag{2.19}$$

其中 $\boldsymbol{G}$ 为下三角矩阵. 称分解式 (2.19) 为对称正定矩阵的 **Cholesky (乔列斯基) 分解.**

给定对称正定方程组 $\boldsymbol{Ax}=\boldsymbol{b}$，对 $\boldsymbol{A}$ 进行 Cholesky 分解，$\boldsymbol{A}=\boldsymbol{GG}^{\mathrm{T}}$，

则原方程组等价于

$$Gy = b, \quad G^{T}x = y \tag{2.20}$$

解此方程组即可得到原方程组的解 $x$，这就是**平方根法**.

设 $A = GG^{T}$，$G$ 为下三角矩阵，记 $A = (a_{ij})$，$G = (g_{ij})$，利用矩阵乘法规则可得到

$$a_{ik} = \sum_{m=1}^{k} g_{im} g_{mk}^{T} = \sum_{m=1}^{k-1} g_{im} g_{km} + g_{ik} g_{kk}, \quad k \leqslant i \tag{2.21}$$

从而得到 Cholesky 分解的计算公式：

对于 $k = 1, 2, \cdots, n$，计算

$$\begin{cases} g_{kk} = \left( a_{kk} - \sum_{m=1}^{k-1} g_{km}^{2} \right)^{\frac{1}{2}} \\ g_{ik} = \dfrac{a_{ik} - \sum_{m=1}^{k-1} g_{im} g_{km}}{g_{kk}} \\ i = k+1, \cdots, n \end{cases} \tag{2.22}$$

按式（2.22）实现分解 $A = GG^{T}$ 后，可进行方程组 $Gy = b$ 和 $G^{T}x = y$ 的求解，计算公式为

$$\begin{cases} y_{k} = \dfrac{b_{k} - \sum_{m=1}^{k-1} g_{km} y_{m}}{g_{kk}}, \quad k = 1, 2, \cdots, n \\ x_{k} = \dfrac{y_{k} - \sum_{m=k+1}^{n} g_{mk} x_{m}}{g_{kk}}, \quad k = n, \cdots, 2, 1 \end{cases} \tag{2.23}$$

计算公式（2.22）～（2.23）构成了求解对称正定方程组 $Ax = b$ 的平方根法.

**例 2-3** 用平方根法求解对称正定方程组

$$\begin{bmatrix} 4 & -2 & 4 \\ -2 & 5 & 0 \\ 4 & 0 & 6 \end{bmatrix} \begin{bmatrix} x_{1} \\ x_{2} \\ x_{3} \end{bmatrix} = \begin{bmatrix} 2 \\ 1 \\ 0 \end{bmatrix}$$

**解** 首先进行 $A$ 的 Cholesky 分解

$$A = GG^{\mathrm{T}} = \begin{bmatrix} 2 & 0 & 0 \\ -1 & 2 & 0 \\ 2 & 1 & 1 \end{bmatrix} \begin{bmatrix} 2 & -1 & 2 \\ 0 & 2 & 1 \\ 0 & 0 & 1 \end{bmatrix}$$

求解 $\boldsymbol{G}\boldsymbol{y} = \boldsymbol{b}$，得

$$y_1 = 1, \quad y_2 = 1, \quad y_3 = -3$$

再求解 $\boldsymbol{G}^{\mathrm{T}}\boldsymbol{x} = \boldsymbol{y}$，得

$$x_1 = 4.5, \quad x_2 = 2, \quad x_3 = -3$$

需要指出，Cholesky 分解具有数值稳定性，不需选主元. 事实上，在式（2.21）中取 $i = k$ 可得

$$|g_{km}| \leqslant \sqrt{a_{kk}}, \quad m = 1,2,\cdots,k, \quad k = 1,2,\cdots,n$$

此外，利用 $\boldsymbol{A}$ 的对称性，计算分解过程中只需存贮和使用 $\boldsymbol{A}$ 的下三角部分，矩阵 $\boldsymbol{G}^{\mathrm{T}}$ 可由 $\boldsymbol{G}$ 的转置得到. 这样，对称正定矩阵 Cholesky 分解的计算量和存贮量约为一般矩阵 $\boldsymbol{LU}$ 分解的一半.

在平方根法中，需进行 $n$ 次开方运算. 为了避免开方运算，可对矩阵 $\boldsymbol{A}$ 采用式（2.18）的分解，利用矩阵乘法规则且注意 $l_{km} = 0$，$m > k$，$l_{kk} = 1$，可推得

$$a_{ik} = \sum_{m=1}^{n} (\boldsymbol{LD})_{im} (\boldsymbol{L}^{\mathrm{T}})_{mk} = \sum_{m=1}^{k-1} l_{im} d_m l_{km} + l_{ik} d_k$$

这里已标记 $\boldsymbol{D} = \mathrm{diag}(d_1, d_2, \cdots, d_n)$. 从而得到 $\boldsymbol{A} = \boldsymbol{LDL}^{\mathrm{T}}$ 分解的计算公式：

对于 $k = 1,2,\cdots,n$ ，计算

$$\begin{cases} d_k = a_{kk} - \sum\limits_{m=1}^{k-1} l_{km}^2 d_m \\ l_{ik} = \dfrac{a_{ik} - \sum\limits_{m=1}^{k-1} l_{im} d_m l_{km}}{d_k} \\ i = k+1, k+2, \cdots, n \end{cases} \tag{2.24}$$

按式（2.24）实现 $\boldsymbol{A} = \boldsymbol{LDL}^{\mathrm{T}}$ 分解后，求解方程组 $\boldsymbol{Ax} = \boldsymbol{b}$ 就归结为求解方程组 $\boldsymbol{Ly} = \boldsymbol{b}$ 和 $\boldsymbol{L}^{\mathrm{T}}\boldsymbol{x} = \boldsymbol{D}^{-1}\boldsymbol{y}$，计算公式为

$$\begin{cases} y_k = b_k - \sum_{m=1}^{k-1} l_{km} y_m, & k = 1,2,\cdots,n \\ x_k = \dfrac{y_k}{d_k} - \sum_{m=k+1}^{n} l_{mk} x_m, & k = n,\cdots,1 \end{cases} \tag{2.25}$$

计算公式（2.24）~（2.25）构成了求解对称正定方程组 $\boldsymbol{Ax}=\boldsymbol{b}$ 的**改进的平方根法**，其计算量与存贮量与平方根法相当，但已避免了开方运算.

## 解对称正定方程组的平方根算法

求解对称正定方程组 $\boldsymbol{Ax}=\boldsymbol{b}$. 首先计算分解 $\boldsymbol{A}=\boldsymbol{GG}^{\mathrm{T}}$，$\boldsymbol{G}$ 的元素 $g_{ik}(i \geqslant k)$ 存放在 $\boldsymbol{A}$ 的下三角部分，然后求解方程组 $\boldsymbol{Gy}=\boldsymbol{b}$ 和 $\boldsymbol{G}^{\mathrm{T}}\boldsymbol{x}=\boldsymbol{y}$.

**输入** $\boldsymbol{A}=(a_{ij}), i \geqslant j, \boldsymbol{b}=(b_1,\cdots,b_n)^{\mathrm{T}}$，维数 $n$

**输出** 方程组解 $\boldsymbol{x}=(x_1,\cdots,x_n)^{\mathrm{T}}$

（1）对于 $k=1,2,\cdots,n$，循环执行步 2 到步 4；

（2）$a_{kk} \Leftarrow g_{kk} = \left(a_{kk} - \sum_{m=1}^{k-1} a_{km}^2\right)^{\frac{1}{2}}$；

（3）对于 $i=k+1,\cdots,n$，计算

$$a_{ik} \Leftarrow g_{ik} = \frac{a_{ik} - \sum_{m=1}^{k-1} a_{im} a_{km}}{a_{kk}};$$

（4）$y_k \Leftarrow \dfrac{b_k - \sum_{m=1}^{k-1} a_{km} y_m}{a_{kk}}$；

（5）$x_n \Leftarrow \dfrac{y_n}{a_{nn}}$

$$x_k \Leftarrow \frac{y_k - \sum_{m=k+1}^{n} a_{mk} x_m}{a_{kk}}, \quad k = n-1,\cdots,2,1;$$

（6）输出 $\boldsymbol{x}=(x_1,x_2,\cdots,x_n)^{\mathrm{T}}$.

### 2.2.4 追赶法

追赶法是专门用于求解三对角方程组的. 这类方程组经常出现在用

差分方法或有限元方法求解二阶常微分方程边值问题、热传导问题及三次样条函数插值等问题中．三对角方程组 $\boldsymbol{Ax}=\boldsymbol{b}$ 的系数矩阵具有如下形式

$$\boldsymbol{A}=\begin{bmatrix} a_1 & c_1 & & & \\ d_2 & a_2 & c_2 & & \\ & \ddots & \ddots & \ddots & \\ & & d_{n-1} & a_{n-1} & c_{n-1} \\ & & & d_n & a_n \end{bmatrix} \tag{2.26}$$

即 $\boldsymbol{A}$ 是一个三对角矩阵.

设 $\boldsymbol{A}$ 的顺序主子式均不为零．从式(2.17)可知，$\boldsymbol{A}$ 可分解为

$$\boldsymbol{A}=\boldsymbol{LDM} \tag{2.27}$$

其中 $\boldsymbol{L}$ 为单位下三角矩阵，$\boldsymbol{D}$ 为对角矩阵，$\boldsymbol{M}$ 为单位上三角矩阵．令 $\boldsymbol{T}=\boldsymbol{LD}$，$\boldsymbol{T}$ 为下三角矩阵，则式(2.27)可改写为

$$\boldsymbol{A}=\boldsymbol{TM} \tag{2.28}$$

亦即 $\boldsymbol{A}$ 可分解为一个下三角矩阵和一个单位上三角矩阵的乘积，这种分解称为矩阵 $\boldsymbol{A}$ 的 **Crout（克劳特）分解.**

设 $\boldsymbol{A}$ 是一个三对角矩阵，那么它的顺序主子式均不为零的一个充分条件是

$$\begin{aligned} &|a_1|>|c_1|>0, \quad |a_n|>|d_n|>0 \\ &|a_i|\geqslant|c_i|+|d_i|, \quad c_id_i\neq 0,\ i=2,\cdots,n-1 \end{aligned} \tag{2.29}$$

在此条件下，可对 $\boldsymbol{A}$ 进行 Crout 分解．设 $\boldsymbol{A}$ 由式(2.26)给出，令

$$\boldsymbol{A}=\boldsymbol{TM}=\begin{bmatrix} \alpha_1 & & & & \\ \gamma_2 & \alpha_2 & & & \\ & \ddots & \ddots & & \\ & & \gamma_{n-1} & \alpha_{n-1} & \\ & & & \gamma_n & \alpha_n \end{bmatrix}\begin{bmatrix} 1 & \beta_1 & & & \\ & 1 & \beta_2 & & \\ & & \ddots & \ddots & \\ & & & 1 & \beta_{n-1} \\ & & & & 1 \end{bmatrix}$$

根据矩阵乘法法则，可得到

$$a_1 = \alpha_1, c_1 = \alpha_1\beta_1, d_i = \gamma_i, \quad i = 2,\cdots,n$$

$$a_i = \alpha_i + \gamma_i\beta_{i-1}, \quad i = 2,\cdots,n$$

$$c_i = \alpha_i\beta_i, \quad i = 2,\cdots,n-1$$

由此得到，由矩阵 $\boldsymbol{A}$ 的元素 $\{a_i, c_i, d_i\}$ 确定矩阵 $\boldsymbol{T}$ 和 $\boldsymbol{M}$ 的元素 $\{\alpha_i, \beta_i, \gamma_i\}$ 的计算公式为

$$\begin{cases} \alpha_1 = a_1, \quad \beta_1 = \dfrac{c_1}{\alpha_1}, \quad \gamma_i = d_i, \quad i = 2,\cdots,n \\ \alpha_i = a_i - d_i\beta_{i-1}, \quad i = 2,\cdots,n \\ \beta_i = \dfrac{c_i}{\alpha_i}, \quad i = 2,\cdots,n-1 \end{cases} \tag{2.30}$$

从而实现了三对角矩阵 $\boldsymbol{A}$ 的 Crout 分解.

对于三对角方程组 $\boldsymbol{Ax} = \boldsymbol{b}$，设 $\boldsymbol{A}$ 的 Crout 分解为 $\boldsymbol{A} = \boldsymbol{TM}$，则原方程组等价于

$$\boldsymbol{Ty} = \boldsymbol{b}, \quad \boldsymbol{Mx} = \boldsymbol{y}$$

依次求解这两个方程组即可得到原方程组的解 $\boldsymbol{x}$. 计算公式为

$$\begin{cases} y_1 = \dfrac{b_1}{\alpha_1}, \quad y_i = \dfrac{b_i - d_i y_{i-1}}{\alpha_i}, \quad i = 2,\cdots,n \\ x_n = y_n, \quad x_i = y_i - \beta_i x_{i+1}, \quad i = n-1,\cdots,2,1 \end{cases} \tag{2.31}$$

计算公式 (2.30) ~ (2.31) 构成了解三对角方程组的**追赶法**.

**例 2-4** 用追赶法求解三对角方程组

$$\begin{bmatrix} 2 & -1 & 0 & 0 \\ -1 & 2 & -1 & 0 \\ 0 & -1 & 2 & -1 \\ 0 & 0 & -1 & 2 \end{bmatrix} \begin{bmatrix} x_1 \\ x_2 \\ x_3 \\ x_4 \end{bmatrix} = \begin{bmatrix} 1 \\ 0 \\ 0 \\ 1 \end{bmatrix}$$

**解**　首先进行系数矩阵的 Crout 分解

$$A = TM = \begin{bmatrix} 2 & 0 & 0 & 0 \\ -1 & \frac{3}{2} & 0 & 0 \\ 0 & -1 & \frac{4}{3} & 0 \\ 0 & 0 & -1 & \frac{5}{4} \end{bmatrix} \begin{bmatrix} 1 & -\frac{1}{2} & 0 & 0 \\ 0 & 1 & -\frac{2}{3} & 0 \\ 0 & 0 & 1 & -\frac{3}{4} \\ 0 & 0 & 0 & 1 \end{bmatrix}$$

求解方程组 $\boldsymbol{Ty}=\boldsymbol{b}$，得

$$y_1 = \frac{1}{2},\quad y_2 = \frac{1}{3},\quad y_3 = \frac{1}{4},\quad y_4 = 1$$

再求解方程组 $\boldsymbol{Mx}=\boldsymbol{y}$，得

$$x_1 = 1,\quad x_2 = 1,\quad x_3 = 1,\quad x_4 = 1$$

当三对角矩阵 $\boldsymbol{A}$ 满足对角占优条件（2.29）时，追赶法是数值稳定的. 追赶法具有计算程序简单，存贮量和计算量小等优点.

## 解三对角方程组的追赶算法

求解三对角方程组 $\boldsymbol{Ax}=\boldsymbol{b}$，用四个一维数组存放方程组数据 $\{a_i, c_i, d_i, b_i\}$ .

**输入**　方程组数据 $\{a_i, c_i, d_i, b_i, n\}$

**输出**　方程组解 $\boldsymbol{x}=(x_1, x_2, \cdots, x_n)^{\mathrm{T}}$

（1）$\alpha_1 \Leftarrow a_1$;

（2）对于 $i = 1, 2, \cdots, n-1$，计算

$$\beta_i \Leftarrow \frac{c_i}{\alpha_i},$$

$$\alpha_{i+1} \Leftarrow a_{i+1} - d_{i+1}\beta_i;$$

（3）$y_1 \Leftarrow \dfrac{b_1}{\alpha_1}$

$$y_i \Leftarrow \frac{b_1 - d_i y_{i-1}}{\alpha_i},\quad i = 2, \cdots, n;$$

（4）$x_n \Leftarrow y_n$

$$x_i \Leftarrow y_i - \beta_i x_{i+1}, \quad i = n-1, \cdots, 2, 1;$$

(5) 输出 $x_1, x_2, \cdots, x_n$.

## *2.3　解大型带状方程组的直接法

在很多实际问题中，例如，在结构分析、网络理论、偏微分方程数值求解、图论及社会科学等方面，常常需要求解大型带状方程组. 这样方程组的特点是，未知量数目特别大（例如 $n = 10000$，甚至更大），系数矩阵的大部分元素为零元素（一般可达到80%以上），非零元素分布在矩阵对角线两侧的带状区域内. 对这样的方程组，若采用通常的 Gauss 消去法求解，由于需要 $O(n^3/3)$ 次运算量并存贮 $n^2$ 个系数矩阵元素，在普通的计算机上已不可能实现. 处理大型带状方程组的方法是，只对计算中涉及的非零元素进行计算和存贮，避免对零元素进行不必要的处理，这样可非常经济地实现方程组的求解.

### 2.3.1　三角分解法解大型带状方程组

设 $\boldsymbol{A} = (a_{ij})$ 为 $n$ 阶矩阵，$p$ 和 $q$ 是小于 $n$ 的正整数，如果

$$a_{ij} = 0. \quad 当 j - i > q 或 i - j > p 时$$

则称 $\boldsymbol{A}$ 是具有上半带宽为 $q$、下半带宽为 $p$ 的带状矩阵. 当 $p = q = t$ 时，称 $t$ 为 $\boldsymbol{A}$ 的半带宽，$2t+1$ 为 $\boldsymbol{A}$ 的带宽. 以带状矩阵为系数矩阵的方程组称为带状方程组；若 $n$ 很大，且 $p, q \ll n$，则称相应的方程组为大型带状方程组.

$$\boldsymbol{A} = \begin{bmatrix}
a_{11} & \cdots & a_{1\,1+q} & & & & & & \\
\vdots & \ddots & & \ddots & & & & & \\
a_{1+p\,1} & & \ddots & & \ddots & & & & \\
& \ddots & & \ddots & & \ddots & & & \\
& & a_{i\,i-p} & \cdots & a_{ii} & \cdots & a_{i\,i+q} & & \\
& & & \ddots & & \ddots & & \ddots & \\
& & & & \ddots & & \ddots & & a_{i-q\,n} \\
& & & & & \ddots & & \ddots & \vdots \\
& & & & & & a_{n\,n-p} & \cdots & a_{nn}
\end{bmatrix}$$

设 $\boldsymbol{A}$ 为带状矩阵，且 $\boldsymbol{A}$ 有三角分解 $\boldsymbol{A}=\boldsymbol{LU}$，那么矩阵 $\boldsymbol{L}$ 和 $\boldsymbol{U}$ 是否还能保持 $\boldsymbol{A}$ 的带状结构呢？对此有如下定理.

**定理 2.2**　（保带状结构）设 $\boldsymbol{A}$ 为上半带宽为 $q$、下半带宽为 $p$ 的 $n$ 阶矩阵，且 $\boldsymbol{A}$ 有 Doolittle 分解 $\boldsymbol{A}=\boldsymbol{LU}$，则 $\boldsymbol{L}$ 是下半带宽为 $p$ 的单位下三角矩阵，$\boldsymbol{U}$ 是上半带宽为 $q$ 的上三角矩阵.

**证明**　设 $a_{ij}$ 为 $\boldsymbol{A}$ 的下三角部分带外元素，即

$$a_{i1}=a_{i2}=\cdots=a_{ij}=0,\quad i-j>p,\quad j=1,\cdots,i-p-1 \tag{2.32}$$

由三角分解计算公式（2.12）可知矩阵 $\boldsymbol{L}$ 的元素

$$l_{ij}=\frac{a_{ij}-\sum_{m=1}^{j-1}l_{im}u_{mj}}{u_{jj}} \tag{2.33}$$

从式（2.32）与式（2.33）得到

$$\begin{cases} l_{i1}=\dfrac{a_{i1}}{u_{11}}=0 \\ l_{i2}=\dfrac{a_{i2}-l_{i1}u_{12}}{u_{22}}=0 \\ \vdots \\ l_{ij}=\dfrac{a_{ij}-l_{i1}u_{1j}-\cdots}{u_{jj}}=0,\quad i-j>p \end{cases}$$

所以 $\boldsymbol{L}$ 是下半带宽为 $p$ 的单位下三角矩阵. 同理可证，$\boldsymbol{U}$ 是上半带宽为 $q$ 的上三角矩阵.

根据此定理，$\boldsymbol{A}$ 的 $\boldsymbol{LU}$ 分解可以像前面一样地组织，只是不需要计算 $\boldsymbol{L}$ 和 $\boldsymbol{U}$ 中的零元素，即对 $\boldsymbol{L}$ 中的第 $k$ 列，只需计算第 $k+1$ 行至 $k+p$ 行的元素；对 $\boldsymbol{U}$ 中第 $k$ 行，只需计算第 $k$ 列至 $k+q$ 列的元素. 因此，$\boldsymbol{A}$、$\boldsymbol{L}$ 和 $\boldsymbol{U}$ 中的带外元素就不必存贮和计算了，其计算公式为

$$\begin{cases} u_{kj}=a_{kj}-\sum\limits_{m=\max(1,k-p,j-q)}^{k-1}l_{km}u_{mj},\quad j=k,\cdots,\min(k+q,n) \\ l_{ik}=\dfrac{a_{ik}-\sum\limits_{m=\max(1,i-p,k-q)}^{k-1}l_{im}u_{mk}}{u_{kk}},\quad i=k+1,\cdots,\min(k+p,n) \\ k=1,2,\cdots,n \end{cases}$$

完成这一分解的计算量为

$$N=\begin{cases}npq-\dfrac{1}{2}pq^2-\dfrac{1}{6}p^3+pn, & p\leqslant q\\ npq-\dfrac{1}{2}qp^2-\dfrac{1}{6}q^3+qn, & p>q\end{cases}$$

当 $p$ 和 $q$ 较小时，这是比 $O(n^3/3)$ 小得多的量.

对于对称正定带状矩阵 $\boldsymbol{A}$，有 $p=q=t$. 此时，$\boldsymbol{A}$ 的 Cholesky 分解 $\boldsymbol{A}=\boldsymbol{G}\boldsymbol{G}^{\mathrm{T}}$ 中的矩阵 $\boldsymbol{G}$ 是半带宽为 $t$ 的下三角矩阵，其元素的计算公式（2.22）可修改为

$$\begin{cases}g_{kk}=\left(a_{kk}-\displaystyle\sum_{m=\max(1,k-t)}^{k-1}g_{km}^2\right)^{\frac{1}{2}}\\ g_{ik}=\dfrac{a_{ik}-\displaystyle\sum_{m=\max(1,i-t)}^{k-1}g_{im}g_{km}}{g_{kk}}, \quad i=k+1,\cdots,\min(k+t,n)\\ k=1,2,\cdots,n\end{cases}$$

完成这一分解的计算量是

$$N=\frac{1}{2}nt^2-\frac{1}{3}t^3+\frac{3}{2}(nt-t^2)+(n\text{ 次开方})$$

### 2.3.2 大型带状矩阵的压缩存贮方法

上述介绍的解大型带状方程组的计算公式中，系数矩阵的带外零元素不参加运算，因此也不需要存贮. 为了节省计算机的内存，对带状矩阵应采用压缩存贮方法 即仅存贮 $\boldsymbol{A}$ 的带内元素. 下面介绍两种常用的存贮方法.

**一维压缩存贮方法**

设 $\boldsymbol{A}$ 是上半带宽为 $q$，下半带宽为 $p$ 的 $n$ 阶带状矩阵. 考虑使用一个一维数组存放 $\boldsymbol{A}$ 的带内元素，即仅存贮

$$a_{ij},\ j-i\leqslant q\text{ 且 }i-j\leqslant p$$

根据矩阵 $\boldsymbol{A}$ 的带状结构，$\boldsymbol{A}$ 的第 $i$ 行带内元素中，左起第一个元素列号为 $\max(1,i-p)$，最后一个元素的列号为 $\min(i+q,n)$. 则第 $i$ 行带内元素共有

$$S(i)=\min(i+q,n)-\max(1,i-p)+1,\quad i=1,\cdots,n \tag{2.34}$$

**A** 的带内元素总数为

$$N=S(1)+S(2)+\cdots+S(n) \tag{2.35}$$

现在引进一维数组 $\boldsymbol{C}[N]$，将 **A** 的带内元素按行的顺序依次存放在 $\boldsymbol{C}[N]$ 中. 为了便于确定 **A** 中的元素在 $\boldsymbol{C}[N]$ 中的位置，再引进一个一维标号数组 $\boldsymbol{J}[n]$，它的第 $i$ 个元素 $J(i)$ 表示 **A** 的第 $i$ 行带内左起第一个元素在数组 $\boldsymbol{C}[N]$ 中的位置，即

$$J(1)=1,\quad J(i)=\sum_{m=1}^{i-1}S(m)+1,\quad i=2,\cdots,n \tag{2.36}$$

于是，**A** 的带内元素 $a_{ij}$ 在数组 $\boldsymbol{C}[N]$中的表示方法为

| **A** 的带内元素 | 表示 $\boldsymbol{C}[N]$中的元素 |
|---|---|
| $a_{ij}$ | $C(J(i)+j-\max(1,i-p))$ |

例如，

$$\boldsymbol{A}=\begin{bmatrix} a_{11} & a_{12} & a_{13} & & & \\ a_{21} & a_{22} & a_{23} & a_{24} & & \\ a_{31} & a_{32} & a_{33} & a_{34} & a_{35} & \\ & a_{42} & a_{43} & a_{44} & a_{45} & a_{46} \\ & & a_{53} & a_{54} & a_{55} & a_{56} \\ & & & a_{64} & a_{65} & a_{66} \end{bmatrix} \tag{2.37}$$

此时 $p=q=2,n=6$. 一维数组

$$\boldsymbol{C}[N]=[a_{11},a_{12},a_{13},a_{21},a_{22},\cdots,a_{64},a_{65},a_{66}]$$

由计算公式 (2.34) ~ (2.36) 可知

$$S(1)=3,S(2)=4,S(3)=5,S(4)=5,S(5)=4,S(6)=3$$

$$J(1)=1,J(2)=4,J(3)=8,J(4)=13,J(5)=18,J(6)=22$$

$\boldsymbol{C}\ [N]$ 中共有元素 $N=24$ 个. **A** 中元素 $a_{45}$ 在 $\boldsymbol{C}[N]$中的元素是

$$C(J(4)+5-\max(1,4-2))=C(16)$$

如果 $\boldsymbol{A}$ 是对称带状矩阵，则 $p = q = t$. 此时只需存贮 $\boldsymbol{A}$ 的下三角部分元素，上述一维数组 $\boldsymbol{C}[N]$ 可缩小近一半. 请读者自行推导相应的存贮和表示方法.

**二维压缩存贮方法**

设 $\boldsymbol{A}$ 是上半带宽为 $q$，下半带宽为 $p$ 的 $n$ 阶带状矩阵. 引进二维数组 $\boldsymbol{C}[m,n]$，其中 $m = p+q+1$. 将 $\boldsymbol{A}$ 的带内元素存放在二维数组 $\boldsymbol{C}[m,n]$ 中，要求在数组 $\boldsymbol{C}[m,n]$ 中保持 $\boldsymbol{A}$ 中元素 $a_{ij}$ 的列号不变. 存贮方法是，将 $\boldsymbol{A}$ 的带内元素按平行对角线方向，从矩阵 $\boldsymbol{A}$ 的右上角开始，第一条斜线上元素存放在数组 $\boldsymbol{C}[m,n]$ 的第一行且保持列号不变；第二条斜线上元素存放在 $\boldsymbol{C}[m,n]$ 的第二行且保持列号不变，…,依此下去. 例如，对式（2.37）中的矩阵 $\boldsymbol{A}$，可有

$$\boldsymbol{C}[m,n] = \begin{bmatrix} \times & \times & a_{13} & a_{24} & a_{35} & a_{46} \\ \times & a_{12} & a_{23} & a_{34} & a_{45} & a_{56} \\ a_{11} & a_{22} & a_{33} & a_{44} & a_{55} & a_{66} \\ a_{21} & a_{32} & a_{43} & a_{54} & a_{65} & \times \\ a_{31} & a_{42} & a_{53} & a_{64} & \times & \times \end{bmatrix}$$

由于 $\boldsymbol{A}$ 中的第 $i$ 行带内最后一个元素位置（允许在 $\boldsymbol{A}$ 的外部）的列标号为 $i+q$，按上述存贮方法，$\boldsymbol{A}$ 中第 $i$ 行带内元素 $a_{ij}$ 在数组 $\boldsymbol{C}[m,n]$ 中的行号应该为 $i+q-j+1$，列号仍为 $j$. 于是，$\boldsymbol{A}$ 中带内元素 $a_{ij}$ 在数组 $\boldsymbol{C}[m,n]$ 中的表示方法为

| $\boldsymbol{A}$ 的带内元素 | 表示 $\boldsymbol{C}$ [$m$, $n$] 中的元素 |
|---|---|
| $a_{ij}$ | $C(i+q-j+1, j)$ |

例如，式（2.37）中矩阵 $\boldsymbol{A}$ 的元素 $a_{45}$ 在 $\boldsymbol{C}[m,n]$ 中的元素是 $C(4+2-5+1,5) = C(2,5)$.

如果 $\boldsymbol{A}$ 是对称带状矩阵，$p = q = t$. 则只需存贮 $\boldsymbol{A}$ 的下三角部分的带内元素. 此时可引进数组 $\boldsymbol{C}[m,n]$，$m = t+1$. 采用上述存贮方法，由于 $\boldsymbol{A}$ 的对角线元素构成 $\boldsymbol{C}[m,n]$ 的第一行，则 $\boldsymbol{A}$ 的第 $i$ 行带内元素 $a_{ij}$，$i \geqslant j$，在数组 $\boldsymbol{C}[m,n]$ 中的行号为 $i-j+1$，列号仍为 $j$，对应关系为：$a_{ij} \leftrightarrow C(i-j+1, j)$.

二维数组 $C[m,n]$ 中共有元素 $(t+1)n$ 个，当半带宽 $t \ll n$ 时，这比 $A$ 的元素个数 $n^2$ 要小得多，从而可大大节省内存.

## 2.4 向量和矩阵的范数

为了对线性方程组数值解的精确程度，以及方程组本身的性态进行分析，需要对向量和矩阵的“大小”引进某种度量，范数就是一种度量尺度. 向量和矩阵的范数在线性方程组数值方法的理论研究中起着重要的作用.

### 2.4.1 向量的范数

**定义 2.1** 设 $\|\cdot\|$ 是向量空间 $R^n$ 上的实值函数，且满足条件：

（1）**非负性**：对任何向量 $\boldsymbol{x} \in R^n$

$$\|\boldsymbol{x}\| \geqslant 0，且 \|\boldsymbol{x}\| = 0 当且仅当 \boldsymbol{x} = \boldsymbol{0}$$

（2）**齐次性**：对任何实数 $\alpha$ 和向量 $\boldsymbol{x} \in R^n$

$$\|\alpha \boldsymbol{x}\| = |\alpha| \|\boldsymbol{x}\|$$

（3）**三角不等式**：对任何向量 $\boldsymbol{x}$，$\boldsymbol{y} \in R^n$

$$\|\boldsymbol{x}+\boldsymbol{y}\| \leqslant \|\boldsymbol{x}\| + \|\boldsymbol{y}\|$$

则称 $\|\cdot\|$ 为 $R^n$ 空间上的范数，$\|\boldsymbol{x}\|$ 为向量 $\boldsymbol{x}$ 的范数.

理论上存在多种多样的向量范数，但最常用的是如下三种. 设向量 $\boldsymbol{x} = (x_1, x_2, \cdots, x_n)^{\mathrm{T}}$，定义

**向量 1-范数：** $\|\boldsymbol{x}\|_1 = \sum\limits_{i=1}^{n} |x_i|$

**向量 2-范数：** $\|\boldsymbol{x}\|_2 = \left( \sum\limits_{i=1}^{n} x_i^2 \right)^{\frac{1}{2}}$

**向量∞-范数：** $\|\boldsymbol{x}\|_\infty = \max\limits_{1 \leqslant i \leqslant n} |x_i|$

容易验证，它们都满足向量范数的三个条件.

**例 2-5** 设向量 $\boldsymbol{x} = (1, -3, 2, 0)^{\mathrm{T}}$，求向量范数 $\|\boldsymbol{x}\|_p$，$p = 1, 2, \infty$.

**解** 根据定义

$$\|\boldsymbol{x}\|_1 = |1| + |-3| + |2| + |0| = 6$$

$$\|\boldsymbol{x}\|_2 = (1^2 + (-3)^2 + 2^2 + 0^2)^{\frac{1}{2}} = \sqrt{14}$$

$$\|\boldsymbol{x}\|_\infty = \max\{|1|, |-3|, |2|, |0|\} = 3$$

由此例可见，向量不同范数的值不一定相同，但这并不影响对向量大小做定性的描述，因为不同范数之间存在如下等价关系.

**定理 2.3（范数的等价性）** 对于 $R^n$ 上的任何两种向量范数 $\|\cdot\|_\alpha$ 和 $\|\cdot\|_\beta$，存在正常数 $m, M$，使得

$$m\|\boldsymbol{x}\|_\beta \leqslant \|\boldsymbol{x}\|_\alpha \leqslant M\|\boldsymbol{x}\|_\beta, \quad \forall \boldsymbol{x} \in R^n \tag{2.38}$$

**证明** 只需就 $\beta = 2$ 证明式（2.38）即可. 定义 $n$ 元函数

$$f(\boldsymbol{x}) = \|\boldsymbol{x}\|_\alpha, \quad \boldsymbol{x} \in R^n$$

将 $R^n$ 中向量表示为 $\boldsymbol{x} = \sum_{i=1}^{n} x_i\boldsymbol{e}_i$，其中 $\boldsymbol{e}_1$，$\boldsymbol{e}_2$，…，$\boldsymbol{e}_n$ 为 $n$ 维单位坐标向量组. 由于

$$|f(\boldsymbol{x}) - f(\boldsymbol{y})| = |\|\boldsymbol{x}\|_\alpha - \|\boldsymbol{y}\|_\alpha| \leqslant \|\boldsymbol{x} - \boldsymbol{y}\|_\alpha = \left\|\sum_{i=1}^{n}(x_i - y_i)\boldsymbol{e}_i\right\|_\alpha$$

$$\leqslant \sum_{i=1}^{n}|x_i - y_i|\|\boldsymbol{e}_i\|_\alpha \leqslant \left(\sum_{i=1}^{n}|x_i - y_i|^2\right)^{\frac{1}{2}}\left(\sum_{i=1}^{n}\|\boldsymbol{e}_i\|_\alpha^2\right)^{\frac{1}{2}}$$

则得知 $f(\boldsymbol{x})$ 是 $R^n$ 上的连续函数. 引进 $R^n$ 中有界闭集 $S^n = \{\boldsymbol{x}: \|\boldsymbol{x}\|_2 = 1, \boldsymbol{x} \in R^n\}$. 根据连续函数性质，$f(\boldsymbol{x})$ 在 $S^n$ 上达到最大和最小值，即存在点 $\boldsymbol{x}'$，$\boldsymbol{x}'' \in S^n$，使得

$$m = f(\boldsymbol{x}') \leqslant f(\boldsymbol{x}) \leqslant f(\boldsymbol{x}'') = M, \quad \forall \boldsymbol{x} \in S^n$$

注意，当 $\boldsymbol{x} \in S^n$ 时，$f(\boldsymbol{x}) > 0$，所以 $m > 0$. 现在，对任何 $\boldsymbol{x} \in R^n$ 且 $\boldsymbol{x} \neq \boldsymbol{0}$. 由于 $\frac{1}{\|\boldsymbol{x}\|_2}\boldsymbol{x} \in S^n$，则有

$$m \leqslant f\left(\frac{1}{\|\boldsymbol{x}\|_2}\boldsymbol{x}\right) = \frac{1}{\|\boldsymbol{x}\|_2}\|\boldsymbol{x}\|_\alpha \leqslant M, \quad \forall \boldsymbol{x} \in R^n$$

从而定理 2.3 得证.

范数的等价性表明，一个向量若按某种范数是一个小量，则它按任何一种范数也将是一个小量. 容易证明，常用的三种向量范数满足下述等价关系：

$$\|\boldsymbol{x}\|_\infty \leqslant \|\boldsymbol{x}\|_1 \leqslant n\|\boldsymbol{x}\|_\infty$$

$$\|\boldsymbol{x}\|_\infty \leqslant \|\boldsymbol{x}\|_2 \leqslant \sqrt{n}\|\boldsymbol{x}\|_\infty$$

$$\| \boldsymbol{x} \|_2 \leqslant \| \boldsymbol{x} \|_1 \leqslant \sqrt{n} \| \boldsymbol{x} \|_2$$

当不需要指明使用哪一种向量范数时，就用符号 $\| \cdot \|$ 泛指任何一种向量范数.

**定义 2.2**　设向量序列 $\boldsymbol{x}^{(k)} = (x_1^{(k)}, x_2^{(k)}, \cdots, x_n^{(k)})^{\mathrm{T}}, k = 0,1,\cdots$，向量 $\boldsymbol{x}^* = (x_1^*, x_2^*, \cdots, x_n^*)^{\mathrm{T}}$. 称向量序列 $\{\boldsymbol{x}^{(k)}\}$ 收敛于向量 $\boldsymbol{x}^*$，如果

$$\lim_{k\to\infty} \| \boldsymbol{x}^{(k)} - \boldsymbol{x}^* \| = 0$$

记作 $\lim\limits_{k\to\infty} \boldsymbol{x}^{(k)} = \boldsymbol{x}^*$，或 $\boldsymbol{x}^{(k)} \to \boldsymbol{x}^*$ .

从向量范数的等价关系可知，向量序列的收敛性不依赖于具体使用的向量范数. 由于

$$\| \boldsymbol{x}^{(k)} - \boldsymbol{x}^* \|_1 = \sum_{i=1}^{n} | x_i^{(k)} - x_i^* |$$

这表明，向量序列 $\{\boldsymbol{x}^{(k)}\}$ 收敛于 $\boldsymbol{x}^*$，当且仅当它的每一个分量序列收敛于 $\boldsymbol{x}^*$ 的对应分量，即

$$\boldsymbol{x}^{(k)} \to \boldsymbol{x}^* \Leftrightarrow x_i^{(k)} \to x_i^*, \quad i = 1,2,\cdots,n$$

### 2.4.2　矩阵的范数

矩阵范数是反映矩阵“大小”的一种度量.

**定义 2.3**　设 $\| \cdot \|$ 是以 $n$ 阶矩阵为自变量的实值函数，且满足条件：

(1) $\| \boldsymbol{A} \| \geqslant 0$，且 $\| \boldsymbol{A} \| = 0$，当且仅当 $\boldsymbol{A} = \boldsymbol{O}$

(2) $\| \alpha \boldsymbol{A} \| = |\alpha| \| \boldsymbol{A} \|$，$\alpha \in R$

(3) $\| \boldsymbol{A} + \boldsymbol{B} \| \leqslant \| \boldsymbol{A} \| + \| \boldsymbol{B} \|$

(4) $\| \boldsymbol{AB} \| \leqslant \| \boldsymbol{A} \| \| \boldsymbol{B} \|$

则称 $\| \boldsymbol{A} \|$ 为矩阵 $\boldsymbol{A}$ 的范数.

设 $n$ 阶矩阵 $\boldsymbol{A} = (a_{ij})$，常用的矩阵范数有：

**矩阵的 1-范数：** $\| \boldsymbol{A} \|_1 = \max\limits_{1\leqslant j\leqslant n} \sum\limits_{i=1}^{n} | a_{ij} |$

**矩阵的 2-范数：** $\| \boldsymbol{A} \|_2 = (\boldsymbol{A}^{\mathrm{T}}\boldsymbol{A}$ 的最大特征值$)^{\frac{1}{2}}$

**矩阵的 ∞-范数：** $\| \boldsymbol{A} \|_\infty = \max\limits_{1\leqslant i\leqslant n} \sum\limits_{j=1}^{n} | a_{ij} |$

它们都满足矩阵范数的条件（1）～（4）. 通常也将这三种矩阵范数 $\|A\|_p, p=1,2,\infty$，依次称为矩阵的**列范数，谱范数**和**行范数**.

**例 2-6** 设矩阵

$$A=\begin{bmatrix}1 & -2\\ -3 & 4\end{bmatrix}$$

求矩阵 $A$ 的范数 $\|A\|_p, p=1,2,\infty$.

**解** 根据定义

$$\|A\|_1=\max\{|1|+|-3|,|-2|+|4|\}=6$$

$$\|A\|_\infty=\max\{|1|+|-2|,|-3|+|4|\}=7$$

由于

$$A^{\mathrm{T}}A=\begin{bmatrix}1 & -3\\ -2 & 4\end{bmatrix}\begin{bmatrix}1 & -2\\ -3 & 4\end{bmatrix}=\begin{bmatrix}10 & -14\\ -14 & 20\end{bmatrix}$$

则它的特征方程为

$$|\lambda I-A^{\mathrm{T}}A|=\begin{vmatrix}\lambda-10 & 14\\ 14 & \lambda-20\end{vmatrix}=\lambda^2-30\lambda+4=0$$

此方程的根为矩阵 $A^{\mathrm{T}}A$ 的特征值，解得 $\lambda_1=15+\sqrt{221}$，$\lambda_2=15-\sqrt{221}$. 因此

$$\|A\|_2=(15+\sqrt{221})^{\frac{1}{2}}\approx 5.46$$

若视 $n$ 阶矩阵为其 $n^2$ 个元素作为分量构成的 $n^2$ 维向量，则知任何两个矩阵范数也是等价的.

在线性方程组的研究中，经常遇到矩阵与向量的乘积运算，若将矩阵范数与向量范数关联起来，将给问题的分析带来许多方便. 设 $\|\cdot\|$ 是一种向量范数，由此范数派生的**矩阵算子范数**定义为

$$\|A\|=\max_{x\neq 0}\frac{\|Ax\|}{\|x\|} \tag{2.39}$$

注意，此式左端 $\|A\|$ 表示矩阵范数，而右端是向量 $Ax$ 和 $x$ 的范数. 利用向量范数所具有的性质不难验证，由式（2.39）定义的矩阵算子范数满足矩阵范数的条件(1)～(4). 矩阵算子范数的一个显著优点是，它满足

$$\| \boldsymbol{A}\boldsymbol{x} \| \leqslant \| \boldsymbol{A} \| \, \| \boldsymbol{x} \|, \quad \forall \boldsymbol{x} \in R^n \tag{2.40}$$

通常将满足式（2.40）的矩阵范数称为与向量范数**相容的矩阵范数**.

可以证明，前述的三种矩阵范数 $\| \boldsymbol{A} \|_p$，$p=1,2,\infty$，就是由向量范数 $\| \boldsymbol{x} \|_p$ 派生出的矩阵算子范数，即

$$\| \boldsymbol{A} \|_p = \max_{\boldsymbol{x} \neq \boldsymbol{0}} \frac{\| \boldsymbol{A}\boldsymbol{x} \|_p}{\| \boldsymbol{x} \|_p}, \quad p = 1,2,\infty$$

因此，对于 $p=1$，2，∞，矩阵范数 $\| \boldsymbol{A} \|_p$ 是与向量范数 $\| \boldsymbol{x} \|_p$ 相容的矩阵范数.

另一种常用的矩阵范数称为 **F-范数**，定义为

$$\| \boldsymbol{A} \|_F = \left( \sum_{i,j=1}^{n} |a_{ij}|^2 \right)^{\frac{1}{2}}$$

对于单位矩阵 $\boldsymbol{I}$，它的任何一种算子范数为 $\| \boldsymbol{I} \| = 1$，但按 F-范数，却有 $\| \boldsymbol{I} \|_F = \sqrt{n}$，因此矩阵的 F-范数不是一种算子范数，但它却与向量的 2-范数相容，即

$$\| \boldsymbol{A}\boldsymbol{x} \|_2 \leqslant \| \boldsymbol{A} \|_F \| \boldsymbol{x} \|_2$$

矩阵的 F-范数和 2-范数都具有在正交变换下保持不变的性质：

$$\| \boldsymbol{Q}\boldsymbol{A} \|_F = \| \boldsymbol{A}\boldsymbol{Q} \|_F = \| \boldsymbol{A} \|_F$$

$$\| \boldsymbol{Q}\boldsymbol{A} \|_2 = \| \boldsymbol{A}\boldsymbol{Q} \|_2 = \| \boldsymbol{A} \|_2$$

其中 $\boldsymbol{Q}$ 为正交矩阵.

矩阵范数同矩阵特征值之间有密切的联系. 设 $\lambda$ 是矩阵 $\boldsymbol{A}$ 相应于特征向量 $\boldsymbol{x}$ 的特征值，即

$$\boldsymbol{A}\boldsymbol{x} = \lambda \boldsymbol{x}$$

利用向量-矩阵范数的相容性，得到

$$|\lambda| \, \| \boldsymbol{x} \| = \| \lambda \boldsymbol{x} \| = \| \boldsymbol{A}\boldsymbol{x} \| \leqslant \| \boldsymbol{A} \| \, \| \boldsymbol{x} \|$$

从而，对 $\boldsymbol{A}$ 的任何特征值 $\lambda$ 均成立

$$|\lambda| \leqslant \| \boldsymbol{A} \| \tag{2.41}$$

设 $n$ 阶矩阵 $\boldsymbol{A}$ 的 $n$ 个特征值为 $\lambda_1, \lambda_2, \cdots, \lambda_n$. 称

$$\rho(\boldsymbol{A}) = \max_{1 \leqslant i \leqslant n} |\lambda_i|$$

为矩阵 $\boldsymbol{A}$ 的**谱半径**. 从式（2.41）得知，对矩阵 $\boldsymbol{A}$ 的任何一种相容范

数都有

$$\rho(\boldsymbol{A}) \leqslant \|\boldsymbol{A}\| \tag{2.42}$$

另一个更深刻的结果是：$\forall \varepsilon > 0$，必存在一种相容的矩阵范数，使

$$\|\boldsymbol{A}\| \leqslant \rho(\boldsymbol{A}) + \varepsilon \tag{2.43}$$

此结论的证明可参阅文献［1］．式（2.42）和（2.43）表明，矩阵 $\boldsymbol{A}$ 的谱半径是它所有相容范数的下确界．

**定义 2.4** 设矩阵序列 $\boldsymbol{A}^{(k)} = (a_{ij}^{(k)})$，$k = 1, 2, \cdots$，矩阵 $\boldsymbol{A} = (a_{ij})$．称 $\{\boldsymbol{A}^{(k)}\}$ 收敛于 $\boldsymbol{A}$，如果

$$\lim_{k\to\infty} \|\boldsymbol{A}^{(k)} - \boldsymbol{A}\| = 0$$

记作 $\lim\limits_{k\to\infty} \boldsymbol{A}^{(k)} = \boldsymbol{A}$，或 $\boldsymbol{A}^{(k)} \to \boldsymbol{A}$．

根据矩阵范数的等价性，上述定义中的范数可以是任何一种矩阵范数．由于

$$\|\boldsymbol{A}^{(k)} - \boldsymbol{A}\|_F = \left(\sum_{i,j=1}^{n} |a_{ij}^{(k)} - a_{ij}|^2\right)^{\frac{1}{2}}$$

则知，矩阵序列 $\boldsymbol{A}^{(k)} \to \boldsymbol{A}$ 当且仅当 $a_{ij}^{(k)} \to a_{ij}$，$1 \leqslant i, j \leqslant n$．

## 2.5 线性方程组固有性态与误差分析

在线性方程组 $\boldsymbol{Ax} = \boldsymbol{b}$ 中，原始数据 $\boldsymbol{A}$ 和 $\boldsymbol{b}$ 若来源于实际问题则往往带有误差，或者虽然它们是精确的，但存放到计算机中后由于字长的限制，也会变为近似的．这样，即使求解方法是精确的且计算过程无任何误差，也得不到原方程组的精确解．本节将要研究原始数据 $\boldsymbol{A}$ 或 $\boldsymbol{b}$ 的误差将对方程组的解产生何种影响，以及这种影响与方程组固有性态的联系．

### 2.5.1 方程组的固有性态

考虑线性方程组 $\boldsymbol{Ax} = \boldsymbol{b}$，其中

$$\boldsymbol{A} = \begin{bmatrix} 1 & 0.99 \\ 0.99 & 0.98 \end{bmatrix}, \quad \boldsymbol{b} = \begin{bmatrix} b_1 \\ b_2 \end{bmatrix} \tag{2.44}$$

此方程组的精确解可表示为

$$\boldsymbol{x} = (-9800b_1 + 9900b_2, 9900b_1 - 10000b_2)^{\mathrm{T}} \tag{2.45}$$

现设方程组右端项 $\boldsymbol{b}$ 有一个微小的扰动误差，改变为

$$\tilde{\boldsymbol{b}} = (b_1 + \varepsilon, b_2)^{\mathrm{T}}$$

相应方程组的解记为 $\tilde{\boldsymbol{x}}$，即 $\boldsymbol{A}\tilde{\boldsymbol{x}} = \tilde{\boldsymbol{b}}$. 从式（2.45）得到

$$\tilde{\boldsymbol{x}} - \boldsymbol{x} = (-9800\varepsilon, 9900\varepsilon)^{\mathrm{T}}$$

这就是说，方程组右端绝对误差的最大分量仅为 $|\varepsilon|$，可是解的绝对误差分量却达到 $|\varepsilon|$ 的 9900 倍. 注意，上述求解过程是精确进行的，这表明计算解的显著误差产生于方程组本身的固有性态. 这种由于原始数据微小变化而导致解严重失真的方程组称为**病态方程组**，相应的系数矩阵称为**病态矩阵**. 下面对病态方程组的特征进行分析.

设线性方程组

$$\boldsymbol{A}\boldsymbol{x} = \boldsymbol{b} \tag{2.46}$$

首先假定系数矩阵 $\boldsymbol{A}$ 是精确的，而右端项 $\boldsymbol{b}$ 有误差 $\Delta\boldsymbol{b}$，此时方程组的解也相应变为 $\boldsymbol{x}+\Delta\boldsymbol{x}$，即

$$\boldsymbol{A}(\boldsymbol{x} + \Delta\boldsymbol{x}) = \boldsymbol{b} + \Delta\boldsymbol{b}$$

由式（2.46）得

$$\boldsymbol{A}\Delta\boldsymbol{x} = \Delta\boldsymbol{b}$$

所以

$$\|\Delta\boldsymbol{x}\| = \|\boldsymbol{A}^{-1}\Delta\boldsymbol{b}\| \leqslant \|\boldsymbol{A}^{-1}\| \, \|\Delta\boldsymbol{b}\|$$

再由式（2.46）得

$$\|\boldsymbol{b}\| = \|\boldsymbol{A}\boldsymbol{x}\| \leqslant \|\boldsymbol{A}\| \, \|\boldsymbol{x}\|$$

因此

$$\|\Delta\boldsymbol{x}\| \, \|\boldsymbol{b}\| \leqslant \|\boldsymbol{A}\| \, \|\boldsymbol{A}^{-1}\| \, \|\Delta\boldsymbol{b}\| \, \|\boldsymbol{x}\|$$

由此得到

$$\frac{\|\Delta\boldsymbol{x}\|}{\|\boldsymbol{x}\|} \leqslant \|\boldsymbol{A}\| \, \|\boldsymbol{A}^{-1}\| \frac{\|\Delta\boldsymbol{b}\|}{\|\boldsymbol{b}\|} \tag{2.47}$$

现在假定 $\boldsymbol{b}$ 是精确的，而 $\boldsymbol{A}$ 有误差 $\Delta\boldsymbol{A}$，相应方程组的解变为 $\boldsymbol{x}+\Delta\boldsymbol{x}$，即

$$(A+\Delta A)(x+\Delta x)=b$$

由于 $Ax=b$，则得

$$A\Delta x+\Delta A(x+\Delta x)=0$$

因此

$$\Delta x=-A^{-1}\Delta A(x+\Delta x)$$

从而得到

$$\|\Delta x\| \leqslant \|A^{-1}\| \|\Delta A\| \|x+\Delta x\|$$

于是

$$\frac{\|\Delta x\|}{\|x+\Delta x\|} \leqslant \|A\| \|A^{-1}\| \frac{\|\Delta A\|}{\|A\|} \tag{2.48}$$

从式（2.47）和（2.48）可知，由原始数据误差所引起的方程组解的相对误差是否可控制，取决于量 $\|A\| \|A^{-1}\|$ 的大小，若其值很大，原始数据的误差对解的影响就可能很大；若它较小，这种影响也就较小．这个量被称为方程组 $Ax=b$ 或矩阵 $A$ 的**条件数**，记为

$$\mathrm{Cond}(A)=\|A\| \|A^{-1}\|$$

条件数是方程组本身的固有性态，它反映了方程组解对原始数据扰动的敏感程度．通常称条件数过大的方程组为病态方程组，相应的系数矩阵称为病态矩阵．注意，条件数与所使用的矩阵范数有关，但由于矩阵范数具有等价关系，不同范数的使用不会改变矩阵或方程组的病态性质．

经常使用的条件数有

$$\mathrm{Cond}_p(A)=\|A\|_p \|A^{-1}\|_p,\quad p=1,2,\infty$$

当 $A$ 为对称矩阵时，可有

$$\mathrm{Cond}_2(A)=\frac{|\lambda_1|}{|\lambda_n|}$$

其中 $\lambda_1$ 和 $\lambda_n$ 分别为 $A$ 的按模最大和最小的特征值．

对于式（2.44）中的矩阵 $A$，经计算可得

$$\mathrm{Cond}_1(A)=\mathrm{Cond}_\infty(A)=39601,\quad \mathrm{Cond}_2(A)=39206$$

可见，$A$ 是病态矩阵，相应的方程组是病态方程组．

前面的讨论是在假定方程组的求解过程是精确的条件下，研究原始数据的误差对方程组解的影响，并没有考虑计算过程中舍入误差对解的影响. 现在假定原始数据 $\boldsymbol{A}$ 和 $\boldsymbol{b}$ 没有误差，研究计算舍入误差对解的影响.

设方程组 $\boldsymbol{Ax}=\boldsymbol{b}$，由于计算舍入误差的存在，求得的计算解一般为 $\tilde{\boldsymbol{x}}=\boldsymbol{x}+\Delta\boldsymbol{x}$. 为了估计 $\Delta\boldsymbol{x}$ 的大小，经常采用一种向后误差分析方法，其基本思想是把 $\tilde{\boldsymbol{x}}$ 视为原方程组的一个扰动方程组的精确解，即

$$(\boldsymbol{A}+\Delta\boldsymbol{A})\tilde{\boldsymbol{x}}=\boldsymbol{b} \tag{2.49}$$

引进 $\Delta\boldsymbol{A}$ 是为了平衡误差 $\Delta\boldsymbol{x}$ 的影响，当 $\Delta\boldsymbol{A}=\boldsymbol{O}$ 时，应有 $\Delta\boldsymbol{x}=\boldsymbol{0}$. 然后通过对 $\Delta\boldsymbol{A}$ 的估计来得到 $\Delta\boldsymbol{x}$ 的估计. 理论上可以证明，用列主元 Gauss 消去法求解 $n$ 元线性方程组时，反映计算舍入误差 $\Delta\boldsymbol{x}$ 影响的扰动矩阵 $\Delta\boldsymbol{A}$ 满足估计

$$\|\Delta\boldsymbol{A}\|_\infty \leqslant 1.01(n^3+3n^2)\max_{i,j,k}|a_{ij}^{(k)}|\cdot 2^{-t}$$

其中 $t$ 是计算机中浮点数尾数的二进制位数. 对一般规模的问题和计算机而言，上式右端是一个相当小的数. 这表明，在正常情况下，列主元 Gauss 消去法是数值稳定的，亦即它的舍入误差积累是可控制的. 但对于严重病态的方程组，从式（2.48）可知，列主元 Gauss 消去法仍有可能产生较大的舍入误差积累.

### 2.5.2 预条件和迭代改善

对于病态方程组，用一般的数值方法求解都可能得不到令人满意的结果. 对于此类方程组必须采取特殊的措施. 本节将要介绍处理病态方程组的**预条件方法**和**迭代改善方法**.

给定线性方程组 $\boldsymbol{Ax}=\boldsymbol{b}$，首先需要判定它是否是病态的. 如果通过计算条件数 $\mathrm{Cond}(\boldsymbol{A})=\|\boldsymbol{A}\|\,\|\boldsymbol{A}^{-1}\|$ 来进行判定，则需要用较大的计算量来求逆矩阵 $\boldsymbol{A}^{-1}$，一般并不采用这种方法. 在实际计算中，往往通过一些间接现象来进行判定. 一般说来，遇到下列情况之一，方程组或相应的矩阵就有可能是病态的.

（1）矩阵元素间的数量级相差很大，大的很大，小的很小，并且无一定规律；

（2）矩阵的行列式值相对来说很小，或矩阵的某些行（或列）近似地线性相关；

（3）用列主元消去法求解过程中出现数量级很小的主元素；

（4）在数值求解过程中，计算解 $\tilde{x}$ 的剩余向量 $r = b - A\tilde{x}$ 已经很小，但 $\tilde{x}$ 仍不符合要求.

在以上所列情况下，就可以按病态情形来处理方程组.

**线性方程组的预条件处理**

对于病态方程组 $Ax = b$，可以采用预条件处理方法. 这种方法的基本思想是，首先将原方程组转化为一个等价的非病态的（条件数相对不大的）方程组，然后求解这个等价的方程组来得到原方程组的解. 考虑线性方程组

$$\tilde{A}\tilde{x} = \tilde{b} \tag{2.50}$$

其中

$$\tilde{A} = C^{-1}AC^{-1},\quad \tilde{x} = Cx,\quad \tilde{b} = C^{-1}b$$

显然这是一个与原方程组等价的方程组，称之为**预条件方程组**，可逆矩阵 $C$ 称为**预条件矩阵**. 由预条件方程组解得 $\tilde{x}$，再求解 $Cx = \tilde{x}$，得到原方程组的解 $x$. 预条件方法的关键是预条件矩阵 $C$ 的选择，一般应选取矩阵 $C$ 满足如下要求：

a. 条件数 $\mathrm{Cond}(\tilde{A})$ 比 $\mathrm{Cond}(A)$ 有明显改善；

b. 方程组 $Cz = d$ 容易求解.

第一个要求是为了保证预条件方程组（2.50）不是病态的；第二个要求是由于在求解过程中还需要求解形如 $Cz = d$ 的方程组.

选取合适的预条件矩阵是一件困难的事情，对于一般的矩阵 $A$ 并没有十分有效的方法. 当 $A$ 为对称正定矩阵时，可取 $C = D^{\frac{1}{2}}$，$D$ 为 $A$ 的对角元素构成的对角矩阵.

**线性方程组解的迭代改善**

处理病态方程组的另一种方法是对计算解进行迭代改善. 设已求得方程组 $Ax = b$ 的近似解 $x^{(1)}$，计算剩余向量

$$r^{(1)} = b - Ax^{(1)}$$

再求解余量方程组

$$\boldsymbol{A}\boldsymbol{x} = \boldsymbol{r}^{(1)} \tag{2.51}$$

得到解 $\tilde{\boldsymbol{x}}^{(1)}$，则 $\boldsymbol{x}^{(1)}$ 的迭代改善解为 $\boldsymbol{x}^{(2)} = \boldsymbol{x}^{(1)} + \tilde{\boldsymbol{x}}^{(1)}$. 如果 $\tilde{\boldsymbol{x}}^{(1)}$ 是方程组（2.51）的精确解，则由

$$\boldsymbol{A}(\boldsymbol{x}^{(1)} + \tilde{\boldsymbol{x}}^{(1)}) = (\boldsymbol{b} - \boldsymbol{r}^{(1)}) + \boldsymbol{r}^{(1)} = \boldsymbol{b}$$

得知，$\boldsymbol{x}^{(2)}$ 是方程组 $\boldsymbol{A}\boldsymbol{x} = \boldsymbol{b}$ 的精确解. 因此，$\boldsymbol{x}^{(2)}$ 可望比 $\boldsymbol{x}^{(1)}$ 更精确. 这种提高解的精度的方法叫作**迭代改善**. 当然，如果 $\boldsymbol{x}^{(2)}$ 仍不令人满意，还可以继续进行迭代改善. 在上述求解过程中，应采用 $\boldsymbol{LU}$ 分解方法，这样在求解余量方程组时，只需增加不多的计算量.

应当指出，剩余向量 $\boldsymbol{r}^{(1)}$ 的计算必须采用双精度. 如果剩余向量 $\boldsymbol{r}^{(1)}$ 不能更精确的计算，解就无从改善.

## 习　题　2

2-1　利用 Gauss 消去法解下列方程组 $\boldsymbol{A}\boldsymbol{x} = \boldsymbol{b}$，其中

（1）$\boldsymbol{A} = \begin{bmatrix} 1 & 1 & -1 \\ 1 & 2 & -2 \\ -2 & 1 & 1 \end{bmatrix}$, $\boldsymbol{b} = \begin{bmatrix} 1 \\ 0 \\ 1 \end{bmatrix}$

（2）$\boldsymbol{A} = \begin{bmatrix} 1 & 1 & 0 & 3 \\ 2 & 1 & -1 & 1 \\ 3 & -1 & -1 & 2 \\ -1 & 2 & 3 & -1 \end{bmatrix}$, $\boldsymbol{b} = \begin{bmatrix} 4 \\ 1 \\ -3 \\ 4 \end{bmatrix}$

2-2　利用列主元 Gauss 消去法解下列方程组 $\boldsymbol{A}\boldsymbol{x} = \boldsymbol{b}$，其中

（1）$\boldsymbol{A} = \begin{bmatrix} -3 & 2 & 6 \\ 10 & -7 & 0 \\ 5 & -1 & 5 \end{bmatrix}$, $\boldsymbol{b} = \begin{bmatrix} 4 \\ 7 \\ 6 \end{bmatrix}$

（2）$\boldsymbol{A} = \begin{bmatrix} 3 & -1 & 4 \\ -1 & 2 & -2 \\ 2 & -3 & -2 \end{bmatrix}$, $\boldsymbol{b} = \begin{bmatrix} 7 \\ -1 \\ 0 \end{bmatrix}$

2-3　对下列矩阵 $\boldsymbol{A}$ 进行 $\boldsymbol{LU}$ 分解，并求解方程组 $\boldsymbol{A}\boldsymbol{x} = \boldsymbol{b}$，其中

（1）$\boldsymbol{A} = \begin{bmatrix} 2 & 1 & 1 \\ 1 & 3 & 2 \\ 1 & 2 & 2 \end{bmatrix}$, $\boldsymbol{b} = \begin{bmatrix} 4 \\ 6 \\ 5 \end{bmatrix}$

（2）$A=\begin{bmatrix}12 & -3 & 3\\ -18 & 3 & -1\\ 1 & 1 & 1\end{bmatrix}$，$b=\begin{bmatrix}15\\ -15\\ 6\end{bmatrix}$

2-4　对矩阵 $A$ 进行 $LDM$ 分解和 Crout 分解

$$A=\begin{bmatrix}2 & 1 & 2\\ 4 & 5 & 6\\ 6 & 15 & 15\end{bmatrix}$$

2-5　对矩阵 $A$ 进行 $LDL^{\mathrm{T}}$ 分解和 $GG^{\mathrm{T}}$ 分解，并求解方程组 $Ax=b$，其中

$$A=\begin{bmatrix}16 & 4 & 8\\ 4 & 5 & -4\\ 8 & -4 & 22\end{bmatrix},\quad b=\begin{bmatrix}1\\ 2\\ 3\end{bmatrix}$$

2-6　给定下列方程组

$$(1)\begin{cases}10^{-2}x+y=1\\ x+y=2\end{cases}\qquad (2)\begin{cases}10^{-12}x+y+z=2\\ x+2y-z=2\\ -x+y+z=1\end{cases}$$

a. 用 Cramer 法则求其精确解；

b. 用 Gauss 消去法和列主元 Gauss 消去法求解，并比较结果（（1）保留二位有效数字；（2）保留六位有效数字）.

2-7　证明：用列主元 Gauss 消去法求解方程组 $Ax=b$ 相当于用 Gauss 消去法求解方程组 $PAx=Pb$，其中 $P$ 是一个行排列矩阵，它是一些初等行变换矩阵的乘积矩阵.

2-8　用追赶法求解方程组

$$\begin{bmatrix}4 & -1 & & & \\ -1 & 4 & -1 & & \\ & -1 & 4 & -1 & \\ & & -1 & 4 & -1\\ & & & -1 & 4\end{bmatrix}\begin{bmatrix}x_1\\ x_2\\ x_3\\ x_4\\ x_5\end{bmatrix}=\begin{bmatrix}100\\ 0\\ 0\\ 0\\ 200\end{bmatrix}$$

2-9　对二维向量 $x=(x_1,\ x_2)^{\mathrm{T}}$，画出由平面上点集：$\|x\|_1\leqslant 1$，$\|x\|_2\leqslant 1$，$\|x\|_\infty\leqslant 1$ 所确定的几何图形.

2-10　证明下列不等式

（1）$\|x-y\|\leqslant\|x-z\|+\|z-y\|$

（2）$\big|\|x\|-\|y\|\big|\leqslant\|x-y\|$

2-11　设 $\|\cdot\|$ 为一向量范数，$\boldsymbol{P}$ 为非奇异矩阵，定义 $\|\boldsymbol{x}\|_P = \|\boldsymbol{Px}\|$. 证明：$\|\cdot\|_P$是一种向量范数.

2-12　设 $\boldsymbol{A}$ 为对称正定矩阵，定义 $\|\boldsymbol{x}\|_A = \sqrt{\boldsymbol{x}^{\mathrm{T}}\boldsymbol{Ax}}$. 证明：$\|\cdot\|_A$是一种向量范数.

2-13　证明如下范数的等价性关系：

(1) $\|\boldsymbol{x}\|_\infty \leqslant \|\boldsymbol{x}\|_2 \leqslant \sqrt{n}\|\boldsymbol{x}\|_\infty$

(2) $\|\boldsymbol{x}\|_2 \leqslant \|\boldsymbol{x}\|_1 \leqslant \sqrt{n}\|\boldsymbol{x}\|_2$

(3) $\|\boldsymbol{A}\|_2 \leqslant \|\boldsymbol{A}\|_F \leqslant \sqrt{n}\|\boldsymbol{A}\|_2$

2-14　设矩阵

$$\boldsymbol{A} = \begin{bmatrix} 0.6 & 0.5 \\ 0.1 & 0.3 \end{bmatrix}$$

计算矩阵 $\boldsymbol{A}$ 的 1-范数，2-范数，$\infty$-范数，$F$-范数，及相应的条件数Cond($\boldsymbol{A}$).

2-15　举例说明 $\|\boldsymbol{A}\| = \max\limits_{1\leqslant i,\, j\leqslant n} |a_{ij}|$不是矩阵范数.

2-16　对任意矩阵范数 $\|\cdot\|$，求证

(1) $\|\boldsymbol{I}\| \geqslant 1$　　　(2) $\|\boldsymbol{A}^{-1}\| \geqslant \dfrac{1}{\|\boldsymbol{A}\|}$

(3) $\|\boldsymbol{A}^{-1} - \boldsymbol{B}^{-1}\| \leqslant \|\boldsymbol{A}^{-1}\|\ \|\boldsymbol{B}^{-1}\|\ \|\boldsymbol{A} - \boldsymbol{B}\|$

2-17　试证明：

(1) 如果 $\boldsymbol{A}$ 为正交矩阵，则 $\mathrm{Cond}_2(\boldsymbol{A}) = 1$

(2) 如果 $\boldsymbol{A}$ 为对称正定矩阵，则 $\mathrm{Cond}_2(\boldsymbol{A}) = \dfrac{\lambda_1}{\lambda_n}$，$\lambda_1$ 和 $\lambda_n$ 分别为 $\boldsymbol{A}$ 的最大和最小特征值.

2-18　设 $\boldsymbol{A}$ 是非奇异矩阵，$\boldsymbol{b}\neq\boldsymbol{0}$，$\tilde{\boldsymbol{x}}$ 是方程组 $\boldsymbol{Ax}=\boldsymbol{b}$ 的一个近似解，剩余向量 $\boldsymbol{r} = \boldsymbol{b} - \boldsymbol{A}\tilde{\boldsymbol{x}}$. 证明

$$\frac{\|\boldsymbol{x} - \tilde{\boldsymbol{x}}\|}{\|\boldsymbol{x}\|} \leqslant \mathrm{Cond}(\boldsymbol{A})\frac{\|\boldsymbol{r}\|}{\|\boldsymbol{b}\|}$$

# 3 解线性方程组的迭代法

求解线性方程组的另一类重要方法是迭代法. 迭代法是从某一取定的初始向量 $\boldsymbol{x}^{(0)}$ 出发，按照一个适当的迭代公式，逐次计算出向量 $\boldsymbol{x}^{(1)}$，$\boldsymbol{x}^{(2)}$，…，使得向量序列 $\{\boldsymbol{x}^{(k)}\}$ 收敛于方程组的精确解. 这样，对适当大的 $k$，可取 $\boldsymbol{x}^{(k)}$ 作为方程组的近似解. 与直接方法不同，即使在计算过程中无舍入误差，迭代法也难以获得精确解. 所以，迭代法是一类逐次近似的方法.

迭代法的优点是，算法简便，程序易于实现，特别适用于求解大型稀疏线性方程组. 本章将介绍迭代法的基本理论及几种常用的迭代法，最后一节给出具有迭代形式的直接方法——共轭斜量法.

## 3.1 Jacobi 迭代法和 Gauss-Seidel 迭代法

为了对迭代法的构造有一个较直观的理解，先以三个未知量的方程组为例，介绍两种常用的迭代法. 考虑线性方程组

$$\begin{cases} a_{11}x_1 + a_{12}x_2 + a_{13}x_3 = b_1 \\ a_{21}x_1 + a_{22}x_2 + a_{23}x_3 = b_2 \\ a_{31}x_1 + a_{32}x_2 + a_{33}x_3 = b_3 \end{cases} \tag{3.1}$$

假设 $a_{ii} \neq 0(i = 1,2,3)$，方程组（3.1）可改写为等价形式

$$\begin{cases} x_1 = \dfrac{1}{a_{11}}(b_1 - a_{12}x_2 - a_{13}x_3) \\ x_2 = \dfrac{1}{a_{22}}(b_2 - a_{21}x_1 - a_{23}x_3) \\ x_3 = \dfrac{1}{a_{33}}(b_3 - a_{31}x_1 - a_{32}x_2) \end{cases} \tag{3.2}$$

由式（3.2），即可建立迭代公式

$$
\begin{cases}
x_1^{(k+1)} = \dfrac{1}{a_{11}}(b_1 - a_{12}x_2^{(k)} - a_{13}x_3^{(k)}) \\
x_2^{(k+1)} = \dfrac{1}{a_{22}}(b_2 - a_{21}x_1^{(k)} - a_{23}x_3^{(k)}) \\
x_3^{(k+1)} = \dfrac{1}{a_{33}}(b_3 - a_{31}x_1^{(k)} - a_{32}x_2^{(k)}), \quad k = 0,1,\cdots
\end{cases}
\tag{3.3}
$$

任意取定初始向量 $\boldsymbol{x}^{(0)} = (x_1^{(0)}, x_2^{(0)}, x_3^{(0)})^{\mathrm{T}}$，利用迭代公式（3.3），可逐次计算出迭代向量 $\boldsymbol{x}^{(k)} = (x_1^{(k)}, x_2^{(k)}, x_3^{(k)})^{\mathrm{T}}$，$k=1,2,\cdots$. 如果向量序列 $\{\boldsymbol{x}^{(k)}\}$ 收敛于向量 $\boldsymbol{x}^* = (x_1^*, x_2^*, x_3^*)^{\mathrm{T}}$，对式（3.3）取极限即知，$\boldsymbol{x}^* = (x_1^*, x_2^*, x_3^*)^{\mathrm{T}}$是方程组（3.2），亦即方程组（3.1）的解. 这样，对适当大的 $k$（根据精度要求确定），可取第 $k$ 次迭代向量 $\boldsymbol{x}^{(k)}$ 作为方程组（3.1）的近似解. 这种迭代算法称为 **Jacobi（雅柯比）迭代法**，简称 **J 迭代法**.

在 **J** 迭代法中，由第 $k$ 次迭代向量 $\boldsymbol{x}^{(k)}$ 计算新的迭代向量 $\boldsymbol{x}^{(k+1)}$ 时，是按顺序依次计算出 $\boldsymbol{x}^{(k+1)}$ 的各个分量 $x_1^{(k+1)}, x_2^{(k+1)}, \cdots$. 这样，在计算 $x_2^{(k+1)}$ 时，$x_1^{(k+1)}$ 已经算出，而在计算 $x_3^{(k+1)}$ 时，$x_1^{(k+1)}, x_2^{(k+1)}$ 已经算出，…. 如果在 $\boldsymbol{x}^{(k+1)}$ 的分量计算中能够利用最新的计算结果，将有可能加快迭代的收敛速度. 按照这种思想，迭代公式（3.3）可修改为

$$
\begin{cases}
x_1^{(k+1)} = \dfrac{1}{a_{11}}(b_1 - a_{12}x_2^{(k)} - a_{13}x_3^{(k)}) \\
x_2^{(k+1)} = \dfrac{1}{a_{22}}(b_2 - a_{21}x_1^{(k+1)} - a_{23}x_3^{(k)}) \\
x_3^{(k+1)} = \dfrac{1}{a_{33}}(b_3 - a_{31}x_1^{(k+1)} - a_{32}x_2^{(k+1)}), \quad k = 0,1,\cdots
\end{cases}
\tag{3.4}
$$

这种迭代算法称为 **Gauss-Seidel（高斯-塞德尔）迭代法**，简称 **GS 迭代法**.

对于一般的 $n$ 元线性方程组

$$
a_{i1}x_1 + a_{i2}x_2 + \cdots + a_{in}x_n = b_i, \quad i = 1,2,\cdots,n \tag{3.5}
$$

将其改写为

$$
x_i = \frac{1}{a_{ii}}\left(b_i - \sum_{j=1}^{i-1} a_{ij}x_j - \sum_{j=i+1}^{n} a_{ij}x_j\right), \quad i = 1,2,\cdots,n
$$

那么，求解方程组（3.5）的 Jacobi 迭代算法为

$$x_i^{(k+1)} = \frac{1}{a_{ii}}\left(b_i - \sum_{j=1}^{i-1} a_{ij}x_j^{(k)} - \sum_{j=i+1}^{n} a_{ij}x_j^{(k)}\right) \tag{3.6}$$

$$i = 1,2,\cdots,n, \quad k = 0,1,\cdots$$

Gauss-Seidel 迭代算法为

$$x_i^{(k+1)} = \frac{1}{a_{ii}}\left(b_i - \sum_{j=1}^{i-1} a_{ij}x_j^{(k+1)} - \sum_{j=i+1}^{n} a_{ij}x_j^{(k)}\right) \tag{3.7}$$

$$i = 1,2,\cdots,n, \quad k = 0,1,\cdots$$

**例 3-1** 用 **J** 迭代法和 **GS** 迭代法求解方程组

$$\begin{cases} 10x_1 + 3x_2 + x_3 = 14 \\ 2x_1 - 10x_2 + 3x_3 = -5 \\ x_1 + 3x_2 + 10x_3 = 14 \end{cases}$$

方程组的精确解为 $\boldsymbol{x}^* = (1,\ 1,\ 1)^{\mathrm{T}}$.

**解** **J** 迭代法计算公式为

$$\begin{cases} x_1^{(k+1)} = \dfrac{1}{10}(14 - 3x_2^{(k)} - x_3^{(k)}) \\ x_2^{(k+1)} = -\dfrac{1}{10}(-5 - 2x_1^{(k)} - 3x_3^{(k)}) \\ x_3^{(k+1)} = \dfrac{1}{10}(14 - x_1^{(k)} - 3x_2^{(k)}), \quad k = 0,1,\cdots \end{cases}$$

取初始向量 $\boldsymbol{x}^{(0)} = (0,\ 0,\ 0)^{\mathrm{T}}$，迭代一次得

$$x_1^{(1)} = 1.4, \quad x_2^{(1)} = 0.5, \quad x_3^{(1)} = 1.4$$

继续迭代下去，计算结果见表 3-1.

**表 3-1 J 迭代法计算结果**

| $k$ | $x_1^{(k)}$ | $x_2^{(k)}$ | $x_3^{(k)}$ | $\Vert \boldsymbol{x}^{(k)} - \boldsymbol{x}^* \Vert_\infty$ |
|---|---|---|---|---|
| 0 | 0 | 0 | 0 | 1 |
| 1 | 1.4000 | 0.5000 | 1.4000 | 0.5000 |
| 2 | 1.1100 | 1.2000 | 1.1100 | 0.2000 |
| 3 | 0.9290 | 1.0550 | 0.9290 | 0.0710 |
| 4 | 0.9906 | 0.9645 | 0.9906 | 0.0355 |
| 5 | 1.0116 | 0.9953 | 1.0116 | 0.0116 |
| 6 | 1.0003 | 1.0058 | 1.0003 | 0.0058 |

GS 迭代法计算公式为

$$\begin{cases} x_1^{(k+1)} = \frac{1}{10}(14 - 3x_2^{(k)} - x_3^{(k)}) \\ x_2^{(k+1)} = -\frac{1}{10}(-5 - 2x_1^{(k+1)} - 3x_3^{(k)}) \\ x_3^{(k+1)} = \frac{1}{10}(14 - x_1^{(k+1)} - 3x_2^{(k+1)}), \quad k = 0,1,\cdots \end{cases}$$

仍取初始向量 $\boldsymbol{x}^{(0)} = (0, 0, 0)^{\mathrm{T}}$，迭代一次得

$$x_1^{(1)} = 1.4, \quad x_2^{(1)} = 0.78, \quad x_3^{(1)} = 1.026$$

继续迭代下去，计算结果见表 3-2.

**表 3-2　GS 迭代法计算结果**

| $k$ | $x_1^{(k)}$ | $x_2^{(k)}$ | $x_3^{(k)}$ | $\Vert \boldsymbol{x}^{(k)} - \boldsymbol{x}^* \Vert_\infty$ |
|---|---|---|---|---|
| 0 | 0 | 0 | 0 | 1 |
| 1 | 1.4000 | 0.7800 | 1.0260 | 0.4000 |
| 2 | 1.0634 | 1.0205 | 0.9875 | 0.0634 |
| 3 | 0.9951 | 0.9953 | 1.0019 | 0.0049 |
| 4 | 1.0012 | 1.0008 | 0.9996 | 0.0012 |

从表 3-1 和表 3-2 可见，GS 迭代法收敛较快，若取精确到小数点后两位的近似解，GS 方法迭代四次，而 J 方法迭代六次.

为了便于进行理论分析，下面从矩阵方程的角度来导出 Jacobi 迭代法和 Gauss-Seidel 迭代法. 给定线性方程组

$$\boldsymbol{A}\boldsymbol{x} = \boldsymbol{b} \tag{3.8}$$

将矩阵 $\boldsymbol{A}$ 分解为

$$\boldsymbol{A} = \boldsymbol{D} - \boldsymbol{L} - \boldsymbol{U}$$

其中，$\boldsymbol{D} = \mathrm{diag}(a_{11}, a_{22}, \cdots, a_{nn})$ 为 $\boldsymbol{A}$ 的对角矩阵，$-\boldsymbol{L}$ 和 $-\boldsymbol{U}$ 分别为如下形式的下三角矩阵和上三角矩阵

$$-\boldsymbol{L}=\begin{bmatrix}0 & & & & \\ a_{21} & 0 & & & \\ a_{31} & a_{32} & 0 & & \\ \vdots & \vdots & \ddots & \ddots & \\ a_{n1} & a_{n2} & \cdots & a_{nn-1} & 0\end{bmatrix},\quad -\boldsymbol{U}=\begin{bmatrix}0 & a_{12} & a_{13} & \cdots & a_{1n} \\ & 0 & a_{23} & \cdots & a_{2n} \\ & & \ddots & \ddots & \vdots \\ & & & \ddots & a_{n-1n} \\ & & & & 0\end{bmatrix}$$

那么，方程组（3.8）可写为

$$(\boldsymbol{D}-\boldsymbol{L}-\boldsymbol{U})\boldsymbol{x}=\boldsymbol{b} \tag{3.9}$$

它的等价形式为

$$\boldsymbol{x}=\boldsymbol{D}^{-1}(\boldsymbol{L}+\boldsymbol{U})\boldsymbol{x}+\boldsymbol{D}^{-1}\boldsymbol{b}$$

据此，可建立解方程组（3.8）的 Jacobi 迭代算法

$$\boldsymbol{x}^{(k+1)}=\boldsymbol{D}^{-1}(\boldsymbol{L}+\boldsymbol{U})\boldsymbol{x}^{(k)}+\boldsymbol{D}^{-1}\boldsymbol{b},\quad k=0,1,\cdots \tag{3.10}$$

方程（3.9）的另一等价形式为

$$\boldsymbol{x}=(\boldsymbol{D}-\boldsymbol{L})^{-1}\boldsymbol{U}\boldsymbol{x}+(\boldsymbol{D}-\boldsymbol{L})^{-1}\boldsymbol{b}$$

这样，又可建立解方程组（3.8）的 Gauss-Seidel 迭代算法

$$\boldsymbol{x}^{(k+1)}=(\boldsymbol{D}-\boldsymbol{L})^{-1}\boldsymbol{U}\boldsymbol{x}^{(k)}+(\boldsymbol{D}-\boldsymbol{L})^{-1}\boldsymbol{b},\quad k=0,1,\cdots \tag{3.11}$$

注意，式（3.10）和（3.11）分别是 **J** 迭代公式（3.6）和 **GS** 迭代公式（3.7）的矩阵方程形式.

## 解线性方程组的 Jacobi 迭代算法

用 Jacobi 迭代法求解方程组 $\boldsymbol{Ax}=\boldsymbol{b}$，一维数组 $\boldsymbol{x}^{(0)}$ 和 $\boldsymbol{x}$ 分别存放迭代向量 $\boldsymbol{x}^{(k)}$ 和 $\boldsymbol{x}^{(k+1)}$.

**输入** 矩阵 $\boldsymbol{A}=(a_{ij})$，右端项 $\boldsymbol{b}=(b_1,b_2,\cdots,b_n)^{\mathrm{T}}$，维数 $n$，初始向量 $\boldsymbol{x}^{(0)}$，精度要求 $\varepsilon$，最大迭代次数 $N$

**输出** 迭代解 $x_1,x_2,\cdots,x_n$ 和迭代次数 $k$

（1）对于 $k=1,2,\cdots,N$，循环执行步 2 到步 5；

（2）对于 $i=1,2,\cdots,n$，计算

$$x_i \Leftarrow x_i^{(0)}+\frac{b_i-\sum_{j=1}^{n}a_{ij}x_j^{(0)}}{a_{ii}};$$

(3) 置 $R = \max_{1\leqslant i\leqslant n} |x_i - x_i^{(0)}|$;

(4) 如果 $R \leqslant \varepsilon$

输出 $x_1, x_2, \cdots, x_n, k$;

(5) $x_i^{(0)} \Leftarrow x_i$, $i = 1,2,\cdots,n$;

(6) 已达到最大迭代次数，输出 $x_1, x_2, \cdots, x_n, k$.

## 3.2　迭代法的一般形式与收敛性

给定线性方程组

$$\boldsymbol{Ax} = \boldsymbol{b} \tag{3.12}$$

将其转化为等价形式

$$\boldsymbol{x} = \boldsymbol{Mx} + \boldsymbol{g} \tag{3.13}$$

由此可建立解方程组（3.12）的迭代公式

$$\boldsymbol{x}^{(k+1)} = \boldsymbol{Mx}^{(k)} + \boldsymbol{g}, \quad k = 0,1,\cdots \tag{3.14}$$

其中 $\boldsymbol{M}$ 称为**迭代矩阵**，$\boldsymbol{g}$ 为某一向量. 对任意取定的初始向量 $\boldsymbol{x}^{(0)}$，从式（3.14）可逐次计算出迭代向量 $\boldsymbol{x}^{(k)}$，$k = 1,2,\cdots$，如果向量序列 $\{\boldsymbol{x}^{(k)}\}$ 收敛于 $\boldsymbol{x}^*$，对式（3.14）取极限得到

$$\boldsymbol{x}^* = \boldsymbol{Mx}^* + \boldsymbol{g} \tag{3.15}$$

从而 $\boldsymbol{x}^*$ 是方程组（3.13），也即方程组（3.12）的解.

不同的迭代法，主要在于迭代矩阵的不同. 例如，**J** 迭代法可写为

$$\boldsymbol{x}^{(k+1)} = \boldsymbol{Bx}^{(k)} + \boldsymbol{g}$$

其中迭代矩阵 $\boldsymbol{B} = \boldsymbol{D}^{-1}(\boldsymbol{L} + \boldsymbol{U})$，向量 $\boldsymbol{g} = \boldsymbol{D}^{-1}\boldsymbol{b}$. 而 **GS** 迭代法可写为

$$\boldsymbol{x}^{(k+1)} = \boldsymbol{Gx}^{(k)} + \boldsymbol{g}$$

其中迭代矩阵 $\boldsymbol{G} = (\boldsymbol{D} - \boldsymbol{L})^{-1}\boldsymbol{U}$，向量 $\boldsymbol{g} = (\boldsymbol{D} - \boldsymbol{L})^{-1}\boldsymbol{b}$.

一般说来，构造一种迭代法并不难，但只有收敛的迭代法才具有实用价值. 下面讨论迭代法的收敛性.

记误差向量 $\boldsymbol{e}^{(k)} = \boldsymbol{x}^{(k)} - \boldsymbol{x}^*$，那么 $\boldsymbol{x}^{(k)} \to \boldsymbol{x}^*$ 当且仅当 $\boldsymbol{e}^{(k)} \to \boldsymbol{0}$. 从方程（3.14）与（3.15）可知

$$\boldsymbol{e}^{(k+1)} = \boldsymbol{Me}^{(k)}, \quad k = 0,1,\cdots$$

由此递推得到

$$e^{(k)} = M^k e^{(0)}, \quad k = 0,1,\cdots$$

因此，当 $k \to \infty$ 时，$e^{(k)} \to \mathbf{0}$ 的充分必要条件是 $M^k \to O$.

**定理 3.1** 对任意初始向量 $x^{(0)}$，迭代法（3.14）收敛的充分必要条件是迭代矩阵 $M$ 的谱半径 $\rho(M) < 1$.

**证明** 只须证明 $\|M^k\| \to 0$ 当且仅当 $\rho(M) < 1$. 设 $\|M^k\| \to 0$，利用谱半径性质（2.42）得到

$$\rho^k(M) = \rho(M^k) \leqslant \|M^k\| \to 0$$

则必有 $\rho(M) < 1$. 反之，设 $\rho(M) < 1$，则存在 $\varepsilon > 0$ 使 $\rho(M) + \varepsilon < 1$，利用谱半径性质（2.43）得到

$$\|M^k\| \leqslant \|M\|^k \leqslant (\rho(M) + \varepsilon)^k \to 0$$

从而定理得证.

定理 3.1 是关于迭代法收敛性的一个基本定理，但谱半径 $\rho(M)$ 一般不易求出，利用 $\rho(M) \leqslant \|M\|$ 和定理 3.1，还可得到如下推论.

**推论** 对任意初始向量 $x^{(0)}$，迭代法（3.14）收敛的充分条件是 $\|M\| < 1$.

用 $\|M\| < 1$ 判定收敛性有时是很方便的，但这只是充分条件. 例如，对于迭代法

$$x^{(k+1)} = Mx^{(k)} + g, \quad M = \begin{bmatrix} 0.8 & 0 \\ 0.5 & 0.7 \end{bmatrix}$$

容易求出，$\|M\|_p > 1$，$p = 1, 2, \infty$，$\|M\|_F > 1$，但谱半径 $\rho(M) = 0.8$，根据定理 3.1，此迭代法还是收敛的.

**定理 3.2** 设 $\|M\| < 1$，则迭代法（3.14）是收敛的且满足如下误差估计式

$$\|x^{(k)} - x^*\| \leqslant \frac{\|M\|}{1 - \|M\|}\|x^{(k)} - x^{(k-1)}\| \tag{3.16}$$

$$\|x^{(k)} - x^*\| \leqslant \frac{\|M\|^k}{1 - \|M\|}\|x^{(1)} - x^{(0)}\| \tag{3.17}$$

**证明** 从式（3.14）和（3.15）得到

$$x^{(k+1)} - x^{(k)} = M(x^{(k)} - x^{(k-1)})$$

$$x^{(k+1)} - x^* = M(x^{(k)} - x^*)$$

于是有

$$\| \boldsymbol{x}^{(k+1)} - \boldsymbol{x}^{(k)} \| \leqslant \| \boldsymbol{M} \| \| \boldsymbol{x}^{(k)} - \boldsymbol{x}^{(k-1)} \| \tag{3.18}$$

$$\| \boldsymbol{x}^{(k+1)} - \boldsymbol{x}^{*} \| \leqslant \| \boldsymbol{M} \| \| \boldsymbol{x}^{(k)} - \boldsymbol{x}^{*} \| \tag{3.19}$$

利用三角不等式，式（3.18）和式（3.19）得

$$\begin{aligned} \| \boldsymbol{x}^{(k)} - \boldsymbol{x}^{*} \| &= \| (\boldsymbol{x}^{(k)} - \boldsymbol{x}^{(k+1)}) + (\boldsymbol{x}^{(k+1)} - \boldsymbol{x}^{*}) \| \\ &\leqslant \| \boldsymbol{x}^{(k)} - \boldsymbol{x}^{(k+1)} \| + \| \boldsymbol{x}^{(k+1)} - \boldsymbol{x}^{*} \| \\ &\leqslant \| \boldsymbol{M} \| \| \boldsymbol{x}^{(k)} - \boldsymbol{x}^{(k-1)} \| + \| \boldsymbol{M} \| \| \boldsymbol{x}^{(k)} - \boldsymbol{x}^{*} \| \end{aligned}$$

由此得到

$$\| \boldsymbol{x}^{(k)} - \boldsymbol{x}^{*} \| \leqslant \frac{\| \boldsymbol{M} \|}{1 - \| \boldsymbol{M} \|} \| \boldsymbol{x}^{(k)} - \boldsymbol{x}^{(k-1)} \| \tag{3.20}$$

估计式（3.16）得证. 再由式（3.18）递推得到

$$\| \boldsymbol{x}^{(k+1)} - \boldsymbol{x}^{(k)} \| \leqslant \| \boldsymbol{M} \|^{k} \| \boldsymbol{x}^{(1)} - \boldsymbol{x}^{(0)} \|$$

结合式（3.20），可得估计式（3.17），定理得证.

根据误差估计式（3.17），对任何 $\varepsilon > 0$，若要使 $\| \boldsymbol{x}^{(k)} - \boldsymbol{x}^{*} \| < \varepsilon$，只需令迭代次数 $k$ 满足

$$k > \left( \ln\varepsilon + \ln \frac{1 - \| \boldsymbol{M} \|}{\| \boldsymbol{x}^{(1)} - \boldsymbol{x}^{(0)} \|} \right) \Big/ \ln \| \boldsymbol{M} \|$$

此外，从式（3.16）可知，当 $\| \boldsymbol{x}^{(k)} - \boldsymbol{x}^{(k-1)} \|$ 很小时，$\boldsymbol{x}^{(k)}$ 就很接近于 $\boldsymbol{x}^{*}$. 所以，在实际计算中，对于预先设定的精度要求 $\varepsilon$，当前后两次迭代满足

$$\| \boldsymbol{x}^{(k)} - \boldsymbol{x}^{(k-1)} \| \leqslant \varepsilon$$

时，就可停止迭代，取 $\boldsymbol{x}^{(k)}$ 作为精确解 $\boldsymbol{x}^{*}$ 的近似.

## 3.3　Jacobi 迭代法与 Gauss-Seidel 迭代法的收敛性

前面已对一般形式的迭代法建立了有关的收敛性定理，这些定理自然也适用于 **J** 迭代法和 **GS** 迭代法，于是有

**定理 3.3**　J 迭代法收敛的充分必要条件是它的迭代矩阵 $\boldsymbol{B}$ 满足 $\rho(\boldsymbol{B}) < 1$，收敛的充分条件是 $\| \boldsymbol{B} \| < 1$；GS 迭代法收敛的充分必要条件是它的迭代矩阵 $\boldsymbol{G}$ 满足 $\rho(\boldsymbol{G}) < 1$，收敛的充分条件是 $\| \boldsymbol{G} \| < 1$.

通过迭代矩阵来判定迭代法收敛性的不足之处在于，在形成迭代矩阵时，往往涉及矩阵求逆和乘法运算，矩阵的谱半径一般也不易求得，

因此需要寻求其他的途径. 考虑到迭代矩阵与方程组系数矩阵 $\boldsymbol{A}$ 之间存在密切关系，在一定条件下就有可能通过矩阵 $\boldsymbol{A}$ 的性质来判定迭代法的收敛性.

**定义 3.1** 设 $n$ 阶矩阵 $\boldsymbol{A}=(a_{ij})$，如果 $\boldsymbol{A}$ 的元素满足

$$\sum_{\substack{j=1\\j\neq i}}^{n}|a_{ij}|<|a_{ii}|,\quad i=1,2,\cdots,n \tag{3.21}$$

则称 $\boldsymbol{A}$ 是**严格对角占优矩阵**.

**引理** 若 $\boldsymbol{A}$ 是严格对角占优矩阵，则 $\boldsymbol{A}$ 是非奇异矩阵.

**证明** 利用 $\boldsymbol{A}$ 的分解将其改写为

$$\boldsymbol{A}=\boldsymbol{D}-\boldsymbol{L}-\boldsymbol{U}=\boldsymbol{D}(\boldsymbol{I}-\boldsymbol{D}^{-1}(\boldsymbol{L}+\boldsymbol{U}))=\boldsymbol{D}(\boldsymbol{I}-\boldsymbol{B})$$

由严格对角占优条件 (3.21) 可知，对角矩阵 $\boldsymbol{D}=\mathrm{diag}(a_{11},a_{22},\cdots,a_{nn})$ 是可逆的，且

$$\|\boldsymbol{B}\|_{\infty}=\max_{1\leqslant i\leqslant n}\sum_{\substack{j=1\\j\neq i}}^{n}\left|\frac{a_{ij}}{a_{ii}}\right|<1 \tag{3.22}$$

因此 $\rho(\boldsymbol{B})\leqslant\|\boldsymbol{B}\|_{\infty}<1$，这样，数 1 不是 $\boldsymbol{B}$ 的特征值，所以 $\boldsymbol{I}-\boldsymbol{B}$ 也是可逆的. 从而 $\boldsymbol{A}=\boldsymbol{D}(\boldsymbol{I}-\boldsymbol{B})$ 是非奇异矩阵，引理得证.

**定理 3.4** 设 $\boldsymbol{A}$ 是严格对角占优矩阵，则解方程组 $\boldsymbol{Ax}=\boldsymbol{b}$ 的 **J** 迭代法和 **GS** 迭代法均收敛.

**证明** 由式 (3.22) 和定理 3.3 即知 **J** 迭代法是收敛的. 下面证明 **GS** 迭代法的收敛性.

只需证迭代矩阵 $\boldsymbol{G}=(\boldsymbol{D}-\boldsymbol{L})^{-1}\boldsymbol{U}$ 的谱半径 $\rho(\boldsymbol{G})<1$. 这里，根据严格对角占优条件 $(\boldsymbol{D}-\boldsymbol{L})^{-1}$ 是存在的. 设 $\lambda$ 是 $\boldsymbol{G}$ 的任意一个特征值，则 $\lambda$ 满足特征方程

$$\begin{aligned}\det(\lambda\boldsymbol{I}-\boldsymbol{G})&=\det(\lambda\boldsymbol{I}-(\boldsymbol{D}-\boldsymbol{L})^{-1}\boldsymbol{U})\\&=\det((\boldsymbol{D}-\boldsymbol{L})^{-1})\det(\lambda(\boldsymbol{D}-\boldsymbol{L})-\boldsymbol{U})=0\end{aligned}$$

由于 $\det((\boldsymbol{D}-\boldsymbol{L})^{-1})\neq 0$，则有

$$\det(\lambda(\boldsymbol{D}-\boldsymbol{L})-\boldsymbol{U})=0 \tag{3.23}$$

假设 $|\lambda|\geqslant 1$，利用严格对角占优条件得到

$$|\lambda||a_{ii}|>\sum_{\substack{j=1\\j\neq i}}^{n}|\lambda||a_{ij}|\geqslant\sum_{j=1}^{i-1}|\lambda||a_{ij}|+\sum_{j=i+1}^{n}|a_{ij}|,\quad i=1,2,\cdots,n$$

这表明矩阵 $\lambda(\boldsymbol{D}-\boldsymbol{L})-\boldsymbol{U}$ 也是严格对角占优的. 根据上述引理，$\det(\lambda(\boldsymbol{D}-\boldsymbol{L})-\boldsymbol{U})\neq 0$，这与式（3.23）矛盾. 所以，对于满足式（3.23）的 $\lambda$，必有 $|\lambda|<1$，即 $\rho(\boldsymbol{G})<1$ 成立，定理得证.

可以直接验证，例 3-1 中方程组的系数矩阵是严格对角占优的，因此 **J** 迭代法与 **GS** 迭代法均收敛. 数值计算结果也表明了这两个迭代法是收敛的.

**定理 3.5**　设 $\boldsymbol{A}$ 为对称正定矩阵，则解方程组 $\boldsymbol{Ax}=\boldsymbol{b}$ 的 **GS** 迭代法是收敛的.

此定理是下节定理 3.8 的直接推论.

对于对称正定方程组，**J** 迭代法却不一定收敛. 例如，对于方程组 $\boldsymbol{Ax}=\boldsymbol{b}$，其中

$$\boldsymbol{A}=\begin{pmatrix}1&\alpha&\alpha\\ \alpha&1&\alpha\\ \alpha&\alpha&1\end{pmatrix}$$

不难验证，当 $\alpha\in(-\frac{1}{2},1)$ 时，$\boldsymbol{A}$ 为正定矩阵，此时 **GS** 迭代法收敛，而 **J** 迭代法当且仅当 $\alpha\in(-\frac{1}{2},\frac{1}{2})$ 时收敛.

## 3.4　逐次超松弛迭代法——SOR 方法

逐次超松弛迭代法，简称 **SOR** 方法，是求解线性方程组最有效的迭代法之一，它可以视为 **J** 迭代法或 **GS** 迭代法的改进. 将 Jacobi 迭代公式（3.6）改写为

$$x_i^{(k+1)}=x_i^{(k)}+\frac{1}{a_{ii}}\left(b_i-\sum_{j=1}^{i-1}a_{ij}x_j^{(k)}-\sum_{j=i}^{n}a_{ij}x_j^{(k)}\right)\qquad(3.24)$$

$$i=1,2,\cdots,n,\quad k=0,1,\cdots$$

那么，Jacobi 迭代实质上是用当前迭代值加上一个修正量来得到新的迭代值. 显然，如果这个修正量大小适当的话，新的迭代值将具有更好的精度. 这启示我们用一个参数 $\omega$ 来调整这个修正量的大小，并按 **GS** 迭代法的思想在修正量中使用最新的计算结果，这就产生如下迭代公式

$$x_i^{(k+1)}=x_i^{(k)}+\frac{\omega}{a_{ii}}\left(b_i-\sum_{j=1}^{i-1}a_{ij}x_j^{(k+1)}-\sum_{j=i}^{n}a_{ij}x_j^{(k)}\right)\qquad(3.25)$$

$$i=1,2,\cdots,n,\quad k=0,1,\cdots$$

这种迭代法称为 **SOR 方法**，其中参数 $\omega$ 称作**松弛因子**，当 $\omega<1$ 时，此迭代称为**欠松弛迭代**，$\omega>1$ 时，称为**超松弛迭代**. 式（3.25）的矩阵方程形式为

$$\boldsymbol{x}^{(k+1)}=\boldsymbol{x}^{(k)}+\omega\boldsymbol{D}^{-1}(\boldsymbol{b}+\boldsymbol{L}\boldsymbol{x}^{(k+1)}+(\boldsymbol{U}-\boldsymbol{D})\boldsymbol{x}^{(k)})$$

可进一步写为迭代法的一般形式

$$\boldsymbol{x}^{(k+1)}=(\boldsymbol{D}-\omega\boldsymbol{L})^{-1}[(1-\omega)\boldsymbol{D}+\omega\boldsymbol{U}]\boldsymbol{x}^{(k)}+\omega(\boldsymbol{D}-\omega\boldsymbol{L})^{-1}\boldsymbol{b}$$

$$k=0,1,\cdots \tag{3.26}$$

因此，SOR 方法的迭代矩阵为

$$\pounds_{\omega}=(\boldsymbol{D}-\omega\boldsymbol{L})^{-1}[(1-\omega)\boldsymbol{D}+\omega\boldsymbol{U}] \tag{3.27}$$

显然，当 $\omega=1$ 时，SOR 方法即为 GS 迭代法.

将一般迭代法的收敛性定理 3.1 及其推论应用于 SOR 方法就得到如下定理.

**定理 3.6** SOR 方法收敛的充分必要条件是 $\rho(\pounds_{\omega})<1$；收敛的充分条件是 $\|\pounds_{\omega}\|<1$.

在 SOR 方法中，松弛因子 $\omega$ 并不能随意选择，下述定理给出了 $\omega$ 的取值范围.

**定理 3.7** SOR 方法收敛的必要条件是 $0<\omega<2$.

**证明** 设 SOR 方法收敛，则有 $\rho(\pounds_{\omega})<1$，从而 $\pounds_{\omega}$ 的每个特征值 $\lambda$ 都满足 $|\lambda|<1$. 熟知矩阵行列式与矩阵特征值之间存在关系

$$\det(\pounds_{\omega})=\lambda_1\lambda_2\cdots\lambda_n$$

由于

$$\begin{aligned}\det(\pounds_{\omega})&=\det[(\boldsymbol{D}-\omega\boldsymbol{L})^{-1}((1-\omega)\boldsymbol{D}+\omega\boldsymbol{U})]\\&=\det[(\boldsymbol{I}-\omega\boldsymbol{D}^{-1}\boldsymbol{L})^{-1}]\det[(1-\omega)\boldsymbol{I}+\omega\boldsymbol{D}^{-1}\boldsymbol{U}]\\&=(1-\omega)^n\end{aligned}$$

这里已利用了 $\boldsymbol{D}^{-1}\boldsymbol{U}$ 和 $\boldsymbol{D}^{-1}\boldsymbol{L}$ 分别是对角元素为零的上、下三角矩阵，从而得到

$$|(1-\omega)^n|=|\lambda_1\lambda_2\cdots\lambda_n|<1$$

这表明

$$|1-\omega|<1 \quad 或 \quad 0<\omega<2$$

利用方程组系数矩阵 $\boldsymbol{A}$ 的性质，还可得到下述收敛性定理.

**定理 3.8** 设系数矩阵 $\boldsymbol{A}$ 是对称正定的，且 $0<\omega<2$ ，则 **SOR** 方法收敛.

**证明** 只需证明 $\rho(\boldsymbol{\pounds}_\omega)<1$. 设 $\lambda$ 是 $\boldsymbol{\pounds}_\omega$ 的任意一个特征值，$\boldsymbol{y}$ 是相应的特征向量，则从 $\boldsymbol{\pounds}_\omega \boldsymbol{y}=\lambda\boldsymbol{y}$, 得到

$$[(1-\omega)\boldsymbol{D}+\omega\boldsymbol{U}]\boldsymbol{y}=\lambda(\boldsymbol{D}-\omega\boldsymbol{L})\boldsymbol{y}$$

用 $\boldsymbol{y}$ 与此式两端做内积得到

$$(1-\omega)(\boldsymbol{Dy},\boldsymbol{y})+\omega(\boldsymbol{Uy},\boldsymbol{y})=\lambda[(\boldsymbol{Dy},\boldsymbol{y})-\omega(\boldsymbol{Ly},\boldsymbol{y})]$$

解得

$$\lambda=\frac{(1-\omega)(\boldsymbol{Dy},\boldsymbol{y})+\omega(\boldsymbol{Uy},\boldsymbol{y})}{(\boldsymbol{Dy},\boldsymbol{y})-\omega(\boldsymbol{Ly},\boldsymbol{y})} \tag{3.28}$$

由于 $\boldsymbol{A}=\boldsymbol{D}-\boldsymbol{L}-\boldsymbol{U}$ 是对称正定的，则 $\boldsymbol{D}$ 是正定矩阵，$\boldsymbol{U}=\boldsymbol{L}^{\mathrm{T}}$. 若记 $(\boldsymbol{Ly},\boldsymbol{y})=\alpha+i\beta$，则有

$$(\boldsymbol{Dy},\boldsymbol{y})=\sigma>0$$

$$(\boldsymbol{Uy},\boldsymbol{y})=(\boldsymbol{y},\boldsymbol{Ly})=\overline{(\boldsymbol{Ly},\boldsymbol{y})}=\alpha-i\beta$$

$$0<(\boldsymbol{Ay},\boldsymbol{y})=(\boldsymbol{Dy},\boldsymbol{y})-(\boldsymbol{Ly},\boldsymbol{y})-(\boldsymbol{Uy},\boldsymbol{y})=\sigma-2\alpha$$

那么，从式 (3.28) 得到

$$\lambda=\frac{(1-\omega)\sigma+\omega(\alpha-i\beta)}{\sigma-\omega(\alpha+i\beta)}$$

$$|\lambda|^2=\frac{(\sigma-\sigma\omega+\omega\alpha)^2+\omega^2\beta^2}{(\sigma-\omega\alpha)^2+\omega^2\beta^2}$$

当 $0<\omega<2$ 时，有

$$(\sigma-\sigma\omega+\omega\alpha)^2-(\sigma-\omega\alpha)^2=-\sigma\omega(2-\omega)(\sigma-2\alpha)<0$$

故 $|\lambda|^2<1$，因此，$\rho(\boldsymbol{\pounds}_\omega)<1$ 成立.

特别当 $\omega=1$ 时，**SOR** 方法就是 **GS** 方法，所以定理 3.5 的结论成立.

**SOR** 方法收敛速度的快慢与松弛因子 $\omega$ 的选择有密切关系. 如何选取最佳松弛因子，即选取 $\omega=\omega^*$ 使谱半径 $\rho(\boldsymbol{\pounds}_\omega)$ 达到最小，是一个尚未得到很好解决的问题. 在实际计算中，可采用试算办法来确定较好

的松弛因子．经验上可取 $\omega$ 在 1.4 ~ 1.6 之间.

**例 3-2** 用 **SOR** 方法求解线性方程组

$$\begin{cases} 4x_1 - 2x_2 - 4x_3 = 10 \\ -2x_1 + 17x_2 + 10x_3 = 3 \\ -4x_1 + 10x_2 + 9x_3 = -7 \end{cases}$$

方程组的精确解是 $\boldsymbol{x}^* = (2,1,-1)^{\mathrm{T}}$.

**解** 此方程组的系数矩阵是对称正定的，故可利用 **SOR** 方法求解，迭代公式为

$$\begin{cases} x_1^{(k+1)} = x_1^{(k)} + \dfrac{\omega}{4}(10 - 4x_1^{(k)} + 2x_2^{(k)} + 4x_3^{(k)}) \\ x_2^{(k+1)} = x_2^{(k)} + \dfrac{\omega}{17}(3 + 2x_1^{(k+1)} - 17x_2^{(k)} - 10x_3^{(k)}) \\ x_3^{(k+1)} = x_3^{(k)} + \dfrac{\omega}{9}(-7 + 4x_1^{(k+1)} - 10x_2^{(k+1)} - 9x_3^{(k)}) \end{cases}$$

取 $\boldsymbol{x}^{(0)} = (0,0,0)^{\mathrm{T}}$，$\omega = 1.46$，计算结果见表 3-3.

**表 3-3 SOR 方法计算结果**

| $k$ | $x_1^{(k)}$ | $x_2^{(k)}$ | $x_3^{(k)}$ |
|---|---|---|---|
| 0 | 0 | 0 | 0 |
| 1 | 3.6500000 | 0.8845882 | −0.2021098 |
| 2 | 2.3216692 | 0.4230939 | −0.2224321 |
| 3 | 2.5661399 | 0.6948260 | −0.4952594 |
| ⋮ | ⋮ | ⋮ | ⋮ |
| 20 | 1.9999987 | 1.0000013 | −1.0000034 |

从表 3-3 可见，迭代二十次时已获得精确到小数点后五位的近似解. 如果取 $\omega = 1.25$，则需迭代五十六次才能得到具有同样精度的近似解；如果取 $\omega = 1$（**GS** 迭代法），则需迭代一百一十次以上.

## 解线性方程组的 SOR 迭代算法

用 **SOR** 方法（$\omega = 1$ 时为 **GS** 迭代法）求解方程组 $\boldsymbol{Ax} = \boldsymbol{b}$，计算公式为

$$x_i^{(k+1)} = x_i^{(k)} + \Delta x_i, \quad i = 1,2,\cdots,n$$

$$\Delta x_i = \frac{\omega}{a_{ii}}\left(b_i - \sum_{j=1}^{i-1} a_{ij}x_j^{(k+1)} - \sum_{j=i}^{n} a_{ij}x_j^{(k)}\right)$$

用一维数组 $\boldsymbol{x}$ 存放迭代向量 $\boldsymbol{x}^{(k)}$，终止准则为

$$\max_{1\leqslant i\leqslant n}\left|x_i^{(k+1)} - x_i^{(k)}\right| = \max_{1\leqslant i\leqslant n}\left|\Delta x_i\right| \leqslant \varepsilon$$

$\varepsilon$ 为设定的精度要求. 为防止死循环，限制最大迭代次数为 $N$.

**输入**　$\boldsymbol{A} = (a_{ij}), \boldsymbol{b} = (b_1,\cdots,b_n)^{\mathrm{T}}, \boldsymbol{x}^{(0)} = (x_1^{(0)},\cdots,x_n^{(0)})^{\mathrm{T}}, \varepsilon, N, \omega$

**输出**　迭代解 $x_1,x_2,\cdots,x_n$ 和迭代次数 $k$

(1) $x_i \Leftarrow x_i^{(0)}, \quad i = 1,2,\cdots,n$；

(2) 对于 $k = 1,2,\cdots,N$，循环执行步 3 到步 8；

(3) $R \Leftarrow 0$；

(4) 对于 $i = 1,2,\cdots,n$，循环执行步 5 到步 7；

(5) $R_1 \Leftarrow \Delta x_i = \dfrac{\omega\left(b_i - \sum_{j=1}^{n} a_{ij}x_j\right)}{a_{ii}}$；

(6) 如果 $|R_1| > |R|$，则 $R \Leftarrow R_1$；

(7) $x_i \Leftarrow x_i + R_1$；

(8) 如果 $|R| \leqslant \varepsilon$，输出：$x_1,x_2,\cdots,x_n,k$；

(9) 已达到最大迭代次数，输出：$x_1,x_2,\cdots,x_n,k$；

此时，可另选 $\boldsymbol{x}^{(0)}$ 或 $\omega$ 重新迭代计算.

## *3.5　块迭代法

前面所讨论的迭代法，从 $\boldsymbol{x}^{(k)}$ 迭代计算 $\boldsymbol{x}^{(k+1)}$ 时，是逐个计算出 $\boldsymbol{x}^{(k+1)}$ 的分量 $\boldsymbol{x}_i^{(k+1)}$，$i=1,2,\cdots,n$，这类迭代法称为**点迭代法**.

本节将要讨论**块迭代法**. 与点迭代法不同，在块迭代法中，迭代向量被分成若干个块，在迭代计算 $\boldsymbol{x}^{(k+1)}$ 时，是逐块计算出 $\boldsymbol{x}^{(k+1)}$ 的各块分量，因此称为块迭代法. 为了应用块迭代法求解方程组 $\boldsymbol{Ax}=\boldsymbol{b}$，需将系数矩阵 $\boldsymbol{A}$，向量 $\boldsymbol{x}$ 和 $\boldsymbol{b}$ 进行适当的分块，然后将每个子块视为一个元素，并按照点迭代法建立相平行的块迭代计算公式. 在块迭代法每步计算中，需求解若干个低阶方程组，通常可采用直接法求解.

在某些情况下，例如当 $\boldsymbol{A}$ 为分块三对角矩阵时，块迭代法将具有

更快的收敛速度.

下面介绍常用的块 **Jacobi** 迭代法和块 **SOR** 方法.

给定线性方程组 $\boldsymbol{Ax}=\boldsymbol{b}$，对 $n$ 阶矩阵 $\boldsymbol{A}$ 进行适当的分块，写为

$$\boldsymbol{A}=\begin{bmatrix}\boldsymbol{A}_{11} & \boldsymbol{A}_{12} & \cdots & \boldsymbol{A}_{1q}\\ \boldsymbol{A}_{21} & \boldsymbol{A}_{22} & \cdots & \boldsymbol{A}_{2q}\\ \vdots & \vdots & & \vdots\\ \boldsymbol{A}_{q1} & \boldsymbol{A}_{q2} & \cdots & \boldsymbol{A}_{qq}\end{bmatrix}$$

其中 $\boldsymbol{A}_{ij}$ 为 $n_i\times n_j$ 阶矩阵，$\boldsymbol{A}_{ii}$ 非奇异，$n_1+n_2+\cdots+n_q=n$，将矩阵 $\boldsymbol{A}$ 分解为

$$\boldsymbol{A}=\boldsymbol{D}-\boldsymbol{L}-\boldsymbol{U}$$

其中 $\boldsymbol{D}=\mathrm{diag}(\boldsymbol{A}_{11},\boldsymbol{A}_{22},\cdots,\boldsymbol{A}_{qq})$ 为 $\boldsymbol{A}$ 的块对角矩阵，$-\boldsymbol{L}$ 和 $-\boldsymbol{U}$ 分别为如下形式的块下三角矩阵和块上三角矩阵

$$-\boldsymbol{L}=\begin{bmatrix}0 & & & & \\ \boldsymbol{A}_{21} & 0 & & & \\ \vdots & \vdots & \ddots & & \\ \vdots & \vdots & & 0 & \\ \boldsymbol{A}_{q1} & \boldsymbol{A}_{q2} & \cdots & \boldsymbol{A}_{qq-1} & 0\end{bmatrix},\quad -\boldsymbol{U}=\begin{bmatrix}0 & \boldsymbol{A}_{12} & \cdots & \cdots & \boldsymbol{A}_{1q}\\ & 0 & \cdots & \cdots & \boldsymbol{A}_{2q}\\ & & \ddots & & \vdots\\ & & & 0 & \boldsymbol{A}_{q-1q}\\ & & & & 0\end{bmatrix}$$

同样，对向量 $\boldsymbol{x}$ 和 $\boldsymbol{b}$ 进行分块

$$\boldsymbol{x}=(\boldsymbol{x}_1,\boldsymbol{x}_2,\cdots,\boldsymbol{x}_q)^{\mathrm{T}},\quad \boldsymbol{b}=(\boldsymbol{b}_1,\boldsymbol{b}_2,\cdots,\boldsymbol{b}_q)^{\mathrm{T}}$$

其中块分量 $\boldsymbol{x}_i$，$\boldsymbol{b}_i(i=1,2,\cdots,q)$，皆为 $n_i$ 维向量.

### 3.5.1 块 Jacobi 迭代法

仿照点 Jacobi 迭代公式（3.10），可建立块 Jacobi 迭代公式

$$\boldsymbol{x}^{(k+1)}=\boldsymbol{Bx}^{(k)}+\boldsymbol{g},\quad k=0,1,\cdots$$

其中迭代矩阵 $\boldsymbol{B}=\boldsymbol{D}^{-1}(\boldsymbol{L}+\boldsymbol{U})$，向量 $\boldsymbol{g}=\boldsymbol{D}^{-1}\boldsymbol{b}$. 按照分块矩阵的运算规则，可将上式改写为便于计算的块迭代形式

$$\begin{cases}\boldsymbol{A}_{ii}\boldsymbol{x}_i^{(k+1)}=\boldsymbol{b}_i-\sum\limits_{\substack{j=1\\ j\neq i}}^{q}\boldsymbol{A}_{ij}\boldsymbol{x}_j^{(k)}\\ i=1,2,\cdots,q,\quad k=0,1,\cdots\end{cases}\tag{3.29}$$

由 $\boldsymbol{x}^{(k)}$ 计算 $\boldsymbol{x}^{(k+1)}$ 时，每迭代一步需求解式（3.29）中的 $q$ 个低阶方程组，即求解方程组

$$\boldsymbol{A}_{ii}\boldsymbol{x}_i^{(k+1)} = \boldsymbol{g}_i, \quad \boldsymbol{g}_i = \boldsymbol{b}_i - \sum_{\substack{j=1\\ j\neq i}}^{q} \boldsymbol{A}_{ij}\boldsymbol{x}_j^{(k)}, \quad i = 1,2,\cdots,q$$

一般采用直接法求解这 $q$ 个低阶方程组.

### 3.5.2　块 SOR 方法

仿照点 SOR 迭代公式（3.26），可建立块 SOR 迭代公式

$$\boldsymbol{x}^{(k+1)} = \boldsymbol{\pounds}_{\omega}\boldsymbol{x}^{(k)} + \boldsymbol{g}, \quad k = 0,1,\cdots$$

其中迭代矩阵 $\boldsymbol{\pounds}_{\omega} = (\boldsymbol{D} - \omega\boldsymbol{L})^{-1}[(1-\omega)\boldsymbol{D} + \omega\boldsymbol{U}]$，向量 $\boldsymbol{g} = \omega(\boldsymbol{D} - \omega\boldsymbol{L})^{-1}\boldsymbol{b}$. 此公式可改写为

$$\boldsymbol{D}\boldsymbol{x}^{(k+1)} = \boldsymbol{D}\boldsymbol{x}^{(k)} + \omega[\boldsymbol{b} + \boldsymbol{L}\boldsymbol{x}^{(k+1)} + (\boldsymbol{U} - \boldsymbol{D})\boldsymbol{x}^{(k)}]$$

于是，块 SOR 迭代公式为

$$\begin{cases}\boldsymbol{A}_{ii}\boldsymbol{x}_i^{(k+1)} = \boldsymbol{A}_{ii}\boldsymbol{x}_i^{(k)} + \omega\left(\boldsymbol{b}_i - \sum\limits_{j=1}^{i-1}\boldsymbol{A}_{ij}\boldsymbol{x}_j^{(k+1)} - \sum\limits_{j=i}^{q}\boldsymbol{A}_{ij}\boldsymbol{x}_j^{(k)}\right) \\ i = 1,2,\cdots,q, \quad k = 0,1,\cdots\end{cases} \tag{3.30}$$

记式（3.30）右端向量为 $\boldsymbol{d}_i$. 由于从 $\boldsymbol{x}^{(k)}$ 计算 $\boldsymbol{x}^{(k+1)}$ 时，是按 $j=1$，2，…，$q$的顺序逐块计算出 $\boldsymbol{x}_j^{(k+1)}$ 的，因此在计算块分量 $\boldsymbol{x}_i^{(k+1)}$ 时，$\boldsymbol{d}_i$是已知向量. 块 SOR 方法每迭代一步需求解式（3.30）中 $q$ 个低阶方程组

$$\boldsymbol{A}_{ii}\boldsymbol{x}_i^{(k+1)} = \boldsymbol{d}_i, \quad i = 1,2,\cdots,q$$

可采用直接法求解.

当 $\omega = 1$ 时，式（3.30）即为**块 Gauss-Seidel 迭代法**. 如果 $\boldsymbol{A}$ 为正定对称矩阵，且松弛因子 $0 < \omega < 2$，则块 SOR 方法是收敛的.

## ＊3.6　共轭梯度法

本节将对具有对称正定系数矩阵的线性方程组，建立一类新型的迭代算法. 这类迭代法的特点是，利用与方程组等价的二次函数极值问题来构造求解方程组的迭代算法.

### 3.6.1 等价的极值问题与最速下降法

设线性方程组

$$\boldsymbol{A}\boldsymbol{x} = \boldsymbol{b} \tag{3.31}$$

其中 $\boldsymbol{A}$ 为对称正定矩阵 建立二次函数

$$\varphi(\boldsymbol{x}) = \frac{1}{2}(\boldsymbol{A}\boldsymbol{x},\boldsymbol{x}) - (\boldsymbol{b},\boldsymbol{x}), \quad \boldsymbol{x} \in R^n \tag{3.32}$$

**定理 3.9** 设 $\boldsymbol{A}$ 为对称正定矩阵，则 $\boldsymbol{x}^*$ 是方程组（3.31）的解当且仅当 $\boldsymbol{x}^*$ 是二次函数 $\varphi(\boldsymbol{x})$ 的极小值点，即

$$\boldsymbol{A}\boldsymbol{x}^* = \boldsymbol{b} \Leftrightarrow \varphi(\boldsymbol{x}^*) = \min_{\boldsymbol{x}} \varphi(\boldsymbol{x})$$

**证明** 设 $\boldsymbol{x}^*$ 是方程组的解，即 $\boldsymbol{A}\boldsymbol{x}^* = \boldsymbol{b}$. 构造二次函数

$$\varphi_0(\boldsymbol{x}) = \frac{1}{2}[\boldsymbol{A}(\boldsymbol{x} - \boldsymbol{x}^*), \boldsymbol{x} - \boldsymbol{x}^*], \quad \boldsymbol{x} \in R^n$$

由于 $\boldsymbol{A}$ 是对称正定的，显然 $\boldsymbol{x} = \boldsymbol{x}^*$ 是 $\varphi_0(\boldsymbol{x})$ 的唯一极小值点. 又注意到

$$\begin{aligned}
\varphi_0(\boldsymbol{x}) &= \frac{1}{2}(\boldsymbol{A}\boldsymbol{x},\boldsymbol{x}) - \frac{1}{2}(\boldsymbol{A}\boldsymbol{x}^*,\boldsymbol{x}) - \frac{1}{2}(\boldsymbol{x}^*,\boldsymbol{A}\boldsymbol{x}) + \frac{1}{2}(\boldsymbol{A}\boldsymbol{x}^*,\boldsymbol{x}^*) \\
&= \frac{1}{2}(\boldsymbol{A}\boldsymbol{x},\boldsymbol{x}) - (\boldsymbol{A}\boldsymbol{x}^*,\boldsymbol{x}) + \frac{1}{2}(\boldsymbol{A}\boldsymbol{x}^*,\boldsymbol{x}^*) \\
&= \varphi(\boldsymbol{x}) + \frac{1}{2}(\boldsymbol{A}\boldsymbol{x}^*,\boldsymbol{x}^*)
\end{aligned}$$

即 $\varphi_0(\boldsymbol{x})$ 与 $\varphi(\boldsymbol{x})$ 仅差一个常数，所以它们有相同的极小值点. 因此，方程组的解 $\boldsymbol{x}^*$ 也是二次函数 $\varphi(\boldsymbol{x})$ 的唯一极小值点，从而定理得证.

这个定理把方程组的求解等价于求一个二次函数的极小值点，这种等价性开辟了设计新算法的途径. 为了找到 $\varphi(\boldsymbol{x})$ 的极小值点 $\boldsymbol{x}^*$，我们构造一个迭代序列 $\{\boldsymbol{x}^{(k)}\}$，称为 $\varphi(\boldsymbol{x})$ 的极小化序列，使得

$$\varphi(\boldsymbol{x}^{(0)}) > \varphi(\boldsymbol{x}^{(1)}) > \cdots > \varphi(\boldsymbol{x}^{(k)}) > \cdots \geqslant \varphi(\boldsymbol{x}^{(*)})$$

显然 $\varphi(\boldsymbol{x}^{(k)})$ 下降得越快，$\boldsymbol{x}^{(k)}$ 趋近于 $\boldsymbol{x}^*$ 的速度也就越快. **最速下降法**的基本思想是，在求出 $\boldsymbol{x}^{(k)}$ 后，沿着 $\varphi(\boldsymbol{x})$ 在点 $\boldsymbol{x}^{(k)}$ 下降最快的方向上寻找下一个近似点 $\boldsymbol{x}^{(k+1)}$，使得 $\varphi(\boldsymbol{x}^{(k+1)})$ 在该方向上达到极小值.

视 $\varphi(\boldsymbol{x})$ 为变量 $\boldsymbol{x} = (x_1, x_2, \cdots, x_n)^{\mathrm{T}}$ 的多元函数. 由多元函数微积

分的知识可知，$\varphi(\boldsymbol{x})$ 在点 $\boldsymbol{x}^{(k)}$ 下降最快的方向是在这点的负梯度方向. 由式（3.32），经过简单计算可得到

$$-\nabla\varphi(\boldsymbol{x})\big|_{\boldsymbol{x}=\boldsymbol{x}^{(k)}} = \boldsymbol{b}-\boldsymbol{A}\boldsymbol{x}^{(k)} = \boldsymbol{r}_k \tag{3.33}$$

取 $\boldsymbol{x}^{(k+1)}=\boldsymbol{x}^{(k)}+\alpha\boldsymbol{r}_k$，参数 $\alpha=\alpha_k$ 的选取应使得 $\varphi(\boldsymbol{x}^{(k+1)})$ 在该方向上达到极小值，即

$$\varphi(\boldsymbol{x}^{(k+1)}) = \min_{\alpha}\varphi(\boldsymbol{x}^{(k)}+\alpha\boldsymbol{r}_k)$$

根据取极值条件，令

$$\frac{\mathrm{d}}{\mathrm{d}\alpha}\varphi(\boldsymbol{x}^{(k)}+\alpha\boldsymbol{r}_k) = 0$$

由于

$$\varphi(\boldsymbol{x}^{(k)}+\alpha\boldsymbol{r}_k) = \frac{1}{2}\alpha^2(\boldsymbol{A}\boldsymbol{r}_k,\boldsymbol{r}_k) - \alpha(\boldsymbol{r}_k,\boldsymbol{r}_k) + \varphi(\boldsymbol{x}^{(k)})$$

从而解得

$$\alpha_k = \frac{\boldsymbol{r}_k,\boldsymbol{r}_k}{\boldsymbol{A}\boldsymbol{r}_k,\boldsymbol{r}_k}$$

综合上面的推导，可以得到**最速下降算法：**

（1）取定 $\boldsymbol{x}^{(0)}$，计算 $\boldsymbol{r}_0=\boldsymbol{b}-\boldsymbol{A}\boldsymbol{x}^{(0)}$；

（2）对于 $k=0,1,\cdots$，循环执行步 3 到步 5；

（3）$\alpha_k = \dfrac{\boldsymbol{r}_k,\boldsymbol{r}_k}{\boldsymbol{A}\boldsymbol{r}_k,\boldsymbol{r}_k}$

$\boldsymbol{x}^{(k+1)}=\boldsymbol{x}^{(k)}+\alpha_k\boldsymbol{r}_k$；

（4）$\boldsymbol{r}_{k+1} = \boldsymbol{b}-\boldsymbol{A}\boldsymbol{x}^{(k+1)}$；

（5）若 $\|\boldsymbol{r}_{k+1}\| \leqslant \varepsilon$，则停止计算.

关于最速下降法的收敛性可有如下定理，参见文献［8］.

**定理 3.10**　设 $\boldsymbol{A}$ 为对称正定矩阵，$\lambda_1,\lambda_n$ 分别为其最大和最小特征值. 则对于最速下降法成立

$$\|\boldsymbol{x}^{(k)}-\boldsymbol{x}^*\|_A \leqslant \left(\frac{\lambda_1-\lambda_n}{\lambda_1+\lambda_n}\right)^k \|\boldsymbol{x}^{(0)}-\boldsymbol{x}^*\|_A$$

其中向量范数 $\|\boldsymbol{x}\|_A = \sqrt{(\boldsymbol{A}\boldsymbol{x},\boldsymbol{x})}$.

这个定理表明最速下降法在理论上一定收敛. 但当条件数 $\mathrm{Cond}_2$

$(A) = \frac{\lambda_1}{\lambda_n} \gg 1$ 时，收敛因子 $\frac{\lambda_1 - \lambda_n}{\lambda_1 + \lambda_n} \approx 1$，收敛必然是相当慢的.

另一方面，虽然 $\boldsymbol{r}_k$ 是 $\varphi(\boldsymbol{x})$ 在点 $\boldsymbol{x}^{(k)}$ 处的最速下降方向，但当 $\boldsymbol{r}_k$ 很小时，由于舍入误差的影响，实际计算得到的 $\boldsymbol{r}_k$ 会偏离最速下降方向，使得计算显示出数值不稳定. 所以在实际计算中很少应用这种方法，但其基本思想却是发展各种新算法的出发点.

### 3.6.2 共轭梯度法

**共轭梯度法**，又称**共轭斜量法**，是由最速下降法演化产生的，它是目前求解大型稀疏线性方程组最有效的方法之一. 共轭梯度法与最速下降法的主要区别是，在产生极小化序列 $\{\boldsymbol{x}^{(k)}\}$ 时，下降方向选取的不同.

**定义 3.2** 设 $\boldsymbol{A}$ 是对称正定矩阵，如果向量 $\boldsymbol{x}$ 和 $\boldsymbol{y}$ 满足 $(\boldsymbol{Ax}, \boldsymbol{y}) = 0$，则称 $\boldsymbol{x}$ 和 $\boldsymbol{y}$ 为 ***A*-共轭向量**. 如果一组非零向量 $\boldsymbol{p}_0, \boldsymbol{p}_1, \cdots, \boldsymbol{p}_k$ 满足

$$(\boldsymbol{Ap}_i, \boldsymbol{p}_j) = 0, \quad i \neq j$$

则称这组向量为 ***A*-共轭向量组**.

当 $\boldsymbol{A} = \boldsymbol{I}$ 时，$\boldsymbol{A}$-共轭向量变成普通意义下的正交向量. 可见，共轭概念是正交概念的推广. 显然，共轭向量组一定是线性无关的.

共轭梯度法就是按照 $\boldsymbol{A}$-共轭关系选择下降方向 $\{\boldsymbol{p}_k\}$，以达到加速收敛的目的. 共轭梯度法的基本思想和主要步骤可叙述如下.

第一步：从初始向量 $\boldsymbol{x}^{(0)}$ 出发，仍按最速下降法进行，取下降方向 $\boldsymbol{p}_0 = \boldsymbol{r}_0$，于是有

$$\boldsymbol{x}^{(1)} = \boldsymbol{x}^{(0)} + \alpha_0 \boldsymbol{p}_0 = \boldsymbol{x}^{(0)} + \alpha_0 \boldsymbol{r}_0$$

$$\alpha_0 = \frac{(\boldsymbol{r}_0, \boldsymbol{p}_0)}{(\boldsymbol{Ap}_0, \boldsymbol{p}_0)} = \frac{(\boldsymbol{r}_0, \boldsymbol{r}_0)}{(\boldsymbol{Ar}_0, \boldsymbol{r}_0)}$$

从第二步开始将按 $\boldsymbol{A}$-共轭关系选择下降方向.

第二步：取下降方向 $\boldsymbol{p}_1 = \boldsymbol{r}_1 + \beta \boldsymbol{p}_0$，参数 $\beta = \beta_0$ 的选取应使向量 $\boldsymbol{p}_0$ 和 $\boldsymbol{p}_1$ 为 $\boldsymbol{A}$-共轭. 由 $(\boldsymbol{p}_1, \boldsymbol{Ap}_0) = 0$ 解得

$$\beta_0 = -\frac{(\boldsymbol{r}_1, \boldsymbol{Ap}_0)}{(\boldsymbol{Ap}_0, \boldsymbol{p}_0)}$$

然后令 $\boldsymbol{x}^{(2)} = \boldsymbol{x}^{(1)} + \alpha \boldsymbol{p}_1$，取参数 $\alpha = \alpha_1$ 使二次函数 $\varphi(\boldsymbol{x}^{(2)}) = \varphi(\boldsymbol{x}^{(1)} +$

$\alpha\boldsymbol{p}_1$）达到极小．仿最速下降法求得

$$\alpha_1 = \frac{(\boldsymbol{r}_1, \boldsymbol{p}_1)}{(\boldsymbol{A}\boldsymbol{p}_1, \boldsymbol{p}_1)}$$

如此继续进行下去，可得到共轭梯度法的计算公式：

$$\begin{cases} \boldsymbol{p}_0 = \boldsymbol{r}_0 = \boldsymbol{b} - \boldsymbol{A}\boldsymbol{x}^{(0)} \\ \alpha_k = \dfrac{(\boldsymbol{r}_k, \boldsymbol{p}_k)}{(\boldsymbol{A}\boldsymbol{p}_k, \boldsymbol{p}_k)} \\ \boldsymbol{x}^{(k+1)} = \boldsymbol{x}^{(k)} + \alpha_k \boldsymbol{p}_k \\ \boldsymbol{r}_{k+1} = \boldsymbol{b} - \boldsymbol{A}\boldsymbol{x}^{(k+1)} = \boldsymbol{r}_k - \alpha_k \boldsymbol{A}\boldsymbol{p}_k \\ \beta_k = -\dfrac{(\boldsymbol{r}_{k+1}, \boldsymbol{A}\boldsymbol{p}_k)}{(\boldsymbol{A}\boldsymbol{p}_k, \boldsymbol{p}_k)} \\ \boldsymbol{p}_{k+1} = \boldsymbol{r}_{k+1} + \beta_k \boldsymbol{p}_k, \quad k = 0, 1, 2, \cdots \end{cases} \tag{3.34}$$

从公式（3.34）容易验证，向量组 $\{\boldsymbol{r}_k\}$ 和 $\{\boldsymbol{p}_k\}$ 满足关系

$$(\boldsymbol{r}_i, \boldsymbol{r}_j) = 0, \quad (\boldsymbol{A}\boldsymbol{p}_i, \boldsymbol{p}_j) = 0, \quad i \neq j \tag{3.35}$$

**定理 3.11**　用共轭梯度法求解对称正定方程组 $\boldsymbol{A}\boldsymbol{x} = \boldsymbol{b}$，如果计算过程是精确的，则至多计算 $k \leqslant n$ 步，就有 $\boldsymbol{x}^{(k)} = \boldsymbol{x}^*$，$\boldsymbol{x}^*$ 为方程组的精确解．

**证明**　从式（3.35）得知，剩余向量 $\boldsymbol{r}_0$，$\boldsymbol{r}_1$，…，$\boldsymbol{r}_n$ 是相互正交的．如果它们都是非零向量，它们也是线性无关的，这与 $n$ 维向量空间中最多有 $n$ 个线性无关的向量相矛盾．因此，必存在某个 $k \leqslant n$ 使 $\boldsymbol{r}_k = \boldsymbol{0}$，即 $\boldsymbol{A}\boldsymbol{x}^{(k)} = \boldsymbol{b}$，从而 $\boldsymbol{x}^{(k)} = \boldsymbol{x}^*$ 为方程组的解．

定理 3.11 表明，共轭梯度法经有限步计算就可获得精确解，因而具有直接法的性质．但由于计算过程中舍入误差的存在，实际计算得到的剩余向量 $\{\boldsymbol{r}_k\}$ 不可能保持相互正交性，因此，一般来说，共轭梯度法并不能从 $k \leqslant n$ 步计算中得到精确解．

关于共轭梯度法的收敛速度有如下估计（参见文献［8］）

$$\| \boldsymbol{x}^{(k)} - \boldsymbol{x}^* \|_A \leqslant 2\left(\frac{\sqrt{\lambda_1} - \sqrt{\lambda_n}}{\sqrt{\lambda_1} + \sqrt{\lambda_n}}\right)^k \| \boldsymbol{x}^{(0)} - \boldsymbol{x}^* \|_A$$

与最速下降法相比（参见定理 3.10），共轭梯度法的收敛速度有了很大

的改善. 但如果矩阵 $\boldsymbol{A}$ 的条件数 $\mathrm{Cond}_2(\boldsymbol{A})=\dfrac{\lambda_1}{\lambda_n}\gg 1$，共轭梯度法仍将收敛得很慢. 在这种情况下，可采用节 2.5.2 中的预条件方法，先对方程组进行预条件处理，然后再使用共轭梯度法求解.

**例 3-3** 用共轭梯度法求解线性方程组

$$\begin{bmatrix} 1 & -0.30009 & 0 & -0.30898 \\ -0.30009 & 1 & -0.46691 & 0 \\ 0 & -0.46691 & 1 & -0.27471 \\ -0.30898 & 0 & -0.27471 & 1 \end{bmatrix}\begin{bmatrix} x_1 \\ x_2 \\ x_3 \\ x_4 \end{bmatrix}=\begin{bmatrix} -5.32000 \\ 6.07624 \\ -8.80455 \\ 2.67600 \end{bmatrix}$$

方程组的精确解为 $\boldsymbol{x}^*=(8.4877,\ 6.4275,\ -4.7028,\ 4.0066)^{\mathrm{T}}$.

**解** 取初始近似 $\boldsymbol{x}^{(0)}=(0,\ 0,\ 0,\ 0)^{\mathrm{T}}$，计算结果见表 3-4.

**表 3-4 共轭梯度法计算结果**

| $k$ | $x_1^{(k)}$ | $x_2^{(k)}$ | $x_3^{(k)}$ | $x_4^{(k)}$ |
|---|---|---|---|---|
| 1 | 4.3208 | 4.9342 | -7.1497 | 2.1730 |
| 2 | 7.4446 | 4.5856 | -6.6948 | 2.2546 |
| 3 | 8.3457 | 5.8057 | -5.0983 | 4.2461 |
| 4 | 8.4876 | 6.4275 | -4.7029 | 4.0066 |

计算结果表明，仅迭代四次就已获得精确到小数点后三位的近似解，可见共轭梯度法具有较快的收敛速度.

## 解线性方程组的共轭梯度算法

用共轭梯度法求解对称正定方程组 $\boldsymbol{Ax}=\boldsymbol{b}$. 一维数组 $\boldsymbol{x}$，$\boldsymbol{r}$，$\boldsymbol{p}$ 分别存放向量 $\boldsymbol{x}^{(k)}$，$\boldsymbol{r}_k$，$\boldsymbol{p}_k$，一维数组 $\boldsymbol{Ap}$ 存放向量 $\boldsymbol{Ap}_k$，$S$，$S1$，$R$ 为工作单元，$\varepsilon$ 为精度要求，$N$ 为最大迭代次数.

**输入** $\boldsymbol{A}=(a_{ij}),\boldsymbol{b}=(b_1,\cdots,b_n)^{\mathrm{T}},\boldsymbol{x}^{(0)}=(x_1^{(0)},\cdots,x_n^{(0)})^{\mathrm{T}},\varepsilon,N$

**输出** 迭代解 $x_1,x_2,\cdots,x_n$，迭代次数 $k$

(1) 对于 $i=1,2,\cdots,n$，计算

$$r_i \Leftarrow b_i-\sum_{j=1}^{n} a_{ij}x_j^{(0)}$$

$p_i \Leftarrow r_i$;

(2) 对于 $k = 1,2,\cdots,N$，循环执行步 3 到步 9;

(3) $(Ap)_i \Leftarrow \sum_{j=1}^{n} a_{ij}p_j, \quad i = 1,2,\cdots,n$;

(4) $S \Leftarrow \sum_{i=1}^{n} r_i p_i$

$S1 \Leftarrow \sum_{i=1}^{n} (Ap)_i p_i$

$\alpha \Leftarrow \frac{S}{S1}$;

(5) $x_i \Leftarrow x_i + \alpha p_i, \quad i = 1,2,\cdots,n$;

(6) $r_i \Leftarrow r_i - \alpha(Ap)_i, \quad i = 1,2,\cdots,n$

$R \Leftarrow \sum_{i=1}^{n} r_i^2$;

(7) 如果 $R \leqslant \varepsilon$，停机

输出：$x_1, x_2, \cdots, x_n, k$;

(8) $S \Leftarrow \sum_{i=1}^{n} r_i (Ap)_i$

$\beta \Leftarrow -\frac{S}{S1}$;

(9) $p_i \Leftarrow r_i + \beta p_i, \quad i = 1,2,\cdots,n$;

(10) 输出：$x_1, x_2, \cdots, x_n, k$.

## 习　题　3

3-1　给定方程组

$$\begin{cases} 8x_1 - x_2 + x_3 = 1 \\ 2x_1 + 10x_2 - x_3 = 4 \\ x_1 + x_2 - 5x_3 = 3 \end{cases}$$

(1) 分析用 **J** 迭代法和 **GS** 迭代法求解此方程组的收敛性.

(2) 分别用 **J** 迭代法和 **GS** 迭代法求解此方程组，要求 $\| \boldsymbol{x}^{(k+1)} - \boldsymbol{x}^{(k)} \|_\infty \leqslant 10^{-3}$，取 $\boldsymbol{x}^{(0)} = (0, 0, 0)^T$.

3-2　讨论求解方程组 $\boldsymbol{Ax} = \boldsymbol{b}$ 的 **J** 迭代法和 **GS** 迭代法的收敛性，其中

(1) $A = \begin{bmatrix} 2 & -1 & 1 \\ 1 & 1 & 1 \\ 1 & 1 & -2 \end{bmatrix}$　　(2) $A = \begin{bmatrix} 1 & 2 & -2 \\ 1 & 1 & 1 \\ 2 & 2 & 1 \end{bmatrix}$

3-3　用 **J** 迭代法和 **GS** 迭代法求解方程组

$$\begin{cases} 20x_1 + 2x_2 + 3x_3 = 24 \\ x_1 + 8x_2 + x_3 = 12 \\ 2x_1 - 3x_2 + 15x_3 = 30 \end{cases}$$

取初始近似 $\boldsymbol{x}^{(0)} = (0,\ 0,\ 0)^{\mathrm{T}}$. 问各需迭代多少次才能使误差 $\|\boldsymbol{x}^{(k)} - \boldsymbol{x}^*\|_\infty \leqslant 10^{-6}$.

3-4　用 **J** 迭代法和 **GS** 迭代法求解方程组 $\boldsymbol{Ax} = \boldsymbol{b}$，其中

$$\boldsymbol{A} = \begin{bmatrix} 1 & -\alpha \\ -\alpha & 1 \end{bmatrix}$$

问: $\alpha$ 取何值时这两种迭代法是收敛的.

3-5　给定方程组

$$\begin{cases} 5x_1 - x_2 - x_3 - x_4 = -4 \\ -x_1 + 10x_2 - x_3 - x_4 = 12 \\ -x_1 - x_2 + 5x_3 - x_4 = 8 \\ -x_1 - x_2 - x_3 + 10x_4 = 34 \end{cases}$$

(1) 取 $\boldsymbol{x}^{(0)} = (0,\ 0,\ 0,\ 0)^{\mathrm{T}}$，分别用 **J** 迭代法，**GS** 迭代法和 **SOR** 方法（$\omega = 1.2$）求迭代五次的近似解 $\boldsymbol{x}^{(5)}$.

(2) 试比较误差 $\|\boldsymbol{x}^{(5)} - \boldsymbol{x}^*\|_\infty$，已知精确解 $\boldsymbol{x}^* = (1,\ 2,\ 3,\ 4)^{\mathrm{T}}$.

3-6　用 **SOR** 方法求解方程组

$$\begin{cases} 4x_1 - x_2 = 1 \\ -x_1 + 4x_2 - x_3 = 4 \\ -x_2 + 4x_3 = -3 \end{cases}$$

精确解为 $\boldsymbol{x}^* = (0.5,\ 1,\ -0.5)^{\mathrm{T}}$. 取初始近似 $\boldsymbol{x}^{(0)} = (0,\ 0,\ 0)^{\mathrm{T}}$，分别取 $\omega = 1.03, \omega = 1, \omega = 1.1$，进行计算，要求 $\|\boldsymbol{x}^{(k)} - \boldsymbol{x}^{(*)}\|_\infty \leqslant \frac{1}{2} \times 10^{-5}$，并确定每一个 $\omega$ 值对应的迭代次数.

3-7　给定方程组

(1) $\begin{cases} x_1 + 2x_2 = 3 \\ 3x_1 + 2x_2 = 4 \end{cases}$　　(2) $\begin{cases} 3x_1 + 2x_2 = 4 \\ x_1 + 2x_2 = 3 \end{cases}$

取 $\boldsymbol{x}^{(0)}=(1.01,1.01)^{\mathrm{T}}$，分别用 **J** 迭代法和 **GS** 迭代法求解. 考察是否收敛，当收敛时哪一种方法收敛得快.

3-8　判定求解下列方程组的 **SOR** 方法的收敛性.

$$\begin{bmatrix}-2 & 1 & 0 & 0\\ 1 & -2 & 1 & 0\\ 0 & 1 & -2 & 1\\ 0 & 0 & 1 & -2\end{bmatrix}\begin{bmatrix}x_1\\ x_2\\ x_3\\ x_4\end{bmatrix}=\begin{bmatrix}1\\ 0\\ 0\\ 0\end{bmatrix}$$

3-9　给定方程组

$$\begin{cases}2x_1+x_2+4x_3=6\\ x_1+4x_2+x_3=3\\ 3x_1+x_2+x_3=2\end{cases}$$

试对此方程组建立一个收敛的迭代方法，并说明收敛的理由.

3-10　取 $\boldsymbol{x}^{(0)}=(0,0,0,0)^{\mathrm{T}}$，用最速下降法求解方程组

$$\begin{bmatrix}1.00 & 0.42 & 0.54 & 0.66\\ 0.42 & 1.00 & 0.32 & 0.44\\ 0.54 & 0.32 & 1.00 & 0.22\\ 0.66 & 0.44 & 0.22 & 1.00\end{bmatrix}\begin{bmatrix}x_1\\ x_2\\ x_3\\ x_4\end{bmatrix}=\begin{bmatrix}0.3\\ 0.5\\ 0.7\\ 0.9\end{bmatrix}$$

3-11　取 $\boldsymbol{x}^{(0)}=(0,0,0)^{\mathrm{T}}$，用共轭梯度法求解方程组

$$\begin{bmatrix}4 & -1 & 2\\ -1 & 5 & 3\\ 2 & 3 & 6\end{bmatrix}\begin{bmatrix}x_1\\ x_2\\ x_3\end{bmatrix}=\begin{bmatrix}12\\ 10\\ 18\end{bmatrix}$$

3-12　设 $\boldsymbol{A}$ 为对称正定矩阵，对方程组 $\boldsymbol{Ax}=\boldsymbol{b}$ 建立如下迭代方法

$$\boldsymbol{x}^{(k+1)}=(\boldsymbol{I}-\alpha\boldsymbol{A})\boldsymbol{x}^{(k)}+\alpha\boldsymbol{b},\quad k=0,1,\cdots$$

证明：当 $\alpha$ 满足 $0<\alpha<\dfrac{2}{\lambda_1}$ 时，此迭代法是收敛的. 这里，$\lambda_1$ 是 $\boldsymbol{A}$ 的最大特征值.

3-13　设 $\boldsymbol{A}$ 是严格对角占优的. 证明：求解方程组 $\boldsymbol{Ax}=\boldsymbol{b}$ 的 **SOR** 方法对 $0<\omega\leqslant 1$ 是收敛的.

3-14　设 $\boldsymbol{A}$ 为对称正定矩阵. 证明：求解方程组 $\boldsymbol{Ax}=\boldsymbol{b}$ 的 **J** 迭代法收敛当且仅当 $2\boldsymbol{D}-\boldsymbol{A}$ 为对称正定矩阵，其中 $\boldsymbol{D}$ 为 $\boldsymbol{A}$ 的对角元素构成的对角矩阵.

# 4 非线性方程求根

本章讨论非线性方程$f(x)=0$的求根问题，其中$f(x)$是非线性函数，例如

$$f(x)=3x^5-2x^4+8x^2-7x+1$$

$$f(x)=e^{2x+1}-x\ln(\sin x)-2$$

方程$f(x)=0$的解$\alpha$称为它的**根**，或称为函数$f(x)$的**零点**. 称$\alpha$是方程$f(x)=0$的**m 重根**，若$f(x)=(x-\alpha)^m h(x)$，其中$h(x)$在$x=\alpha$处连续且$h(\alpha)\neq 0$，当 m = 1 时，称$\alpha$是方程$f(x)=0$的**单根**. 若$f(x)$在$\alpha$处充分光滑，则$\alpha$是方程$f(x)=0$的 m 重根当且仅当$f(\alpha)=f'(\alpha)=\cdots=f^{(m-1)}(\alpha)=0, f^{(m)}(\alpha)\neq 0$.

设$f(x)\in C[a,b]$，且$f(a)f(b)<0$，根据连续函数的介值定理，区间$[a,b]$上必有方程$f(x)=0$的根，此时称$[a,b]$为方程$f(x)=0$的**有根区间**.

**注**　$C[a,b]$表示区间$[a,b]$上所有连续函数的集合. 本书中也用$C^m[a,b]$表示区间$[a,b]$上所有$m$次连续可微函数的集合.

熟知，高于四次的多项式方程没有解析形式的求根公式，而超越方程更难求出其精确解，所以对非线性方程求根没有直接法可言. 求解非线性方程常用的方法为迭代法. 但各种不同的迭代法都有一定的条件和适用范围，应根据问题的实际要求，择优选取求根的有效方法.

## 4.1　二分法

设$[a,b]$为方程$f(x)=0$的有根区间. 所谓二分法就是对有根区间$[a,b]$逐次分半，使有根区间长度逐次缩小，从而得到根的近似值. 二分法的步骤为

记$a_0=a$，$b_0=b$，计算$x_1=\dfrac{a_0+b_0}{2}$，若$f(a_0)f(x_1)<0$，取$a_1=a_0$，$b_1=x_1$；若$f(a_0)f(x_1)>0$，取$a_1=x_1, b_1=b_0$，则得新的有根区间

$[a_1,b_1]$，其区间长度恰好是区间 $[a_0,b_0]$ 长度的一半（见图 4-1）.

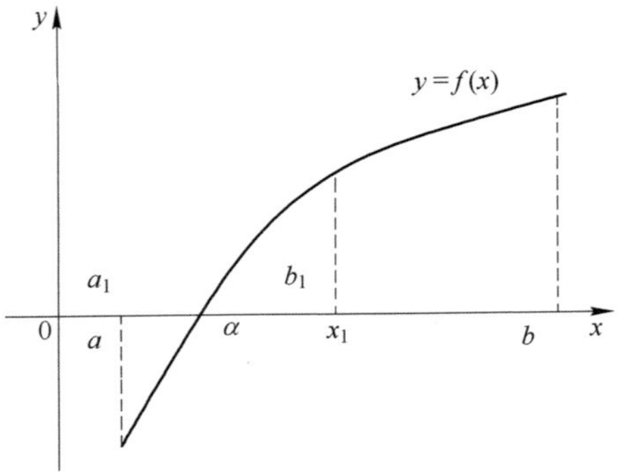


图 4-1

再对有根区间 $[a_1,b_1]$ 重复上面运算：计算 $x_2=\frac{a_1+b_1}{2}$，若 $f(a_1)f(x_2)<0$，取 $a_2=a_1$，$b_2=x_2$；若 $f(a_1)f(x_2)>0$，取 $a_2=x_2$，$b_2=b_1$，得到新的有根区间 $[a_2,b_2]$. 而且区间 $[a_2,b_2]$ 的长度是区间 $[a_1,b_1]$ 长度的一半. 依此进行下去，直到求出有根区间 $[a_k,b_k]$. 此时有

$$|x_k-\alpha|\leqslant b_k-a_k=\frac{b_{k-1}-a_{k-1}}{2}=\cdots=\frac{b_0-a_0}{2^k}=\frac{b-a}{2^k}$$

可见，$k$ 趋向无穷大时，$x_k$ 收敛于 $\alpha$. 对任意给定的 $\varepsilon>0$，若要 $|x_k-\alpha|<\varepsilon$，只需 $k$ 满足

$$\frac{b-a}{2^k}<\varepsilon \quad 或 \quad k>\log_2\frac{b-a}{\varepsilon}$$

此时可取近似根 $x_k\approx\alpha$.

在实际计算过程中，若出现 $|f(x_k)|<\varepsilon$，或 $b_k-a_k<\varepsilon$（其中 $\varepsilon$ 是事先给定的精度要求），则可取 $x_k$ 作为方程 $f(x)=0$ 的近似根，终止运算.

**例 4-1**　用二分法求方程 $x^3+4x-7=0$ 在区间 $[1,2]$ 内的根，要求精确到小数点后第 3 位.

**解**　这里 $f(x)=x^3+4x-7$，$f(1)f(2)=-18<0$，而且 $f'(x)=$

$3x^2+4>0$，所以$f(x)=0$在区间［1，2］内有唯一根．二分法计算结果见表4-1．

**表4-1 二分法计算结果**

| $k$ | $x_k$ | $f(x_k)$ | $a_k$ | $b_k$ | $b_k-a_k$ |
|---|---|---|---|---|---|
| 1 | 1.5 | 2.375 | 1 | 1.5 | 0.5 |
| 2 | 1.25 | −0.046875 | 1.25 | 1.5 | 0.25 |
| 3 | 1.375 | 1.099609 | 1.25 | 1.375 | 0.125 |
| ⋮ | ⋮ | ⋮ | ⋮ | ⋮ | ⋮ |
| 10 | 1.25488281 | −0.00436606 | 1.25488281 | 1.25585937 | 0.00097656 |
| 11 | 1.25537109 | −0.00010532 | 1.25488281 | 1.25537109 | 0.00048828 |

取$\alpha\approx x_{11}=1.25537109$，可有误差估计

$$|x_{11}-\alpha|\leqslant b_{11}-a_{11}=0.00048828<0.0005$$

如果取精度$\varepsilon=10^{-6}$，则要使

$$|x_k-\alpha|\leqslant b_k-a_k=\frac{b-a}{2^k}=\frac{1}{2^k}<10^{-6}$$

只需$k>6\log_2 10=19.93$，即需计算二十步可得到满足精度的近似值$x_{20}\approx\alpha$．

二分法运算简便、可靠、易于在计算机上实现，而且收敛性总能得到保证．但是，若方程$f(x)=0$在区间$[a,b]$上根多于一个时，也只能求出其中的一个根．另外，二分法只能用于求实函数方程的实根，不能用于求方程的复根和偶数重根．

## 非线性方程求根的二分法

本算法用于求方程$f(x)=0$在区间$[a,b]$内的根$\alpha$，要求$f(x)\in C[a,b]$且$f(a)f(b)<0$．$f(x)$为函数子程序．

**输入** $a$，$b$，精度要求$\varepsilon$

**输出** 近似根$\alpha$

（1）置$\alpha=\dfrac{a+b}{2}$；

(2) 若 $|b-\alpha|<\varepsilon$ 或 $|f(\alpha)|<\varepsilon$，输出 $\alpha$，停机；

(3) 若 $f(\alpha)f(a)<0$，置 $b=\alpha$，转步 1；

(4) 置 $a=\alpha$，转步 1.

## 4.2 简单迭代法

本节主要介绍简单迭代法的一般形式、收敛条件以及误差分析与收敛阶.

### 4.2.1 简单迭代法的一般形式

首先把方程 $f(x)=0$ 改写成等价（同解）形式

$$x=\varphi(x)$$

取一个适当的初始值 $x_0$，然后作迭代

$$x_{k+1}=\varphi(x_k),\quad k=0,1,2,\cdots \tag{4.1}$$

得到迭代序列 $\{x_k\}$. 如果 $x_k$ 收敛于 $\alpha$，只要函数 $\varphi(x)$ 在 $\alpha$ 附近是连续的，则由式（4.1）有 $\alpha=\varphi(\alpha)$，即 $\alpha$ 是方程 $x=\varphi(x)$ 的根，也就是方程 $f(x)=0$ 的根.

这种求方程根的方法称为**简单迭代法，或逐次逼近法**，其中 $\varphi(x)$ 称为**迭代函数**，式（4.1）称为**迭代格式**. 若迭代序列 $\{x_k\}$ 收敛，则称**简单迭代法是收敛的**.

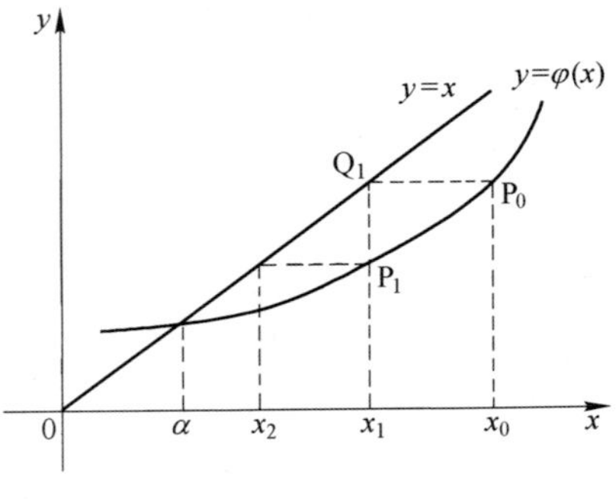


图 4-2

从几何上看（见图 4-2），方程 $x=\varphi(x)$ 的根就是平面上曲线 $y=\varphi(x)$ 和直线 $y=x$ 的交点的横坐标 $\alpha$. 对于 $\alpha$ 的某个近似值 $x_0$，在曲线 $y=\varphi(x)$ 上对应一点 $P_0$，其纵坐标为 $\varphi(x_0)=x_1$，过点 $P_0$ 引平行 $x$ 轴的直线，设与直线 $y=x$ 交点为 $Q_1$，然后过点 $Q_1$ 再作平行于 $y$ 轴的直线，它与曲线 $y=\varphi(x)$ 的交点记作 $P_1$，则 $P_1$ 点的横坐标是 $x_1$，纵坐标是 $\varphi(x_1)=x_2$. 按此方法一直进行下去，便得到序列 $\{x_k\}$，如果 $\{x_k\}$ 收敛于 $\alpha$，则迭代法是收敛的.

**例 4-2** 求方程 $x^4 - 3x - 2 = 0$ 在区间 [1, 2] 内的根 $\alpha$.

**解** 记 $f(x) = x^4 - 3x - 2$，则 $f(1)f(2) = -32 < 0$，而且 $f'(x) = 4x^3 - 3 \geqslant 1 > 0$，所以方程 $x^4 - 3x - 2 = 0$ 在区间 [1, 2] 内有唯一根.

改写原方程为等价方程 $x = \sqrt[4]{3x+2}$，建立迭代格式：

$$x_{k+1} = \sqrt[4]{3x_k + 2}, \quad k = 0,1,2,\cdots$$

取 $x_0 = 1.5$，计算结果见表 4-2.

**表 4-2 计算结果**

| $k$ | $x_k$ | $k$ | $x_k$ |
|---|---|---|---|
| 0 | 1.5 | 5 | 1.618013 |
| 1 | 1.596718 | 6 | 1.618030 |
| 2 | 1.614247 | 7 | 1.618033 |
| 3 | 1.617363 | 8 | 1.618034 |
| 4 | 1.617915 | 9 | 1.618034 |

可见，如果仅保留七位有效数字，则 $x_8$ 与 $x_9$ 已完全相同，这时可认为 $x_9$ 已接近于 $\alpha$，取 $\alpha \approx x_9 = 1.618034$.

此外，方程也可改写成 $x = \dfrac{x^4 - 2}{3}$，建立迭代格式

$$x_{k+1} = \frac{x_k^4 - 2}{3}, \quad k = 0,1,2,\cdots$$

取 $x_0 = 1.5$，计算结果见表 4-3.

**表 4-3 计算结果**

| $k$ | $x_k$ | $k$ | $x_k$ |
|---|---|---|---|
| 0 | 1.5 | 8 | -0.617881 |
| 1 | 1.020833 | 9 | -0.618082 |
| 2 | -0.304676 | 10 | -0.618019 |
| 3 | -0.663794 | 11 | -0.618039 |
| 4 | -0.601951 | 12 | -0.618032 |
| 5 | -0.622902 | 13 | -0.618035 |
| 6 | -0.616483 | 14 | -0.618034 |
| 7 | -0.618520 | 15 | -0.618034 |

可见，序列 $\{x_k\}$ 仍然收敛，但却收敛到方程 $x^4 - 3x - 2 = 0$ 的其他根. 对这个迭代格式，若取初值 $x_0 = 1.7$，迭代计算得到

$$x_1 = 2.117367, \quad x_2 = 6.033156, \quad x_3 = 440.9617$$

显然，$x_k \to \infty, k \to \infty$ 时，迭代序列 $\{x_k\}$ 是不收敛的.

从此例可知，简单迭代法的收敛性不但取决于迭代函数 $\varphi(x)$，同时也取决于初值 $x_0$ 的选取，这给实际计算带来很大困难. 因此，在使用非线性方程求根的迭代法时，必须谨慎选取初值.

### 4.2.2　简单迭代法的收敛条件

为了保证迭代法收敛，首先应当保证迭代序列 $\{x_k\}$ 全部落在 $[a, b]$ 内，为此要求对任意 $x \in [a,b]$，总有 $\varphi(x) \in [a,b]$.

另一方面，假设迭代函数 $\varphi(x)$ 在区间 $[a,b]$ 上可导，由微分中值定理有

$$|x_{k+1} - \alpha| = |\varphi(x_k) - \varphi(\alpha)| = |\varphi'(\xi)(x_k - \alpha)|$$

其中 $\xi$ 是 $x_k$ 和 $\alpha$ 之间的某一点. 可见，只要 $\varphi'(x)$ 满足

$$|\varphi'(x)| \leqslant L < 1, \quad x \in [a,b]$$

就有

$$|x_{k+1} - \alpha| \leqslant L|x_k - \alpha|, \quad k = 0,1,2,\cdots$$

反复递推得到

$$|x_k - \alpha| \leqslant L^k|x_0 - \alpha|, \quad k = 0,1,2,\cdots$$

故当 $k \to \infty$ 时，迭代序列 $\{x_k\}$ 收敛于方程 $x = \varphi(x)$ 的根 $\alpha$. 于是有下述定理.

**定理 4.1**　假设迭代函数 $\varphi(x)$ 在区间 $[a,b]$ 上可导，且满足条件：

(1) $a \leqslant \varphi(x) \leqslant b, \quad x \in [a,b]$

(2) 存在正数 $L < 1$，使对任意 $x \in [a,b]$ 有

$$|\varphi'(x)| \leqslant L < 1$$

则方程 $x = \varphi(x)$ 在 $[a,b]$ 上存在唯一根 $\alpha$，且对任意初始值 $x_0 \in [a, b]$，由迭代格式 $x_{k+1} = \varphi(x_k)$ 产生的迭代序列 $\{x_k\}$ 收敛于 $\alpha$，并且有误差估计

$$|x_k - \alpha| \leqslant \frac{L}{1-L}|x_k - x_{k-1}|, \quad k = 1,2,3,\cdots \tag{4.2}$$

$$|x_k - \alpha| \leqslant \frac{L^k}{1-L}|x_1 - x_0|, \quad k = 1,2,3,\cdots \tag{4.3}$$

**注** 定理条件（2）可以放宽为，存在正数 $L<1$，使 $\varphi(x)$ 满足 **Lipschitz 条件**：$|\varphi(x)-\varphi(y)| \leqslant L|x-y|, \forall x,y \in [a,b]$.

**证明** 先证根的存在唯一性．记 $f(x) = x - \varphi(x)$，则 $f(x)$ 在区间 $[a,b]$ 上是连续的，且 $f(a) = a - \varphi(a) \leqslant 0, f(b) = b - \varphi(b) \geqslant 0$，故存在 $\alpha \in [a,b]$，使得 $f(\alpha) = 0$，即 $\alpha = \varphi(\alpha)$．又 $f'(x) = 1 - \varphi'(x) \geqslant 1 - L > 0$，所以 $f(x)$ 在区间 $[a,b]$ 上是单调的，故 $\alpha$ 是唯一的.

再证迭代序列的收敛性和误差估计式．由于对任意正整数 $k$ 有

$$|x_{k+1} - \alpha| = |\varphi(x_k) - \varphi(\alpha)| = |\varphi'(\eta)(x_k - \alpha)| \leqslant L|x_k - \alpha|$$

于是

$$|x_k - \alpha| \leqslant L|x_{k-1} - \alpha| \leqslant \cdots \leqslant L^k|x_0 - \alpha|$$

由于 $L<1$，故 $k \to \infty$ 时，$x_k \to \alpha$，收敛性得证．又注意

$$|x_{k+1} - x_k| = |\varphi(x_k) - \varphi(x_{k-1})| = |\varphi'(\xi)(x_k - x_{k-1})| \leqslant L|x_k - x_{k-1}|$$

从而

$$\begin{aligned}|x_k - \alpha| &= |(x_k - x_{k+1}) + (x_{k+1} - \alpha)| \leqslant |x_{k+1} - x_k| + |x_{k+1} - \alpha| \\ &\leqslant L|x_k - x_{k-1}| + L|x_k - \alpha|\end{aligned}$$

因此

$$\begin{aligned}|x_k - \alpha| &\leqslant \frac{L}{1-L}|x_k - x_{k-1}| \leqslant \frac{L^2}{1-L}|x_{k-1} - x_{k-2}| \\ &\leqslant \cdots \leqslant \frac{L^k}{1-L}|x_1 - x_0|, \quad k = 1,2,3,\cdots\end{aligned}$$

误差估计式（4.2）和（4.3）得证.

由式（4.2）可见，只要 $|x_k - x_{k-1}|$ 充分小，就可以保证 $|x_k - \alpha|$ 充分小，实际计算时，可用 $|x_k - x_{k-1}| < \varepsilon$ 作为迭代终止的条件.

由式（4.3）可见，对任一 $\varepsilon > 0$，要使 $|x_k - \alpha| < \varepsilon$，只需

$$\frac{L^k}{1-L}|x_1-x_0|<\varepsilon \quad 或 \quad k>\frac{\ln\frac{\varepsilon(1-L)}{|x_1-x_0|}}{\ln L}$$

由此可以预估达到某一精度要求所需的迭代次数.

实际应用迭代法时，通常在所求根 $\alpha$ 附近考察收敛性，即所谓的局部收敛性.

**推论**　设 $\alpha=\varphi(\alpha)$，$\varphi(x)$ 在 $\alpha$ 邻域具有一阶连续导数，且 $|\varphi'(\alpha)|<1$. 则存在 $\delta>0$，当 $x_0\in[\alpha-\delta,\alpha+\delta]$ 时，迭代格式 (4.1) 产生的迭代序列 $\{x_k\}$ 收敛于方程 $x=\varphi(x)$ 在区间 $[\alpha-\delta,\alpha+\delta]$ 上的唯一根 $\alpha$.

事实上，由连续性可知，存在 $0<L<1$，和 $\delta>0$，使对任何 $x\in[\alpha-\delta,\alpha+\delta]$ 都有 $|\varphi'(x)|\leqslant L<1$. 并且对任何 $x\in[\alpha-\delta,\alpha+\delta]$，可有 $|\varphi(x)-\alpha|=|\varphi(x)-\varphi(\alpha)|=|\varphi'(\xi)(x-\alpha)|\leqslant L|x-\alpha|<|x-\alpha|\leqslant\delta$，即 $\varphi(x)\in[\alpha-\delta,\alpha+\delta]$. 所以 $\varphi(x)$ 在区间 $[\alpha-\delta,\alpha+\delta]$ 上满足定理 4.1 条件，推论成立. 此时称迭代法具有**局部收敛性**.

**例 4-3**　求方程 $xe^x-1=0$ 在 0.5 附近的根，要求精度 $\varepsilon=10^{-3}$.

**解**　可以验证方程 $xe^x-1=0$ 在区间 [0.5, 0.6] 内仅有一个根. 改写方程为 $x=e^{-x}$，建立迭代格式：

$$x_{k+1}=e^{-x_k},\quad k=0,1,2,\cdots$$

由于 $\varphi(x)=e^{-x}$，在 [0.5, 0.6] 上 $\varphi(x)$ 满足 $|\varphi'(x)|\leqslant e^{-0.5}\approx 0.6<1$，所以迭代格式收敛. 取初值 $x_0=0.5$，计算结果见表 4-4.

**表 4-4　计算结果**

| $k$ | $x_k$ | $\lvert x_k-x_{k-1}\rvert$ | $k$ | $x_k$ | $\lvert x_k-x_{k-1}\rvert$ |
|---|---|---|---|---|---|
| 0 | 0.5 | | 6 | 0.56486 | 0.00631 |
| 1 | 0.60653 | 0.10653 | 7 | 0.56844 | 0.00358 |
| 2 | 0.54524 | 0.06129 | 8 | 0.56641 | 0.00203 |
| 3 | 0.57970 | 0.03446 | 9 | 0.56756 | 0.00115 |
| 4 | 0.56007 | 0.01963 | 10 | 0.56691 | 0.00065 |
| 5 | 0.57117 | 0.01111 | | | |

根据计算结果，可取近似根 $x_{10} = 0.56691$，它满足精度要求.

如果精度要求为 $\varepsilon = 10^{-5}$，则由

$$k > \frac{\ln \dfrac{\varepsilon(1-L)}{|x_1 - x_0|}}{\ln L} = \frac{\ln \dfrac{0.4 \times 10^{-5}}{0.10653}}{\ln 0.6} \approx 19.95$$

可知，需要迭代二十次.

### 4.2.3 简单迭代法的收敛阶

**定义 4.1** 设迭代序列 $\{x_k\}$ 收敛于 $\alpha$，记误差 $e_k = x_k - \alpha$，如果存在正实数 $p$ 和非零常数 $C$，使得

$$\lim_{k\to\infty} \frac{|e_{k+1}|}{|e_k|^p} = C$$

或

$$|x_{k+1} - \alpha| \approx C|x_k - \alpha|^p, \quad k \gg 1$$

则称序列 $\{x_k\}$ 是 $p$ **阶收敛的**，称 $p$ 是**收敛阶**，$C$ 是**渐近误差常数**.

显然，收敛阶反映了迭代误差下降的速度，$p$ 越大收敛的越快. $p = 1$ 称为**线性收敛**；$p > 1$ 称为**超线性收敛**；$p = 2$ 称为**平方收敛**.

下面讨论简单迭代法的收敛阶. 设 $\varphi(x)$ 充分光滑，由于

$$|e_{k+1}| = |x_{k+1} - \alpha| = |\varphi(x_k) - \varphi(\alpha)| = |\varphi'(\xi_k)||e_k|$$

其中，$\xi_k$ 介于 $x_k$ 和 $\alpha$ 之间. 所以，当 $\varphi'(\alpha) \neq 0$ 时，有

$$\lim_{k\to\infty} \frac{|e_{k+1}|}{|e_k|} = \lim_{k\to\infty} |\varphi'(\xi_k)| = |\varphi'(\alpha)| \neq 0$$

因此，当 $\varphi'(\alpha) \neq 0$ 时，简单迭代法只具有线性收敛.

**定理 4.2** 设 $\alpha = \varphi(\alpha)$，$\varphi(x)$ 在 $\alpha$ 邻域充分光滑，且满足

$$\varphi'(\alpha) = \varphi''(\alpha) = \cdots = \varphi^{(p-1)}(\alpha) = 0, \quad \varphi^{(p)}(\alpha) \neq 0, \quad p \geqslant 2$$

则当初值 $x_0$ 取得充分靠近 $\alpha$ 时，迭代格式（4.1）是 $p$ 阶收敛的，且

$$\lim_{k\to\infty} \frac{|e_{k+1}|}{|e_k|^p} = \frac{1}{p!}|\varphi^{(p)}(\alpha)| \neq 0$$

**证明** 由于 $\varphi'(\alpha) = 0 < 1$，故当初值 $x_0$ 充分靠近 $\alpha$ 时，迭代序列 $\{x_k\}$ 是收敛的. 利用 Taylor 展开得到

$$\varphi(x)=\varphi(\alpha)+\varphi'(\alpha)(x-\alpha)+\frac{1}{2}\varphi''(\alpha)(x-\alpha)^2+\cdots+$$

$$\frac{1}{(p-1)!}\varphi^{(p-1)}(\alpha)(x-\alpha)^{p-1}+\frac{1}{p!}\varphi^{(p)}(\xi)(x-\alpha)^p$$

其中$\xi$介于$x$与$\alpha$之间. 现取$x=x_k$，则得

$$\varphi(x_k)=\varphi(\alpha)+\frac{1}{p!}\varphi^{(p)}(\xi_k)(x_k-\alpha)^p$$

注意到$e_{k+1}=x_{k+1}-\alpha=\varphi(x_k)-\varphi(\alpha)$，则有

$$\lim_{k\to\infty}\frac{|e_{k+1}|}{|e_k|^p}=\lim_{k\to\infty}\frac{1}{p!}|\varphi^{(p)}(\xi_k)|=\frac{1}{p!}|\varphi^{(p)}(\alpha)|\neq 0$$

因此，迭代法是$p$阶收敛的.

对于收敛较缓慢的迭代法，要使结果达到精度要求，就要增加迭代次数或计算量. 为了减少计算量，可构造高阶收敛的迭代法，或者对原迭代法采取某种加速措施. **Aitken 加速**就是对线性收敛的迭代序列起到加速作用的有效方法之一. 这种方法在其他数值问题中也常使用.

**Aitken 加速过程**：假设$\varphi(x)$在$\alpha$附近可导，由于

$$x_{k+1}-\alpha=\varphi'(\xi_1)(x_k-\alpha),\quad \xi_1\text{ 在 }x_k\text{ 与 }\alpha\text{ 之间}$$

$$x_{k+2}-\alpha=\varphi'(\xi_2)(x_{k+1}-\alpha),\quad \xi_2\text{ 在 }x_{k+1}\text{ 与 }\alpha\text{ 之间}$$

假设$\varphi'(\xi_1)\approx\varphi'(\xi_2)$，则有

$$\frac{x_{k+1}-\alpha}{x_{k+2}-\alpha}\approx\frac{x_k-\alpha}{x_{k+1}-\alpha}$$

即

$$(x_{k+1}-\alpha)^2\approx(x_k-\alpha)(x_{k+2}-\alpha)$$

$$x_{k+1}^2-2\alpha x_{k+1}+\alpha^2\approx x_kx_{k+2}-(x_k+x_{k+2})\alpha+\alpha^2$$

所以

$$\alpha\approx\frac{x_kx_{k+2}-x_{k+1}^2}{x_{k+2}-2x_{k+1}+x_k}=x_k-\frac{(x_{k+1}-x_k)^2}{x_{k+2}-2x_{k+1}+x_k}$$

记

$$\hat{x}_k = x_k - \frac{(x_{k+1} - x_k)^2}{x_{k+2} - 2x_{k+1} + x_k}, \quad k = 1,2,3,\cdots$$

那么，序列 $\{\hat{x}_k\}$ 要比序列 $\{x_k\}$ 更快地收敛于 $\alpha$. 为了便于计算，可构造如下的 **Aitken 加速算法**：

$$\begin{cases} y_k = \varphi(x_k) \\ z_k = \varphi(y_k) \\ x_{k+1} = x_k - \dfrac{(y_k - x_k)^2}{z_k - 2y_k + x_k}, \quad k = 0,1,2,\cdots \end{cases}$$

注意，如果第 $k$ 步发生 $z_k - 2y_k + x_k = 0$，就终止计算，取 $\alpha \approx x_k$.

**例 4-4** 分别用简单迭代法和 Aitken 加速算法求方程 $x = 1.6 + 0.99\cos x$ 在 $x_0 = \dfrac{\pi}{2}$ 附近的根 $\alpha$($\alpha = 1.585471802$).

**解** 分别用简单迭代法 $x_{k+1} = 1.6 + 0.99\cos x_k$ 和 Aitken 加速算法求根，取初值 $x_0 = \dfrac{\pi}{2}$，计算结果见表 4-5.

**表 4-5 计算结果**

| $k$ | 简单迭代法 | | Aitken 加速算法 | |
|---|---|---|---|---|
| | $x_k$ | $\lvert x_k - x_{k-1} \rvert$ | $x_k$ | $\lvert x_k - x_{k-1} \rvert$ |
| 0 | 1.57080 | | 1.570796327 | |
| 1 | 1.60000 | 0.02920 | 1.585472577 | 0.01467625 |
| 2 | 1.57109 | 0.02891 | 1.585471802 | 0.000000775 |
| 3 | 1.59971 | 0.02862 | 1.585471802 | 0.000000000 |
| 4 | 1.57138 | 0.02833 | | |

计算结果表明，简单迭代法收敛十分缓慢，而 Aitken 加速算法确实起到了加速收敛的作用.

## 非线性方程求根的 Aitken 加速算法

本算法用于求方程 $x = \varphi(x)$ 的根 $\alpha$，$\varphi(x)$ 为函数子程序.

**输入** 初值 $x_0$，精度要求 $\varepsilon$，最大迭代次数 $N$

**输出** 近似根 $\alpha$，或方法失败的信息

(1) 置 $k = 0$，$x = x_0$；

(2) 置 $y=\varphi(x), z=\varphi(y)$；

(3) 若 $z-2y+x=0$，则输出 $x, k$，停机；

(4) 置 $\alpha=x-\dfrac{(y-x)^2}{z-2y+x}$；

(5) 若 $|\alpha-x|<\varepsilon$，则输出 $\alpha, k+1$，停机；

(6) 置 $k=k+1, x=\alpha$；

(7) 若 $k\leqslant N$，则转至2；

(8) 输出“方法失败”停机（此时可另选初值 $x_0$ 或增大 $N$ 后再重新计算）.

## 4.3 Newton 迭代法

Newton 迭代法是非线性方程求根的最重要方法之一，其最大优点是在方程的单根附近具有平方收敛，而且 Newton 迭代法还可用来求方程的重根、复根，加以拓广还可用于求解非线性方程组.

### 4.3.1 Newton 迭代格式

将非线性方程 $f(x)=0$ 的求根问题，逐步转化为某个线性方程的求根，是 Newton 迭代法的基本思想. 设函数 $f(x)$ 在有根区间 $[a,b]$ 上二阶连续可微, $x_0$ 是根 $\alpha$ 的某个近似值，将 $f(x)$ 在 $x_0$ 处作 Taylor 展开，则有

$$f(x)=f(x_0)+f'(x_0)(x-x_0)+\frac{f''(\xi_0)}{2}(x-x_0)^2$$

其中 $\xi_0$ 介于 $x$ 和 $x_0$ 之间，如果用其线性主部近似 $f(x)$，即

$$f(x)\approx f(x_0)+f'(x_0)(x-x_0)$$

则将非线性方程 $f(x)=0$ 近似化为线性方程

$$f(x_0)+f'(x_0)(x-x_0)=0$$

若 $f'(x_0)\neq 0$，将其解记为

$$x_1=x_0-\frac{f(x_0)}{f'(x_0)}$$

则得到根 $\alpha$ 的新的近似值 $x_1$. 一般地，在 $x_k$ 附近线性化方程为

$$f(x_k)+f'(x_k)(x-x_k)=0$$

若 $f'(x_k) \neq 0$，将其解记为

$$x_{k+1} = x_k - \frac{f(x_k)}{f'(x_k)}, \quad k = 0,1,2,\cdots \tag{4.4}$$

迭代格式（4.4）称为 **Newton 迭代格式.**

从几何上看，方程 $f(x) = 0$ 的根就是曲线 $y = f(x)$ 与 $x$ 轴交点的横坐标（如图 4-3 所示）. 对给定的初值 $x_0$，由于直线 $y = f(x_0) + f'(x_0)(x - x_0)$ 就是曲线 $y = f(x)$ 在点 $(x_0, f(x_0))$ 的切线. 可见，$y = f(x)$ 在点 $(x_0, f(x_0))$ 的切线与 $x$ 轴交点的横坐标就是 $x_1$. 类似地，$y = f(x)$ 在点 $(x_1, f(x_1))$ 的切线与 $x$ 轴交点的横坐标就是 $x_2$. 一般地，$y = f(x)$ 在点 $(x_k, f(x_k))$ 的切线与 $x$ 轴交点的横坐标就是 $x_{k+1}$. 因此，Newton 迭代法也称为**切线法**.

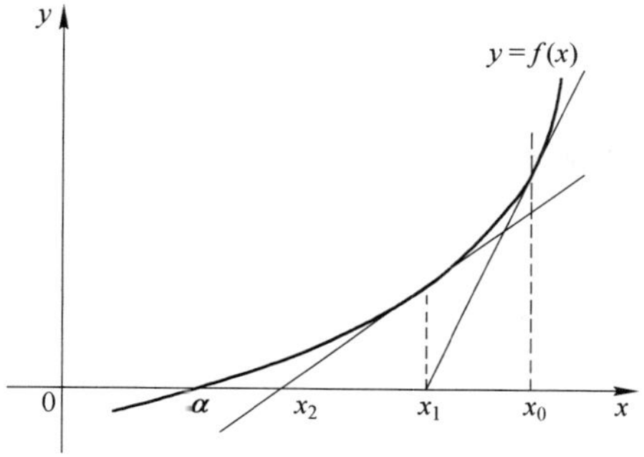


图 4-3

### 4.3.2 Newton 迭代法的收敛性

Newton 迭代法相当于取迭代函数为

$$\varphi(x) = x - \frac{f(x)}{f'(x)}$$

的简单迭代法.

现假设函数 $f(x)$ 在有根区间 $[a,b]$ 上二次连续可微，且 $\alpha$ 是方程 $f(x) = 0$ 的单根，即 $f(\alpha) = 0, f'(\alpha) \neq 0$，由于

$$\varphi'(x) = 1 - \frac{(f'(x))^2 - f(x)f''(x)}{(f'(x))^2} = \frac{f(x)f''(x)}{(f'(x))^2}$$

所以 $\varphi'(\alpha)=0$，从而可知 Newton 迭代法是局部收敛的，而且由定理 4.2 可知 Newton 迭代法至少是平方收敛的. 对 Newton 迭代法有如下收敛定理.

**定理 4.3**　设函数 $f(x)$ 在根 $\alpha$ 邻域有二阶连续导数，且 $f'(\alpha)\neq 0$，则对充分接近 $\alpha$ 的初值 $x_0$，Newton 迭代法所产生的序列 $\{x_k\}$ 收敛于 $\alpha$，且有

$$\lim_{k\to\infty}\frac{x_{k+1}-\alpha}{(x_k-\alpha)^2}=\frac{f''(\alpha)}{2f'(\alpha)}$$

**证明**　将 $f(x)$ 在 $x_k$ 处作 Taylor 展开

$$f(x)=f(x_k)+f'(x_k)(x-x_k)+\frac{f''(\xi)}{2}(x-x_k)^2$$

其中 $\xi$ 介于 $x$ 与 $x_k$ 之间，取 $x=\alpha$，则有

$$f(\alpha)=f(x_k)+f'(x_k)(\alpha-x_k)+\frac{f''(\xi)}{2}(\alpha-x_k)^2$$

由于 $f(\alpha)=0$，将右边第二项中 $\alpha$ 解出得到

$$\alpha=x_k-\frac{f(x_k)}{f'(x_k)}-\frac{f''(\xi_k)}{2f'(x_k)}(\alpha-x_k)^2=x_{k+1}-\frac{f''(\xi_k)}{2f'(x_k)}(\alpha-x_k)^2 \tag{4.5}$$

于是有

$$\lim_{k\to\infty}\frac{x_{k+1}-\alpha}{(x_k-\alpha)^2}=\lim_{k\to\infty}\frac{f''(\xi_k)}{2f'(x_k)}=\frac{f''(\alpha)}{2f'(\alpha)}$$

定理 4.3 表明，Newton 迭代法至少是平方收敛的. 如果 $f''(\alpha)=0$，其收敛阶可以更高.

记 $M_2=\max|f''(x)|$，$m_1=\min|f'(x)|$，$C=\dfrac{M_2}{2m_1}$，则由式（4.5）有

$$|x_{k+1}-\alpha|\leqslant C|x_k-\alpha|^2,\quad k=0,1,2,\cdots$$

或写成

$$C|x_{k+1}-\alpha|\leqslant (C|x_k-\alpha|)^2,\quad k=0,1,2,\cdots$$

于是有

$$C|x_k-\alpha| \leqslant (C|x_{k-1}-\alpha|)^2 \leqslant (C|x_{k-2}-\alpha|)^4 \leqslant \cdots \leqslant (C|x_0-\alpha|)^{2^k}$$

或

$$|x_k-\alpha| \leqslant \frac{2m_1}{M_2}\left(\frac{M_2}{2m_1}|x_0-\alpha|\right)^{2^k}$$

此式表明，若要 Newton 迭代法收敛，一般应选 $x_0$，使 $|x_0-\alpha|<\frac{2m_1}{M_2}$. 可见，Newton 迭代法对初值 $x_0$ 的要求比较严格.

**例 4-5** 用 Newton 迭代法求方程 $xe^x-1=0$ 在 0.5 附近的根，要求精度 $\varepsilon=10^{-5}$.

**解** Newton 迭代格式为

$$x_{k+1}=x_k-\frac{x_k e^{x_k}-1}{e^{x_k}+x_k e^{x_k}}=x_k-\frac{x_k-e^{-x_k}}{1+x_k},\quad k=0,1,2,\cdots$$

取 $x_0=0.5$，计算结果见表 4-6.

**表 4-6 计算结果**

| $k$ | $x_k$ | $\vert x_k-x_{k-1}\vert$ |
|---|---|---|
| 0 | 0.5 | |
| 1 | 0.571020439 | 0.071020439 |
| 2 | 0.567155568 | 0.003864871 |
| 3 | 0.567143290 | 0.000012277 |
| 4 | 0.567143290 | 0.000000000 |

可取 $\alpha \approx x_4=0.567143290$. 与例 4-3 比较可知 Newton 迭代法收敛得确实快.

**例 4-6** 试用 Newton 迭代法求 π 具有十位有效数字的近似值.

**解** 由于方程 $\sin x=0$ 的一个正根就是 π，对应的 Newton 迭代公式为

$$x_{k+1}=x_k-\frac{\sin x_k}{\cos x_k}=x_k-\tan x_k,\quad k=0,1,2,\cdots$$

取初值 $x_0=3.1$，计算结果见表 4-7.

表 4-7　计算结果

| $k$ | $x_k$ | $\lvert x_k - x_{k-1} \rvert$ |
|---|---|---|
| 0 | 3. 1 | |
| 1 | 3. 141616655 | 0. 041616655 |
| 2 | 3. 141592654 | 0. 000024001 |
| 3 | 3. 141592654 | 0. 000000000 |

取 $\alpha \approx x_3 = 3.141592654$ ，已具有十位有效数字.

## 非线性方程求根的 Newton 迭代法

本算法用于求方程 $f(x) = 0$ 的根 $\alpha$，要求 $f(x)$ 在 $\alpha$ 附近可导. $f(x)$ , $f'(x)$ 分别为计算 $f(x)$ , $f'(x)$ 的函数子程序.

**输入**　初值 $x_0$ ，精度要求 $\varepsilon$ ，最大迭代次数 $N$

**输出**　近似根 $\alpha$ ，或方法失败的信息

(1) 置 $k = 0, x = x_0$；

(2) 置 $f = f(x), f' = f'(x)$；

(3) 若 $f' = 0$ ，转步 8；

(4) 置 $\alpha = x - \dfrac{f}{f'}$；

(5) 若 $\lvert \alpha - x \rvert < \varepsilon$ ，则输出 $\alpha, k$ ，停机；

(6) 若 $k > N$ ，转步 8；

(7) 置 $x = \alpha, k = k + 1$ ，转步 2；

(8) 输出“方法失败”停机（此时可另选初值 $x_0$ 或增大 $N$ 后再重新计算）.

### 4.3.3　Newton 迭代法的变形

Newton 迭代法的最大优点是在单根附近具有平方收敛速度. 但每次迭代需要计算 $f'(x_k)$ ，在方程的重根处也不能保证收敛. 为了简化计算，扩大 Newton 迭代法的适用范围，需要对其做某些改进.

**简化 Newton 迭代法**

为了简化计算 $f'(x_k)$ ，可采用迭代格式：

$$x_{k+1} = x_k - \frac{f(x_k)}{M}, \quad k = 0,1,2,\cdots$$

称为**简化 Newton 迭代法**. 这里 $M$ 是某一常数，简化 Newton 迭代法计算简单，但已不具备平方收敛的性质. 由于其迭代函数为

$$\varphi(x) = x - \frac{f(x)}{M}$$

因此，在区间 $I = [\alpha - \delta, \alpha + \delta]$ 上，取 $M$ 与 $f'(x)$ 同号，且 $|M| > \frac{1}{2}\max|f'(x)|$ 时，简化 Newton 迭代法对 $x_0 \in I$ 收敛. 通常取 $M = f'(x_0)$（见图 4-4）. 简化 Newton 迭代法一般只是线性收敛的.

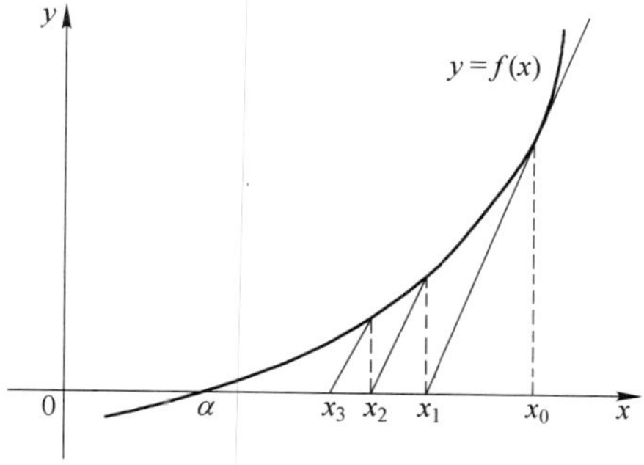


图 4-4

**割线法**

在简化 Newton 迭代法中，用常数 $M$ 取代了导数 $f'(x_k)$，如果用函数 $f(x)$ 的差商近似导数 $f'(x_k)$，即

$$f'(x_k) \approx \frac{f(x_k) - f(x_{k-1})}{x_k - x_{k-1}}$$

则可将 Newton 迭代法修改为

$$x_{k+1} = x_k - \frac{f(x_k)}{f(x_k) - f(x_{k-1})}(x_k - x_{k-1}), \quad k = 1,2,3,\cdots$$

称之为**割线法**.

从几何上看（见图 4-5），连接曲线 $y = f(x)$ 上两点 $(x_0, f(x_0))$,

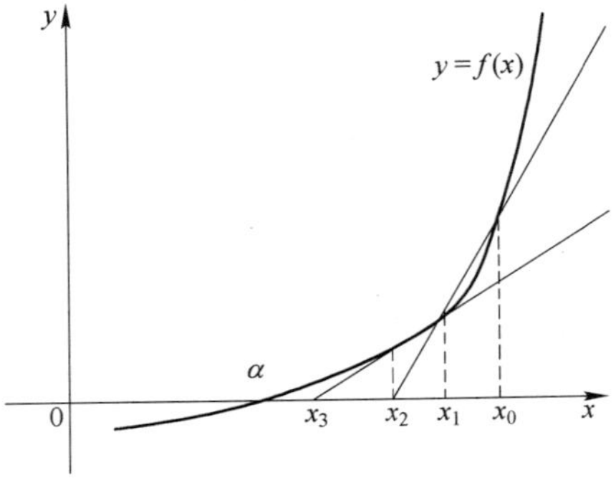


图 4-5

$(x_1, f(x_1))$ 的割线与 $x$ 轴交点的横坐标就是 $x_2$. 一般地，连接曲线 $y = f(x)$ 上两点 $(x_{k-1}, f(x_{k-1}))$，$(x_k, f(x_k))$ 的割线与 $x$ 轴交点的横坐标就是 $x_{k+1}$，因此这种迭代法称为割线法.

简单迭代法在计算 $x_{k+1}$ 时，只用到前一步的值 $x_k$，但割线法在计算 $x_{k+1}$ 时，要用到前两步的值 $x_{k-1}$，$x_k$，因此使用割线法时必须先给出两个初始值 $x_0$ 和 $x_1$.

**定理 4.4**　设函数 $f(x)$ 在根 $\alpha$ 邻域有二阶连续导数，且 $f'(\alpha) \neq 0$，则对充分接近根 $\alpha$ 的初值 $x_0, x_1$，割线法所产生的序列 $\{x_k\}$ 按阶 $p = \frac{1+\sqrt{5}}{2} \approx 1.618$ 收敛于 $\alpha$，且有

$$\lim_{k\to\infty} \frac{x_{k+1} - \alpha}{(x_k - \alpha)(x_{k-1} - \alpha)} = \frac{f''(\alpha)}{2f'(\alpha)}$$

此定理的证明可参阅文献［1］.

**例 4-7**　用割线法求方程 $xe^x - 1 = 0$ 在 0.5 附近的根，要求精度 $\varepsilon = 10^{-5}$.

**解**　割线法的迭代格式为

$$x_{k+1} = x_k - \frac{x_k e^{x_k} - 1}{x_k e^{x_k} - x_{k-1} e^{x_{k-1}}}(x_k - x_{k-1}), \quad k = 1,2,3,\cdots$$

取 $x_0 = 0.5$，$x_1 = 0.6$，计算结果见表 4-8.

**表 4-8 计算结果**

| $k$ | $x_k$ | $\|x_k - x_{k-1}\|$ |
|---|---|---|
| 0 | 0.5 | |
| 1 | 0.6 | 0.1 |
| 2 | 0.565315140 | 0.034684860 |
| 3 | 0.567094633 | 0.001779493 |
| 4 | 0.567143363 | 0.000048730 |
| 5 | 0.567143290 | 0.000000073 |

可取 $\alpha \approx x_5 = 0.567143290$. 与例 4-3 和例 4-5 比较可知，割线法的收敛速度也很快.

**求方程重根的 Newton 迭代法**

设 $\alpha$ 是方程 $f(x) = 0$ 的 $m$ 重根，则 $f(x) = (x-\alpha)^m h(x)$，其中 $h(x)$ 在 $x = \alpha$ 处连续且 $h(\alpha) \neq 0$. 令

$$F(x) = [f(x)]^{\frac{1}{m}} = (x-\alpha)[h(x)]^{\frac{1}{m}}$$

那么, $\alpha$ 恰是方程 $F(x) = 0$ 的单根. 对方程 $F(x) = 0$ 应用 Newton 迭代法可得

$$x_{k+1} = x_k - \frac{F(x_k)}{F'(x_k)} = x_k - m\frac{f(x_k)}{f'(x_k)}, \quad k = 0,1,2,\cdots$$

称之为**带参数 $m$ 的 Newton 迭代法**. 它是求方程 $f(x) = 0$ 的 $m$ 重根的具有平方收敛的迭代格式. 但是，在实际应用中方程根的重数 $m$ 往往是未知的，这给应用带来困难.

利用 $f(x) = (x-\alpha)^m h(x)$ 可得

$$u(x) = \frac{f(x)}{f'(x)} = \frac{(x-\alpha)^m h(x)}{m(x-\alpha)^{m-1}h(x) + (x-\alpha)^m h'(x)}$$

$$= \frac{(x-\alpha)h(x)}{mh(x) + (x-\alpha)h'(x)} = (x-\alpha)\bar{h}(x)$$

这里 $\bar{h}(\alpha) = 1/m \neq 0$. 即 $\alpha$ 是方程 $u(x) = 0$ 的单根. 设函数 $f(x)$ 在 $\alpha$ 邻域是二次可微的. 对方程 $u(x) = 0$ 应用 Newton 迭代法可得

$$x_{k+1} = x_k - \frac{u(x_k)}{u'(x_k)} = x_k - \frac{u(x_k)}{1 - A(x_k)u(x_k)}, \quad k = 0,1,2,\cdots \tag{4.6}$$

其中 $A(x)=f''(x)/f'(x)$. 迭代格式（4.6）是求方程 $f(x)=0$ 的重根的具有平方收敛的迭代格式. 虽然每步迭代需要计算 $f''(x_k)$ 的值，但不需要考虑根的重数，对求方程的重根很有效.

**例 4-8**　用 Newton 迭代法求方程

$$x^3-(2.135+2\sqrt{3})x^2+(3+4.27\sqrt{3})x-6.405=0$$

的全部根，要求精度 $\varepsilon=10^{-5}$.

**解**　记 $f(x)=x^3-(2.135+2\sqrt{3})x^2+(3+4.27\sqrt{3})x-6.405$. 可以验证，当 $x\leqslant 1$ 时有 $f(x)<0$，当 $x\geqslant 3$ 时有 $f(x)>0$，所以方程 $f(x)=0$ 的三个根都在区间（1, 3）内. 又由 $f(2)<0, f(3)>0$ 且在区间 [2, 3] 上 $f'(x)>0$，因此方程 $f(x)=0$ 在区间（2, 3）内有一个单根，在区间（1, 2）内有两个根.

首先应用 Newton 迭代法求方程在区间（2, 3）内的单根. 利用迭代公式

$$\begin{cases} x_{k+1}=x_k-\dfrac{f(x_k)}{f'(x_k)} \\ f(x_k)=x_k^3-(2\sqrt{3}+2.135)x_k^2+(4.27\sqrt{3}+3)x_k-6.405 \\ f'(x_k)=3x_k^2-(4\sqrt{3}+4.27)x_k+4.27\sqrt{3}+3 \end{cases}$$

取 $x_0=2.5$，计算结果见表 4-9.

**表 4-9　计算结果**

| $k$ | $x_k$ | $\lvert x_k-x_{k-1}\rvert$ |
|---|---|---|
| 0 | 2.5 | |
| 1 | 2.312876527 | 0.187123473 |
| 2 | 2.202565185 | 0.110311342 |
| 3 | 2.150075023 | 0.052490162 |
| 4 | 2.136014143 | 0.014060880 |
| 5 | 2.135005066 | 0.001009077 |
| 6 | 2.135000000 | 0.000005066 |

可取 $\alpha_1\approx x_6=2.135000000$.

方程 $f(x)=0$ 在区间（1, 2）内有两个根，可能是重根，利用求重根的 Newton 迭代格式（4.6）求方程 $f(x)=0$ 在区间（1, 2）内的

根，迭代公式为

$$\begin{cases} x_{k+1} = x_k - \dfrac{u(x_k)}{1 - A(x_k)u(x_k)} \\ A(x_k) = \dfrac{f''(x_k)}{f'(x_k)}, u(x_k) = \dfrac{f(x_k)}{f'(x_k)} \\ f(x_k) = x_k^3 - (2\sqrt{3} + 2.135)x_k^2 + (4.27\sqrt{3} + 3)x_k - 6.405 \\ f'(x_k) = 3x_k^2 - (4\sqrt{3} + 4.27)x_k + 4.27\sqrt{3} + 3 \\ f''(x_k) = 6x_k - 4\sqrt{3} - 4.27 \end{cases}$$

取 $x_0 = 1.5$，计算结果见表4-10.

**表 4-10 计算结果**

| $k$ | $x_k$ | $\lvert x_k - x_{k-1} \rvert$ |
|---|---|---|
| 0 | 1.5 | |
| 1 | 1.757272124 | 0.257272124 |
| 2 | 1.732947058 | 0.024325066 |
| 3 | 1.732052111 | 0.000894947 |
| 4 | 1.732053432 | 0.000001321 |

可取 $\alpha_2 \approx x_4 = 1.732053432$ .

若用带参数 $m = 2$ 的 Newton 迭代法计算，则有

$$\begin{cases} x_{k+1} = x_k - 2\dfrac{f(x_k)}{f'(x_k)} \\ f(x_k) = x_k^3 - (2\sqrt{3} + 2.135)x_k^2 + (4.27\sqrt{3} + 3)x_k - 6.405 \\ f'(x_k) = 3x_k^2 - (4\sqrt{3} + 4.27)x_k + 4.27\sqrt{3} + 3 \end{cases}$$

取 $x_0 = 1.5$，计算结果见表4-11.

**表 4-11 计算结果**

| $k$ | $x_k$ | $\lvert x_k - x_{k-1} \rvert$ |
|---|---|---|
| 0 | 1.5 | |
| 1 | 1.696201436 | 0.196201436 |
| 2 | 1.730643860 | 0.034442423 |
| 3 | 1.732048498 | 0.001404638 |
| 4 | 1.732053475 | 0.000004976 |

可取 $\alpha_2 \approx x_4 = 1.732053475$，收敛速度仍然很快. 这表明 $\alpha_2$ 是方程 $f(x) = 0$ 的二重根. 如果应用求单根的 Newton 迭代法计算，取 $x_0 = 1.5$，虽然也收敛，但要求出同样精度的近似值需要迭代十六步. 可见，求单根的 Newton 迭代法用于求方程的重根时，即使收敛，一般也不再具有平方收敛阶.

## *4.4　解非线性方程组的迭代法

本节讨论非线性方程组

$$\begin{cases} f_1(x_1,x_2,\cdots,x_n) = 0 \\ f_2(x_1,x_2,\cdots,x_n) = 0 \\ \qquad\vdots \\ f_n(x_1,x_2,\cdots,x_n) = 0 \end{cases} \tag{4.7}$$

的求解问题. 这里 $f_i(x_1,x_2,\cdots,x_n)$，$i = 1,2,\cdots,n$，是 $x_1,x_2,\cdots,x_n$ 的实值函数. 为了便于讨论，引进向量记号，令

$$\boldsymbol{x} = \begin{pmatrix} x_1 \\ x_2 \\ \vdots \\ x_n \end{pmatrix},\quad \boldsymbol{f}(\boldsymbol{x}) = \begin{pmatrix} f_1(\boldsymbol{x}) \\ f_2(\boldsymbol{x}) \\ \vdots \\ f_n(\boldsymbol{x}) \end{pmatrix},\quad \boldsymbol{0} = \begin{pmatrix} 0 \\ 0 \\ \vdots \\ 0 \end{pmatrix}$$

于是，式（4.7）可写成

$$\boldsymbol{f}(\boldsymbol{x}) = \boldsymbol{0} \tag{4.8}$$

这里 $\boldsymbol{f}(\boldsymbol{x}) = (f_1(x_1,x_2,\cdots,x_n), f_2(x_1,x_2,\cdots,x_n),\cdots, f_n(x_1,x_2,\cdots,x_n))^{\mathrm{T}}$ 为定义在某个区域 $\Omega \subset R^n$ 上的向量值函数. 如果存在向量 $\boldsymbol{x}^* \in \Omega$，使 $\boldsymbol{f}(\boldsymbol{x}^*) = \boldsymbol{0}$，则称 $\boldsymbol{x}^*$ 为非线性方程组（4.8）的解.

由于向量值函数 $\boldsymbol{f}(\boldsymbol{x})$ 的非线性性质，方程组（4.8）的求解远不如线性方程组那样完善. 除了一些特殊的非线性方程组外，直接解法几乎是不可能的，本节仅介绍两类有效的迭代解法.

### 4.4.1　Newton 迭代法

类似单个方程的 Newton 迭代法一样，采用逐次线性化的方法，构

造解方程组（4.8）的 Newton 迭代法.

在某个近似解 $\boldsymbol{x}^{(k)}$ 处，将向量值函数 $\boldsymbol{f}(\boldsymbol{x})$ 做 Taylor 展开，则有

$$\boldsymbol{f}(\boldsymbol{x}) \approx \boldsymbol{f}(\boldsymbol{x}^{(k)}) + \boldsymbol{f}'(\boldsymbol{x}^{(k)})(\boldsymbol{x} - \boldsymbol{x}^{(k)})$$

从而得方程组（4.8）的近似方程组

$$\boldsymbol{f}(\boldsymbol{x}^{(k)}) + \boldsymbol{f}'(\boldsymbol{x}^{(k)})(\boldsymbol{x} - \boldsymbol{x}^{(k)}) = \boldsymbol{0} \tag{4.9}$$

其中

$$\boldsymbol{f}'(\boldsymbol{x}^{(k)}) = \begin{pmatrix} \dfrac{\partial f_1}{\partial x_1} & \dfrac{\partial f_1}{\partial x_2} & \cdots & \dfrac{\partial f_1}{\partial x_n} \\ \dfrac{\partial f_2}{\partial x_1} & \dfrac{\partial f_2}{\partial x_2} & \cdots & \dfrac{\partial f_2}{\partial x_n} \\ \vdots & \vdots & & \vdots \\ \dfrac{\partial f_n}{\partial x_1} & \dfrac{\partial f_n}{\partial x_2} & \cdots & \dfrac{\partial f_n}{\partial x_n} \end{pmatrix}_{|\boldsymbol{x}=\boldsymbol{x}^{(k)}} \tag{4.10}$$

称为 $\boldsymbol{f}(\boldsymbol{x})$ 的 Jacobi 矩阵. 若 $\boldsymbol{f}(\boldsymbol{x})$ 的 Jacobi 矩阵非奇异，则线性方程组（4.9）有唯一解，记为

$$\boldsymbol{x}^{(k+1)} = \boldsymbol{x}^{(k)} - [\boldsymbol{f}'(\boldsymbol{x}^{(k)})]^{-1}\boldsymbol{f}(\boldsymbol{x}^{(k)}), \quad k = 0,1,2,\cdots \tag{4.11}$$

这就是解非线性方程组（4.8）的 Newton 迭代法.

类似于单个方程的 Newton 迭代法，只要 $\boldsymbol{f}(\boldsymbol{x})$ 的 Jacobi 矩阵 $\boldsymbol{f}'(\boldsymbol{x}^*)$ 可逆，则对充分接近 $\boldsymbol{x}^*$ 的初值 $\boldsymbol{x}^{(0)}$，Newton 迭代法（4.11）收敛，而且是平方收敛的. 但对初值 $\boldsymbol{x}^{(0)}$ 要求较高，而且需要 Jacobi 矩阵 $\boldsymbol{f}'(\boldsymbol{x})$ 可逆，否则可能不收敛.

**例 4-9** 用 Newton 迭代法求方程组

$$\begin{cases} x_1^2 + x_2^2 - 5 = 0 \\ x_1x_2 - 3x_1 + x_2 - 1 = 0 \end{cases}$$

在（1，1）附近的解，要求精度为 $\varepsilon = 10^{-6}$.

**解** 记 $f_1(x_1,x_2) = x_1^2 + x_2^2 - 5, f_2(x_1,x_2) = x_1x_2 - 3x_1 + x_2 - 1$，则有

$$f'(x) = \begin{pmatrix} \dfrac{\partial f_1}{\partial x_1} & \dfrac{\partial f_1}{\partial x_2} \\ \dfrac{\partial f_2}{\partial x_1} & \dfrac{\partial f_2}{\partial x_2} \end{pmatrix} = \begin{pmatrix} 2x_1 & 2x_2 \\ x_2 - 3 & x_1 + 1 \end{pmatrix}$$

从而有

$$[f'(x)]^{-1} = \frac{1}{\det(f'(x))} \begin{pmatrix} \dfrac{\partial f_2}{\partial x_2} & -\dfrac{\partial f_1}{\partial x_2} \\ -\dfrac{\partial f_2}{\partial x_1} & \dfrac{\partial f_1}{\partial x_1} \end{pmatrix}$$

$$= \frac{1}{2(x_1^2 - x_2^2 + x_1 + 3x_2)} \begin{pmatrix} x_1 + 1 & -2x_2 \\ 3 - x_2 & 2x_1 \end{pmatrix}$$

由于

$$\begin{pmatrix} x_1 + 1 & -2x_2 \\ 3 - x_2 & 2x_1 \end{pmatrix} \begin{pmatrix} x_1^2 + x_2^2 - 5 \\ x_1x_2 - 3x_1 + x_2 - 1 \end{pmatrix}$$

$$= \begin{pmatrix} x_1^3 - x_1x_2^2 + x_1^2 - x_2^2 + 6x_1x_2 - 5x_1 + 2x_2 - 5 \\ -x_2^3 + x_1^2x_2 - 3x_1^2 + 3x_2^2 + 2x_1x_2 - 2x_1 + 5x_2 - 15 \end{pmatrix}$$

所以 Newton 迭代格式为

$$\begin{cases} x_1^{(k+1)} = x_1^{(k)} - \dfrac{(x_1^{(k)})^3 - x_1^{(k)}(x_2^{(k)})^2 + (x_1^{(k)})^2 - (x_2^{(k)})^2}{2[(x_1^{(k)})^2 - (x_2^{(k)})^2 + x_1^{(k)} + 3x_2^{(k)}]} + \\ \qquad \dfrac{6x_1^{(k)}x_2^{(k)} - 5x_1^{(k)} + 2x_2^{(k)} - 5}{2[(x_1^{(k)})^2 - (x_2^{(k)})^2 + x_1^{(k)} + 3x_2^{(k)}]} \\ x_2^{(k+1)} = x_2^{(k)} - \dfrac{-(x_2^{(k)})^3 + (x_1^{(k)})^2x_2^{(k)} - 3(x_1^{(k)})^2 + 3(x_2^{(k)})^2}{2[(x_1^{(k)})^2 - (x_2^{(k)})^2 + x_1^{(k)} + 3x_2^{(k)}]} + \\ \qquad \dfrac{2x_1^{(k)}x_2^{(k)} - 2x_1^{(k)} + 5x_2^{(k)} - 15}{2[(x_1^{(k)})^2 - (x_2^{(k)})^2 + x_1^{(k)} + 3x_2^{(k)}]} \end{cases}$$

$$k = 0, 1, 2, \cdots$$

取初值 $x^{(0)} = (1,\ 1)^T$，计算结果见表 4-12.

表 4-12 计算结果

| $k$ | $x_1^{(k)}$ | $x_2^{(k)}$ | $\|\boldsymbol{x}^{(k)}-\boldsymbol{x}^{(k-1)}\|_\infty$ |
|---|---|---|---|
| 0 | 1 | 1 | |
| 1 | 1.25 | 2.25 | 1.25 |
| 2 | 1.000000000 | 2.027777778 | 0.25 |
| 3 | 1.000194287 | 2.000094446 | 0.027683332 |
| 4 | 1.000000002 | 2.000000010 | 0.000194285 |
| 5 | 1.000000000 | 2.000000000 | 0.000000010 |

可取方程组的解 $\boldsymbol{x}^* \approx \boldsymbol{x}^{(5)} = (1.000000000, 2.000000000)^{\mathrm{T}}$，实际上方程组的精确解为 $\boldsymbol{x}^* = (1, 2)^{\mathrm{T}}$. 可见，收敛速度确实很快.

用 Newton 迭代法（4.11）求解非线性方程组，每一步迭代都要计算 Jacobi 矩阵 $\boldsymbol{f}'(\boldsymbol{x}^{(k)})$ 的逆矩阵，这往往是困难的. 为了避免计算 $[\boldsymbol{f}'(\boldsymbol{x}^{(k)})]^{-1}$，也可以通过求解线性方程组

$$\boldsymbol{f}'(\boldsymbol{x}^{(k)})(\boldsymbol{x}^{(k+1)} - \boldsymbol{x}^{(k)}) = -\boldsymbol{f}(\boldsymbol{x}^{(k)})$$

得到 $\boldsymbol{x}^{(k+1)}$.

类似于单个方程的 Newton 迭代法，也可得到求解非线性方程组的简化 Newton 迭代法

$$\boldsymbol{x}^{(k+1)} = \boldsymbol{x}^{(k)} - [\boldsymbol{f}'(\boldsymbol{x}^{(0)})]^{-1}\boldsymbol{f}(\boldsymbol{x}^{(k)}), \quad k = 0,1,2,\cdots$$

但此时已不再具有平方收敛速度.

### 4.4.2 拟 Newton 迭代法

Newton 迭代法的最大优点是收敛速度快，但难以实现. 因为 Newton 迭代法不仅对初值 $\boldsymbol{x}^{(0)}$ 要求十分苛刻，并且每一步迭代都要计算 Jacobi矩阵 $\boldsymbol{f}'(\boldsymbol{x}^{(k)})$ 的逆矩阵(或者求解与 Jacobi 矩阵 $\boldsymbol{f}'(\boldsymbol{x}^{(k)})$ 相关的 $n$ 元线性方程组)，其计算量很大.

为了减少计算量，可引进各种 Newton 迭代法的变形算法，其本质是在某种近似意义下，以矩阵 $\boldsymbol{A}_k$ 近似代替 $\boldsymbol{f}'(\boldsymbol{x}^{(k)})$，而 $\boldsymbol{A}_k$ 非奇异且比 $\boldsymbol{f}'(\boldsymbol{x}^{(k)})$ 更便于计算. 这类迭代格式的一般形式为

$$\boldsymbol{x}^{(k+1)} = \boldsymbol{x}^{(k)} - \boldsymbol{A}_k^{-1}\boldsymbol{f}(\boldsymbol{x}^{(k)}), \quad k = 0,1,2,\cdots$$

称其为**拟 Newton 迭代法**.

显然，选取不同的 $\boldsymbol{A}_k$ 就得到不同的拟 Newton 迭代法，这里简单介绍 **Broyden 算法**. 它在形成 Jacobi 矩阵逆矩阵的近似矩阵时，是通过对给定的初始矩阵进行逐次修正而得以实现的. 具体方法如下：

假设给定非线性方程组 $\boldsymbol{f}(\boldsymbol{x}) = \boldsymbol{0}$ 的解 $\boldsymbol{x}^*$ 的初始近似 $\boldsymbol{x}^{(0)}$，按 Newton 迭代法计算下一个近似解 $\boldsymbol{x}^{(1)}$. 然后，为了得到 $\boldsymbol{f}'(\boldsymbol{x}^{(1)})$ 的更好近似，利用函数 $\boldsymbol{f}(\boldsymbol{x})$ 的 Taylor 展开式有

$$\boldsymbol{f}(\boldsymbol{x}^{(0)}) \approx \boldsymbol{f}(\boldsymbol{x}^{(1)}) + \boldsymbol{f}'(\boldsymbol{x}^{(1)})(\boldsymbol{x}^{(0)} - \boldsymbol{x}^{(1)})$$

且 $\|\boldsymbol{x}^{(0)} - \boldsymbol{x}^{(1)}\|_2$ 越小近似程度越好. 因此，若以 $\boldsymbol{A}_1$ 表示 $\boldsymbol{f}'(\boldsymbol{x}^{(1)})$ 的近似矩阵，则只需取

$$\boldsymbol{A}_1(\boldsymbol{x}^{(1)} - \boldsymbol{x}^{(0)}) = \boldsymbol{f}(\boldsymbol{x}^{(1)}) - \boldsymbol{f}(\boldsymbol{x}^{(0)}) \tag{4.12}$$

通常称式（4.12）为**拟 Newton 方程**. 注意，这样的 $\boldsymbol{A}_1$ 不能完全确定，需要附加条件. 令 $\boldsymbol{A}_1$ 满足

$$\boldsymbol{A}_1 \boldsymbol{z} = \boldsymbol{f}'(\boldsymbol{x}^{(0)})\boldsymbol{z}, \quad (\boldsymbol{x}^{(1)} - \boldsymbol{x}^{(0)})^{\mathrm{T}}\boldsymbol{z} = \boldsymbol{0}$$

由此解得

$$\boldsymbol{A}_1 = \boldsymbol{f}'(\boldsymbol{x}^{(0)}) + \frac{[\boldsymbol{f}(\boldsymbol{x}^{(1)}) - \boldsymbol{f}(\boldsymbol{x}^{(0)}) - \boldsymbol{f}'(\boldsymbol{x}^{(0)})(\boldsymbol{x}^{(1)} - \boldsymbol{x}^{(0)})](\boldsymbol{x}^{(1)} - \boldsymbol{x}^{(0)})^{\mathrm{T}}}{\|\boldsymbol{x}^{(1)} - \boldsymbol{x}^{(0)}\|_2^2}$$

这里要求 $\boldsymbol{x}^{(1)} - \boldsymbol{x}^{(0)} \neq \boldsymbol{0}$，若 $\boldsymbol{x}^{(1)} - \boldsymbol{x}^{(0)} = \boldsymbol{0}$，则取 $\boldsymbol{x}^* \approx \boldsymbol{x}^{(0)}$.

利用 $\boldsymbol{A}_1$ 代替 $\boldsymbol{f}'(\boldsymbol{x}^{(1)})$，从而确定 $\boldsymbol{x}^{(2)}$

$$\boldsymbol{x}^{(2)} = \boldsymbol{x}^{(1)} - \boldsymbol{A}_1^{-1}\boldsymbol{f}(\boldsymbol{x}^{(1)})$$

用类似的方法确定 $\boldsymbol{x}^{(3)}$，一般地，当 $\boldsymbol{x}^{(k)}$ 已确定，利用计算公式

$$\begin{cases} \boldsymbol{A}_k = \boldsymbol{A}_{k-1} + \dfrac{(\boldsymbol{y}_k - \boldsymbol{A}_{k-1}\boldsymbol{s}_k)\boldsymbol{s}_k^{\mathrm{T}}}{\boldsymbol{s}_k^{\mathrm{T}}\boldsymbol{s}_k} \\ \boldsymbol{x}^{(k+1)} = \boldsymbol{x}^{(k)} - A_k^{-1}f(\boldsymbol{x}^{(k)}), \quad k = 1,2,3,\cdots \end{cases} \tag{4.13}$$

可以算出 $\boldsymbol{x}^{(k+1)}$，其中 $\boldsymbol{y}_k = \boldsymbol{f}(\boldsymbol{x}^{(k)}) - \boldsymbol{f}(\boldsymbol{x}^{(k-1)})$，$\boldsymbol{s}_k = \boldsymbol{x}^{(k)} - \boldsymbol{x}^{(k-1)}$. 这就是 Broyden 算法. 该方法不需计算 Jacobi 矩阵 $\boldsymbol{f}'(\boldsymbol{x})$，减少了函数值的计算次数，但还需要求矩阵 $\boldsymbol{A}_k$ 的逆矩阵（或解 $n$ 元线性方程组 $\boldsymbol{A}_k(\boldsymbol{x} - \boldsymbol{x}^{(k)}) = -\boldsymbol{f}(\boldsymbol{x}^{(k)})$）. 一个可供改进的方法是使用 Sherman 和 Morrison 的矩阵求逆公式. 这个公式可以表述为：如果 $\boldsymbol{A}$ 是非奇异矩

阵，且 $\boldsymbol{x}$，$\boldsymbol{y}$ 是向量，则当 $\boldsymbol{y}^{\mathrm{T}}\boldsymbol{A}^{-1}\boldsymbol{x}\neq-1$ 时，$\boldsymbol{A}+\boldsymbol{x}\boldsymbol{y}^{\mathrm{T}}$ 是非奇异矩阵，并且有

$$(\boldsymbol{A}+\boldsymbol{x}\boldsymbol{y}^{\mathrm{T}})^{-1}=\boldsymbol{A}^{-1}-\frac{\boldsymbol{A}^{-1}\boldsymbol{x}\boldsymbol{y}^{\mathrm{T}}\boldsymbol{A}^{-1}}{1+\boldsymbol{y}^{\mathrm{T}}\boldsymbol{A}^{-1}\boldsymbol{x}} \tag{4.14}$$

在式（4.14）中取 $\boldsymbol{A}=\boldsymbol{A}_{k-1}$，$\boldsymbol{x}=\dfrac{\boldsymbol{y}_k-\boldsymbol{A}_{k-1}\boldsymbol{s}_k}{\|\boldsymbol{s}_k\|_2^2}$，$\boldsymbol{y}=\boldsymbol{s}_k$，则有

$$\boldsymbol{A}_k^{-1}=\boldsymbol{A}_{k-1}^{-1}-\frac{(\boldsymbol{A}_{k-1}^{-1}\boldsymbol{y}_k-\boldsymbol{s}_k)\boldsymbol{s}_k^{\mathrm{T}}\boldsymbol{A}_{k-1}^{-1}}{\boldsymbol{s}_k^{\mathrm{T}}\boldsymbol{A}_{k-1}^{-1}\boldsymbol{y}_k}$$

因此 Broyden 方法（4.13）可以改写成

$$\begin{cases}\boldsymbol{A}_0=\boldsymbol{f}'(\boldsymbol{x}^{(0)})\\ \boldsymbol{A}_k^{-1}=\boldsymbol{A}_{k-1}^{-1}+\dfrac{(\boldsymbol{s}_k-\boldsymbol{A}_{k-1}^{-1}\boldsymbol{y}_k)\boldsymbol{s}_k^{\mathrm{T}}\boldsymbol{A}_{k-1}^{-1}}{\boldsymbol{s}_k^{\mathrm{T}}\boldsymbol{A}_{k-1}^{-1}\boldsymbol{y}_k}, \quad k=1,2,3,\cdots\\ \boldsymbol{x}^{(k+1)}=\boldsymbol{x}^{(k)}-\boldsymbol{A}_k^{-1}\boldsymbol{f}(\boldsymbol{x}^{(k)}), \quad k=0,1,2,\cdots\end{cases}$$

在 $\boldsymbol{A}_0^{-1}$ 求出后，每迭代一步，只需按递推式计算 $\boldsymbol{A}_k^{-1}$，不用求逆矩阵，也不用计算矩阵 $\boldsymbol{A}_k$，大大减少了计算量.

**例 4-10** 用 Broyden 方法求方程组

$$\begin{cases}x_1^2+x_2^2-5=0\\ x_1x_2-3x_1+x_2-1=0\end{cases}$$

在（1，1）附近的解.

**解** 取 $\boldsymbol{x}^{(0)}=(1,\ 1)^{\mathrm{T}}$，则有

$\boldsymbol{f}(\boldsymbol{x}^{(0)})=(-3,\ -2)^{\mathrm{T}}$

$\boldsymbol{f}'(\boldsymbol{x}^{(0)})=\begin{pmatrix}2 & 2\\ -2 & 2\end{pmatrix}$

$[\boldsymbol{f}'(\boldsymbol{x}^{(0)})]^{-1}=\begin{pmatrix}0.25 & -0.25\\ 0.25 & 0.25\end{pmatrix}=\boldsymbol{A}_0^{-1}$

$\boldsymbol{x}^{(1)}=\boldsymbol{x}^{(0)}-\boldsymbol{A}_0^{-1}\boldsymbol{f}(\boldsymbol{x}^{(0)})=(1.25,2.25)^{\mathrm{T}}$

$\boldsymbol{f}(\boldsymbol{x}^{(1)})=(1.625,\ 0.3125)^{\mathrm{T}}$

$\boldsymbol{y}_1=\boldsymbol{f}(\boldsymbol{x}^{(1)})-\boldsymbol{f}(\boldsymbol{x}^{(0)})=(4.625,\ 2.3125)^{\mathrm{T}}$

$\boldsymbol{s}_1=\boldsymbol{x}^{(1)}-\boldsymbol{x}^{(0)}=(0.25,\ 1.25)^{\mathrm{T}}$

$$A_1^{-1}=A_0^{-1}+\frac{(s_1-A_0^{-1}y_1)s_1^{\mathrm{T}}A_0^{-1}}{s_1^{\mathrm{T}}A_0^{-1}y_1}=\begin{pmatrix}0.19679 & -0.28547\\ 0.17145 & 0.19764\end{pmatrix}$$

从而

$$x^{(2)}=x^{(1)}-A_1^{-1}f(x^{(1)})=(1.01943,\ 1.90963)^{\mathrm{T}}$$

$$f(x^{(2)})=(-0.31408,\ -0.20193)^{\mathrm{T}}$$

$$y_2=f(x^{(2)})-f(x^{(1)})=(-1.93908,\ -0.51443)^{\mathrm{T}}$$

$$s_2=x^{(2)}-x^{(1)}=(-0.23057,\ -0.34037)^{\mathrm{T}}$$

$$A_2^{-1}=A_1^{-1}+\frac{(s_2-A_1^{-1}y_2)s_2^{\mathrm{T}}A_1^{-1}}{s_2^{\mathrm{T}}A_1^{-1}y_2}=\begin{pmatrix}0.19465 & -0.28550\\ 0.12328 & 0.19697\end{pmatrix}$$

$$x^{(3)}=x^{(2)}-A_2^{-1}f(x^{(2)})=(1.02291,\ 1.98812)^{\mathrm{T}}$$

$$f(x^{(3)})=(-0.00103,\ -0.04694)^{\mathrm{T}}$$

$$y_3=f(x^{(3)})-f(x^{(2)})=(0.31305,\ 0.15499)^{\mathrm{T}}$$

$$s_3=x^{(3)}-x^{(2)}=(0.00348,\ 0.07849)^{\mathrm{T}}$$

$$A_3^{-1}=A_2^{-1}+\frac{(s_3-A_2^{-1}y_3)s_3^{\mathrm{T}}A_2^{-1}}{s_3^{\mathrm{T}}A_2^{-1}y_3}=\begin{pmatrix}0.16972 & -0.32034\\ 0.14097 & 0.22169\end{pmatrix}$$

$$x^{(4)}=x^{(3)}-A_3^{-1}f(x^{(3)})=(1.00805,\ 1.99867)^{\mathrm{T}}$$

与例 4-9 比较可见，Broyden 方法比 Newton 迭代法收敛速度慢，但却省去了计算 $f'(x^{(k)})$ 及 $[f'(x^{(k)})]^{-1}$，大大减少了计算量.

## 习　题　4

4-1　证明方程 $1-x-\sin x=0$ 在 $[0,\ 1]$ 内仅有一个根；使用二分法求误差不大于 $0.5\times10^{-4}$ 的根，问需要迭代多少次？

4-2　用二分法求方程 $x^2-x-1=0$ 的正根，要求精确到小数点后一位.

4-3　比较使用下述方法求方程 $e^x+10x-2=0$ 的正根，精确到三位小数所需要的计算量.

(1) 在区间 $[0,\ 1]$ 内用二分法；

(2) 用迭代法 $x_{k+1}=\dfrac{2-e^{x_k}}{10}$，取 $x_0=0$.

4-4　设 $\varphi(x)=\cos x$. 证明：任取初值 $x_0$，迭代法：

$$x_{k+1}=\varphi(x_k),\quad k=0,1,2,\cdots$$

均收敛于方程 $x=\varphi(x)$ 的根 $\alpha$.

4-5 验证区间［0，2］是方程 $x^3+2x-5=0$ 的有根区间，建立一个收敛的简单迭代格式，使对任何初值 $x_0\in[0,2]$ 都收敛，并说明收敛理由和收敛阶.

4-6 求方程 $e^{-x}-\sin\left(\frac{\pi x}{2}\right)=0$ 在［0，1］内的根，要求精确到小数点后六位.

4-7 给定函数 $f(x)$，设对一切 $x$，$f'(x)$ 存在且 $0<m\leqslant f'(x)\leqslant M$. 证明：对任意 $\lambda\in(0,2/M)$，迭代法

$$x_{k+1}=x_k-\lambda f(x_k),\quad k=0,1,2,\cdots$$

均收敛于 $f(x)=0$ 的根 $\alpha$.

4-8 已知 $x=\varphi(x)$ 在区间［$a$，$b$］内仅有一个根，当 $x\in[a,b]$ 时，$|\varphi'(x)|\geqslant k>1$. 问：如何对 $x=\varphi(x)$ 建立收敛的迭代格式？将结果应用于方程 $x=\tan x$，并求在 $x=4.5$ 附近的根，要求精确到四位小数.

4-9 已知方程 $x^3-x^2-1=0$ 在 $x_0=1.5$ 附近有根. 现将方程写成下列不同的等价形式，并建立相应的迭代格式：

(1) $x=1+\frac{1}{x^2}$，迭代格式：$x_{k+1}=1+\frac{1}{x_k^2}$；

(2) $x^3=1+x^2$，迭代格式：$x_{k+1}=\sqrt[3]{1+x_k^2}$；

(3) $x^2=\frac{1}{x-1}$，迭代格式：$x_{k+1}=\frac{1}{\sqrt{x_k-1}}$.

试判断各迭代格式在 $x_0=1.5$ 附近的收敛性，并给出收敛阶. 选一种收敛格式，计算出具有四位有效数字的近似根.

4-10 用 Newton 迭代法求方程 $x=x^3-1$ 在 $x_0=1.3$ 附近的根 $\alpha$，要求具有四位有效数字.

4-11 已知 1.3 是 $\sqrt[4]{3}$ 的一个近似值，用 Newton 迭代法求 $\sqrt[4]{3}$ 的更好近似值，要求精确到小数点后五位.

4-12 将 Newton 迭代法应用于方程 $x^n-a=0$ 和 $1-a/x^n=0\,(a>0)$，分别导出求 $\sqrt[n]{a}$ 的迭代公式，并求

$$C=\lim_{k\to\infty}\frac{\sqrt[n]{a}-x_{k+1}}{(\sqrt[n]{a}-x_k)^2}$$

4-13 证明迭代公式

$$x_{k+1}=\frac{x_k(x_k^2+3a)}{3x_k^2+a},\quad k=0,1,2,\cdots$$

是求 $\sqrt{a}$ 的三阶方法，$a>0$.

4-14 取 $x_0=2$，$x_1=1.9$，用割线法求 $x^3-3x-1=0$ 的根 $\alpha$，要求精确到小数点后四位（$\alpha=1.87938524\cdots$）.

4-15　求方程 $5x^3 - 19x^2 + 18.05x = 0$ 在 $x_0 = 2$ 附近的二重根 $\alpha$，要求精确到小数点后五位.

4-16　用 Newton 迭代法解下列方程组：

(1) $\begin{cases} x^2 + y^2 = 4 \\ x^2 - y^2 = 1 \end{cases}$ 在 $(1.6,\ 1.2)^{\mathrm{T}}$ 附近的解.

(2) $\begin{cases} 4x^2 + y^2 - 4 = 0 \\ x + y - \sin(x - y) = 0 \end{cases}$ 在 $(1,\ 0)^{\mathrm{T}}$ 附近的解.

4-17　用 Newton 迭代法和 Broyden 方法求方程组

$$\begin{cases} 3x_1 - \cos(x_2 x_3) - \dfrac{1}{2} = 0 \\ x_1^2 - 81(x_2 + 0.1)^2 + \sin x_3 + 1.06 = 0 \\ \mathrm{e}^{-x_1 x_2} + 20x_3 + \dfrac{10\pi - 3}{3} = 0 \end{cases}$$

在 $\boldsymbol{x}^{(0)} = (0.1,\ 0.1,\ -0.1)^{\mathrm{T}}$ 附近的解.

# 5 矩阵特征值与特征向量的计算

$n$ 阶方阵 $\boldsymbol{A}$ 的特征值是其特征多项式 $p(\lambda) = \det(\boldsymbol{A} - \lambda\boldsymbol{I})$ 的 $n$ 个零点. 方阵 $\boldsymbol{A}$ 对应特征值 $\lambda$ 的特征向量就是齐次线性方程组 $(\boldsymbol{A} - \lambda\boldsymbol{I})\boldsymbol{x} = \boldsymbol{0}$ 的非零解.

当 $n$ 较大时，如果通过计算行列式 $\det(\boldsymbol{A} - \lambda\boldsymbol{I})$，再求方程 $p(\lambda) = 0$ 的根的方法来求特征值，计算量非常大. 本章介绍求矩阵特征值和特征向量的数值方法.

对于给定的矩阵，如果能估计其特征值的分布，往往有助于特征值的计算，著名的圆盘定理是估计特征值的简单方法.

**Gerschgorin** 圆盘定理：设矩阵 $\boldsymbol{A} = (a_{ij})_{n\times n}$，记复平面上以 $a_{ii}$ 为圆心，以 $r_i = \sum_{\substack{j=1\\ j\neq i}}^{n} |a_{ij}|$ 为半径的 $n$ 个圆盘为

$$R_i = \{\lambda \mid |\lambda - a_{ii}| \leqslant r_i\}, \quad i = 1,2,\cdots,n$$

则

（1）矩阵 $\boldsymbol{A}$ 的任一特征值至少位于其中一个圆盘内；

（2）在 $m$ 个相互连通（而与其余 $n-m$ 个圆盘互不连通）的圆盘内，恰有 $\boldsymbol{A}$ 的 $m$ 个特征值（重特征值按重数记）.

**例 5-1** 设矩阵

$$\boldsymbol{A} = \begin{pmatrix} 4 & 1 & 0 \\ 1 & 0 & 1 \\ 1 & 1 & -4 \end{pmatrix}$$

试讨论 $\boldsymbol{A}$ 的特征值的分布.

**解** 由 $\boldsymbol{A}$ 确定的三个圆盘分别为

$$R_1 = \{\lambda : |\lambda - 4| \leqslant 1\},\ R_2 = \{\lambda : |\lambda| \leqslant 2\},\ R_3 = \{\lambda : |\lambda + 4| \leqslant 2\}$$

由于 $R_1$ 是孤立的，所以 $R_1$ 中仅有 $\boldsymbol{A}$ 的一个特征值，而复特征值必成对共轭出现，于是区间［3，5］内有 $\boldsymbol{A}$ 的一个实特征值，即 $3 \leqslant \lambda_1 \leqslant 5$.

又因为 $R_2, R_3$ 只有 $\lambda = -2$ 一个公共点，而 $\lambda = -2$ 又不是 $\boldsymbol{A}$ 的特征值，所以 $R_2, R_3$ 中分别有 $\boldsymbol{A}$ 的一个实特征值，即

$$-2 < \lambda_2 \leqslant 2,\ -6 \leqslant \lambda_3 < -2$$

实际上，$\boldsymbol{A}$ 的三个特征值分别为 $\lambda_1 = 4.20308$，$\lambda_2 = -0.442931$，$\lambda_3 = -3.76010$.

为了提高某个估计值的精度，可设法缩小该圆盘的半径. 适当选取非奇异对角矩阵 $\boldsymbol{D} = \mathrm{diag}(d_1, d_2, \cdots, d_n)$，则矩阵 $\boldsymbol{D}^{-1}\boldsymbol{A}\boldsymbol{D}$ 与 $\boldsymbol{A}$ 有相同的特征值，且对角元素相同. 将圆盘定理用于矩阵 $\boldsymbol{D}^{-1}\boldsymbol{A}\boldsymbol{D}$，可得到强化形式的圆盘：

$$R_i' = \left\{\lambda : |\lambda - a_{ii}| \leqslant \sum_{\substack{j=1 \\ j\neq i}}^{n} \left|\frac{a_{ij}d_j}{d_i}\right|\right\},\quad i = 1,2,\cdots,n$$

应用于上例，取 $\boldsymbol{D} = \mathrm{diag}\,(2,\ 1,\ 1)$，则对应的三个圆盘为

$$R_1' = \left\{\lambda : |\lambda - 4| \leqslant \frac{1}{2}\right\},\ R_2' = \{\lambda : |\lambda| \leqslant 3\},\ R_3' = \{\lambda : |\lambda + 4| \leqslant 3\}$$

由于 $R_1'$ 是独立的，所以可得 $3.5 \leqslant \lambda_1 \leqslant 4.5$.

## 5.1　乘幂法与反幂法

### 5.1.1　乘幂法

在一些工程、物理问题中，通常只需要求出矩阵 $\boldsymbol{A}$ 的按模最大的特征值和相应的特征向量，乘幂法就是用来求矩阵 $\boldsymbol{A}$ 按模最大的特征值和相应的特征向量的有效方法，其优点是方法简便，对稀疏矩阵较合适，但有时收敛速度较慢.

设 $\boldsymbol{A} \in R^{n\times n}$ 是可对角化的，即 $\boldsymbol{A}$ 有 $n$ 个线性无关的特征向量. 记 $\boldsymbol{A}$ 的 $n$ 个特征值为

$$|\lambda_1| \geqslant |\lambda_2| \geqslant \cdots \geqslant |\lambda_n|$$

对应的 $n$ 个线性无关的特征向量为

$$\boldsymbol{x}_1, \boldsymbol{x}_2, \cdots, \boldsymbol{x}_n$$

我们要求 $\lambda_1$ 和 $\boldsymbol{x}_1$.

乘幂法的基本思想是，任取一个非零的初始向量 $\boldsymbol{v}^{(0)} \in R^n$，进行迭代计算

$$v^{(k)} = Av^{(k-1)} = A^k v^{(0)},\quad k = 1,2,3,\cdots$$

产生迭代序列 $\{v^{(k)}\}$.

由于 $x_1, x_2, \cdots, x_n$ 线性无关，所以 $v^{(0)}$ 可表示为

$$v^{(0)} = a_1 x_1 + a_2 x_2 + \cdots + a_n x_n$$

于是有

$$A^k v^{(0)} = a_1 \lambda_1^k x_1 + a_2 \lambda_2^k x_2 + \cdots + a_n \lambda_n^k x_n,\quad k = 0,1,2,\cdots \tag{5.1}$$

下面就 $A$ 的特征值的不同分布加以讨论.

1°　$|\lambda_1| > |\lambda_2| \geqslant |\lambda_3| \geqslant \cdots \geqslant |\lambda_n|$

将式（5.1）写成

$$A^k v^{(0)} = \lambda_1^k \left[ a_1 x_1 + a_2 \left(\frac{\lambda_2}{\lambda_1}\right)^k x_2 + \cdots + a_n \left(\frac{\lambda_n}{\lambda_1}\right)^k x_n \right] \tag{5.2}$$

设 $a_1 \neq 0$，由于 $\left|\dfrac{\lambda_i}{\lambda_1}\right| < 1 (i = 2,3,\cdots,n)$，所以有

$$\lim_{k\to\infty} \frac{A^k v^{(0)}}{\lambda_1^k} = a_1 x_1$$

于是当 $k$ 充分大时，可有

$$v^{(k)} = A^k v^{(0)} \approx \lambda_1^k a_1 x_1$$

即迭代向量 $v^{(k)}$ 为 $\lambda_1$ 的特征向量的近似向量. 但是当 $|\lambda_1| > 1$（或 $|\lambda_1| < 1$）时，对充分大的 $k$，$\|v^{(k)}\|_\infty$ 将过大（或过小），以致运算无法继续进行. 因此，对乘幂法需作规范化处理.

对非零向量 $v$，记 $\max(v)$ 为 $v$ 中（首次出现的）绝对值最大的分量，则其规范化向量取为 $u = \dfrac{v}{\max(v)}$，此时 $\|u\|_\infty = 1$. 例如，设向量 $v = (1,\ 2,\ -5,\ 5,\ -3)^T$，则 $\max(v) = -5$，其规范化向量为 $u = \left(-\dfrac{1}{5},\ -\dfrac{2}{5},\ 1,\ -1,\ \dfrac{3}{5}\right)^T$，而且有 $\|u\|_\infty = 1$.

乘幂法的规范化计算公式为：

任取初始向量 $u^{(0)} = v^{(0)} \neq \mathbf{0}$，对 $k = 1,2,3,\cdots$，依次计算

$$\begin{cases} v^{(k)} = Au^{(k-1)} \\ \mu_k = \max(v^{(k)}) \\ u^{(k)} = \dfrac{v^{(k)}}{\mu_k},\quad k = 1,2,3,\cdots \end{cases} \tag{5.3}$$

由式（5.3）可得

$$\boldsymbol{u}^{(k)}=\frac{\boldsymbol{A}\boldsymbol{u}^{(k-1)}}{\mu_k}=\frac{\boldsymbol{A}^2\boldsymbol{u}^{(k-2)}}{\mu_k\ \mu_{k-1}}=\cdots=\frac{\boldsymbol{A}^k\boldsymbol{u}^{(0)}}{\mu_1\mu_2\cdots\mu_k}=\frac{\boldsymbol{A}^k\boldsymbol{v}^{(0)}}{\mu_1\mu_2\cdots\mu_k}$$

由于 $\boldsymbol{u}^{(k)}$ 是规范化向量，所以有

$$\boldsymbol{u}^{(k)}=\frac{\boldsymbol{u}^{(k)}}{\max(\boldsymbol{u}^{(k)})}=\frac{\boldsymbol{A}^k\boldsymbol{v}^{(0)}}{\max(\boldsymbol{A}^k\boldsymbol{v}^{(0)})}$$

于是，由式（5.2）有

$$\lim_{k\to\infty}\boldsymbol{u}^{(k)}=\frac{\lambda_1^k a_1\boldsymbol{x}_1}{\max(\lambda_1^k a_1\boldsymbol{x}_1)}=\frac{\boldsymbol{x}_1}{\max(\boldsymbol{x}_1)}$$

同理，由

$$\begin{aligned}\boldsymbol{v}^{(k)}=\boldsymbol{A}\boldsymbol{u}^{(k-1)}&=\boldsymbol{A}\frac{\boldsymbol{A}^{k-1}\boldsymbol{v}^{(0)}}{\max(\boldsymbol{A}^{k-1}\boldsymbol{v}^{(0)})}=\frac{\boldsymbol{A}^k\boldsymbol{v}^{(0)}}{\max(\boldsymbol{A}^{k-1}\boldsymbol{v}^{(0)})}\\&=\frac{\lambda_1^k\left[a_1\boldsymbol{x}_1+\sum\limits_{i=2}^n a_i\left(\frac{\lambda_i}{\lambda_1}\right)^k\boldsymbol{x}_i\right]}{\max\left\{\lambda_1^{k-1}\left[a_1\boldsymbol{x}_1+\sum\limits_{i=2}^n a_i\left(\frac{\lambda_i}{\lambda_1}\right)^{k-1}\boldsymbol{x}_i\right]\right\}}\\&=\lambda_1\frac{a_1\boldsymbol{x}_1+\sum\limits_{i=2}^n a_i\left(\frac{\lambda_i}{\lambda_1}\right)^k\boldsymbol{x}_i}{\max\left[a_1\boldsymbol{x}_1+\sum\limits_{i=2}^n a_i\left(\frac{\lambda_i}{\lambda_1}\right)^{k-1}\boldsymbol{x}_i\right]}\end{aligned}$$

可得

$$\mu_k=\max\boldsymbol{v}^{(k)}=\lambda_1\frac{\max\left[a_1\boldsymbol{x}_1+\sum\limits_{i=2}^n a_i\left(\frac{\lambda_i}{\lambda_1}\right)^k\boldsymbol{x}_i\right]}{\max\left[a_1\boldsymbol{x}_1+\sum\limits_{i=2}^n a_i\left(\frac{\lambda_i}{\lambda_1}\right)^{k-1}\boldsymbol{x}_i\right]}\tag{5.4}$$

于是

$$\lim_{k\to\infty}\mu_k=\lambda_1\frac{\max(a_1\boldsymbol{x}_1)}{\max(a_1\boldsymbol{x}_1)}=\lambda_1$$

因此，当 $k$ 充分大时，可取 $\boldsymbol{A}$ 的按模最大的特征值和相应的特征向量为

$$\lambda_1\approx\mu_k,\quad \boldsymbol{x}_1\approx\boldsymbol{u}^{(k)}$$

乘幂法收敛速度由比值 $\left|\frac{\lambda_2}{\lambda_1}\right|$ 来确定，其值越小收敛越快. 另外，上面的分析假设了 $a_1 \neq 0$，对任意选取的 $\boldsymbol{v}^{(0)}$（有可能 $a_1=0$），由于迭代过程舍入误差的影响，$\boldsymbol{u}^{(k)}$ 在 $\boldsymbol{x}_1$ 方向的分量一般不为零. 但是，若 $|a_1|$ 很小，则会影响迭代的收敛速度. 在实际计算中，如果出现收敛速度很慢，可另取一个初始向量 $\boldsymbol{v}^{(0)}$ 重新计算.

**例 5-2** 设

$$\boldsymbol{A} = \begin{pmatrix} -4 & 14 & 0 \\ -5 & 13 & 0 \\ -1 & 0 & 2 \end{pmatrix}$$

用乘幂法求 $\boldsymbol{A}$ 的按模最大的特征值和相应的特征向量.

**解** 取初值 $\boldsymbol{u}^{(0)} = (1,\ 1,\ 1)^{\mathrm{T}}$，则有

$$\boldsymbol{v}^{(1)} = \boldsymbol{A}\boldsymbol{u}^{(0)} = (10,8,1)^{\mathrm{T}}$$

$$\mu_1 = \max(\boldsymbol{v}^{(1)}) = 10$$

$$\boldsymbol{u}^{(1)} = \frac{\boldsymbol{v}^{(1)}}{\mu_1} = (1,0.8,0.1)^{\mathrm{T}}$$

继续计算下去，计算结果见表 5-1.

**表 5-1 计算结果**

| $k$ | $\mu_k$ | $\boldsymbol{u}^{(k)}$ |
|---|---|---|
| 0 | | $(1,1,1)^{\mathrm{T}}$ |
| 1 | 10 | $(1,0.8,0.1)^{\mathrm{T}}$ |
| 2 | 7.2 | $(1,0.75,-0.111111)^{\mathrm{T}}$ |
| 3 | 6.5 | $(1,0.730769,-0.188034)^{\mathrm{T}}$ |
| 4 | 6.230766 | $(1,0.722222,-0.220851)^{\mathrm{T}}$ |
| 5 | 6.111108 | $(1,0.718182,-0.235915)^{\mathrm{T}}$ |
| 6 | 6.054548 | $(1,0.716216,-0.243095)^{\mathrm{T}}$ |
| 7 | 6.027024 | $(1,0.715247,-0.246588)^{\mathrm{T}}$ |
| 8 | 6.013458 | $(1,0.714765,-0.248306)^{\mathrm{T}}$ |
| 9 | 6.006710 | $(1,0.714525,-0.249157)^{\mathrm{T}}$ |
| 10 | 6.003352 | $(1,0.714405,-0.249580)^{\mathrm{T}}$ |
| 11 | 6.001675 | $(1,0.714345,-0.249790)^{\mathrm{T}}$ |
| 12 | 6.000837 | $(1,0.714315,-0.249895)^{\mathrm{T}}$ |

由表5-1可见，矩阵$\boldsymbol{A}$按模最大的特征值和相应的特征向量可取为$\lambda_1 \approx \mu_{12} = 6.000837$，$\boldsymbol{x}_1 \approx \boldsymbol{u}^{(12)} = (1, 0.714315, -0.249895)^{\mathrm{T}}$.

实际上，$\boldsymbol{A}$的按模最大的特征值和相应的特征向量为$\lambda_1 = 6$，$\boldsymbol{x}_1 = (1, 0.71428571, -0.25)^{\mathrm{T}}$.

2° $\lambda_1 = \lambda_2 = \cdots = \lambda_r$，且$|\lambda_1| > |\lambda_{r+1}| \geqslant |\lambda_{r+2}| \geqslant \cdots \geqslant |\lambda_n|$

在这种情况下，式（5.1）可写成

$$\boldsymbol{A}^k \boldsymbol{v}^{(0)} = \lambda_1^k \left[ a_1 \boldsymbol{x}_1 + a_2 \boldsymbol{x}_2 + \cdots + a_r \boldsymbol{x}_r + \sum_{i=r+1}^{n} a_i \left( \frac{\lambda_i}{\lambda_1} \right)^k \boldsymbol{x}_i \right]$$

设$\sum_{i=1}^{r} |a_i| \neq 0$，由于$\left| \frac{\lambda_i}{\lambda_1} \right| < 1 (i = r+1, r+2, \cdots, n)$，所以有

$$\lim_{k \to \infty} \boldsymbol{u}^{(k)} = \frac{\lambda_1^k (a_1 \boldsymbol{x}_1 + a_2 \boldsymbol{x}_2 + \cdots + a_r \boldsymbol{x}_r)}{\max[\lambda_1^k (a_1 \boldsymbol{x}_1 + a_2 \boldsymbol{x}_2 + \cdots + a_r \boldsymbol{x}_r)]}$$

$$= \frac{a_1 \boldsymbol{x}_1 + a_2 \boldsymbol{x}_2 + \cdots + a_r \boldsymbol{x}_r}{\max(a_1 \boldsymbol{x}_1 + a_2 \boldsymbol{x}_2 + \cdots + a_r \boldsymbol{x}_r)} \tag{5.5}$$

由于$\lambda_1 = \lambda_2 = \cdots = \lambda_r$，所以$a_1 \boldsymbol{x}_1 + a_2 \boldsymbol{x}_2 + \cdots + a_r \boldsymbol{x}_r$仍然是矩阵$\boldsymbol{A}$的对应特征值$\lambda_1$的特征向量，即迭代向量$\boldsymbol{u}^{(k)}$为$\lambda_1$的特征向量的近似向量.

同理可得

$$\mu_k = \max \boldsymbol{v}^{(k)} = \lambda_1 \frac{\max\left[ \left( a_1 \boldsymbol{x}_1 + a_2 \boldsymbol{x}_2 + \cdots + a_r \boldsymbol{x}_r + \sum_{i=r+1}^{n} a_i \left( \frac{\lambda_i}{\lambda_1} \right)^k \boldsymbol{x}_i \right) \right]}{\max\left[ \left( a_1 \boldsymbol{x}_1 + a_2 \boldsymbol{x}_2 + \cdots + a_r \boldsymbol{x}_r + \sum_{i=r+1}^{n} a_i \left( \frac{\lambda_i}{\lambda_1} \right)^{k-1} \boldsymbol{x}_i \right) \right]}$$

于是

$$\lim_{k \to \infty} \mu_k = \lambda_1 \frac{\max(a_1 \boldsymbol{x}_1 + a_2 \boldsymbol{x}_2 + \cdots + a_r \boldsymbol{x}_r)}{\max(a_1 \boldsymbol{x}_1 + a_2 \boldsymbol{x}_2 + \cdots + a_r \boldsymbol{x}_r)} = \lambda_1$$

上述表明，$\lambda_1$是重特征值情形的结果与它是单重特征值情形完全一致.

3° $\lambda_1 = -\lambda_2$，且$|\lambda_1| = |\lambda_2| > |\lambda_3| \geqslant |\lambda_4| \geqslant \cdots \geqslant |\lambda_n|$

此时，式（5.1）可写成

$$\boldsymbol{A}^k \boldsymbol{v}^{(0)} = \lambda_1^k \left[ a_1 \boldsymbol{x}_1 + (-1)^k a_2 \boldsymbol{x}_2 + \sum_{i=3}^{n} a_i \left( \frac{\lambda_i}{\lambda_1} \right)^k \boldsymbol{x}_i \right]$$

设 $|a_1|+|a_2|\neq 0$，由于 $\left|\dfrac{\lambda_i}{\lambda_1}\right|<1\ (i=3,\ 4,\ \cdots,\ n)$，所以有

$$\boldsymbol{u}^{(k-1)}=\frac{\lambda_1^{k-1}\left[a_1\boldsymbol{x}_1+(-1)^{k-1}a_2\boldsymbol{x}_2+\sum_{i=3}^{n}a_i\left(\frac{\lambda_i}{\lambda_1}\right)^{k-1}\boldsymbol{x}_i\right]}{\max\left\{\lambda_1^{k-1}\left[a_1\boldsymbol{x}_1+(-1)^{k-1}a_2\boldsymbol{x}_2+\sum_{i=3}^{n}a_i\left(\frac{\lambda_i}{\lambda_1}\right)^{k-1}\boldsymbol{x}_i\right]\right\}}$$

$$=\frac{a_1\boldsymbol{x}_1+(-1)^{k-1}a_2\boldsymbol{x}_2+\sum_{i=3}^{n}a_i\left(\frac{\lambda_i}{\lambda_1}\right)^{k-1}\boldsymbol{x}_i}{\max\left[a_1\boldsymbol{x}_1+(-1)^{k-1}a_2\boldsymbol{x}_2+\sum_{i=3}^{n}a_i\left(\frac{\lambda_i}{\lambda_1}\right)^{k-1}\boldsymbol{x}_i\right]}$$

可见，序列 $\{\boldsymbol{u}^{(k)}\}$ 不收敛（$a_2\neq 0$ 时），但序列 $\{\boldsymbol{u}^{(2k)}\}$ 和 $\{\boldsymbol{u}^{(2k+1)}\}$ 分别收敛，而且有

$$\boldsymbol{v}^{(k)}=\boldsymbol{A}\boldsymbol{u}^{(k-1)}=\frac{\lambda_1\left[a_1\boldsymbol{x}_1+(-1)^{k}a_2\boldsymbol{x}_2+\sum_{i=3}^{n}a_i\left(\frac{\lambda_i}{\lambda_1}\right)^{k}\boldsymbol{x}_i\right]}{\max\left[a_1\boldsymbol{x}_1+(-1)^{k-1}a_2\boldsymbol{x}_2+\sum_{i=3}^{n}a_i\left(\frac{\lambda_i}{\lambda_1}\right)^{k-1}\boldsymbol{x}_i\right]}$$

所以

$$\boldsymbol{v}^{(k)}+\lambda_1\boldsymbol{u}^{(k-1)}=\frac{2a_1\lambda_1\boldsymbol{x}_1+\sum_{i=3}^{n}a_i(\lambda_i+\lambda_1)\left(\frac{\lambda_i}{\lambda_1}\right)^{k}\boldsymbol{x}_i}{\max\left[a_1\boldsymbol{x}_1+(-1)^{k-1}a_2\boldsymbol{x}_2+\sum_{i=3}^{n}a_i\left(\frac{\lambda_i}{\lambda_1}\right)^{k-1}\boldsymbol{x}_i\right]}$$

$$\boldsymbol{v}^{(k)}-\lambda_1\boldsymbol{u}^{(k-1)}=\frac{(-1)^{k-1}2a_2\lambda_1\boldsymbol{x}_2+\sum_{i=3}^{n}a_i(\lambda_i-\lambda_1)\left(\frac{\lambda_i}{\lambda_1}\right)^{k}\boldsymbol{x}_i}{\max\left[a_1\boldsymbol{x}_1+(-1)^{k-1}a_2\boldsymbol{x}_2+\sum_{i=3}^{n}a_i\left(\frac{\lambda_i}{\lambda_1}\right)^{k-1}\boldsymbol{x}_i\right]}$$

于是，当 $k$ 充分大时，$\boldsymbol{v}^{(k)}+\lambda_1\boldsymbol{u}^{(k-1)}$ 及 $\boldsymbol{v}^{(k)}-\lambda_1\boldsymbol{u}^{(k-1)}$ 可分别作为 $\lambda_1$ 及 $\lambda_2(=-\lambda_1)$ 所对应的特征向量的近似向量. 又因为

$$\boldsymbol{v}^{(k)}=\frac{\boldsymbol{A}^2\boldsymbol{u}^{(k-2)}}{\mu_{k-1}}=\frac{\lambda_1^2\left[a_1\boldsymbol{x}_1+(-1)^{k}a_2\boldsymbol{x}_2+\sum_{i=3}^{n}a_i\left(\frac{\lambda_i}{\lambda_1}\right)^{k}\boldsymbol{x}_i\right]}{\mu_{k-1}\max\left[a_1\boldsymbol{x}_1+(-1)^{k-2}a_2\boldsymbol{x}_2+\sum_{i=3}^{n}a_i\left(\frac{\lambda_i}{\lambda_1}\right)^{k-2}\boldsymbol{x}_i\right]}$$

$$\mu_k = \max(\boldsymbol{v}^{(k)}) = \frac{\lambda_1^2 \max\left[a_1 \boldsymbol{x}_1 + (-1)^k a_2 \boldsymbol{x}_2 + \sum_{i=3}^{n} a_i \left(\frac{\lambda_i}{\lambda_1}\right)^k \boldsymbol{x}_i\right]}{\mu_{k-1} \max\left[a_1 \boldsymbol{x}_1 + (-1)^{k-2} a_2 \boldsymbol{x}_2 + \sum_{i=3}^{n} a_i \left(\frac{\lambda_i}{\lambda_1}\right)^{k-2} \boldsymbol{x}_i\right]}$$

所以

$$\lim_{k \to \infty} \mu_k \mu_{k-1} = \lambda_1^2$$

于是，当 $k$ 充分大时，可取 $\boldsymbol{A}$ 的按模最大的特征值和相应的特征向量为

$$\lambda_1 \approx \sqrt{\mu_k \, \mu_{k-1}}, \quad \lambda_2 = -\lambda_1$$

$$\boldsymbol{x}_1 \approx \boldsymbol{v}^{(k)} + \lambda_1 \boldsymbol{u}^{(k-1)} = \mu_k \boldsymbol{u}^{(k)} + \lambda_1 \boldsymbol{u}^{(k-1)}, \quad \boldsymbol{x}_2 \approx \mu_k \boldsymbol{u}^{(k)} - \lambda_1 \boldsymbol{u}^{(k-1)}$$

**例 5-3**　用乘幂法求矩阵

$$\boldsymbol{A} = \begin{pmatrix} 4 & -1 & 1 \\ 16 & -2 & -2 \\ 16 & -3 & -1 \end{pmatrix}$$

的按模最大特征值和相应的特征向量.

**解**　取初始向量 $\boldsymbol{u}^{(0)} = (1, 1, 2)^{\mathrm{T}}$，计算结果见表 5-2.

**表 5-2　计算结果**

| $k$ | $\mu_k$ | $\boldsymbol{u}^{(k)}$ |
| --- | --- | --- |
| 0 | | $(1, 1, 2)^{\mathrm{T}}$ |
| 1 | 11 | $(0.454545, 0.909091, 1)^{\mathrm{T}}$ |
| 2 | 3.553628 | $(0.537222, 0.972116, 1)^{\mathrm{T}}$ |
| 3 | 4.679204 | $(0.465201, 0.994041, 1)^{\mathrm{T}}$ |
| 4 | 3.461124 | $(0.539392, 0.998269, 1)^{\mathrm{T}}$ |
| 5 | 4.635465 | $(0.465721, 0.999627, 1)^{\mathrm{T}}$ |
| 6 | 3.452655 | $(0.539487, 0.999892, 1)^{\mathrm{T}}$ |
| 7 | 4.632116 | $(0.465890, 0.999975, 1)^{\mathrm{T}}$ |
| 8 | 3.454315 | $(0.539495, 0.999993, 1)^{\mathrm{T}}$ |

续表 5-2

| $k$ | $\mu_k$ | $\boldsymbol{u}^{(k)}$ |
|---|---|---|
| 9 | 4.631929 | $(0.465893, 0.999999, 1)^{\mathrm{T}}$ |
| 10 | 3.454291 | $(0.539495, 1, 1)^{\mathrm{T}}$ |
| 11 | 4.631920 | $(0.465893, 1, 1)^{\mathrm{T}}$ |
| 12 | 3.454288 | $(0.539495, 1, 1)^{\mathrm{T}}$ |
| 13 | 4.631924 | $(0.465893, 1, 1)^{\mathrm{T}}$ |

由于序列 $\{\boldsymbol{u}^{(2k)}\}$ 和 $\{\boldsymbol{u}^{(2k+1)}\}$ 分别收敛，所以可取

$$\lambda_1 = \sqrt{\mu_{12}\mu_{13}} = \sqrt{3.454288 \times 4.631924} = 4, \quad \lambda_2 = -4$$

$$\boldsymbol{x}_1 = \mu_{13}\boldsymbol{u}^{(13)} + \lambda_1\boldsymbol{u}^{(12)} = (4.315961, 8.631924, 8.631924)^{\mathrm{T}}$$

$$\boldsymbol{x}_2 = \mu_{13}\boldsymbol{u}^{(13)} - \lambda_1\boldsymbol{u}^{(12)} = (0, 0.631924, 0.631924)^{\mathrm{T}}$$

实际上，$\boldsymbol{A}$ 的按模最大的特征值和相应的特征向量为 $\lambda_1 = 4, \lambda_2 = -4$，$\boldsymbol{x}_1 = (0.5, 1, 1)^{\mathrm{T}}$，$\boldsymbol{x}_2 = (0, 1, 1)^{\mathrm{T}}$.

类似可得，$\lambda_1$ 和 $\lambda_2$ 是重根情形的结果与 $\lambda_1$ 和 $\lambda_2$ 是单根情形的结果完全相同.

4° $\lambda_1$ 和 $\lambda_2$ 是一对共轭复数，且 $|\lambda_1| = |\lambda_2| > |\lambda_3| \geqslant |\lambda_4| \geqslant \cdots \geqslant |\lambda_n|$

当 $\boldsymbol{A}$ 是实矩阵时，可有 $\boldsymbol{x}_1 = \bar{\boldsymbol{x}}_2$. 取初始向量 $\boldsymbol{v}^{(0)}$ 为实向量，则有

$$\boldsymbol{v}^{(0)} = a_1\boldsymbol{x}_1 + \bar{a}_1\boldsymbol{x}_2 + a_3\boldsymbol{x}_3 + \cdots + a_n\boldsymbol{x}_n$$

此时式（5.1）可写成

$$\boldsymbol{A}^k\boldsymbol{v}^{(0)} = |\lambda_1|^k\left[a_1\left(\frac{\lambda_1}{|\lambda_1|}\right)^k\boldsymbol{x}_1 + \left(\frac{\lambda_2}{|\lambda_1|}\right)^k\bar{a}_1\boldsymbol{x}_2 + \sum_{i=3}^{n}a_i\left(\frac{\lambda_i}{|\lambda_1|}\right)^k\boldsymbol{x}_i\right]$$

设 $a_1 \neq 0$，由于 $\left|\dfrac{\lambda_i}{\lambda_1}\right| < 1(i = 3, 4, \cdots, n)$，所以有

$$\boldsymbol{u}^{(k)} = \frac{|\lambda_1|^k\left[a_1\left(\frac{\lambda_1}{|\lambda_1|}\right)^k\boldsymbol{x}_1 + \left(\frac{\lambda_2}{|\lambda_1|}\right)^k\bar{a}_1\boldsymbol{x}_2 + \sum_{i=3}^{n}a_i\left(\frac{\lambda_i}{|\lambda_1|}\right)^k\boldsymbol{x}_i\right]}{\max\left\{|\lambda_1|^k\left[a_1\left(\frac{\lambda_1}{|\lambda_1|}\right)^k\boldsymbol{x}_1 + \left(\frac{\lambda_2}{|\lambda_1|}\right)^k\bar{a}_1\boldsymbol{x}_2 + \sum_{i=3}^{n}a_i\left(\frac{\lambda_i}{|\lambda_1|}\right)^k\boldsymbol{x}_i\right]\right\}}$$

$$=\frac{a_1\left(\frac{\lambda_1}{|\lambda_1|}\right)^k \boldsymbol{x}_1+\left(\frac{\lambda_2}{|\lambda_1|}\right)^k \bar{a}_1 \boldsymbol{x}_2+\sum_{i=3}^n a_i\left(\frac{\lambda_i}{|\lambda_1|}\right)^k \boldsymbol{x}_i}{\max\left[a_1\left(\frac{\lambda_1}{|\lambda_1|}\right)^k \boldsymbol{x}_1+\left(\frac{\lambda_2}{|\lambda_1|}\right)^k \bar{a}_1 \boldsymbol{x}_2+\sum_{i=3}^n a_i\left(\frac{\lambda_i}{|\lambda_1|}\right)^k \boldsymbol{x}_i\right]}$$

可见，序列 $\{\boldsymbol{u}^{(k)}\}$ 不收敛. 但是，当 $k$ 充分大时有

$$\boldsymbol{u}^{(k)} \approx \frac{a_1\lambda_1^k\boldsymbol{x}_1+\bar{a}_1\lambda_2^k\boldsymbol{x}_2}{\max(a_1\lambda_1^k\boldsymbol{x}_1+\bar{a}_1\lambda_2^k\boldsymbol{x}_2)}$$

再计算

$$\bar{\boldsymbol{u}}^{(k)}=\boldsymbol{A}\boldsymbol{u}^{(k)} \approx \frac{a_1\lambda_1^{k+1}\boldsymbol{x}_1+\bar{a}_1\lambda_2^{k+1}\boldsymbol{x}_2}{\max(a_1\lambda_1^k\boldsymbol{x}_1+\bar{a}_1\lambda_2^k\boldsymbol{x}_2)}$$

$$\bar{\bar{\boldsymbol{u}}}^{(k)}=\boldsymbol{A}\bar{\boldsymbol{u}}^{(k)} \approx \frac{a_1\lambda_1^{k+2}\boldsymbol{x}_1+\bar{a}_1\lambda_2^{k+2}\boldsymbol{x}_2}{\max(a_1\lambda_1^k\boldsymbol{x}_1+\bar{a}_1\lambda_2^k\boldsymbol{x}_2)}$$

于是有

$$\bar{\bar{\boldsymbol{u}}}^{(k)}-(\lambda_1+\lambda_2)\bar{\boldsymbol{u}}^{(k)}+(\lambda_1\lambda_2)\boldsymbol{u}^{(k)} \approx \boldsymbol{0}$$

记 $p=-(\lambda_1+\lambda_2), q=\lambda_1\lambda_2$，则有

$$\bar{\bar{\boldsymbol{u}}}^{(k)}+p\bar{\boldsymbol{u}}^{(k)}+q\boldsymbol{u}^{(k)} \approx \boldsymbol{0}$$

取前两个分量建立 $p$ 和 $q$ 的方程组

$$\begin{cases}\bar{\bar{u}}_1^{(k)}+p\bar{u}_1^{(k)}+qu_1^{(k)}=0\\ \bar{\bar{u}}_2^{(k)}+p\bar{u}_2^{(k)}+qu_2^{(k)}=0\end{cases} \tag{5.6}$$

从中解出 $p$ 和 $q$. 如果 $\|\bar{\bar{\boldsymbol{u}}}^{(k)}+p\bar{\boldsymbol{u}}^{(k)}+q\boldsymbol{u}^{(k)}\|_\infty$ 比较小，则有

$$\lambda_1=-\frac{p}{2}+i\sqrt{q-\left(\frac{p}{2}\right)^2},\ \lambda_2=-\frac{p}{2}-i\sqrt{q-\left(\frac{p}{2}\right)^2}$$

又因为

$$\bar{\boldsymbol{u}}^{(k)}-\lambda_2\boldsymbol{u}^{(k)} \approx \frac{a_1(\lambda_1-\lambda_2)\lambda_1^k\boldsymbol{x}_1}{\max(a_1\lambda_1^k\boldsymbol{x}_1+\bar{a}_1\lambda_2^k\boldsymbol{x}_2)}$$

$$\bar{\boldsymbol{u}}^{(k)}-\lambda_1\boldsymbol{u}^{(k)} \approx \frac{\bar{a}_1(\lambda_2-\lambda_1)\lambda_2^k\boldsymbol{x}_2}{\max(a_1\lambda_1^k\boldsymbol{x}_1+\bar{a}_1\lambda_2^k\boldsymbol{x}_2)}$$

于是，$\bar{\boldsymbol{u}}^{(k)}-\lambda_2\boldsymbol{u}^{(k)}$ 及 $\bar{\boldsymbol{u}}^{(k)}-\lambda_1\boldsymbol{u}^{(k)}$ 可分别作为 $\lambda_1$ 及 $\lambda_2(=\bar{\lambda}_1)$ 所对应的

特征向量的近似向量，所以可取

$$x_1 \approx \overline{u}^{(k)} - \lambda_2 u^{(k)}$$

$$x_2 \approx \overline{u}^{(k)} - \lambda_1 u^{(k)}$$

实际计算中，如果 $k$ 比较大时，$\{\mu_k\}$ 和 $\{u^{(k)}\}$ 依然没有规律，则对 $u^{(k)}$ 计算

$$\overline{u}^{(k)} = Au^{(k)},\ \overline{\overline{u}}^{(k)} = A\overline{u}^{(k)} = A^2 u^{(k)}$$

从方程组（5.6）中求出 $p$ 和 $q$，只要 $\| \overline{\overline{u}}^{(k)} + p\overline{u}^{(k)} + qu^{(k)} \|_\infty$ 比较小，就有

$$\lambda_1 = -\frac{p}{2} + i\sqrt{q - \left(\frac{p}{2}\right)^2},\ \lambda_2 = -\frac{p}{2} - i\sqrt{q - \left(\frac{p}{2}\right)^2}$$

$$x_1 \approx \overline{u}^{(k)} - \lambda_2 u^{(k)},\ x_2 \approx \overline{u}^{(k)} - \lambda_1 u^{(k)} \tag{5.7}$$

**例 5-4** 用乘幂法求矩阵

$$A = \begin{pmatrix} -1 & 8 & 0 \\ -1 & 3 & 0 \\ 2 & 0 & 0.5 \end{pmatrix}$$

的按模最大特征值和相应的特征向量.

**解** 取初始向量 $u^{(0)} = (1,\ 1,\ 1)^T$，计算结果见表 5-3.

**表 5-3 计算结果**

| $k$ | $\mu_k$ | $u^{(k)}$ |
|---|---|---|
| 0 | | $(1,\ 1,\ 1)^T$ |
| 1 | 7 | $(1,\ 0.285714,\ 0.357143)^T$ |
| 2 | 2.178572 | $(0.590163,\ -0.065574,\ 1)^T$ |
| 3 | 1.680326 | $(-0.663416,\ -0.468293,\ 1)^T$ |
| 4 | -3.082928 | $(1,\ 0.240506,\ 0.268197)^T$ |
| 5 | 2.134099 | $(0.432992,\ -0.130492,\ 1)^T$ |
| 6 | -1.476928 | $(1,\ 0.558232,\ -0.924882)^T$ |
| 7 | 3.465856 | $(1,\ 0.194669,\ 0.44363)^T$ |
| 8 | 2.221815 | $(0.250854,\ -0.187231,\ 1)^T$ |

从计算结果看，序列 $\{\mu_k\}$ 和 $\{u^{(k)}\}$ 都没有规律. 对向量 $u^{(8)} = (0.250854,\ -0.187231,\ 1)^T$ 计算

$$\overline{u}^{(8)} = Au^{(8)} = (-1.748702, -0.812547, 1.001708)^{\mathrm{T}}$$

$$\overline{\overline{u}}^{(8)} = A\overline{u}^{(8)} = (-4.751674, -0.688939, -2.99655)^{\mathrm{T}}$$

用前两个分量建立方程组

$$\begin{cases} -4.751674 - 1.748702p + 0.250854q = 0 \\ -0.688939 - 0.812547p - 0.187231q = 0 \end{cases}$$

解得：$p = -2, q = 5$，且有 $\| \overline{\overline{u}}^{(8)} - 2\overline{u}^{(8)} + 5u^{(8)} \|_{\infty} = 0.000034$，已经很小，所以可取

$$\lambda_1 = 1 + 2i, \quad \lambda_2 = 1 - 2i$$

$$x_1 \approx \overline{u}^{(8)} - \lambda_2 u^{(8)} = (-1.999556 + 0.501708i, -0.625316 - 0.374462i, 0.001708 + 2i)^{\mathrm{T}}$$

$$x_2 \approx \overline{u}^{(8)} - \lambda_1 u^{(8)} = (-1.999556 - 0.501708i, -0.625316 + 0.374462i, 0.001708 - 2i)^{\mathrm{T}}$$

实际上，$A$ 的按模最大的特征值和相应的特征向量为 $\lambda_1 = 1 + 2i$，$\lambda_2 = 1 - 2i$，$x_1 \approx (-1.999573 + 0.501708i, -0.625320 - 0.374466i, 0.001708 + 2i)^{\mathrm{T}}$，$x_2 \approx (-1.999573 - 0.501708i, -0.625320 + 0.374466i, 0.001708 - 2i)^{\mathrm{T}}$.

上述讨论表明，利用规范化幂法求矩阵 $A$ 按模最大特征值和相应特征向量时，若序列 $\{\mu_k\}$ 和 $\{u^{(k)}\}$ 收敛，则矩阵 $A$ 按模最大特征值的分布一定是 $\lambda_1$ 为单重或多重特征值；若序列 $\{\mu_{2k}\}$，$\{u^{(2k)}\}$，$\{\mu_{2k+1}\}$ 和 $\{u^{(2k+1)}\}$ 分别收敛，则矩阵 $A$ 按模最大特征值的分布一定是 $\lambda_1 = -\lambda_2$（其中 $\lambda_1$，$\lambda_2$ 是单重或多重特征值）情形. 若序列 $\{\mu_{2k}\}$，$\{u^{(2k)}\}$，$\{\mu_{2k+1}\}$ 和 $\{u^{(2k+1)}\}$ 都不收敛，则可按式（5.6）确定 $p$ 和 $q$，只要 $\| \overline{\overline{u}}^{(k)} + p\overline{u}^{(k)} + qu^{(k)} \|_{\infty}$ 比较小，则特征值和特征向量按式（5.7）给出. 如果矩阵 $A$ 按模最大特征值的分布更为复杂，这时用乘幂法将难于求出矩阵 $A$ 按模最大特征值和相应特征向量.

### 5.1.2　加速技术

从式（5.4）可得到

$$\mu_k = \max(\boldsymbol{v}^{(k)}) = \lambda_1 + O\left(\left|\frac{\lambda_2}{\lambda_1}\right|^k\right) \tag{5.8}$$

因此乘幂法的收敛速度取决于比值 $\left|\frac{\lambda_2}{\lambda_1}\right|$ 的大小. 当 $\left|\frac{\lambda_2}{\lambda_1}\right| \approx 1$ 时，收敛是很慢的. 在实际计算时，常采用加速技术，以提高收敛速度，减少计算量. 这里简单介绍两种可行的加速方法.

**Aitken 加速方法**

由式（5.8）可知

$$\lim_{k\to\infty}\frac{\mu_{k+1}-\lambda_1}{\mu_k-\lambda_1} = \frac{\lambda_2}{\lambda_1} \neq 0$$

因此，序列 $\{\mu_k\}$ 线性收敛于 $\lambda_1$. 为了提高 $\{\mu_k\}$ 的收敛速度，可将节 4.2.3 中的 Aitken 加速方法用于序列 $\{\mu_k\}$，得到收敛更快的序列 $\{\tilde{\mu}_k\}$. 加速公式为

$$\tilde{\mu}_k = \mu_k - \frac{(\mu_{k+1}-\mu_k)^2}{\mu_{k+2} - 2\mu_{k+1} + \mu_k}, \quad k = 0,1,2,\cdots$$

例如，可将 Aitken 加速方法用于例 5-2，计算结果见表 5-4.

**表 5-4　计算结果**

| $k$ | $\mu_k$ | $\boldsymbol{u}^{(k)}$ | $\tilde{\mu}_k$ |
|---|---|---|---|
| 0 | | $(1,\ 1,\ 1)^T$ | |
| 1 | 10 | $(1,\ 0.8,\ 0.1)^T$ | |
| 2 | 7.2 | $(1,\ 0.75,\ -0.111111)^T$ | |
| 3 | 6.5 | $(1,\ 0.730769,\ -0.188034)^T$ | 6.266667 |
| ⋮ | ⋮ | ⋮ | ⋮ |
| 10 | 6.003352 | $(1,\ 0.714405,\ -0.249580)^T$ | 6.000017 |
| 11 | 6.001675 | $(1,\ 0.714345,\ -0.249790)^T$ | 6.000003 |
| 12 | 6.000837 | $(1,\ 0.714315,\ -0.249895)^T$ | 6.000000 |

由表 5-4 可见，$\tilde{\mu}_{12} = 6.000000$ 为特征值 $\lambda_1$ 的具有七位有效数字的近似值. Aitken 加速方法确实起到了加速的作用.

**原点位移法**

设矩阵 $\boldsymbol{B} = \boldsymbol{A} - p\boldsymbol{I}$（其中 $p$ 为适当的参数），则 $\boldsymbol{B}$ 的特征值为 $m_i =$

$\lambda_i - p(i = 1,2,\cdots,n)$，而且对应的特征向量与 $\boldsymbol{A}$ 相同. 称 $\boldsymbol{B}$ 是 $\boldsymbol{A}$ 的原点位移矩阵，$p$ 为位移量. 如果适当选取 $p$，使 $m_1$ 仍然是 $\boldsymbol{B}$ 的按模最大特征值，且满足

$$\left|\frac{m_2}{m_1}\right| = \left|\frac{\lambda_2 - p}{\lambda_1 - p}\right| < \left|\frac{\lambda_2}{\lambda_1}\right|$$

此时，对 $\boldsymbol{B}$ 应用乘幂法可达到加速收敛的目的. 求得 $\boldsymbol{B} = \boldsymbol{A} - p\boldsymbol{I}$ 的按模最大特征值 $m_1$ 后，对应 $\boldsymbol{A}$ 的按模最大特征值为 $\lambda_1 = m_1 + p$.

**例 5-5**　用原点位移法求例 5-3 中矩阵 $\boldsymbol{A}$ 的按模最大的特征值和相应的特征向量.

**解**　取 $p = 2.5$，则

$$\boldsymbol{B} = \boldsymbol{A} - 2.5\boldsymbol{I} = \begin{pmatrix} -6.5 & 14 & 0 \\ -5 & 10.5 & 0 \\ -1 & 0 & -0.5 \end{pmatrix}$$

取初始向量 $\boldsymbol{u}^{(0)} = (1,\ 1,\ 1)^{\mathrm{T}}$，利用规范化乘幂法计算公式

$$\begin{cases} \boldsymbol{v}^{(k)} = \boldsymbol{B}\boldsymbol{u}^{(k-1)} \\ \mu_k = \max(\boldsymbol{v}^{(k)}) \\ \boldsymbol{u}^{(k)} = \dfrac{\boldsymbol{v}^{(k)}}{\mu_k}, \quad k = 1,2,3,\cdots \end{cases}$$

进行计算，计算结果见表 5-5.

**表 5-5　计算结果**

| $k$ | $\mu_k$ | $\boldsymbol{u}^{(k)}$ |
|---|---|---|
| 0 | | $(1,\ 1,\ 1)^{\mathrm{T}}$ |
| 1 | 7.5 | $(1,\ 0.733333,\ -0.2)^{\mathrm{T}}$ |
| 2 | 3.76662 | $(1,\ 0.716814,\ -0.238938)^{\mathrm{T}}$ |
| 3 | 3.535396 | $(1,\ 0.714643,\ -0.249061)^{\mathrm{T}}$ |
| 4 | 3.505002 | $(1,\ 0.714337,\ -0.249777)^{\mathrm{T}}$ |
| 5 | 3.500718 | $(1,\ 0.714293,\ -0.249981)^{\mathrm{T}}$ |
| 6 | 3.500102 | $(1,\ 0.714287,\ -0.249995)^{\mathrm{T}}$ |

可取 $\lambda_1 \approx \mu_6 + 2.5 = 6.000102$，$\boldsymbol{x}_1 \approx \boldsymbol{u}_6 = (1,\ 0.714287,\ -0.249995)^{\mathrm{T}}$，迭代六步就已经达到例 5-3 中迭代十二步的结果. 这是由于对于此例可有

$\left|\dfrac{\lambda_2}{\lambda_1}\right| = \dfrac{1}{2}$，而 $\left|\dfrac{m_2}{m_1}\right| = \dfrac{1}{7}$，故对 $\boldsymbol{B}$ 应用乘幂法远比对 $\boldsymbol{A}$ 应用乘幂法收敛得快.

注意，原点位移法中位移量 $p$ 的选择，有赖于对 $\boldsymbol{A}$ 的特征值分布有一定的了解，否则计算将只具有试探性. 因此，很难设计自动选择位移量 $p$ 的方法. 尽管如此，原点位移法还是一种非常有效的方法，后面我们将结合反幂法进一步讨论原点位移法的应用.

### 5.1.3 反幂法

反幂法是用来求矩阵 $\boldsymbol{A}$ 按模最小的特征值和相应的特征向量的方法. 设 $\boldsymbol{A}$ 是 $n$ 阶非奇异矩阵，其特征值为

$$|\lambda_1| \geqslant |\lambda_2| \geqslant \cdots \geqslant |\lambda_{n-1}| > |\lambda_n| > 0$$

对应的特征向量为 $\boldsymbol{x}_1$，$\boldsymbol{x}_2$，…，$\boldsymbol{x}_{n-1}$，$\boldsymbol{x}_n$，假设它们线性无关.

由于 $\boldsymbol{A}\boldsymbol{x}_i = \lambda_i \boldsymbol{x}_i$，所以有 $\boldsymbol{A}^{-1}\boldsymbol{x}_i = \lambda_i^{-1}\boldsymbol{x}_i$ $(i = 1,2,\cdots,n)$，于是 $\lambda_1^{-1}$，$\lambda_2^{-1},\cdots,\lambda_n^{-1}$ 恰是 $\boldsymbol{A}^{-1}$ 的 $n$ 个特征值，对应的特征向量仍是 $\boldsymbol{x}_0$，$\boldsymbol{x}_1$，…，$\boldsymbol{x}_n$. 由于

$$|\lambda_n^{-1}| > |\lambda_{n-1}^{-1}| \geqslant \cdots \geqslant |\lambda_2^{-1}| \geqslant |\lambda_1^{-1}| > 0$$

因此矩阵 $\boldsymbol{A}$ 按模最小的特征值 $\lambda_n$，恰好是矩阵 $\boldsymbol{A}^{-1}$ 的按模最大的特征值 $\lambda_n^{-1}$ 的倒数，而且对应的特征向量都是 $\boldsymbol{x}_n$. 这样，要想求 $\lambda_n$ 和 $\boldsymbol{x}_n$，只需对矩阵 $\boldsymbol{A}^{-1}$ 应用乘幂法. 任取初始向量 $\boldsymbol{u}^{(0)} \neq \boldsymbol{0}$，反幂法计算格式为

$$\begin{cases} \boldsymbol{v}^{(k)} = \boldsymbol{A}^{-1}\boldsymbol{u}^{(k-1)} \\ \mu_k = \max(\boldsymbol{v}^{(k)}) \\ \boldsymbol{u}^{(k)} = \dfrac{\boldsymbol{v}^{(k)}}{\mu_k}, \quad k = 1,2,3,\cdots \end{cases}$$

因为实际计算 $\boldsymbol{A}^{-1}$ 较困难，常将上式改写为

$$\begin{cases} \boldsymbol{A}\boldsymbol{v}^{(k)} = \boldsymbol{u}^{(k-1)} \\ \mu_k = \max(\boldsymbol{v}^{(k)}) \\ \boldsymbol{u}^{(k)} = \dfrac{\boldsymbol{v}^{(k)}}{\mu_k}, \quad k = 1,2,3,\cdots \end{cases} \tag{5.9}$$

并且有

$$\lim_{k\to\infty}\mu_k = \frac{1}{\lambda_n},\ \lim_{k\to\infty}\boldsymbol{u}^{(k)} = \frac{\boldsymbol{x}_n}{\max(\boldsymbol{x}_n)}$$

所以，当 $k$ 充分大时，可取

$$\lambda_n \approx \frac{1}{\mu_k},\ \boldsymbol{x}_n \approx \boldsymbol{u}^{(k)}$$

应该注意，反幂法计算量大大超过乘幂法，因为反幂法每一步计算 $\boldsymbol{v}^{(k)}$时，需要求解线性方程组 $\boldsymbol{A}\boldsymbol{v}^{(k)}=\boldsymbol{u}^{(k-1)}$. 由于这些方程组都是同系数矩阵的线性方程组，实际计算时可采用 $\boldsymbol{LU}$ 三角分解法求解. 每一步迭代只需解两个三角方程组 $\boldsymbol{Ly}=\boldsymbol{u}^{(k-1)}$，$\boldsymbol{Uv}^{(k)}=\boldsymbol{y}$，这样可以节省计算量.

反幂法还可与原点位移法相结合提高计算精度或求某个特定的特征值. 设已求得矩阵 $\boldsymbol{A}$ 的特征值 $\lambda_i$ 的某个近似值 $\tilde{\lambda}_i$，取 $p=\tilde{\lambda}_i$，做原点位移，令 $\boldsymbol{B}=\boldsymbol{A}-\tilde{\lambda}_i\boldsymbol{I}$，则 $\boldsymbol{B}$ 的特征值为

$$\lambda_1-\tilde{\lambda}_i,\lambda_2-\tilde{\lambda}_i,\cdots,\lambda_i-\tilde{\lambda}_i,\cdots,\lambda_n-\tilde{\lambda}_i$$

且一般可有 $|\lambda_i-\tilde{\lambda}_i|<|\lambda_j-\tilde{\lambda}_i|, j\neq i$, 即 $\lambda_i-\tilde{\lambda}_i$ 是 $\boldsymbol{B}$ 的按模最小的特征值. 对 $\boldsymbol{B}$ 应用反幂法可求出精度更高的 $\lambda_i$ 和 $\boldsymbol{x}_i$.

**例 5-6**　设已求得例 5-2 中矩阵 $\boldsymbol{A}$ 的特征值的近似值 $\lambda_1\approx 6.003$，和相应的特征向量 $\boldsymbol{x}_1\approx(1,\ 0.714405,\ -0.249579)^{\mathrm{T}}$，试用带原点位移的反幂法求 $\lambda_1$ 和 $\boldsymbol{x}_1$ 的更精确的近似值.

**解**　取 $p=6.003$，令矩阵 $\boldsymbol{B}=\boldsymbol{A}-6.003\boldsymbol{I}$，则

$$\boldsymbol{B}=\begin{pmatrix}-10.003 & 14 & 0\\ -5 & 6.997 & 0\\ -1 & 0 & -4.003\end{pmatrix}$$

取初始向量 $\boldsymbol{u}^{(0)}=(1,\ 0.714405,\ -0.249579)^{\mathrm{T}}$，对 $\boldsymbol{B}$ 应用反幂法：

$$\begin{cases}\boldsymbol{B}\boldsymbol{v}^{(k)}=\boldsymbol{u}^{(k-1)}\\ \mu_k=\max(\boldsymbol{v}^{(k)})\\ \boldsymbol{u}^{(k)}=\dfrac{\boldsymbol{v}^{(k)}}{\mu_k},\quad k=1,2,3,\cdots\end{cases}$$

并且有 $\lambda_1\approx\dfrac{1}{\mu_k}+6.003$，$\boldsymbol{x}_1\approx\boldsymbol{u}^{(k)}$. 计算得到

$$\frac{1}{\mu_1}+6.003=6.00000167, \boldsymbol{u}^{(1)}=(1,0.714286,-0.250000)^{\mathrm{T}}$$

$$\frac{1}{\mu_2}+6.003=6.000000007, \boldsymbol{u}^{(2)}=(1,0.714286,-0.250000)^{\mathrm{T}}$$

可见收敛速度非常快，仅迭代两步就得到很好的结果. 这是由于对于此例 $\left|\frac{m_3}{m_2}\right| \approx 0.000999$ 很小，故对 $\boldsymbol{B}$ 应用反幂法收敛得很快.

## 反幂算法

本算法是利用原点位移法计算 $\boldsymbol{A}$ 的某个特征值 $\boldsymbol{\lambda}_i$ 和相应特征向量. 位移量 $p$ 取为已知的近似值 $\tilde{\lambda}_i$（取 $\tilde{\lambda}_i=0$ 时为求 $\boldsymbol{A}$ 的按模最小的特征值和相应的特征向量）.

**输入** 维数 $n$，矩阵 $\boldsymbol{A}=(a_{ij})$，初始向量 $\boldsymbol{u}$，精度要求 $\varepsilon$，最大迭代次数 $N$

**输出** 近似特征值 $\mu$，相应的特征向量 $\boldsymbol{u}$，或迭代次数超过 $N$ 的信息

（1）置 $p=\tilde{\lambda}_i$；
（2）置 $k=1, \mu_0=0$；
（3）对 $k \leqslant N$，循环执行步 4 至步 8；
（4）解线性方程组 $(\boldsymbol{A}-p\boldsymbol{I})\boldsymbol{v}=\boldsymbol{u}$，如果 $\det(\boldsymbol{A}-p\boldsymbol{I})=0$，则输出 $p$（$p$ 是特征值），停机；
（5）计算 $\mu=\max(\boldsymbol{v})$；
（6）计算规范化向量 $\boldsymbol{u}=\frac{\boldsymbol{v}}{\mu}$；
（7）若 $|\mu-\mu_0|<\varepsilon$，置 $\mu=\frac{1}{\mu}+p$，输出 $\mu, \boldsymbol{u}$，停机；
（8）置 $k=k+1, \mu=\mu_0$；
（9）输出：达到最大迭代次数，停机.

## 5.2 Jacobi 方法

Jacobi 方法是求实对称矩阵全部特征值和特征向量的一种矩阵变换

方法. 实对称矩阵 $\boldsymbol{A}$ 具有下列性质:

(1) $\boldsymbol{A}$ 的特征值均为实数;

(2) 存在正交矩阵 $\boldsymbol{R}$, 使 $\boldsymbol{R}^{\mathrm{T}}\boldsymbol{A}\boldsymbol{R}=\mathrm{diag}(\lambda_1,\lambda_2,\cdots,\lambda_n)$,而 $\boldsymbol{R}$ 的第 $i$ 个列向量恰为 $\lambda_i$ 的特征向量,亦即 $\boldsymbol{A}$ 有 $n$ 个两两正交的特征向量;

(3) 若记 $\boldsymbol{A}_1=\boldsymbol{R}^{\mathrm{T}}\boldsymbol{A}\boldsymbol{R}$, 则 $\boldsymbol{A}_1$ 仍为对称矩阵.

可见, 求实对称矩阵 $\boldsymbol{A}$ 的特征值和特征向量归结为求正交矩阵 $\boldsymbol{R}$, 然而直接求正交矩阵 $\boldsymbol{R}$ 是困难的. Jacobi 方法是用一系列平面旋转矩阵逐次将 $\boldsymbol{A}$ 约化为对角矩阵.

### 5.2.1　平面旋转矩阵

解析几何中的平面坐标旋转变换为

$$\begin{pmatrix} x_2 \\ y_2 \end{pmatrix} = \begin{pmatrix} \cos\theta & -\sin\theta \\ \sin\theta & \cos\theta \end{pmatrix}\begin{pmatrix} x_1 \\ y_1 \end{pmatrix}$$

它表示平面上坐标轴旋转 $\theta$ 度角的变换. 在三维空间直角坐标系中, $x_1y_1$ 平面绕着 $oz_1$ 轴旋转 $\theta$ 度角的坐标变换为

$$\begin{pmatrix} \cos\theta & -\sin\theta & 0 \\ \sin\theta & \cos\theta & 0 \\ 0 & 0 & 1 \end{pmatrix}\begin{pmatrix} x_1 \\ y_1 \\ z_1 \end{pmatrix} \triangleq R_{12}(\theta)\begin{pmatrix} x_1 \\ y_1 \\ z_1 \end{pmatrix}$$

一般地, 在 $n$ 维向量空间 $R^n$ 中, 沿着 $x_px_q$ 平面旋转 $\theta$ 度角的变换矩阵为

$$\boldsymbol{R}_{pq}(\theta) = \begin{pmatrix} 1 &&&&&&&&& \\ & \ddots &&&&&&&& \\ && 1 &&&&&&& \\ &&& \cos\theta & \cdots & \cdots & \cdots & -\sin\theta &&& \\ &&& \vdots & 1 &&& \vdots &&& \\ &&& \vdots && \ddots && \vdots &&& \\ &&& \vdots &&& 1 & \vdots &&& \\ &&& \sin\theta & \cdots & \cdots & \cdots & \cos\theta &&& \\ &&&&&&&& 1 && \\ &&&&&&&&& \ddots & \\ &&&&&&&&&& 1 \end{pmatrix} \begin{matrix} \\ \\ \\ \leftarrow p\text{ 行} \\ \\ \\ \\ \leftarrow q\text{ 行} \\ \\ \\ \\ \end{matrix}$$

称 $\boldsymbol{R}_{pq}(\theta)$ 为**平面旋转矩阵**. $\boldsymbol{R}_{pq}(\theta)$ 具有下列性质:

(1) $\boldsymbol{R}_{pq}(\theta)$ 为正交矩阵，即 $\boldsymbol{R}_{pq}^{-1}(\theta)=\boldsymbol{R}_{pq}^{\mathrm{T}}(\theta)$;

(2) 如果 $\boldsymbol{A}$ 为对称矩阵，则 $\boldsymbol{B}=\boldsymbol{R}_{pq}^{\mathrm{T}}(\theta)\boldsymbol{A}\boldsymbol{R}_{pq}(\theta)$ 也为对称矩阵，且与 $\boldsymbol{A}$ 有相同的特征值;

(3) $\boldsymbol{R}_{pq}^{\mathrm{T}}(\theta)\boldsymbol{A}$ 仅改变 $\boldsymbol{A}$ 的第 $p$ 行与第 $q$ 行元素，$\boldsymbol{A}\boldsymbol{R}_{pq}(\theta)$ 仅改变 $\boldsymbol{A}$ 的第 $p$ 列与第 $q$ 列元素.

设实对称矩阵 $\boldsymbol{A}=(a_{ij})_{n\times n}$，记 $\boldsymbol{B}=\boldsymbol{R}_{pq}^{\mathrm{T}}(\theta)\boldsymbol{A}\boldsymbol{R}_{pq}(\theta)=(b_{ij})_{n\times n}$. 则它们元素之间有如下关系

$$
\begin{cases}
b_{pp}=a_{pp}\cos^2\theta+a_{qq}\sin^2\theta+a_{pq}\sin2\theta \\
b_{qq}=a_{pp}\sin^2\theta+a_{qq}\cos^2\theta-a_{pq}\sin2\theta \\
b_{pq}=b_{qp}=\dfrac{1}{2}(a_{qq}-a_{pp})\sin2\theta+a_{pq}\cos2\theta \\
b_{jp}=b_{pj}=a_{jp}\cos\theta+a_{jq}\sin\theta \\
b_{jq}=b_{qj}=-a_{jp}\sin\theta+a_{jq}\cos\theta \\
b_{ij}=a_{ij}\quad (i,j\neq p,q)
\end{cases}
$$

由上述关系可得

$$
\begin{cases}
b_{pi}^2+b_{qi}^2=a_{pi}^2+a_{qi}^2 \\
b_{ip}^2+b_{iq}^2=a_{ip}^2+a_{iq}^2\quad (i\neq p,q) \\
b_{pp}^2+b_{qq}^2+2b_{pq}^2=a_{pp}^2+a_{qq}^2+2a_{pq}^2
\end{cases}
\tag{5.10}
$$

由于正交变换保持 $F$-范数不变，即

$$
\|\boldsymbol{B}\|_F^2=\|\boldsymbol{A}\|_F^2\quad 或\quad \sum_{i,j=1}^{n}b_{ij}^2=\sum_{i,j=1}^{n}a_{ij}^2 \tag{5.11}
$$

则从式 (5.10) 和 (5.11) 可推得 $\boldsymbol{A}$ 与 $\boldsymbol{B}$ 的对角线元素和非对角线元素之间具有关系

$$
\sum_{i=1}^{n}b_{ii}^2+2b_{pq}^2=\sum_{i=1}^{n}a_{ii}^2+2a_{pq}^2
$$

$$
\sum_{i\neq j}b_{ij}^2-2b_{pq}^2=\sum_{i\neq j}a_{ij}^2-2a_{pq}^2
$$

如果 $a_{pq}\neq 0$，适当选取角 $\theta$，可使

$$b_{pq} = b_{qp} = \frac{1}{2}(a_{qq} - a_{pp})\sin 2\theta + a_{pq}\cos 2\theta = 0$$

此时角 $\theta$ 应满足

$$\operatorname{ctan} 2\theta = \frac{a_{pp} - a_{qq}}{2a_{pq}} = \tau, |\theta| \leqslant \frac{\pi}{4} \tag{5.12}$$

从而

$$\sum_{i \neq j} b_{ij}^2 = \sum_{i \neq j} a_{ij}^2 - 2a_{pq}^2 < \sum_{i \neq j} a_{ij}^2$$

$$\sum_{i=1}^{n} b_{ii}^2 = \sum_{i=1}^{n} a_{ii}^2 + 2a_{pq}^2 > \sum_{i=1}^{n} a_{ii}^2$$

由此可知，用这样确定的平面旋转矩阵 $\boldsymbol{R}_{pq}(\theta)$，对 $\boldsymbol{A}$ 作正交相似变换后，非对角线元素的平方和减少了 $2a_{pq}^2$，而对角线元素的平方和增加了 $2a_{pq}^2$.

如果取 $|a_{pq}| = \max\limits_{i \neq j} |a_{ij}|$，则 $a_{pq}^2 \geqslant \frac{1}{n(n-1)} \sum\limits_{i \neq j} a_{ij}^2$，于是

$$\sum_{i \neq j} b_{ij}^2 \leqslant \left(1 - \frac{2}{n(n-1)}\right) \sum_{i \neq j} a_{ij}^2$$

若记 $\tau(\boldsymbol{A}) = \sum\limits_{i \neq j} a_{ij}^2$，则上式可记为

$$\tau(\boldsymbol{B}) \leqslant \left(1 - \frac{2}{n(n-1)}\right) \tau(\boldsymbol{A}) \tag{5.13}$$

应该指出，通过式（5.12）计算 $\sin\theta$，$\cos\theta$ 的准确程度对变换结果的精度有很大影响，这里给出一种计算公式. 由式（5.12），利用三角公式可知，$t = \tan\theta$ 满足方程

$$t^2 + 2\tau t - 1 = 0$$

此方程有两个根，为保证 $|\theta| \leqslant \frac{\pi}{4}$，取绝对值较小的根，则有

$$t = \begin{cases} \dfrac{\operatorname{sgn}(\tau)}{|\tau| + \sqrt{1 + \tau^2}}, & \tau \neq 0 \\ 1, & \tau = 0 \end{cases} \tag{5.14}$$

于是

$$\cos\theta = (1 + t^2)^{-\frac{1}{2}}, \sin\theta = t\cos\theta \tag{5.15}$$

### 5.2.2 Jacobi 方法

经典 Jacobi 算法是对 $A^{(0)}=A$ 施行一系列平面旋转变换将 $A$ 约化为对角矩阵. 记

$$A^{(1)}=R_1^{\mathrm{T}}A^{(0)}R_1,\ A^{(2)}=R_2^{\mathrm{T}}A^{(1)}R_2,\cdots,\ A^{(k)}=R_k^{\mathrm{T}}A^{(k-1)}R_k,\cdots$$

每一步变换选择 $A^{(k-1)}=(a_{ij}^{(k-1)})_{n\times n}$ 的非对角线元素中绝对值最大者 $a_{pq}^{(k-1)}$（称为主元素）作为歼灭对象，同时利用式（5.14）和（5.15）确定 $\cos\theta$ 和 $\sin\theta$，从而得到平面旋转矩阵 $R_k=R_{pq}(\theta)$. 经变换得到 $A^{(k)}=(a_{ij}^{(k)})_{n\times n}$，且 $a_{pq}^{(k)}=0$. 这时由式（5.13）有

$$\tau(A^{(k)})\leqslant\left(1-\frac{2}{n(n-1)}\right)\tau(A^{(k-1)})$$

由此递推得到

$$\tau(A^{(k)})\leqslant\left(1-\frac{2}{n(n-1)}\right)^k\tau(A)$$

由于 $0<1-\dfrac{2}{n(n-1)}<1$，所以当 $k\to\infty$ 时，$A^{(k)}$ 的所有非对角元素趋于零，从而

$$\lim_{k\to\infty}A^{(k)}=D=\mathrm{diag}(\lambda_1,\lambda_2,\cdots,\lambda_n)$$

这就证明了经典 Jacobi 算法是收敛的.

当 $k$ 充分大，使 $\tau(A^{(k)})<\varepsilon$，或者 $\max\limits_{i\neq j}|a_{ij}^{(k)}|<\varepsilon$（$\varepsilon$ 是给定的精度要求）时，可取 $A$ 的特征值为 $\lambda_i\approx a_{ii}^{(k)}(i=1,2,\cdots,n)$.

另外，由于

$$A^{(k)}=R_k^{\mathrm{T}}A^{(k-1)}R_k=R_k^{\mathrm{T}}R_{k-1}^{\mathrm{T}}\cdots R_1^{\mathrm{T}}AR_1R_2\cdots R_k=R^{\mathrm{T}}AR$$

其中 $R=R_1R_2\cdots R_k$，因此，当 $A^{(k)}$ 趋于对角矩阵时，$R$ 的列向量 $x_j(j=1,2,\cdots,n)$ 为 $A$ 的近似特征向量.

**例 5-7** 用 Jacobi 方法计算对称矩阵

$$A=\begin{pmatrix}4&2&2\\2&5&1\\2&1&6\end{pmatrix}$$

的全部特征值.

**解**　记 $\boldsymbol{A}^{(0)}=\boldsymbol{A}$，取 $p=1, q=2, a_{pq}^{(0)}=a_{12}^{(0)}=2$，则有

$$\tau=\frac{a_{11}^{(0)}-a_{22}^{(0)}}{2a_{12}^{(0)}}=-0.25$$

$$t=\frac{\operatorname{sgn}(\tau)}{|\tau|+\sqrt{1+\tau^2}}=-0.780776$$

$$\cos\theta=(1+t^2)^{-\frac{1}{2}}=0.788206$$

$$\sin\theta=t\cos\theta=-0.615412$$

从而

$$\boldsymbol{R}_1=\boldsymbol{R}_{pq}(\theta)=\begin{pmatrix}\cos\theta & -\sin\theta & 0\\ \sin\theta & \cos\theta & 0\\ 0 & 0 & 1\end{pmatrix}=\begin{pmatrix}0.788206 & 0.615412 & 0\\ -0.615412 & 0.788206 & 0\\ 0 & 0 & 1\end{pmatrix}$$

所以

$$\boldsymbol{A}^{(1)}=\boldsymbol{R}_1^{\mathrm{T}}\boldsymbol{A}^{(0)}\boldsymbol{R}_1=\begin{pmatrix}2.438448 & 0 & 0.961\\ 0 & 6.561552 & 2.020190\\ 0.961 & 2.020190 & 6\end{pmatrix}$$

再取 $p=2, q=3, a_{pq}^{(1)}=a_{23}^{(1)}=2.020190$，类似地可得

$$\boldsymbol{A}^{(2)}=\begin{pmatrix}2.438448 & 0.631026 & 0.724794\\ 0.631026 & 8.320386 & 0\\ 0.724794 & 0 & 4.241166\end{pmatrix}$$

依此计算下去，可得到

$$\boldsymbol{A}^{(3)}=\begin{pmatrix}2.183185 & 0.595192 & 0\\ 0.595192 & 8.320386 & 0.209614\\ 0 & 0.209614 & 4.496424\end{pmatrix}$$

$$\boldsymbol{A}^{(4)}=\begin{pmatrix}2.125995 & 0 & -0.020048\\ 0 & 8.377576 & 0.208653\\ -0.020048 & 0.208653 & 4.496424\end{pmatrix}$$

$$A^{(5)}=\begin{pmatrix}2.125995 & -0.001073 & -0.020019\\ -0.001073 & 8.388761 & 0\\ -0.020019 & 0 & 4.485239\end{pmatrix}$$

$$A^{(6)}=\begin{pmatrix}2.125825 & -0.001072 & 0\\ 0 & 8.388761 & 0.000009\\ -0.001072 & 0.000009 & 4.485401\end{pmatrix}$$

$$A^{(7)}=\begin{pmatrix}2.125825 & 0 & 0\\ 0 & 8.388761 & 0.000009\\ 0 & 0.000009 & 4.485401\end{pmatrix}$$

从而 $\boldsymbol{A}$ 的特征值可取为

$$\lambda_1 \approx 2.125825,\ \lambda_2 \approx 8.388761,\ \lambda_3 \approx 4.485401$$

为了减少搜索非对角绝对值最大元素的时间，对经典的 Jacobi 方法可作进一步改进.

一种方法是:按(1,2),(1,3),…,(1,$n$),(2,3),(2,4),…,(2,$n$),…,($n-1$,$n$)的顺序,对每个($p$,$q$)的非零元素 $a_{pq}$ 作 Jacobi 变换,使其零化. 逐次重复扫描下去,直至 $\tau(\boldsymbol{A})<\varepsilon$ 为止. 这种方法称为**循环 Jacobi 方法.**

另一种方法是：选取单调下降收敛于零的正数序列 $\{\alpha_k\}$，先以 $\alpha_1$ 为关卡值，依照上述顺序扫描，将绝对值超过 $\alpha_1$ 的非对角元素零化，待所有非对角元素绝对值均不超过 $\alpha_1$ 时，再换下一个关卡值 $\alpha_2$ 继续扫描，直到关卡值小于给定的精度 $\varepsilon$ 为止. 这种方法称为**过关 Jacobi 方法.** 一般取关卡值为

$$\alpha_k=\frac{r}{m^k},\ k=1,2,3,\cdots$$

其中 $m\geqslant n$，$r=\sqrt{\tau(\boldsymbol{A})}=\sqrt{\sum_{i\neq j}a_{ij}^2}$.

Jacobi 方法具有简单紧凑，精度高，收敛较快等优点，是计算实对称矩阵全部特征值和相应的特征向量的有效方法，但计算量较大，一般适用于阶数不高的矩阵. 对于非对称矩阵难以直接应用 Jacobi 方法，这方面的研究至今未取得大的进展.

## 经典 Jacobi 算法

本算法是利用 Jacobi 方法计算实对称矩阵 $\boldsymbol{A}$ 的全部特征值和相应的特征向量.

**输入**　维数 $n$，矩阵 $\boldsymbol{A} = (a_{ij})_{n\times n}$，精度要求 $\varepsilon$，最大迭代次数 $N$

**输出**　近似特征值 $\lambda_1,\lambda_2,\cdots,\lambda_n$，相应特征向量 $\boldsymbol{x}_1,\boldsymbol{x}_2,\cdots,\boldsymbol{x}_n$，或迭代次数已超过 $N$ 的信息

(1) 置 $\boldsymbol{A}^{(0)} = \boldsymbol{A}$，$\boldsymbol{R} = \boldsymbol{I}$；

(2) 对 $k = 0,1,\cdots,N$，循环执行步 3 至步 8；

(3) 确定 $p,q$ 使 $|a_{pq}| = \max\limits_{i<j}|a_{ij}|$；

(4) 由式 (5.12)，式 (5.13) 计算 $\cos\theta,\sin\theta,\boldsymbol{R}_1 = \boldsymbol{R}_{pq}(\theta)$；

(5) 作正交相似变换：$\boldsymbol{A}^{(1)} = \boldsymbol{R}_1^{\mathrm{T}}\boldsymbol{A}\boldsymbol{R}_1$；

(6) $\boldsymbol{R} = \boldsymbol{R}\boldsymbol{R}_1$；

(7) 若 $\tau(\boldsymbol{A}^{(1)}) < \varepsilon$，输出 $\boldsymbol{A}^{(1)}$ 的对角元素：$a_{ii}^{(1)}(i = 1,2,\cdots,n)$，$\boldsymbol{R}$ 的列向量 $\boldsymbol{r}_i(i = 1,2,\cdots,n)$，停机；

(8) $\boldsymbol{A}^{(0)} = \boldsymbol{A}^{(1)}$，$k = k+1$；

(9) 输出：达到最大迭代次数，停机.

## *5.3　QR 方法

**QR** 方法是计算一般矩阵的全部特征值和相应特征向量的有效方法之一.

### 5.3.1　平面反射矩阵及其性质

设 $\boldsymbol{\omega} = (\omega_1,\omega_2,\cdots,\omega_n)^{\mathrm{T}}$ 且 $\|\boldsymbol{\omega}\|_2^2 = \boldsymbol{\omega}^{\mathrm{T}}\boldsymbol{\omega} = 1$，称矩阵

$$\boldsymbol{H} = \boldsymbol{I} - 2\boldsymbol{\omega}\boldsymbol{\omega}^{\mathrm{T}} \tag{5.16}$$

为**平面反射矩阵**或 **Housholder 矩阵**. 平面反射矩阵具有性质：

(1) $\boldsymbol{H}$ 是对称正交矩阵，即 $\boldsymbol{H}^{\mathrm{T}} = \boldsymbol{H}^{-1} = \boldsymbol{H}$；

(2) 对任意向量 $\boldsymbol{u} \in R^n$，若取 $\boldsymbol{\omega} = \dfrac{\boldsymbol{u}}{\|\boldsymbol{u}\|_2}$，则有

$$\boldsymbol{H} = \boldsymbol{I} - 2\frac{\boldsymbol{u}\boldsymbol{u}^{\mathrm{T}}}{\|\boldsymbol{u}\|_2^2} = \boldsymbol{I} - \beta^{-1}\boldsymbol{u}\boldsymbol{u}^{\mathrm{T}} \tag{5.17}$$

其中 $\beta=\frac{1}{2}\|\boldsymbol{u}\|_2^2$．通常取 $\boldsymbol{u}$ 的前 $k$ 个分量为零，即

$$\boldsymbol{u}=(0,0,\cdots,0,u_{k+1},\cdots,u_n)^{\mathrm{T}}=(\boldsymbol{0}_k^{\mathrm{T}},\hat{\boldsymbol{u}}^{\mathrm{T}})^{\mathrm{T}}$$

其中 $\hat{\boldsymbol{u}}\in R^{n-k}$，于是

$$\boldsymbol{H}=\begin{pmatrix}\boldsymbol{I}_k & \boldsymbol{O}\\ \boldsymbol{O} & \boldsymbol{I}_{n-k}-\beta^{-1}\hat{\boldsymbol{u}}\hat{\boldsymbol{u}}^{\mathrm{T}}\end{pmatrix} \tag{5.18}$$

（3）对于任一非零向量 $\boldsymbol{\alpha}=(x_1,x_2,\cdots,x_n)^{\mathrm{T}}$，可选择平面反射矩阵 $\boldsymbol{H}$，使得

$$\boldsymbol{H\alpha}=\sigma\boldsymbol{e}_1,\ \boldsymbol{e}_1=(1,0,\cdots,0)^{\mathrm{T}},\ \sigma=\pm\|\boldsymbol{\alpha}\|_2$$

事实上，只要取 $\boldsymbol{u}=\boldsymbol{\alpha}-\sigma\boldsymbol{e}_1$，由式（5.17）得

$$\boldsymbol{H\alpha}=\boldsymbol{\alpha}-2\frac{(\boldsymbol{\alpha}-\sigma\boldsymbol{e}_1)(\boldsymbol{\alpha}^{\mathrm{T}}-\sigma\boldsymbol{e}_1^{\mathrm{T}})}{(\boldsymbol{\alpha}^{\mathrm{T}}-\sigma\boldsymbol{e}_1^{\mathrm{T}})(\boldsymbol{\alpha}-\sigma\boldsymbol{e}_1)}\boldsymbol{\alpha}$$

$$=\boldsymbol{\alpha}-2\frac{(\boldsymbol{\alpha}-\sigma\boldsymbol{e}_1)(\boldsymbol{\alpha}^{\mathrm{T}}\boldsymbol{\alpha}-\sigma\boldsymbol{e}_1^{\mathrm{T}}\boldsymbol{\alpha})}{2(\boldsymbol{\alpha}^{\mathrm{T}}\boldsymbol{\alpha}-\sigma\boldsymbol{e}_1^{\mathrm{T}}\boldsymbol{\alpha})}=\sigma\boldsymbol{e}_1$$

为了避免计算 $\boldsymbol{u}=\boldsymbol{\alpha}-\sigma\boldsymbol{e}_1$ 时有效数字损失，通常取 $\sigma$ 与分量 $x_1$ 具有相反的符号，即取 $\sigma=-\mathrm{sgn}(x_1)\|\boldsymbol{\alpha}\|_2$，而 $\beta=\frac{1}{2}\|\boldsymbol{\alpha}-\sigma\boldsymbol{e}_1\|_2^2=\sigma(\sigma-x_1)$．

平面反射矩阵的计算步骤如下：

（1）计算 $\sigma=-\mathrm{sgn}(x_1)\sqrt{\sum_{i=1}^{n}x_i^2}$；

（2）计算向量 $\boldsymbol{u}=(x_1-\sigma,x_2,\cdots,x_n)^{\mathrm{T}}$；

（3）计算系数 $\beta=-\sigma u_1$；

（4）$\boldsymbol{H}=\boldsymbol{I}-\beta^{-1}\boldsymbol{u}\boldsymbol{u}^{\mathrm{T}}$，且 $\boldsymbol{H\alpha}=\sigma\boldsymbol{e}_1$．

**例 5-8**　给定向量 $\boldsymbol{\alpha}=(-1,2,-2)^{\mathrm{T}}$，试确定一平面反射矩阵 $\boldsymbol{H}$ 使得 $\boldsymbol{H\alpha}$ 的后两个分量为零.

**解**　$\sigma=-\mathrm{sgn}(-1)\sqrt{1+4+4}=3$，$\boldsymbol{u}=(-4,2,-2)^{\mathrm{T}}$，$\beta=12$.于是有

$$H = I - \beta^{-1}uu^{\mathrm{T}} = \begin{pmatrix} -\frac{1}{3} & \frac{2}{3} & -\frac{2}{3} \\ \frac{2}{3} & \frac{2}{3} & \frac{1}{3} \\ -\frac{2}{3} & \frac{1}{3} & \frac{2}{3} \end{pmatrix}$$

且有 $\boldsymbol{H\alpha} = (3, 0, 0)^{\mathrm{T}}$.

### 5.3.2　QR 分解定理

**QR 分解定理**：对任意 $n$ 阶矩阵 $\boldsymbol{A}$，存在正交矩阵 $\boldsymbol{Q}$，使得

$$\boldsymbol{A} = \boldsymbol{QR}$$

其中 $\boldsymbol{R}$ 是上三角矩阵. 若 $\boldsymbol{A}$ 为非奇异矩阵且 $\boldsymbol{R}$ 的对角元素为正，则该分解式唯一.

**证明**　首先选取平面反射矩阵 $\boldsymbol{H}_1$ 使 $\boldsymbol{H}_1\boldsymbol{A}$ 的第一列中后 $n-1$ 个元素为零；再选取平面反射矩阵 $\boldsymbol{H}_2$ 使 $\boldsymbol{H}_2\boldsymbol{H}_1\boldsymbol{A}$ 的第二列中后 $n-2$ 个元素为零，且保持第一列元素不变；一般地，选取平面反射矩阵 $\boldsymbol{H}_k$ 使 $\boldsymbol{H}_k\boldsymbol{H}_{k-1}\cdots\boldsymbol{H}_1\boldsymbol{A}$ 的第 $k$ 列中后 $n-k$ 个元素为零，且保持前 $k-1$ 列元素不变（$k = 1,2,\cdots,n-1$）. 依次记

$$\boldsymbol{H}_1\boldsymbol{A} = \boldsymbol{A}^{(1)},\ \boldsymbol{H}_2\boldsymbol{A}^{(1)} = \boldsymbol{A}^{(2)},\ \cdots,\ \boldsymbol{H}_{n-1}\boldsymbol{A}^{(n-2)} = \boldsymbol{A}^{(n-1)}$$

事实上，经 $k-1$ 步平面反射变换可得

$$\boldsymbol{A}^{(k-1)} = \begin{pmatrix} \sigma_1 & a_{12}^{(k-1)} & \cdots & a_{1k-1}^{(k-1)} & a_{1k}^{(k-1)} & \cdots & a_{1n}^{(k-1)} \\ 0 & \sigma_2 & \cdots & a_{2k-1}^{(k-1)} & a_{2k}^{(k-1)} & \cdots & a_{2n}^{(k-1)} \\ \vdots & \vdots & \ddots & \vdots & \vdots & \ddots & \vdots \\ 0 & 0 & \cdots & \sigma_{k-1} & a_{k-1k}^{(k-1)} & \cdots & a_{k-1n}^{(k-1)} \\ 0 & 0 & \cdots & 0 & a_{kk}^{(k-1)} & \cdots & a_{kn}^{(k-1)} \\ \vdots & \vdots & \ddots & \vdots & \vdots & \ddots & \vdots \\ 0 & 0 & \cdots & 0 & a_{nk}^{(k-1)} & \cdots & a_{nn}^{(k-1)} \end{pmatrix}$$

$$\triangleq \begin{pmatrix} \boldsymbol{R}_{k-1} & \boldsymbol{B}^{(k-1)} \\ \boldsymbol{O} & \overline{\boldsymbol{A}}^{(k-1)} \end{pmatrix}$$

其中 $\boldsymbol{R}_{k-1}$ 为 $k-1$ 阶上三角矩阵，$\overline{\boldsymbol{A}}^{(k-1)}$ 为 $n-k+1$ 阶方阵，其第一个列向量为 $\boldsymbol{\alpha}^{(k)}=(a_{kk}^{(k-1)},a_{k+1k}^{(k-1)},\cdots,a_{nk}^{(k-1)})^{\mathrm{T}}$. 按式（5.18）构造平面反射矩阵

$$\boldsymbol{H}_k=\boldsymbol{I}-\beta_k^{-1}\boldsymbol{u}_k\boldsymbol{u}_k^{\mathrm{T}}=\begin{pmatrix}\boldsymbol{I}_{k-1} & \boldsymbol{O}\\ \boldsymbol{O} & \boldsymbol{I}_{n-k+1}-\beta_k^{-1}\boldsymbol{v}_k\boldsymbol{v}_k^{\mathrm{T}}\end{pmatrix}\tag{5.19}$$

其中

$$\boldsymbol{v}_k=(a_{kk}^{(k-1)}-\sigma_k,\ a_{k+1k}^{(k-1)},\cdots,a_{nk}^{(k-1)})^{\mathrm{T}}$$

且有 $(\boldsymbol{I}_{n-k+1}-\beta_k^{-1}\boldsymbol{v}_k\boldsymbol{v}_k^{\mathrm{T}})\boldsymbol{\alpha}^{(k)}=(\sigma_k,0,0,\cdots,0)^{\mathrm{T}}$. 于是有

$$\boldsymbol{A}^{(k)}=\boldsymbol{H}_k\boldsymbol{A}^{(k-1)}=\begin{pmatrix}\boldsymbol{R}_{k-1} & \boldsymbol{B}^{(k-1)}\\ \boldsymbol{O} & (\boldsymbol{I}_{n-k+1}-\beta_k^{-1}\boldsymbol{v}_k\boldsymbol{v}_k^{\mathrm{T}})\overline{\boldsymbol{A}}^{(k-1)}\end{pmatrix}$$

$$\triangleq\begin{pmatrix}\boldsymbol{R}_k & \boldsymbol{B}^{(k)}\\ \boldsymbol{O} & \overline{\boldsymbol{A}}^{(k)}\end{pmatrix}$$

如此进行 $n-1$ 步平面反射变换，得到一个上三角矩阵 $\boldsymbol{A}^{(n-1)}$，即

$$\boldsymbol{A}^{(n-1)}=\boldsymbol{H}_{n-1}\boldsymbol{A}^{(n-2)}=\cdots=\boldsymbol{H}_{n-1}\boldsymbol{H}_{n-2}\cdots\boldsymbol{H}_1\boldsymbol{A}$$

记 $\boldsymbol{A}^{(n-1)}=\boldsymbol{R}$，$\boldsymbol{Q}^{-1}=\boldsymbol{H}_{n-1}\boldsymbol{H}_{n-2}\cdots\boldsymbol{H}_1$，则 $\boldsymbol{Q}$ 是正交矩阵，从而有

$$\boldsymbol{A}=\boldsymbol{QR}$$

如果矩阵 $\boldsymbol{A}$ 可逆，且 $\boldsymbol{R}$ 的对角元素均为正数，则由

$$\boldsymbol{A}=\boldsymbol{Q}_1\boldsymbol{R}_1=\boldsymbol{Q}_2\boldsymbol{R}_2$$

可得

$$\boldsymbol{Q}_2^{\mathrm{T}}\boldsymbol{Q}_1=\boldsymbol{R}_2\boldsymbol{R}_1^{-1}\tag{5.20}$$

由于上式左边为正交矩阵，右边为上三角矩阵，故有

$$(\boldsymbol{R}_2\boldsymbol{R}_1^{-1})^{\mathrm{T}}=(\boldsymbol{R}_2\boldsymbol{R}_1^{-1})^{-1}$$

此式左边是下三角矩阵，右边是上三角矩阵，所以只能是对角矩阵. 记

$$\boldsymbol{D}=\boldsymbol{R}_2\boldsymbol{R}_1^{-1}=\mathrm{diag}(d_1,d_2,\cdots,d_n)$$

则有 $\boldsymbol{DD}^{\mathrm{T}}=\boldsymbol{D}^2=\boldsymbol{I}$，且 $d_i>0$，$i=1,2,\cdots,n$，所以 $\boldsymbol{D}=\boldsymbol{I}$，$\boldsymbol{R}_2=\boldsymbol{R}_1$. 再由式（5.20）可得 $\boldsymbol{Q}_2=\boldsymbol{Q}_1$，即分解是唯一的.

### 5.3.3　QR 方法

基于矩阵 $\boldsymbol{A}$ 的 **QR** 分解，可以建立求解矩阵全部特征值和相应特征向量的 **QR** 方法. 设 $\boldsymbol{A}$ 的 **QR** 分解为 $\boldsymbol{A}_1=\boldsymbol{QR}$. 令 $\boldsymbol{A}_2=\boldsymbol{RQ}=\boldsymbol{Q}^{\mathrm{T}}\boldsymbol{A}_1\boldsymbol{Q}$，则 $\boldsymbol{A}_2$ 与 $\boldsymbol{A}_1$ 有相同特征值. 对 $\boldsymbol{A}_2$ 继续进行 **QR** 分解，依此下去，可得到如下算法

$$\begin{cases}\boldsymbol{A}_1=\boldsymbol{A}\\ \boldsymbol{A}_k=\boldsymbol{Q}_k\boldsymbol{R}_k(\boldsymbol{A}_k\text{ 的 QR 分解})\\ \boldsymbol{A}_{k+1}=\boldsymbol{R}_k\boldsymbol{Q}_k,\quad k=1,2,\cdots\end{cases}\tag{5.21}$$

由式（5.21）得到 $\{\boldsymbol{A}_k\}$ 的方法称为 **QR** 方法，或**基本 QR 方法**.

可以证明，当 $k\to\infty$ 时，矩阵序列 $\{\boldsymbol{A}_k\}$ 收敛于 $\boldsymbol{R}_A$，其中 $\boldsymbol{R}_A$ 或者是上三角矩阵（其对角元素为 $\boldsymbol{A}$ 的实特征值），或者是分块上三角形矩阵（其对角块是一阶或二阶的，而且每个二阶子块有一对复共轭特征值恰是 $\boldsymbol{A}$ 的两个特征值），这个收敛性的证明较繁，这里从略.

这样，基本 **QR** 方法就给出了求矩阵 $\boldsymbol{A}$ 全部特征值的方法，不过对一般矩阵施行 **QR** 分解再置换，计算量很大，影响了实用价值. 实际计算时，总是先经过 $n-2$ 步相似变换，把 $\boldsymbol{A}$ 逐次化为拟上三角形矩阵或称 Hessenberg 矩阵 $\boldsymbol{B}$（即 $\boldsymbol{B}=(b_{ij})_{n\times n}$，且 $b_{ij}=0$，当 $i>j+1$）后，再使用 **QR** 方法，这将大大节省计算量.

实际上，利用平面反射矩阵，就可以把 $\boldsymbol{A}$ 约化为拟上三角形矩阵，步骤如下：

第一步，把 $\boldsymbol{A}$ 分块为

$$\boldsymbol{A}=\left(\begin{array}{c:cccc}a_{11}&a_{12}&\cdots&a_{1n}\\ \hdashline a_{21}&a_{22}&\cdots&a_{2n}\\ \vdots&\vdots&\ddots&\vdots\\ a_{n1}&a_{n2}&\cdots&a_{nn}\end{array}\right)=\begin{pmatrix}a_{11}&\boldsymbol{W}_1\\ \hat{\boldsymbol{\alpha}}_1&\boldsymbol{A}^{(1)}\end{pmatrix}\triangleq\boldsymbol{A}_1$$

针对向量 $\boldsymbol{\alpha}_1=(0,\boldsymbol{a}_{21},\cdots,\boldsymbol{a}_{n1})^{\mathrm{T}}=(0,\hat{\boldsymbol{\alpha}}_1^{\mathrm{T}})^{\mathrm{T}}$，构造形如式（5.19）的平面反射矩阵 $\boldsymbol{H}_1$，使

$$A_2 = H_1^{\mathrm{T}} A_1 H_1 = \begin{pmatrix} a_{11}^{(1)} & W_1 V_1 \\ \sigma_1 e_1 & V_1^{\mathrm{T}} A^{(1)} V_1 \end{pmatrix} \triangleq \begin{pmatrix} a_{11}^{(1)} & a_{12}^{(1)} & \\ \sigma_1 & a_{22}^{(1)} & W_2 \\ O & \hat{\alpha}_2 & A^{(2)} \end{pmatrix}$$

其中，$\sigma_1 = -\operatorname{sgn}(a_{21}^{(1)}) \sqrt{\sum_{i=2}^{n} (a_{i1}^{(1)})^2}$. $v_1 = (a_{21}^{(1)} - \sigma_1, a_{31}^{(1)}, \cdots, a_{n1}^{(1)})^{\mathrm{T}}$，$\beta_1 = \sigma_1(\sigma_1 - a_{21}^{(1)})$，$V_1 = I_{n-1} - \beta_1^{-1} v_1 v_1^{\mathrm{T}}$，$A^{(2)}$ 为 $n-2$ 阶方阵.

一般地，第 $k$ 步，记 $\alpha_k = (0, \cdots, 0, a_{k+1,k}^{(k)}, \cdots, a_{nk}^{(k)})^{\mathrm{T}} = (\mathbf{0}^{\mathrm{T}}, \hat{\alpha}_k^{\mathrm{T}})^{\mathrm{T}}$，令 $\sigma_k = -\operatorname{sgn}(a_{k+1,k}^{(k)}) \sqrt{\sum_{i=k+1}^{n} (a_{ik}^{(k)})^2}$，$v_k = (a_{k+1,k}^{(k)} - \sigma_k, a_{k+2,k}^{(k)}, \cdots, a_{nk}^{(k)})^{\mathrm{T}}$，$\beta_k = \sigma_k(\sigma_k - a_{k+1,k}^{(k)})$，$V_k = I_{n-k} - \beta_k^{-1} v_k v_k^{\mathrm{T}}$，且

$$H_k = \begin{pmatrix} I_k & O \\ O & V_k \end{pmatrix}$$

于是

$$H_k^{\mathrm{T}} H_{k-1}^{\mathrm{T}} \cdots H_1^{\mathrm{T}} A H_1 \cdots H_{k-1} H_k \triangleq \begin{pmatrix} B_{k+1} & W_{k+1} \\ O \quad \hat{\alpha}_{k+1} & A^{(k+1)} \end{pmatrix} = A_{k+1}$$

其中 $B_{k+1}$ 为 $k+1$ 阶拟上三角形矩阵.

如此，经过 $n-2$ 步变换，$A$ 就约化为拟上三角形矩阵，且次对角元素分别为 $\sigma_1, \sigma_2, \cdots, \sigma_{n-2}$.

特别，当 $A$ 为对称矩阵时，$A_{n-2}$ 为对称的三对角矩阵.

为了加速 **QR** 方法的收敛，类似于乘幂法，也可采用带有原点位移的 **QR** 方法：

$$\begin{cases} A_k - p_k I = Q_k R_k \\ A_{k+1} = R_k Q_k + p_k I, \quad k = 1, 2, \cdots \end{cases}$$

带原点位移的 **QR** 序列 $\{A_k\}$ 具有如下性质：

(1) $A_{k+1}$ 相似于 $A_k$；

(2) $A_k$ 为拟上三角形矩阵时，$A_{k+1}$ 也是拟上三角形矩阵；

(3) 当位移量 $p_k$ 选为 $\lambda_n$ 的近似值时，可以证明 $A_k$ 最后一行的非对角元素 $a_{n,n-1}^{(k)}$ 以二阶速度收敛于零，而其余行的次对角线元素以较慢

的速度收敛于零. 一旦 $|a_{n,n-1}^{(k)}|$ 为充分小，可将它置为零，这时可取 $\lambda_n \approx a_{nn}^{(k)}$ 为 $\boldsymbol{A}$ 的近似特征值. 求得 $\lambda_n$ 后，就可以删去 $\boldsymbol{A}_k$ 的第 $n$ 行与第 $n$ 列元素，收缩矩阵 $\boldsymbol{A}_k$ 为一个 $n-1$ 阶主子阵，对此降阶矩阵继续应用原点位移的 **QR** 算法，至多经过 $n-1$ 步收缩就可得到 $\boldsymbol{A}$ 的全部近似特征值.

每次选取的位移值 $p_k$ 可以在计算过程中估计出来，每算一步也可以换一个位移量 $p_k$，使其逐次逼近于 $\lambda_n$，还可以取 $\boldsymbol{A}_k$ 的二阶子块

$$\begin{pmatrix} a_{n-1,n-1}^{(k)} & a_{n-1,n}^{(k)} \\ a_{n,n-1}^{(k)} & a_{nn}^{(k)} \end{pmatrix}$$

的特征值中最接近 $a_{nn}^{(k)}$ 的一个作为 $p_k$，有利于提高收敛速度.

如果 $\boldsymbol{A}$ 的特征值为复数，而计算过程限定在实数范围内，则需采用双步 **QR** 算法.

**例 5-9**　用带原点位移的 **QR** 方法计算拟上三角形矩阵 $\boldsymbol{A}$ 的特征值，其中

$$\boldsymbol{A} = \begin{pmatrix} -2 & 1.625 & -1.9457 & -1 \\ -8 & 0.25 & -7.2403 & -14 \\ 0 & -4.0313 & -1.3895 & -11.25 \\ 0 & 0 & 0.7211 & 3.1395 \end{pmatrix}$$

**解**　利用带位移（位移量 $p_k$ 取为右下角 $2\times2$ 子阵的特征值中接近 $a_{44}^{(k)}$ 的特征值）的 **QR** 方法.

$$\boldsymbol{A}_1 = \boldsymbol{A},\ \boldsymbol{A}_k - p_k\boldsymbol{I} = \boldsymbol{Q}_k\boldsymbol{R}_k,\ \boldsymbol{A}_{k+1} = \boldsymbol{R}_k\boldsymbol{Q}_k + p_k\boldsymbol{I},\ k = 1,2,\cdots$$

由于 $\boldsymbol{A}_1$ 右下角 $2\times2$ 子阵无实特征值，取 $p_1 = 0$，得

$$\boldsymbol{A}_2 = \begin{pmatrix} -1.3824 & -4.1463 & 3.8908 & -16.7771 \\ -4.1782 & -1.5417 & 9.0249 & -6.9591 \\ 0 & -0.8854 & 2.4424 & -2.5105 \\ 0 & 0 & -0.5673 & 0.4816 \end{pmatrix}$$

依据 $\boldsymbol{A}_2$ 右下角 $2\times2$ 子阵的特征值，取 $p_2 = -0.0824$，得

$$A_3=\begin{pmatrix}-4.1232 & -0.6246 & -13.0936 & -9.0263\\ -3.2933 & 1.5194 & -4.4614 & -13.0121\\ 0 & -0.5541 & 1.8971 & -1.3854\\ 0 & 0 & 0.1679 & 0.7067\end{pmatrix}$$

依据 $\boldsymbol{A}_3$ 右下角 $2\times2$ 子阵的特征值，取 $p_3=0.9532$，得

$$A_4=\begin{pmatrix}-4.2406 & -10.1146 & 10.2397 & -14.0418\\ -0.5364 & 0.3621 & 2.0738 & 4.3242\\ 0 & -1.5113 & 2.8890 & 4.6577\\ 0 & 0 & -0.0023 & 0.9895\end{pmatrix}$$

依据 $\boldsymbol{A}_4$ 右下角 $2\times2$ 子阵的特征值，取 $p_4=0.9952$，得

$$A_5=\begin{pmatrix}-5.2726 & 12.4960 & 6.5306 & -13.5382\\ -0.1593 & 2.9106 & 1.1057 & 3.0299\\ 0 & -1.4219 & 1.3620 & -6.7360\\ 0 & 0 & 0 & 1.0000\end{pmatrix}$$

由于 $a_{43}^{(5)}=0$，从而得到 $\boldsymbol{A}$ 的一个特征值 $\lambda_4=1$；此外，由于 $|a_{21}^{(k)}|$ 逐渐变小可以预示 $a_{11}^{(k)}$ 趋于 $\boldsymbol{A}$ 的实特征值，而 $|a_{32}^{(k)}|$ 无规律变化，它预示 $\boldsymbol{A}_5$ 的中间二阶子块阵具有 $\boldsymbol{A}$ 的一对共轭复数特征值. 现从 $\boldsymbol{A}_5$ 中划去第四行和第四列得一个三阶子矩阵

$$\overline{A}_1=\begin{pmatrix}-5.2726 & 12.4960 & 6.5306\\ -0.1593 & 2.9106 & 1.1057\\ 0 & -1.4219 & 1.3620\end{pmatrix}$$

对 $\overline{\boldsymbol{A}}_1$ 用不带位移的 **QR** 算法，得

$$\overline{A}_2=\begin{pmatrix}-4.8923 & 7.8876 & -11.955\\ 0.08769 & 2.4696 & -1.53\\ 0 & 0.7992 & 1.4231\end{pmatrix}$$

$$\overline{A}_3=\begin{pmatrix}-5.0324 & 3.9224 & 13.6717\\ -0.0489 & 2.2438 & 1.995\\ 0 & -0.5477 & 1.7892\end{pmatrix}$$

$$\overline{A}_4 = \begin{pmatrix} -4.9940 & 0.5757 & -14.2788 \\ 0.02209 & 1.8739 & -1.883 \\ 0 & 0.5266 & 2.1207 \end{pmatrix}$$

$$\overline{A}_5 = \begin{pmatrix} -4.9966 & -3.3228 & 13.8581 \\ -0.0086 & 1.525 & 1.7788 \\ 0 & -0.6938 & 2.4721 \end{pmatrix}$$

$$\overline{A}_6 = \begin{pmatrix} -5.0023 & -8.7381 & -11.2578 \\ 0.0029 & 1.2921 & -1.2201 \\ 0 & 1.2285 & 2.7105 \end{pmatrix}$$

由于 $\overline{a}_{21}^{(k)}$ 趋于零，从而得到 $\boldsymbol{A}$ 的另一个特征值 $\lambda_1 \approx -5.0023$；此外，由于 $|\overline{a}_{32}^{(k)}|$ 无规律变化，从 $\overline{\boldsymbol{A}}_6$ 中划去第一行和第一列得一个二阶子矩阵，从中得到 $\boldsymbol{A}$ 的一对共轭复特征值 $\lambda_2 \approx 2.0013 + 0.9979i$，$\lambda_3 \approx 2.0013 - 0.9979i$. 实际上，矩阵 $\boldsymbol{A}$ 的全部特征值为 $\lambda_1 = -5$，$\lambda_2 = 2 + i$，$\lambda_3 = 2 - i$，$\lambda_4 = 1$.

## 习　题　5

5-1　利用 Gerschgorin 圆盘定理估计下列矩阵的特征值.

(1) $\begin{pmatrix} 1 & 0.1 & -0.1 \\ 0 & 2 & 0.4 \\ -0.2 & 0.1 & 3 \end{pmatrix}$　　(2) $\begin{pmatrix} 4 & 1 & 1 \\ 0 & 2 & 1 \\ -2 & 0 & 9 \end{pmatrix}$

5-2　用乘幂法计算下列矩阵的按模最大特征值与相应的特征向量.

(1) $\begin{pmatrix} 7 & 3 & -2 \\ 3 & 4 & -1 \\ -2 & -1 & 3 \end{pmatrix}$　　(2) $\begin{pmatrix} 3 & -4 & 3 \\ -4 & 6 & 3 \\ 3 & 3 & 1 \end{pmatrix}$

(3) $\begin{pmatrix} 4 & 1 & -1 & 0 \\ 1 & 3 & -1 & 0 \\ -1 & -1 & 5 & 2 \\ 0 & 0 & 2 & 4 \end{pmatrix}$　　(4) $\begin{pmatrix} 2 & -1 & & & \\ -1 & 2 & -1 & & \\ & -1 & 2 & -1 & \\ & & -1 & 2 & -1 \\ & & & -1 & 2 \end{pmatrix}$

5-3　用反幂法求下列矩阵的按模最小特征值.

(1) $\begin{pmatrix} 2 & 0 & 0 \\ 2 & 2 & 1 \\ 1 & 1 & 2 \end{pmatrix}$　　　　(2) $\begin{pmatrix} 4 & 1 & 0 \\ 1 & 2 & 1 \\ 0 & 1 & 1 \end{pmatrix}$

5-4　求矩阵 $\boldsymbol{A}$ 按模最大和最小的特征值，其中

$$\boldsymbol{A} = \begin{pmatrix} 9 & 10 & 8 \\ 10 & 5 & -1 \\ 8 & -1 & 3 \end{pmatrix}$$

5-5　用带原点位移的乘幂法计算矩阵 $\boldsymbol{A}$ 按模最大特征值，精确到四位小数，其中

$$\boldsymbol{A} = \begin{pmatrix} -1 & 2 & 1 \\ 2 & -4 & 1 \\ 1 & 1 & 6 \end{pmatrix}$$

5-6　用反幂法求矩阵 $\boldsymbol{A}$ 最接近 7 的特征值和相应的特征向量，其中

$$\boldsymbol{A} = \begin{pmatrix} -4 & 14 & 0 \\ -5 & 13 & 0 \\ -1 & 0 & 2 \end{pmatrix}$$

5-7　设

$$\boldsymbol{A} + 4\boldsymbol{I} = \begin{pmatrix} 1 & 1 & 0 \\ 1 & 1 & -3 \\ 0 & -3 & 8 \end{pmatrix}$$

求 $\boldsymbol{A}$ 的按模最大特征值与相应的特征向量.

5-8　用 Jacobi 方法求下列矩阵所有特征值.

(1) $\begin{pmatrix} 3.5 & -6 & 5 \\ -6 & 8.5 & -9 \\ 5 & -9 & 8.5 \end{pmatrix}$　　　　(2) $\begin{pmatrix} 4 & 2 & 1 \\ 2 & 4 & 2 \\ 1 & 2 & 4 \end{pmatrix}$

5-9　用正交相似变换约化矩阵 $\boldsymbol{A}$ 为三对角矩阵，其中

$$\boldsymbol{A} = \begin{pmatrix} 1 & 3 & 4 \\ 3 & 1 & 2 \\ 4 & 2 & 1 \end{pmatrix}$$

5-10　设矩阵 $\boldsymbol{H} = \boldsymbol{I} - 2\boldsymbol{x}\boldsymbol{x}^{\mathrm{T}}$，向量 $\boldsymbol{x}$ 满足 $\boldsymbol{x}^{\mathrm{T}}\boldsymbol{x} = 1$，证明：

(1) $\boldsymbol{H}$ 为对称矩阵，$\boldsymbol{H}^{\mathrm{T}} = \boldsymbol{H}$；

(2) $\boldsymbol{H}$ 为正交矩阵，$\boldsymbol{H}^{\mathrm{T}}\boldsymbol{H} = \boldsymbol{I}$；

(3) $\boldsymbol{H}$ 为对合矩阵，$\boldsymbol{H}^2 = \boldsymbol{I}$.

5-11　设 $\boldsymbol{A}$ 是实对称矩阵，$\boldsymbol{x}$ 是任意一向量，证明

$$\lambda_1 = \max_{x \neq 0} \frac{\boldsymbol{x}^{\mathrm{T}}\boldsymbol{A}\boldsymbol{x}}{\boldsymbol{x}^{\mathrm{T}}\boldsymbol{x}}, \quad \lambda_n = \min_{x \neq 0} \frac{\boldsymbol{x}^{\mathrm{T}}\boldsymbol{A}\boldsymbol{x}}{\boldsymbol{x}^{\mathrm{T}}\boldsymbol{x}}$$

其中 $\lambda_1$ 与 $\lambda_n$ 分别是矩阵 $\boldsymbol{A}$ 的按模最大与最小的特征值.

5-12　试用平面反射矩阵将 $\boldsymbol{A}$ 分解为 **QR**，$\boldsymbol{Q}$ 为正交矩阵，$\boldsymbol{R}$ 为上三角形矩阵，其中

$$\boldsymbol{A} = \begin{pmatrix} 1 & 1 & 1 \\ 2 & -1 & -1 \\ 2 & -4 & 5 \end{pmatrix}$$

5-13　试利用平面反射矩阵，把 $\boldsymbol{A}$ 约化为拟上三角形矩阵，其中

$$\boldsymbol{A} = \begin{pmatrix} 1 & 1 & 1 \\ -3 & 2 & -1 \\ 4 & -4 & 2 \end{pmatrix}$$

5-14　利用带位移的 **QR** 方法求矩阵 $\boldsymbol{A}$ 的全部特征值，其中

$$\boldsymbol{A} = \begin{pmatrix} 3 & 1 & 0 \\ 1 & 2 & 1 \\ 0 & 1 & 1 \end{pmatrix}$$

（$\boldsymbol{A}$ 的特征值为 $\lambda_1 = 2 + \sqrt{3}, \lambda_2 = 2, \lambda_3 = 2 - \sqrt{3}$）.

# 6 插值与逼近

用函数来表示变量间的数量关系广泛应用于各科学领域. 但在实际问题中，往往是通过实验、检测等方法，获得函数在一些点上的函数值，而难以得到函数的解析表达式. 那么，如何通过这些已知数据得到函数的近似解析表达式，就变得很有实际意义. 本章将介绍寻求近似函数的插值方法和逼近方法.

## 6.1 多项式插值问题

设函数 $y=f(x)$ 在区间 $[a, b]$ 上连续，给定 $n+1$ 个节点

$$a \leqslant x_0 < x_1 < \cdots < x_n \leqslant b \tag{6.1}$$

上的函数值 $f(x_k)=y_k (k=0, 1, \cdots, n)$，要在函数类 $P$ 中寻找一函数 $\varphi(x)$ 作为 $f(x)$ 的近似函数，使满足

$$\varphi(x_k) = f(x_k) = y_k, \quad k=0,1,\cdots,n \tag{6.2}$$

此时称 $y=f(x)$ 为**被插值函数**，$\varphi(x)$ 为**插值函数**，$x_0, x_1, \cdots, x_n$ 为**插值节点**，式（6.2）为**插值条件**. 寻求插值函数 $\varphi(x)$ 的方法称为**插值方法**.

在构造插值函数时，函数类 $P$ 的不同选取，对应各种不同的插值方法，这里主要讨论函数类 $P$ 是 $n$ 次代数多项式，即所谓的多项式插值.

多项式插值，从几何上看，就是要求过已知的 $n+1$ 个点 $(x_k, y_k)(k=0, 1, \cdots, n)$ 的 $n$ 次代数曲线 $y=p_n(x)$ 作为 $f(x)$ 的近似（见图 6-1）.

用 $P_n$ 表示所有次数不超过 $n$ 的多项式函数类，若 $p_n(x) \in P_n$，则 $p_n(x) = a_0 + a_1 x + a_2 x^2 + \cdots + a_n x^n$ 由 $n+1$ 个系数 $a_0, a_1, \cdots, a_n$ 唯一确定. 设 $p_n(x)$ 满足插值条件（6.2），则得到关于 $a_0, a_1, \cdots, a_n$ 的线性方程组

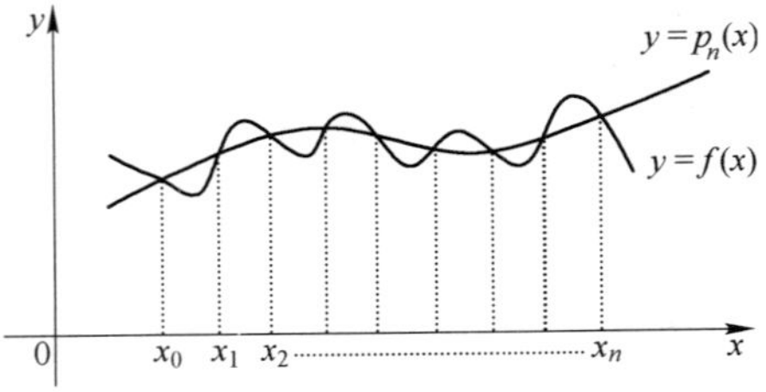


图 6-1

$$\begin{cases} a_0 + a_1x_0 + a_2x_0^2 + \cdots + a_nx_0^n = y_0 \\ a_0 + a_1x_1 + a_2x_1^2 + \cdots + a_nx_1^n = y_1 \\ \quad\vdots \\ a_0 + a_1x_n + a_2x_n^2 + \cdots + a_nx_n^n = y_n \end{cases} \tag{6.3}$$

其系数行列式为 Vandermonde（范德蒙）行列式：

$$D = \begin{vmatrix} 1 & x_0 & \cdots & x_0^n \\ 1 & x_1 & \cdots & x_1^n \\ \vdots & \vdots & \ddots & \vdots \\ 1 & x_n & \cdots & x_n^n \end{vmatrix} = \prod_{0 \leqslant i < j \leqslant n} (x_j - x_i)$$

只要 $x_i \neq x_j (i \neq j)$，就有 $D \neq 0$，于是方程组（6.3）有唯一解. 也就是说，当节点互异时，$n+1$ 个节点对应的插值条件能唯一确定一个次数不超过 $n$ 次的插值多项式.

**定理 6.1**　给定 $n+1$ 个互异节点 $x_0, x_1, \cdots, x_n$ 上的函数值 $y_0, y_1, \cdots, y_n$，则满足插值条件（6.2）的 $n$ 次插值多项式 $p_n(x)$ 是唯一存在的.

显然，只要求解线性方程组（6.3）便可确定插值多项式 $p_n(x)$. 但一般来说这种方法并不实用，对较大的 $n$ 很难精确地求得 $p_n(x)$. 然而，插值多项式的唯一性保证了无论用什么方法获得的满足插值条件的多项式都是同一个多项式，因此可以采用其他更简单的方法来确定多项式 $p_n(x)$. 下面介绍几种常用的方法.

## 6.2 Lagrange 插值多项式

### 6.2.1 线性插值与抛物线插值

首先讨论 $n = 1$ 的情况，此时插值问题就是给定 $y = f(x)$ 在节点 $x_0, x_1$ 上的值 $y_0, y_1$，寻求一次多项式 $L_1(x)$，使得 $L_1(x_0) = y_0$，$L_1(x_1) = y_1$.

从几何上看，$L_1(x)$ 就是过点 $(x_0, y_0)$ 和点 $(x_1, y_1)$ 的直线，于是有

$$L_1(x) = \frac{x - x_1}{x_0 - x_1}y_0 + \frac{x - x_0}{x_1 - x_0}y_1$$

记 $l_0(x) = \dfrac{x - x_1}{x_0 - x_1}, l_1(x) = \dfrac{x - x_0}{x_1 - x_0}$，则有

$$L_1(x) = y_0 l_0(x) + y_1 l_1(x)$$

即 $L_1(x)$ 可表示成 $l_0(x)$ 和 $l_1(x)$ 的线性组合，其中 $l_0(x)$ 和 $l_1(x)$ 都是一次多项式，且满足：

$$l_0(x_0) = 1,\ l_0(x_1) = 0,\ l_1(x_0) = 0,\ l_1(x_1) = 1$$

称 $l_0(x)$ 和 $l_1(x)$ 为线性插值**节点基函数**.

再讨论 $n = 2$ 的情况. 给定 $y = f(x)$ 在节点 $x_0, x_1, x_2$ 上的值 $y_0, y_1, y_2$，寻求二次多项式 $L_2(x)$，使得

$$L_2(x_0) = y_0,\ L_2(x_1) = y_1,\ L_2(x_2) = y_2$$

为了求 $L_2(x)$ 的表达式，可采用节点基函数方法. 这里节点基函数 $l_0(x), l_1(x), l_2(x)$ 都是二次多项式，且满足条件：

$$l_i(x_j) = \delta_{ij} = \begin{cases} 1, & i = j \\ 0, & i \neq j, \quad i, j = 0, 1, 2 \end{cases} \tag{6.4}$$

满足条件 (6.4) 的节点基函数是容易求出的. 例如，由于 $x_1$，$x_2$ 是 $l_0(x)$ 的两个零点，故 $l_0(x)$ 可表示为

$$l_0(x) = C(x - x_1)(x - x_2)$$

其中 $C$ 为待定系数，由 $l_0(x_0) = 1$ 可得

$$C = \frac{1}{(x_0 - x_1)(x_0 - x_2)}$$

于是

$$l_0(x) = \frac{(x - x_1)(x - x_2)}{(x_0 - x_1)(x_0 - x_2)}$$

同理可得

$$l_1(x) = \frac{(x - x_0)(x - x_2)}{(x_1 - x_0)(x_1 - x_2)},\quad l_2(x) = \frac{(x - x_0)(x - x_1)}{(x_2 - x_0)(x_2 - x_1)}$$

利用二次插值节点基函数 $l_0(x), l_1(x), l_2(x)$，可得 $f(x)$ 的二次 Lagrange（拉格朗日）插值多项式

$$L_2(x) = y_0 l_0(x) + y_1 l_1(x) + y_2 l_2(x)$$

容易验证 $L_2(x)$ 满足插值条件：$L_2(x_j) = y_i (j = 0,1,2)$. 利用 $l_i(x)$ 的表示，可将 $L_2(x)$ 写为

$$L_2(x) = y_0 \frac{(x - x_1)(x - x_2)}{(x_0 - x_1)(x_0 - x_2)} + y_1 \frac{(x - x_0)(x - x_2)}{(x_1 - x_0)(x_1 - x_2)} + y_2 \frac{(x - x_0)(x - x_1)}{(x_2 - x_0)(x_2 - x_1)}$$

从几何上看，$L_2(x)$ 就是过点 $(x_0, y_0), (x_1, y_1)$ 和 $(x_2, y_2)$ 的抛物线，所以也称 $L_2(x)$ 为**抛物线插值**.

### 6.2.2　*n* 次 Lagrange 插值多项式

为了构造 $n$ 次插值多项式，首先定义 $n$ 次插值节点基函数.

**定义 6.1**　给定 $n+1$ 个节点 $x_0, x_1, \cdots, x_n$，若 $n+1$ 个 $n$ 次多项式 $l_0(x), l_1(x), \cdots, l_n(x)$，满足

$$l_i(x_j) = \delta_{ij},\quad i, j = 0,1,\cdots,n \tag{6.5}$$

则称 $l_0(x), l_1(x), \cdots, l_n(x)$ 是关于节点 $x_0, x_1, \cdots, x_n$ 的 $n$ 次**Lagrange 插值节点基函数**.

类似于 $n=1$ 和 $n=2$ 的情况，容易推得满足条件（6.5）的节点基函数为

$$l_k(x) = \frac{(x - x_0)(x - x_1)\cdots(x - x_{k-1})(x - x_{k+1})\cdots(x - x_n)}{(x_k - x_0)(x_k - x_1)\cdots(x_k - x_{k-1})(x_k - x_{k+1})\cdots(x_k - x_n)}$$

$$= \prod_{\substack{j=0 \\ j \neq k}}^{n} \frac{x - x_j}{x_k - x_j} \quad k = 0,1,\cdots,n \tag{6.6}$$

于是，满足插值条件（6.2）的 $n$ 次插值多项式 $L_n(x)$ 可表示为

$$L_n(x) = y_0 l_0(x) + y_1 l_1(x) + \cdots + y_n l_n(x) = \sum_{k=0}^{n} y_k l_k(x) \tag{6.7}$$

根据 $l_k(x)(k = 0,1,\cdots,n)$ 的定义可知

$$L_n(x_j) = \sum_{k=0}^{n} y_k l_k(x_j) = y_j, \quad j = 0,1,\cdots,n$$

形如式（6.7）的插值多项式 $L_n(x)$ 称为 **$n$ 次 Lagrange 插值多项式**. 上述的线性插值和抛物线插值对应 $n = 1$ 和 $n = 2$ 情形.

若记

$$\omega_{n+1}(x) = (x - x_0)(x - x_1)\cdots(x - x_n) \tag{6.8}$$

则 $l_k(x)$ 可写成

$$l_k(x) = \frac{\omega_{n+1}(x)}{(x - x_k)\omega'_{n+1}(x_k)}, \quad k = 0, 1, \cdots, n$$

Lagrange 插值多项式形式简洁，只要取定节点就可写出基函数，进而得到插值多项式，非常易于计算机上实现.

注意，$n$ 次插值多项式 $L_n(x)$ 是次数不超过 $n$ 的多项式. 比如，通过三点 $(x_0,y_0),(x_1,y_1),(x_2,y_2)$ 的插值多项式 $L_2(x)$ 通常是二次多项式，但如果三点共线，则 $y = L_2(x)$ 就是一条直线，即 $L_2(x)$ 是一次多项式.

### 6.2.3 Lagrange 插值余项

用插值多项式作为被插值函数的近似函数，自然要考虑它的近似的程度. 记

$$R_n(x) = f(x) - L_n(x)$$

称为 $n$ 次 Lagrange 插值多项式的**余项**. 对插值余项有下述定理.

**定理 6.2** 设 $f^{(n)}(x)$ 在 $[a,b]$ 上连续，$f^{(n+1)}(x)$ 在 $(a,b)$ 内存在，在节点 $a \leqslant x_0 < x_1 < \cdots < x_n \leqslant b$ 上，$L_n(x)$ 是满足插值条件（6.2）的插值多项式，则对任一 $x \in [a,b]$，$n$ 次 Lagrange 插值余项可表示为

$$R_n(x) = f(x) - L_n(x) = \frac{f^{(n+1)}(\xi_x)}{(n+1)!}\omega_{n+1}(x) \tag{6.9}$$

其中 $\xi_x \in (a,b)$ 且与 $x$ 有关.

**证明** 由于 $R_n(x_i) = f(x_i) - L_n(x_i) = 0 \quad (i = 0,1,\cdots,n)$，所以 $x_0,x_1,\cdots,x_n$ 为 $R_n(x)$ 的零点，于是 $R_n(x)$ 可写成

$$R_n(x) = C(x)(x - x_0)(x - x_1)\cdots(x - x_n) = C(x)\omega_{n+1}(x)$$

只需求出 $C(x)$.

对于任一 $x \in [a,b]$，$x \neq x_i \quad (i = 0,1,\cdots,n)$，构造函数

$$\varphi(t) = f(t) - L_n(t) - C(x)\omega_{n+1}(t)$$

则有

$$\varphi(x_i) = 0 \quad (i = 0,1,\cdots,n),\ \varphi(x) = 0$$

即 $\varphi(t)$ 在区间 $[a,b]$ 至少有 $n+2$ 个零点：$x_0,x_1,\cdots,x_n,x$. 利用 Rolle 定理可知，$\varphi'(t)$ 在区间 $(a,b)$ 至少有 $n+1$ 个零点；对 $\varphi'(t)$ 应用 Rolle 定理可知，$\varphi''(t)$ 在区间 $(a,b)$ 至少有 $n$ 个零点；反复应用 Rolle 定理知，$\varphi^{(n+1)}(t)$ 在区间 $(a,b)$ 至少有一个零点，记为 $\xi_x$. 于是

$$0 = \varphi^{(n+1)}(\xi_x) = f^{(n+1)}(\xi_x) - C(x)(n+1)!$$

由此得到 $C(x) = \dfrac{f^{n+1}(\xi_x)}{(n+1)!}$，所以

$$R_n(x) = \frac{f^{(n+1)}(\xi_x)}{(n+1)!}\omega_{n+1}(x)$$

若 $|f^{(n+1)}(x)|$ 在 $[a,b]$ 有上界 $M_{n+1}$，则 Lagrange 插值余项满足如下估计

$$|R_n(x)| \leqslant \frac{M_{n+1}}{(n+1)!}|\omega_{n+1}(x)|$$

特别地，当 $n = 1$ 时，线性插值余项为

$$R_1(x) = f(x) - L_1(x) = \frac{f''(\xi_x)}{2}(x - x_0)(x - x_1),\ \xi_x \in (x_0,x_1)$$

当 $n = 2$ 时，抛物线插值余项为

$$R_2(x) = f(x) - L_2(x)$$

$$=\frac{f'''(\xi_x)}{6}(x-x_0)(x-x_1)(x-x_2),\ \xi_x\in(x_0,x_2)$$

**例 6-1** 给定函数表

| $x$ | 10 | 11 | 12 | 13 |
|---|---|---|---|---|
| $\ln x$ | 2.302585 | 2.397895 | 2.484907 | 2.564949 |

试用二次插值计算 ln11.25 的近似值，并估计误差.

**解** 取节点 $x_0=10, x_1=11, x_2=12$，作二次插值有

$$L_2(x)=1.1512925(x-11)(x-12)-2.397895(x-10)(x-12)+1.2424535(x-10)(x-11)$$

于是

$$\ln 11.25\approx L_2(11.25)=2.420426$$

在区间 [10，12] 上 $\ln x$ 的三阶导数的上限为 $M_3=0.002$，则可得误差估计

$$|R_2(11.25)|\leqslant\frac{M_3}{3!}|(11.25-10)(11.25-11)(11.25-12)|<0.00007$$

实际上，$\ln 11.25=2.420368$，实际误差为 $|R_2(11.25)|=0.000058$. 可见，误差估计与实际结果是相符的.

在被插值函数未知或无法估计其高阶导数界时，上述插值余项不能用来估计误差. 下面介绍一种实际计算时对误差进行后验估计的方法.

记 $L_n(x)$ 是 $f(x)$ 以 $x_0,x_1,\cdots,x_n$ 为节点的 $n$ 次插值多项式，为了对插值余项 $f(x)-L_n(x)$ 作出估计，令 $L_n^{(1)}(x)$ 为 $f(x)$ 以 $x_1,x_2,\cdots,x_n,x_{n+1}$ 为节点的 $n$ 次插值多项式，由定理 6.2 可得

$$f(x)-L_n(x)=\frac{f^{(n+1)}(\xi_x)}{(n+1)!}(x-x_0)(x-x_1)\cdots(x-x_n)$$

$$f(x)-L_n^{(1)}(x)=\frac{f^{(n+1)}(\tilde{\xi}_x)}{(n+1)!}(x-x_1)(x-x_2)\cdots(x-x_{n+1})$$

若 $f^{(n+1)}(x)$ 在插值区间上变化不大，即 $f^{(n+1)}(\xi_x)\approx f^{(n+1)}(\tilde{\xi}_x)$，则有

$$\frac{f(x)-L_n(x)}{f(x)-L_n^{(1)}(x)}\approx\frac{(x-x_0)}{(x-x_{n+1})}$$

从而可得

$$f(x) \approx \frac{x - x_{n+1}}{x_0 - x_{n+1}} L_n(x) + \frac{x - x_0}{x_{n+1} - x_0} L_n^{(1)}(x) \tag{6.10}$$

也有

$$f(x) - L_n(x) \approx \frac{x - x_0}{x_0 - x_{n+1}} [L_n(x) - L_n^{(1)}(x)] \tag{6.11}$$

可以利用式（6.11）来建立插值误差的近似估计；也可以利用式（6.10）来修正 $L_n(x)$ 的计算结果，一般地说会提高近似程度. 实际上，式（6.10）的右侧恰好是 $f(x)$ 以 $x_0, x_1, \cdots, x_n, x_{n+1}$ 为节点的 $n+1$ 次插值多项式.

例如，在例 6-1 中，再以节点 $x_1 = 11, x_2 = 12, x_3 = 13$ 作二次插值多项式 $L_2^{(1)}(x)$，则有

$$L_2^{(1)}(x) = 1.1989475(x - 12)(x - 13) - 2.484907(x - 11)(x - 13) + 1.2824745(x - 11)(x - 12)$$

且

$$L_2^{(1)}(11.25) = 2.420301$$

利用式（6.11）得到近似误差估计

$$R_2(11.25) \approx \frac{11.25 - 10}{10 - 13}(2.420426 - 2.420301) = -0.000052$$

实际上 $R_2(11.25) = \ln 11.25 - L_2(11.25) = -0.000058$.

由式（6.10）也可以得到 ln11.25 的新的近似值

$$\ln 11.25 \approx \frac{11.25 - 13}{10 - 13} \times 2.420426 + \frac{11.25 - 10}{13 - 10} \times 2.420301 = 2.420374$$

显然，此值要比 $L_2(11.25)$ 的近似程度更好.

## 6.3　Newton 插值多项式

Lagrange 插值多项式具有结构紧凑，便于编程计算等优点. 但在实际计算过程中，若需要增加节点，构造高次多项式时，必须全部重新计算，这在实际计算中很不方便. 本节将介绍另一种形式的插值多项式——**Newton（牛顿）插值多项式.**

### 6.3.1 差商及其性质

为了构造 $n$ 次 Newton 插值多项式，首先定义 $n$ 阶差商.

**定义 6.2** 称 $f(x_j)-f(x_i)$ 与 $x_j-x_i(i\neq j)$ 的比值为 $f(x)$ 关于点 $x_i,x_j$ 的**一阶差商**，并记为

$$f[x_i,x_j]=\frac{f(x_j)-f(x_i)}{x_j-x_i}$$

而称

$$f[x_i,x_j,x_k]=\frac{f[x_j,x_k]-f[x_i,x_j]}{x_k-x_i}$$

为 $f(x)$ 关于点 $x_i$，$x_j$，$x_k$ 的**二阶差商**. 一般地，称

$$f[x_0,x_1,\cdots,x_k]=\frac{f[x_1,x_2,\cdots,x_k]-f[x_0,x_1,\cdots,x_{k-1}]}{x_k-x_0}$$

为 $f(x)$ 关于点 $x_0$，$x_1$，$\cdots$，$x_k$ 的 $k$ **阶差商**.

以上定义中，点 $x_0$，$x_1$，$\cdots$，$x_k$ 为互不相同的点.

关于差商，有以下性质：

(1) $k$ 阶差商 $f[x_0,x_1,\cdots,x_k]$ 可以表示成函数值 $f(x_0)$，$f(x_1)$，$\cdots$，$f(x_k)$ 的线性组合，即

$$f[x_0,x_1,\cdots,x_k]=\sum_{j=0}^{k}\frac{1}{\omega'_{k+1}(x_j)}f(x_j)$$

这个性质可以用归纳法证明；

(2) 差商对节点具有对称性，即

$$f[x_{i_0},x_{i_1},\cdots,x_{i_k}]=f[x_0,x_1,\cdots,x_k]$$

其中，$i_0$，$i_1$，$\cdots$，$i_k$ 是 0，1，$\cdots$，$k$ 的任一排列. 这一性质由性质 (1) 直接得到；

(3) $n$ 次多项式 $f(x)$ 的 $k$ 阶差商 $f[x_0,x_1,\cdots,x_{k-1},x]$，当 $k\leqslant n$ 时，是一个关于 $x$ 的 $n-k$ 次多项式，当 $k>n$ 时，恒等于0. 可以用归纳法证明此性质；

(4) 若 $f(x)$ 具有 $k$ 阶连续导数，则

$$f[x_0, x_1, \cdots, x_k] = \frac{f^{(k)}(\xi)}{k!}$$

其中 $\xi$ 介于 $k+1$ 个节点之间. 这个性质将在后面给出证明.

给定节点 $x_0, x_1, \cdots, x_k$ 和函数值 $f(x_0), f(x_1), \cdots, f(x_k)$，可按表 6-1 的顺序逐次计算各阶差商值，称此表为差商表.

**表 6-1　差商表**

| $x_i$ | $f(x_i)$ | 1 阶差商 | 2 阶差商 | … | $n$ 阶差商 |
|---|---|---|---|---|---|
| $x_0$ | $f(x_0)$ | | | … | |
| $x_1$ | $f(x_1)$ | $f[x_0, x_1]$ | | … | |
| $x_2$ | $f(x_2)$ | $f[x_1, x_2]$ | $f[x_0, x_1, x_2]$ | … | |
| ⋮ | ⋮ | ⋮ | ⋮ | ⋮ | |
| $x_n$ | $f(x_n)$ | $f[x_{n-1}, x_n]$ | $f[x_{n-2}, x_{n-1}, x_n]$ | … | $f[x_0, x_1, \cdots, x_n]$ |

**例 6-2**　给定函数 $y = f(x)$ 的函数表

| $x$ | $-2$ | 0 | 1 | 2 |
|---|---|---|---|---|
| $f(x)$ | 17 | 1 | 2 | 17 |

写出函数 $y = f(x)$ 的差商表.

**解**　差商表如下：

| $x_i$ | $f(x_i)$ | 1 阶差商 | 2 阶差商 | 3 阶差商 |
|---|---|---|---|---|
| $-2$ | 17 | | | |
| 0 | 1 | $-8$ | | |
| 1 | 2 | 1 | 3 | |
| 2 | 17 | 15 | 7 | 1 |

## 6.3.2　Newton 插值多项式及其余项

利用差商的定义，可得

$$f(x) = f(x_0) + (x - x_0) f[x, x_0]$$

$$f[x, x_0] = f[x_0, x_1] + (x - x_1) f[x, x_0, x_1]$$

$$f[x, x_0, x_1] = f[x_0, x_1, x_2] + (x - x_2) f[x, x_0, x_1, x_2]$$

$$\vdots$$

$$f[x, x_0, x_1, \cdots, x_{n-1}] = f[x_0, x_1, \cdots, x_n] + (x - x_n) f[x, x_0, x_1, \cdots, x_n]$$

在上面各等式中，将第二式乘以 $\omega_1(x)$，第三式乘以 $\omega_2(x)$,…，最后一式乘以 $\omega_n(x)$，然后全部相加，两边消去同类项整理可得

$$f(x)=f(x_0)+f[x_0,x_1]\omega_1(x)+f[x_0,x_1,x_2]\omega_2(x)+\cdots+$$
$$f[x_0,x_1,\cdots,x_n]\omega_n(x)+f[x,x_0,x_1,\cdots,x_n]\omega_{n+1}(x)$$

若记

$$N_n(x)=f(x_0)+f[x_0,x_1]\omega_1(x)+f[x_0,x_1,x_2]\omega_2(x)+\cdots+$$
$$f[x_0,x_1,\cdots,x_n]\omega_n(x)$$
$$R_n(x)=f[x,x_0,x_1,\cdots,x_n]\omega_{n+1}(x)$$

则有

$$f(x)=N_n(x)+R_n(x)$$

易见，$N_n(x)$ 是 $n$ 次多项式，且满足 $N_n(x_i)=f(x_i)(i=0,1,\cdots,n)$. 根据插值多项式的唯一性可知，$N_n(x)$ 是 $f(x)$ 满足插值条件（6.2）的 $n$ 次插值多项式，称 $N_n(x)$ 为 **$n$ 次 Newton 插值多项式**，称 $R_n(x)$ 为 **$n$ 次 Newton 插值余项**.

由插值多项式的唯一性可知，$N_n(x)=L_n(x)$，因此，当 $f(x)$ 充分光滑时，Newton 插值余项和 Lagrange 插值余项相等，即

$$f[x,x_0,x_1,\cdots,x_n]\omega_{n+1}(x)=\frac{f^{(n+1)}(\xi_x)}{(n+1)!}\omega_{n+1}(x)$$

因此

$$f[x,x_0,x_1,\cdots,x_n]=\frac{f^{(n+1)}(\xi_x)}{(n+1)!}$$

从而可得

$$f[x_0,x_1,\cdots,x_k]=\frac{f^{(k)}(\xi)}{k!}$$

$\xi$ 介于 $x_0$，$x_1$，…，$x_k$ 之间，此为差商的性质（4）.

显然，Newton 插值多项式满足

$$N_{k+1}(x)=N_k(x)+\omega_{k+1}(x)f[x_0,x_1,\cdots,x_{k+1}],\quad k=1,2,3,\cdots$$

这是 Newton 插值多项式的最大优点，即具有承袭性质，当增加一个插值节点时，新的高一次的插值多项式只是在原有插值多项式的基础上增

加一项，而且 Newton 插值余项也可用函数差商来表示，仅要求被插值函数在插值区间上连续即可.

**例 6-3**　对例 6-2 中的 $f(x)$，求节点为 $x_0$，$x_1$ 的一次插值多项式，节点为 $x_0$，$x_1$，$x_2$ 的二次插值多项式和节点为 $x_0$，$x_1$，$x_2$，$x_3$ 的三次插值多项式.

**解**　由例 6-2 的差商表知 $f(x_0)=17$，$f[x_0,x_1]=-8$，$f[x_0,x_1,x_2]=3$，$f[x_0,x_1,x_2,x_3]=1$，于是有

$$N_1(x)=17-8(x+2)=1-8x$$

$$N_2(x)=1-8x+3(x+2)x=3x^2-2x+1$$

$$N_3(x)=3x^2-2x+1+(x+2)x(x-1)=x^3+4x^2-4x+1$$

## 6.4　Hermite 插值多项式

在实际问题中，为了保证插值函数能更好地近似被插值函数，有时不仅要求两者在节点处有相同的函数值，还要求在部分或全部节点处具有相同的导数值，这类带有导数插值条件的插值多项式称为 **Hermite 插值多项式**. 本节仅用两个具体例子来说明 Hermite 插值多项式的构造.

**例 6-4**　设 $y=f(x)$ 在区间 $[x_0,x_1]$ 具有三阶连续导数，确定二次插值多项式 $H_2(x)$，使满足

$$H_2(x_0)=f(x_0)=y_0,\ H_2'(x_0)=f'(x_0)=y_0',\ H_2(x_1)=f(x_1)=y_1$$

并求插值余项.

**解法 1　承袭法**　假设

$$\begin{aligned}H_2(x)&=N_1(x)+C(x-x_0)(x-x_1)\\&=f(x_0)+(x-x_0)f[x_0,x_1]+C(x-x_0)(x-x_1)\end{aligned}$$

则有 $H_2(x_0)=f(x_0)=y_0$，$H_2(x_1)=f(x_1)=y_1$，再由剩下的一个条件 $H'_2(x_0)=y'_0$ 确定参数 $C$，得到

$$C=\frac{f[x_0,x_1]-y_0'}{x_1-x_0}$$

从而

$$H_2(x)=y_0+(x-x_0)f[x_0,x_1]+\frac{f[x_0,x_1]-y_0'}{x_1-x_0}(x-x_0)(x-x_1)$$

**解法 2 基函数法** 假设

$$H_2(x) = \varphi_0(x)y_0 + \varphi_1(x)y_1 + \psi_0(x)y_0'$$

其中，基函数 $\varphi_0(x)$，$\varphi_1(x)$，$\psi_0(x)$ 都是二次多项式，且满足条件：

$$\varphi_0(x_0) = 1,\ \varphi_0(x_1) = 0,\ \varphi_0'(x_0) = 0$$

$$\varphi_1(x_0) = 0,\ \varphi_1(x_1) = 1,\ \varphi_1'(x_0) = 0$$

$$\psi_0(x_0) = 0,\ \psi_0(x_1) = 0,\ \psi_0'(x_0) = 1$$

容易得到

$$\varphi_0(x) = 1 - \left(\frac{x - x_0}{x_1 - x_0}\right)^2,\ \varphi_1(x) = \left(\frac{x - x_0}{x_1 - x_0}\right)^2$$

$$\psi_0(x) = (x - x_0)(1 - \frac{x - x_0}{x_1 - x_0})$$

所以有

$$H_2(x) = y_0 + \left(\frac{x - x_0}{x_1 - x_0}\right)^2(y_1 - y_0) + (x - x_0)(1 - \frac{x - x_0}{x_1 - x_0})y_0'$$

再求余项. 由于

$$R_2(x) = f(x) - H_2(x)$$

有三个零点 $x_0$，$x_0$，$x_1$，因此可设

$$R_2(x) = C(x)(x - x_0)^2(x - x_1)$$

只需求出 $C(x)$. 对于任一 $x \in (x_0, x_1)$ 构造函数

$$\varphi(t) = f(t) - H_2(t) - C(x)(t - x_0)^2(t - x_1)$$

则有

$$\varphi(x_0) = \varphi(x_1) = \varphi'(x_0) = \varphi(x) = 0$$

即 $\varphi(t)$ 在区间 $[x_0, x_1]$ 至少有四个零点：$x_0, x_0, x_1, x$. 由 Rolle 定理可知，$\varphi'(t)$ 在区间 $[x_0, x_1)$ 至少有三个零点；对 $\varphi'(t)$ 应用 Rolle 定理可知 $\varphi''(t)$ 在区间 $(x_0, x_1)$ 至少有两个零点；对 $\varphi''(t)$ 应用 Rolle 定理可知 $\varphi'''(t)$ 在区间 $(x_0, x_1)$ 至少有一个零点，记为 $\xi_x$，即

$$0 = \varphi'''(\xi_x) = f'''(\xi_x) - C(x)3!$$

解出 $C(x)$，得到余项表示

$$R_2(x) = f(x) - H_2(x) = \frac{f'''(\xi_x)}{3!}(x - x_0)^2(x - x_1)$$

其中 $\xi_x \in (x_0, x_1)$ 且与 $x$ 有关.

**例 6-5**　确定三次插值多项式 $H_3(x)$，使满足

$$H_3(x_0) = f(x_0) = y_0,\ H_3(x_1) = f(x_1) = y_1$$

$$H'_3(x_0) = f'(x_0) = y'_0,\ H'_3(x_1) = f'(x_1) = y'_1$$

**解**　仿照上例的基函数法，假设

$$H_3(x) = \varphi_0(x)y_0 + \varphi_1(x)y_1 + \psi_0(x)y'_0 + \psi_1(x)y'_1$$

其中，基函数 $\varphi_0(x), \varphi_1(x), \psi_0(x), \psi_1(x)$ 都是三次多项式，且满足条件：

$$\varphi_0(x_0) = 1,\ \varphi_0(x_1) = 0,\ \varphi'_0(x_0) = 0,\ \varphi'_0(x_1) = 0$$

$$\varphi_1(x_0) = 0,\ \varphi_1(x_1) = 1,\ \varphi'_1(x_0) = 0,\ \varphi'_1(x_1) = 0$$

$$\psi_0(x_0) = 0,\ \psi_0(x_1) = 0,\ \psi'_0(x_0) = 1,\ \psi'_0(x_1) = 0$$

$$\psi_1(x_0) = 0,\ \psi_1(x_1) = 0,\ \psi'_1(x_0) = 0,\ \psi'_1(x_1) = 1$$

容易得到：

$$\varphi_0(x) = \left(1 - 2\frac{x - x_0}{x_0 - x_1}\right)\left(\frac{x - x_1}{x_0 - x_1}\right)^2,\ \varphi_1(x) = \left(1 - 2\frac{x - x_1}{x_1 - x_0}\right)\left(\frac{x - x_0}{x_1 - x_0}\right)^2$$

$$\psi_0(x) = (x - x_0)\left(\frac{x - x_1}{x_0 - x_1}\right)^2,\ \psi_1(x) = (x - x_1)\left(\frac{x - x_0}{x_1 - x_0}\right)^2$$

所以有

$$H_3(x) = \left(1 - 2\frac{x - x_0}{x_0 - x_1}\right)\left(\frac{x - x_1}{x_0 - x_1}\right)^2 y_0 + \left(1 - 2\frac{x - x_1}{x_1 - x_0}\right)\left(\frac{x - x_0}{x_1 - x_0}\right)^2 y_1 + (x - x_0)\left(\frac{x - x_1}{x_0 - x_1}\right)^2 y'_0 + (x - x_1)\left(\frac{x - x_0}{x_1 - x_0}\right)^2 y'_1 \tag{6.12}$$

称 $H_3(x)$ 为**三次 Hermite 插值多项式**. 如果 $f(x)$ 在 $[x_0, x_1]$ 上具有四阶连续导数，则仿上例可得插值余项表示

$$R_3(x) = f(x) - H_3(x) = \frac{f^{(4)}(\xi_x)}{4!}(x - x_0)^2(x - x_1)^2$$

其中 $\xi_x \in (x_0, x_1)$ 且与 $x$ 有关.

## 6.5 分段插值多项式

根据插值条件构造插值多项式时，插值多项式的次数随着节点个数的增加而升高，但高次插值多项式的近似效果并不理想，看下面的例子.

设$f(x) = \dfrac{1}{1+25x^2}$，在区间$[-1,1]$上取等距节点$x_i = -1 + ih$，$i = 0, 1, \cdots, 10$，$h = 0.2$，作$f(x)$关于节点$x_0, x_1, \cdots, x_{10}$的十次插值多项式$L_{10}(x)$，如图 6-2 所示.

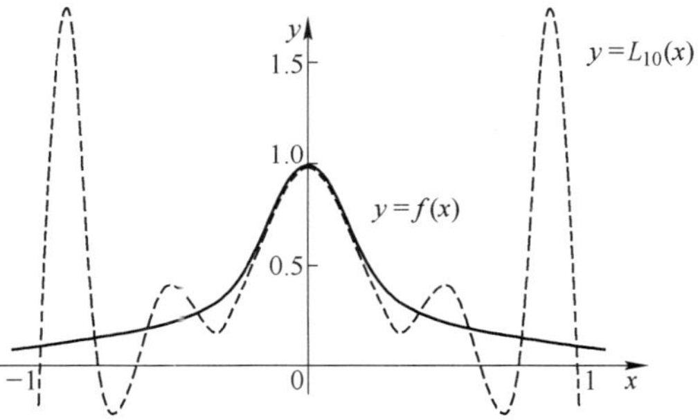


图 6-2

从图 6-2 中可见，在$x = 0$附近$L_{10}(x)$对$f(x)$有较好的近似，而点$x$离原点越远，近似效果越差，以致完全失真. 这个现象被称为 **Runge（龙格）现象**，它表明高次插值是不稳定的. 实际应用上，很少采用高于七次的插值多项式. 因此，为了提高插值多项式的逼近精度，就需要引进新的插值方法，本节介绍分段插值多项式.

### 6.5.1 分段 Lagrange 插值

划分区间$[a,b]$：$a = x_0 < x_1 < \cdots < x_n = b$，小区间$[x_{i-1}, x_i]$的长度记为$h_i = x_i - x_{i-1}(i = 1, 2, \cdots, n)$. 给定节点上的函数值$y_i = f(x_i)$，$i = 0, 1, \cdots, n$，要构造$[a, b]$上分段低次插值多项式$S(x)$，满足插值条件：

$$S(x_i) = f(x_i) = y_i, \quad i = 0,1,\cdots,n$$

**分段线性插值**

设 $S_1(x)$ 是满足插值条件的分段一次多项式，则在每个小区间 $[x_{i-1}, x_i]$ 上 $S_1(x)$ 是 $f(x)$ 以 $x_{i-1}$，$x_i$ 为节点的线性插值，所以有

$$S_1(x) = \frac{x_i - x}{h_i}y_{i-1} + \frac{x - x_{i-1}}{h_i}y_i,\ x \in [x_{i-1}, x_i] \quad i = 1, 2, \cdots, n$$

易见，$S_1(x)$ 是平面上以点 $(x_i, y_i)(i = 0, 1, \cdots, n)$ 为节点的折线. $S_1(x)$ 有如下特点：

(1) $S_1(x) \in C[a, b]$；

(2) $S_1(x)$ 在 $[x_{i-1}, x_i]$ 上为次数不超过一次的多项式.

若 $f(x)$ 在区间 $[a, b]$ 具有二阶连续导数，则由线性插值误差公式，当 $x \in [x_{i-1}, x_i]$ 时，有

$$f(x) - S_1(x) = \frac{f''(\xi_i)}{2!}(x - x_{i-1})(x - x_i)$$

因而

$$|f(x) - S_1(x)| \leqslant \frac{M_2}{2} \times \frac{1}{4}(x_i - x_{i-1})^2 = \frac{M_2}{8}h_i^2, \quad x \in [x_{i-1}, x_i]$$

其中 $M_2 = \max\limits_{a \leqslant x \leqslant b}|f''(x)|$，若记 $h = \max\limits_{1 \leqslant i \leqslant n} h_i$，则对任一 $x \in [a, b]$ 都有

$$|f(x) - S_1(x)| \leqslant \frac{M_2}{8}h^2$$

于是，当 $h \to 0$ 时，分段线性插值 $S_1(x)$ 收敛于 $f(x)$. 分段线性插值有很好的收敛性质，但却不是光滑的.

**分段二次插值**

在每个小区间 $[x_{i-1}, x_i]$ 上，取半节点 $x_{i-\frac{1}{2}} = \dfrac{x_{i-1} + x_i}{2}$，补充插值条件 $y_{i-\frac{1}{2}} = f(x_{i-\frac{1}{2}})(i = 1, 2, \cdots, n)$. 设 $f(x)$ 的满足插值条件的分段二次插值多项式为 $S_2(x)$，则 $S_2(x)$ 在区间 $[x_{i-1}, x_i]$ 上是 $f(x)$ 以 $x_{i-1}$，$x_{i-\frac{1}{2}}$，$x_i$ 为节点的二次插值多项式，利用二次 Lagrange 插值公式可得

$$S_2(x) = \frac{(x - x_{i-\frac{1}{2}})(x - x_i)}{\frac{1}{2}h_i^2}y_{i-1} + \frac{(x - x_{i-1})(x - x_i)}{\frac{1}{4}h_i^2}y_{i-\frac{1}{2}} + \frac{(x - x_{i-1})(x - x_{i-\frac{1}{2}})}{\frac{1}{2}h_i^2}y_i, \quad x \in [x_{i-1}, x_i],\ i = 1, 2, \cdots, n$$

可见，$S_2(x) \in C[a, b]$，在每个小区间 $[x_{i-1}, x_i]$ 上，$S_2(x)$ 是一个次数不超过二次的多项式. 设 $f(x)$ 在 $[a, b]$ 具有三阶连续导数，则当 $x \in [x_{i-1}, x_i]$ 时，有

$$f(x) - S_2(x) = \frac{f'''(\xi_i)}{3!}(x - x_{i-1})(x - x_{i-\frac{1}{2}})(x - x_i)$$

若记 $M_3 = \max\limits_{a \leqslant x \leqslant b} |f'''(x)|$，则有

$$|f(x) - S_2(x)| \leqslant \frac{M_3}{72\sqrt{3}} h_i^3, \quad x \in [x_{i-1}, x_i]$$

从而，对任何 $x \in [a, b]$，都有

$$|f(x) - S_2(x)| \leqslant \frac{M_3}{72\sqrt{3}} h^3$$

$S_2(x)$ 与 $S_1(x)$ 的光滑性相同，当 $f(x)$ 在 $[a, b]$ 上具有三阶连续导数时，$S_2(x)$ 比 $S_1(x)$ 提高一阶精度.

### 6.5.2 分段三次 Hermite 插值

分段 Lagrange 插值多项式 $S_1(x), S_2(x)$ 在插值区间 $[a, b]$ 上只能保证连续性，而不光滑. 要想得到在插值区间 $[a, b]$ 上光滑的分段插值多项式，可采用分段 Hermite 插值.

在节点 $a \leqslant x_0 < x_1 < \cdots < x_n \leqslant b$, $h_i = x_i - x_{i-1} (i = 1, 2, \cdots, n)$ 上给定节点函数值和导数值

$$y_i = f(x_i), y_i' = f'(x_i), \quad i = 0, 1, \cdots, n$$

要构造 $[a, b]$ 上分段三次插值多项式为 $H_3(x)$，满足插值条件

$$H_3(x_i) = y_i, \ H_3'(x_i) = y_i', \quad i = 0, 1, \cdots, n$$

显然 $H_3(x)$ 在区间 $[x_{i-1}, x_i]$ 上是 $f(x)$ 以 $x_{i-1}, x_i$ 为节点的三次 Hermite 插值多项式. 从式（6.12）有

$$H_3(x) = \frac{1}{h_i^2}\left[\left(1 + 2\frac{x - x_{i-1}}{h_i}\right)(x - x_i)^2 y_{i-1} + \left(1 - 2\frac{x - x_i}{h_i}\right)(x - x_{i-1})^2 y_i + (x - x_{i-1})(x - x_i)^2 y_{i-1}' + (x - x_{i-1})^2 (x - x_i) y_i'\right] \tag{6.13}$$

其中 $x \in [x_{i-1}, x_i] (i = 1, 2, \cdots, n)$.

易知，$H_3(x) \in C^1[a,b]$，在每个小区间 $[x_{i-1},x_i]$ 上 $H_3(x)$ 是一个次数不超过三次的多项式．设 $f(x)$ 在 $[a,b]$ 上具有四阶连续导数，则当 $x \in [x_{i-1},x_i]$ 时，有

$$f(x) - H_3(x) = \frac{f^{(4)}(\xi_i)}{4!}(x - x_{i-1})^2(x - x_i)^2$$

若记 $M_4 = \max_{a \leqslant x \leqslant b} |f^{(4)}(x)|$，则有

$$|f(x) - H_3(x)| \leqslant \frac{M_4}{4!} \times \frac{1}{4^2}(x_i - x_{i-1})^2 = \frac{M_4}{384}h_i^2, \quad x \in [x_{i-1},x_i]$$

从而，对任何 $x \in [a,b]$，都有

$$|f(x) - H_3(x)| \leqslant \frac{M_4}{384}h^2$$

于是，当 $h \to 0$ 时，分段三次 Hermite 插值多项式 $H_3(x)$ 收敛于 $f(x)$．分段三次 Hermite 插值多项式在插值区间具有一阶连续导数．

## 6.6　三次样条插值

上节中的分段低次插值多项式有很好的收敛性，但光滑性较差．在实际应用中，对曲线的光滑性均有一定的要求．例如，飞机、船舶、汽车等外形设计中，要求外形曲线呈流线型，即具有很好的光滑性．样条是早期工程师制作光滑曲线的工具，这样制作的光滑曲线称为样条曲线．本节讨论常用的三次样条插值函数及其构造方法．

### 6.6.1　三次样条函数

**定义 6.3**　给定区间 $[a,b]$ 上 $n+1$ 个节点 $a = x_0 < x_1 < \cdots < x_n = b$ 及节点上的函数值 $y_i = f(x_i), i = 0,1,\cdots,n$．称 $S(x)$ 为 $f(x)$ 在区间 $[a,b]$ 上的**三次样条插值函数**，如果 $S(x)$ 满足：

(1) $S(x_i) = y_i \quad (i = 0,1,\cdots,n)$；　　(6.14)

(2) 在每个小区间 $[x_{i-1},x_i]$ 上 $S(x)$ 为三次多项式，且 $S(x) \in C^2[a,b]$．

通常也将区间 $[a,b]$ 上二次连续可微的分段三次多项式称为**三次样条函数**．

由于 $S(x)$ 在区间 $[x_{i-1},x_i]$ 上是三次多项式，可设 $S(x) = a_ix^3 +$

$b_i x^2 + c_i x + d_i$, $x \in [x_{i-1}, x_i]$, $i = 1, 2, \cdots, n$. 要确定 $S(x)$，共有 $4n$ 个待定系数. 因为 $S(x) \in C^2[a,b]$，则对 $i = 1, 2, \cdots, n-1$，有

$$\begin{aligned} &S(x_i - 0) = S(x_i + 0),\ S'(x_i - 0) = S'(x_i + 0) \\ &S''(x_i - 0) = S''(x_i + 0) \end{aligned} \tag{6.15}$$

共有 $3n-3$ 个条件，再加上式（6.14）给出的 $n+1$ 个条件，共有 $4n-2$ 个条件，因此还需要两个条件才可能唯一确定 $S(x)$. 通常可在区间 $[a,b]$ 的端点 $x_0 = a, x_n = b$ 上各加一个条件，称为边界条件. 常用的边界条件有以下三种：

（1）$S'(x_0) = y'_0$，$S'(x_n) = y'_n$ （6.16）

（2）$S''(x_0) = y''_0$，$S''(x_n) = y''_n$ （6.17）

（3）当 $f(x)$ 是以 $b-a$ 为周期的周期函数时，则要求 $S(x)$ 也是周期函数，相应的边界条件为

$$\begin{aligned} &S(x_0 + 0) = S(x_n - 0),\ S'(x_0 + 0) = S'(x_n - 0) \\ &S''(x_0 + 0) = S''(x_n - 0) \end{aligned} \tag{6.18}$$

此时在式（6.14）中，$y_0 = y_n$. 这样确定的 $S(x)$ 称为**周期样条函数**.

下面介绍构造三次样条插值函数的两种方法.

### 6.6.2 三转角方法

假设 $S'(x_i) = m_i (i = 0, 1, \cdots, n)$，利用分段三次 Hermite 插值多项式（6.13），当 $x \in [x_{i-1}, x_i]$ 时，有

$$S(x) = \frac{1}{h_i^2}\left[\left(1 + 2\frac{x - x_{i-1}}{h_i}\right)(x - x_i)^2 y_{i-1} + \left(1 - 2\frac{x - x_i}{h_i}\right)(x - x_{i-1})^2 y_i + (x - x_{i-1})(x - x_i)^2 m_{i-1} + (x - x_{i-1})^2 (x - x_i) m_i\right] \tag{6.19}$$

其中 $h_i = x_i - x_{i-1}$. 为了确定 $S(x)$，只需确定 $m_i$, $i = 0, 1, \cdots, n$. 可利用 $S(x)$ 在 $x_i$ 处二阶导数连续条件，即 $S''(x_i - 0) = S''(x_i + 0)$，来建立 $m_i$ 满足的方程. 由式（6.19）得到

$$S''(x) = \frac{6(x_{i-1} + x_i - 2x)}{h_i^3}(y_i - y_{i-1}) + \frac{6x - 2x_{i-1} - 4x_i}{h_i^2} m_{i-1} +$$

$$\frac{6x - 4x_{i-1} - 2x_i}{h_i^2} m_i, \ x \in [x_{i-1}, x_i], \ i = 1, 2, \cdots, n-1 \tag{6.20}$$

于是

$$S''(x_i - 0) = \frac{2}{h_i} m_{i-1} + \frac{4}{h_i} m_i - \frac{6}{h_i^2}(y_i - y_{i-1})$$

同理可得

$$S''(x_i + 0) = -\frac{4}{h_{i+1}} m_i - \frac{2}{h_{i+1}} m_{i+1} + \frac{6}{h_{i+1}^2}(y_{i+1} - y_i)$$

由连续性条件 $S''(x_i - 0) = S''(x_i + 0)$，得到

$$\frac{1}{h_i} m_{i-1} + 2\left(\frac{1}{h_i} + \frac{1}{h_{i+1}}\right) m_i + \frac{1}{h_{i+1}} m_{i+1} = 3\left(\frac{y_{i+1} - y_i}{h_{i+1}^2} + \frac{y_i - y_{i-1}}{h_i^2}\right)$$

用 $\frac{1}{h_i} + \frac{1}{h_{i+1}}$ 除等式两端，整理后可得

$$\lambda_i m_{i-1} + 2m_i + \mu_i m_{i+1} = g_i, \quad i = 1, 2, \cdots, n-1 \tag{6.21}$$

其中

$$\lambda_i = \frac{h_{i+1}}{h_i + h_{i+1}}, \quad \mu_i = \frac{h_i}{h_i + h_{i+1}} = 1 - \lambda_i$$

$$g_i = 3\left(\mu_i \frac{y_{i+1} - y_i}{h_{i+1}} + \lambda_i \frac{y_i - y_{i-1}}{h_i}\right) = 3(\mu_i f[x_i, x_{i+1}] + \lambda_i f[x_{i-1}, x_i])$$

式（6.21）给出了关于 $n+1$ 个未知数 $m_0, m_1, \cdots, m_n$ 的 $n-1$ 个方程，再加上相应的边界条件，就可以确定参数 $m_0, m_1, \cdots, m_n$.

若边界条件为 $m_0 = y'_0$，$m_n = y'_n$，则直接代入式（6.21）中，得到关于 $n-1$ 个变量 $m_1, m_2, \cdots, m_{n-1}$ 的方程组，其矩阵形式为

$$\begin{pmatrix} 2 & \mu_1 & & & & \\ \lambda_2 & 2 & \mu_2 & & & \\ & \ddots & \ddots & \ddots & & \\ & & \ddots & \ddots & \ddots & \\ & & & \lambda_{n-2} & 2 & \mu_{n-2} \\ & & & & \lambda_{n-1} & 2 \end{pmatrix} \begin{pmatrix} m_1 \\ m_2 \\ \vdots \\ \vdots \\ m_{n-2} \\ m_{n-1} \end{pmatrix} = \begin{pmatrix} g_1 - \lambda_1 y'_0 \\ g_2 \\ \vdots \\ \vdots \\ g_{n-2} \\ g_{n-1} - \mu_{n-1} y'_n \end{pmatrix} \tag{6.22}$$

若边界条件为 $S''(x_0)=y_0''$，$S''(x_n)=y_n''$，则由式（6.20）可得

$$2m_0+m_1=3f[x_0,x_1]-\frac{1}{2}h_1y_0''=g_0$$

$$m_{n-1}+2m_n=3f[x_{n-1},x_n]+\frac{1}{2}h_ny_n''=g_n$$

连同方程（6.21）一起，得到方程组

$$\begin{pmatrix} 2 & 1 & & & & \\ \lambda_1 & 2 & \mu_1 & & & \\ & \ddots & \ddots & \ddots & & \\ & & \ddots & \ddots & \ddots & \\ & & & \lambda_{n-1} & 2 & \mu_{n-1} \\ & & & & 1 & 2 \end{pmatrix}\begin{pmatrix} m_0 \\ m_1 \\ \vdots \\ \vdots \\ m_{n-1} \\ m_n \end{pmatrix}=\begin{pmatrix} g_0 \\ g_1 \\ \vdots \\ \vdots \\ g_{n-1} \\ g_n \end{pmatrix} \tag{6.23}$$

若边界条件为周期性边界条件，则由 $S'(x_0+0)=S'(x_n-0)$，$S''(x_0+0)=S''(x_n-0)$，有

$$m_0=m_n,\quad \lambda_nm_{n-1}+2m_n+\mu_nm_1=g_n$$

其中

$$\lambda_n=\frac{h_1}{h_1+h_n},\quad \mu_n=\frac{h_1}{h_1+h_n}=1-\lambda_n$$

$$g_n=3\left(\mu_n\frac{y_{n+1}-y_n}{h_{n+1}}+\lambda_n\frac{y_1-y_0}{h_1}\right)=3(\mu_nf[x_{n-1},x_n]+\lambda_nf[x_0,x_1])$$

连同方程（6.21）一起，得到方程组

$$\begin{pmatrix} 2 & \mu_1 & & & & \lambda_1 \\ \lambda_2 & 2 & \mu_2 & & & \\ & \ddots & \ddots & \ddots & & \\ & & \ddots & \ddots & \ddots & \\ & & & \lambda_{n-1} & 2 & \mu_{n-1} \\ \mu_n & & & & \lambda_n & 2 \end{pmatrix}\begin{pmatrix} m_1 \\ m_2 \\ \vdots \\ \vdots \\ m_{n-1} \\ m_n \end{pmatrix}=\begin{pmatrix} g_1 \\ g_2 \\ \vdots \\ \vdots \\ g_{n-1} \\ g_n \end{pmatrix} \tag{6.24}$$

由于方程组（6.21）~（6.23）中每个方程都关联三个未知量

$m_{i-1}$ , $m_i$ , $m_{i+1}$ , $m_i$ 在力学上解释为细梁在 $x_i$ 截面处的转角，故称其为**三转角方程**. 由于 $\lambda_i$ , $\mu_i$ 非负且 $\lambda_i + \mu_i = 1$ ，所以这些方程组的系数矩阵都是严格对角占优矩阵，因而有唯一解. 方程组（6.22）和方程组（6.23）可用追赶法求解，方程组（6.24）可用 Gauss 消去法或迭代法求解.

对应不同的边界条件，只要求出相应的线性方程组的解，便得到三次样条函数 $S(x)$ 在每个小区间 $[x_{i-1}, x_i]$ 上的表达式.

### 6.6.3　三弯矩方法

三次样条插值函数 $S(x)$ 也可以利用节点处的二阶导数为参数来表示，有时应用更方便. 设 $S''(x_i) = M_i(i = 0, 1, \cdots, n)$ ，由于 $S(x)$ 在区间 $[x_{i-1}, x_i]$ 上是三次多项式，所以 $S''(x)$ 在区间 $[x_{i-1}, x_i]$ 上是线性函数，于是有

$$S''(x) = \frac{1}{h_i}[(x - x_{i-1})M_i - (x - x_i)M_{i-1}], \quad x \in [x_{i-1}, x_i]$$

$$i = 1, 2, \cdots, n$$

连续积分两次，并利用 $S(x_{i-1}) = y_{i-1}$ , $S(x_i) = y_i$ 确定积分常数，可得

$$S(x) = \frac{1}{6h_i}[(x - x_{i-1})^3 M_i - (x - x_i)^3 M_{i-1}] + \left(\frac{y_{i-1}}{h_i} - \frac{h_i M_{i-1}}{6}\right)(x_i - x) + \left(\frac{y_i}{h_i} - \frac{h_i M_i}{6}\right)(x - x_{i-1}) \tag{6.25}$$

其中 $x \in [x_{i-1}, x_i]$ , $h_i = x_i - x_{i-1}$ , $i = 1, 2, \cdots, n$ .

为了确定 $S(x)$ ，只需确定 $M_i$ , $i = 0, 1, \cdots, n$. 可利用 $S(x)$ 在节点 $x_i$ 处一阶导数连续性条件，即 $S'(x_i - 0) = S'(x_i + 0)$ ，来建立关于 $M_i$ 的方程. 由式（6.25）可得

$$S'(x) = \frac{1}{2h_i}[(x - x_{i-1})^2 M_i - (x - x_i)^2 M_{i-1}] + \frac{y_i - y_{i-1}}{h_i} - \frac{M_i - M_{i-1}}{6}h_i$$

从而有

$$S'(x_i - 0) = \frac{2M_i + M_{i-1}}{6}h_i + \frac{y_i - y_{i-1}}{h_i}$$

同理可得

$$S'(x_i+0)=-\frac{2M_i+M_{i+1}}{6}h_{i+1}+\frac{y_{i+1}-y_i}{h_{i+1}}$$

根据连续性条件 $S'(x_i-0)=S'(x_i+0)$，可得

$$\frac{h_i}{6}M_{i-1}+\frac{h_i+h_{i+1}}{3}M_i+\frac{h_{i+1}}{6}M_{i+1}=\frac{y_{i+1}-y_i}{h_{i+1}}-\frac{y_i-y_{i-1}}{h_i},i=1,2,\cdots,n-1$$

记

$$\lambda_i=\frac{h_{i+1}}{h_i+h_{i+1}},\quad \mu_i=\frac{h_i}{h_i+h_{i+1}}=1-\lambda_i$$

$$\begin{aligned}d_i&=\frac{6}{h_i+h_{i+1}}\left(\frac{y_{i+1}-y_i}{h_{i+1}}-\frac{y_i-y_{i-1}}{h_i}\right)\\&=\frac{6}{h_i+h_{i+1}}(f[x_i,x_{i+1}]-f[x_{i-1},x_i])\\&=6f[x_{i-1},x_i,x_{i+1}]\end{aligned}$$

则得到关于 $M_0$，$M_1$，…，$M_n$ 的 $n-1$ 个方程，可写成

$$\mu_iM_{i-1}+2M_i+\lambda_iM_{i+1}=d_i,\quad i=1,2,\cdots,n-1 \tag{6.26}$$

为了确定唯一的三次样条函数，再加上两个边界条件. 若边界条件为 $M_0=S''(x_0)=y_0'',M_n=S''(x_n)=y_n''$，代入式（6.26）中，得到关于 $n-1$ 个变量 $M_1,M_2,\cdots,M_{n-1}$ 的方程组，其矩阵形式为

$$\begin{pmatrix}2&\lambda_1&&&&\\\mu_2&2&\lambda_2&&&\\&\ddots&\ddots&\ddots&&\\&&\ddots&\ddots&\ddots&\\&&&\mu_{n-2}&2&\lambda_{n-2}\\&&&&\mu_{n-1}&2\end{pmatrix}\begin{pmatrix}M_1\\M_2\\\vdots\\\vdots\\M_{n-2}\\M_{n-1}\end{pmatrix}=\begin{pmatrix}d_1-\mu_1y_0''\\d_2\\\vdots\\\vdots\\d_{n-2}\\d_{n-1}-\lambda_{n-1}y_n''\end{pmatrix}$$

(6.27)

若边界条件为 $S'(x_0)=y_0'$, $S'(x_n)=y_n'$，则利用 $S'(x)$ 的表达式可得到两个方程

$$2M_0+M_1=d_0,\quad M_{n-1}+2M_n=d_n$$

其中

$$d_0 = \frac{6}{h_1}\left(\frac{y_1 - y_0}{h_1} - y_0'\right) = \frac{6}{h_1}(f[x_0,x_1] - y_0')$$

$$d_n = \frac{6}{h_n}\left(y_n' - \frac{y_n - y_{n-1}}{h_n}\right) = \frac{6}{h_n}(y_n' - f[x_{n-1},x_n])$$

与式（6.26）一起得方程组

$$\begin{pmatrix} 2 & 1 & & & & \\ \mu_1 & 2 & \lambda_1 & & & \\ & \ddots & \ddots & \ddots & & \\ & & \ddots & \ddots & \ddots & \\ & & & \mu_{n-1} & 2 & \lambda_{n-1} \\ & & & & 1 & 2 \end{pmatrix}\begin{pmatrix} M_0 \\ M_1 \\ \vdots \\ \vdots \\ M_{n-1} \\ M_n \end{pmatrix} = \begin{pmatrix} d_0 \\ d_1 \\ \vdots \\ \vdots \\ d_{n-1} \\ d_n \end{pmatrix} \tag{6.28}$$

若边界条件为周期性边界条件，由 $S'(x_0+0) = S'(x_n-0)$，$S''(x_0+0) = S''(x_n-0)$，可得

$$M_0 = M_n,\ \lambda_n M_1 + \mu_n M_{n-1} + 2M_n = d_n$$

其中

$$\lambda_n = \frac{h_1}{h_1 + h_n},\quad \mu_n = \frac{h_n}{h_1 + h_n} = 1 - \lambda_n$$

$$\begin{aligned} d_n &= \frac{6}{h_1 + h_n}\left(\frac{y_1 - y_0}{h_1} - \frac{y_n - y_{n-1}}{h_n}\right) \\ &= \frac{6}{h_1 + h_n}(f[x_0,x_1] - f[x_{n-1},x_n]) \\ &= 6f[x_0,x_1,x_{n-1}] \end{aligned}$$

与式（6.26）一起得到方程组

$$\begin{pmatrix} 2 & \lambda_1 & & & & \mu_1 \\ \mu_2 & 2 & \lambda_2 & & & \\ & \ddots & \ddots & \ddots & & \\ & & \ddots & \ddots & \ddots & \\ & & & \mu_{n-1} & 2 & \lambda_{n-1} \\ \lambda_n & & & & \mu_n & 2 \end{pmatrix}\begin{pmatrix} M_1 \\ M_2 \\ \vdots \\ \vdots \\ M_{n-1} \\ M_n \end{pmatrix} = \begin{pmatrix} d_1 \\ d_2 \\ \vdots \\ \vdots \\ d_{n-1} \\ d_n \end{pmatrix} \tag{6.29}$$

由于方程组（6.27）~（6.29）中每个方程都关联三个未知量 $M_{i-1}$，$M_i$，$M_{i+1}$，$M_i$ 在力学上解释为细梁在 $x_i$ 截面处的弯矩，故称其为**三弯矩方程**. 由于 $\lambda_i$，$\mu_i$ 非负且 $\lambda_i+\mu_i=1$，所以这些方程组的系数矩阵都是严格对角占优矩阵，因而有唯一解. 方程组（6.27）和方程组（6.28）可用追赶法求解，方程组（6.29）可用 Gauss 消元法或迭代法求解. 将方程组的解代入式（6.25），便得到三次样条函数 $S(x)$ 在每个小区间 $[x_{i-1}, x_i]$ 上的表达式.

**例 6-6** 设 $f(0)=0$，$f(1)=1$，$f(2)=0$，$f(3)=1$，$f''(0)=1$，$f''(3)=0$，试求 $f(x)$ 在区间 $[0, 3]$ 上的三次样条插值函数 $S(x)$.

**解** 这里边界条件是 $y_0''=1$，$y_3''=0$，$h_1=h_2=h_3=1$，方程组（6.27）的数据为

$$\lambda_1=\lambda_2=\mu_1=\mu_2=\frac{1}{2},\ d_1=-6,\ d_2=6$$

则得线性方程组

$$\begin{pmatrix} 2 & \frac{1}{2} \\ \frac{1}{2} & 2 \end{pmatrix}\begin{pmatrix} M_1 \\ M_2 \end{pmatrix}=\begin{pmatrix} -\frac{13}{2} \\ 6 \end{pmatrix}$$

解得 $M_1=-\frac{64}{15}$, $M_2=\frac{61}{15}$，再由边界条件 $M_0=1$，$M_3=0$，利用式（6.23）得

$$S(x)=\begin{cases} \frac{1}{90}[-79x^3+45x^2+124x], & x\in[0, 1] \\ \frac{1}{90}[125x^3-567x^2+736x-204], & x\in[1, 2] \\ \frac{1}{90}[-61x^3+549x^2-1496x+1284], & x\in[2, 3] \end{cases}$$

## 三次样条算法

本算法是利用三弯矩方法构造满足插值条件 $S(x_i)=y_i$，$i=0, 1, \cdots, n$ 和边界条件 $S''(x_0)=y_0''$，$S''(x_n)=y_n''$ 的三次样条插值函数 $S(x)$（表

达式为（6.25））.

**输入**　$n$，节点 $x_0, x_1, \cdots, x_n$，函数值 $y_0, y_1, \cdots, y_n$，边界条件 $M_0 = y''_0, M_n = y''_n$

**输出**　$S(x)$ 在 $[x_{i-1}, x_i]$ 上的表达式

（1）计算步长 $h_i$ 及差商 $f[x_{i-1}, x_i]$：对 $i=0, 1, \cdots, n$，置

$$h_i = x_i - x_{i-1}, f[x_{i-1}, x_i] = \frac{y_i - y_{i-1}}{h_i}$$

$$f[x_{i-1}, x_i, x_{i+1}] = \frac{f[x_i, x_{i+1}] - f[x_{i-1}, x_i]}{h_i + h_{i+1}};$$

（2）计算参数 $\lambda_i$，$\mu_i$，$d_i$：对 $i = 0, 1, \cdots, n$，置

$$\lambda_i = \frac{h_{i+1}}{h_i + h_{i+1}}, \mu_i = 1 - \lambda_i, d_i = 6f[x_{i-1}, x_i, x_{i+1}];$$

（3）利用追赶法解三对角方程组（6.27）得到

$$M_1, M_2, \cdots, M_{n-1};$$

（4）输出 $S(x)$ 在 $[x_{i-1}, x_i]$ 上的表达式（6.25）或 $S(x)$ 在点 $x$ 处的值，停机.

## *6.7　有理插值

前面讨论了多项式插值，多项式具有计算简便，光滑性好等优点，在函数近似中有着广泛的应用. 但是多项式不能反映在某点 $x_0$ 附近函数无界以及当 $x \to \infty$ 时函数趋于定值 $a$ 的渐近性态. 有理分式

$$r_{ml}(x) = \frac{p_m(x)}{q_l(x)} = \frac{a_0 + a_1 x + \cdots + a_m x^m}{b_0 + b_1 x + \cdots + b_l x^l}$$

却能较好地反映这种性态. 在某些条件下，用有理函数作为插值函数可以得到更好的近似效果.

用 $R(m,l)$ 表示所有有理分式

$$r_{ml}(x) = \frac{p_m(x)}{q_l(x)}$$

的集合，其中 $p_m(x)$ 和 $q_l(x)$ 分别为 $m$ 和 $l$ 次多项式且为不可约的，并且在 $[a, b]$ 上 $q_l(x) \neq 0$，$r_{ml}(x)$ 中含有（$m+l+2$）个参数，但自由度只有（$m+l+1$）个.

有理函数插值的提法是：给定$f(x)$在$(m+l+1)$个互异节点$x_0$，$x_1,\cdots,x_{m+l}$上的函数值$y_0$ $y_1$，…，$y_{m+l}$，寻找一个有理分式$r_{m\,l}(x)\in R(m,l)$，使得

$$r_{m\,l}(x_i)=y_i,\ i=0,1,\cdots,m+l$$

也就是确定参数$a_0,a_1,\cdots\ a_m$和$b_0,b_1,\cdots,b_l$，使满足

$$\frac{a_0+a_1x_i+\cdots+a_mx_i^m}{b_0+b_1x_i+\cdots+b_lx_i^l}=y_i,\ i=0,1,2,\cdots,m+l \tag{6.30}$$

对于有理函数插值，要研究插值函数的存在唯一性，如何构造插值函数，插值函数的误差估计等问题，这些问题要比多项式插值困难得多. 需要指出，满足条件（6.30）的有理插值并非总存在.

**例 6-7** 已知

$$f(-1)=-1,\ f(0)=0,\ f(1)=1,\ f(2)=\frac{1}{2},\ f(3)=\frac{3}{5}$$

试求$f(x)$形如$R(2,2)$的有理插值.

**解** 将$m=l=2$和插值条件带入式（6.30）有

$$\begin{cases}a_0-a_1-a_2=-b_0+b_1-b_2\\ a_0=0\\ a_0+a_1+a_2=b_0+b_1+b_2\\ a_0+2a_1+4a_2=\dfrac{1}{2}b_0+b_1+2b_2\\ a_0+3a_1+9a_2=\dfrac{3}{5}b_0+\dfrac{9}{5}b_1+\dfrac{27}{5}b_2\end{cases}$$

解得$a_0=0,a_1=-1,a_2=1,b_0=-2,b_1=1,b_2=1$，即

$$p_2(x)=x^2-x,q_2(x)=x^2+x-2$$

由于$q_2(1)=0$，所以应在$p_2(x)$和$q_2(x)$中约去因子$(x-1)$，得

$$r_{22}(x)=\frac{x}{x+2}$$

易见，$r_{22}(1)=\dfrac{1}{3}\neq 1$. 所以，在给定的插值条件下有理插值$r_{22}(x)$不存在.

若将插值条件$f(1)=1$改为$f(1)=\frac{1}{3}$，其他条件不变，由于$r_{22}(x)=\frac{x}{x+2}$满足所有插值条件，因此$r_{22}(x)$就是所求的有理插值.

如果有理插值存在，按求解方程组（6.30）来得到有理插值显然是困难的. 下面我们给出一种构造有理插值的方法. 假设有理插值$r_{ml}(x)$的连分式形式为

$$r(x)=c_0+\cfrac{x-x_0}{c_1+\cfrac{x-x_1}{c_2+\cfrac{x-x_2}{c_3+\cdots+\cfrac{x-x_{n-1}}{c_n}}}}$$

为了书写方便，将其写成如下形式

$$r(x)=c_0+\frac{x-x_0}{c_1}\,+\,\frac{x-x_1}{c_2}\,+\,\frac{x-x_2}{c_3}\,+\cdots+\,\frac{x-x_{n-1}}{c_n} \tag{6.31}$$

其中$c_i(i=0,1,\cdots,n)$由插值条件

$$r(x_i)=y_i,\ i=0,1,\cdots,n$$

确定. 下面给出反差商的定义.

**定义 6.4**　称

$$f^{-1}[x_0,x_1]=\frac{x_1-x_0}{f(x_1)-f(x_0)}$$

为$f(x)$在点$x_0,x_1$的**一阶反差商**；称

$$f^{-1}[x_0,x_1,x_2]=\frac{x_2-x_1}{f^{-1}[x_0,x_2]-f^{-1}[x_0,x_1]}$$

为$f(x)$在点$x_0,x_1,x_2$的**二阶反差商**；一般地，称

$$f^{-1}[x_0,x_1,\cdots,x_k]=\frac{x_k-x_{k-1}}{f^{-1}[x_0,x_1,\cdots,x_{k-2},x_k]-f^{-1}[x_0,x_1,\cdots,x_{k-1}]}$$

为$f(x)$在点$x_0,x_1,\cdots,x_k$的 ***k* 阶反差商**.

注意，反差商与节点的顺序有关.

根据反差商的定义可知

$$f^{-1}[x_0,x_1,\cdots,x_{k-2},x]=f^{-1}[x_0,x_1,\cdots,x_{k-2},x_{k-1}]+\frac{x-x_{k-1}}{f^{-1}[x_0,x_1,\cdots,x_{k-1},x]}$$

于是

$$
\begin{aligned}
f(x) &= f(x_0) + \cfrac{x-x_0}{f^{-1}[x_0,x]} \\
&= f(x_0) + \cfrac{x-x_0}{f^{-1}[x_0,x_1] + \cfrac{x-x_1}{f^{-1}[x_0,x_1,x]}} \\
&= f(x_0) + \cfrac{x-x_0}{f^{-1}[x_0,x_1] + \cfrac{x-x_1}{f^{-1}[x_0,x_1,x_2] + \cfrac{x-x_2}{f^{-1}[x_0,x_1,x_2,x]}}} \\
&= \cdots = f(x_0) + \cfrac{x-x_0}{f^{-1}[x_0,x_1] + \cfrac{x-x_1}{f^{-1}[x_0,x_1,x_2] + \cfrac{x-x_2}{f^{-1}[x_0,x_1,x_2,x_3] + \cdots + \cfrac{x-x_{n-1}}{f^{-1}[x_0,x_1,\cdots,x_n] + \cfrac{x-x_n}{f^{-1}[x_0,x_1,\cdots,x_n,x]}}}}}
\end{aligned}
$$

去掉最后一个分式，前（$n+1$）项是一有理连分式，记为 $r_n(x)$，即

$$
r_n(x) = f(x_0) + \cfrac{x-x_0}{f^{-1}[x_0,x_1] + \cfrac{x-x_1}{f^{-1}[x_0,x_1,x_2] + \cfrac{x-x_2}{f^{-1}[x_0,x_1,x_2,x_3] + \cdots + \cfrac{x-x_{n-1}}{f^{-1}[x_0,x_1,\cdots,x_n]}}}} \tag{6.32}
$$

这就是形如式（6.31）的连分式形式．假设各阶反差商 $f^{-1}[x_0, x_1, \cdots, x_i]$ $(i=1, 2, \cdots, n)$ 都存在，则有

$$r_n(x_0) = f(x_0)$$

$$r_n(x_1) = f(x_0) + \frac{x_1-x_0}{f^{-1}[x_0,x_1]} = f(x_1)$$

$$\vdots$$

$$
\begin{aligned}
r_n(x_n) &= f(x_0) + \cfrac{x_n-x_0}{f^{-1}[x_0,x_1] + \cfrac{x_n-x_1}{f^{-1}[x_0,x_1,x_2] + \cfrac{x_n-x_2}{f^{-1}[x_0,x_1,x_2,x_3] + \cdots + \cfrac{x_n-x_{n-2}}{f^{-1}[x_0,x_1,\cdots,x_{n-1}] + \cfrac{x_n-x_{n-1}}{f^{-1}[x_0,x_1,\cdots,x_n]}}}}} \\
&= f(x_0) + \cfrac{x_n-x_0}{f^{-1}[x_0,x_1] + \cfrac{x_n-x_1}{f^{-1}[x_0,x_1,x_2] + \cfrac{x_n-x_2}{f^{-1}[x_0,x_1,x_2,x_3] + \cdots + \cfrac{x_n-x_{n-2}}{f^{-1}[x_0,x_1,\cdots,x_{n-2},x_n]}}}} = \cdots = f(x_n)
\end{aligned}
$$

即 $r_n(x)$ 满足插值条件 $r_n(x_i)=y_i$，$i=0,1,\cdots,n$.

因此，只要作出函数 $f(x)$ 的反差商表（见表 6-2），就可由式 (6.32) 建立有理插值的连分式形式，进而得到有理插值.

**表 6-2　反差商表**

| $x_i$ | $f(x_i)$ | 1 阶反差商 | 2 阶反差商 | $\cdots$ | $n$ 阶反差商 |
|---|---|---|---|---|---|
| $x_0$ | $f(x_0)$ | | | $\cdots$ | |
| $x_1$ | $f(x_1)$ | $f^{-1}[x_0,x_1]$ | | $\cdots$ | |
| $x_2$ | $f(x_2)$ | $f^{-1}[x_0,x_2]$ | $f^{-1}[x_0,x_1,x_2]$ | $\cdots$ | |
| $\vdots$ | $\vdots$ | $\vdots$ | $\vdots$ | $\vdots$ | |
| $x_n$ | $f(x_n)$ | $f^{-1}[x_0,x_n]$ | $f^{-1}[x_0,x_1,x_n]$ | $\cdots$ | $f^{-1}[x_0,x_1,\cdots,x_n]$ |

**例 6-8**　已知

$$f(0)=1,\ f(1)=\frac{1}{2},\ f(2)=\frac{1}{5},\ f(3)=\frac{1}{10},\ f(4)=\frac{1}{17}$$

试求 $f(x)$ 的有理插值 $r_4(x)$.

**解**　构造反差商表如下：

| $x_i$ | $f(x_i)$ | $f^{-1}[x_0,x_i]$ | $f^{-1}[x_0,x_1,x_i]$ | $f^{-1}[x_0,x_1,x_2,x_i]$ | $f^{-1}[x_0,x_1,\cdots,x_4]$ |
|---|---|---|---|---|---|
| 0 | 1 | | | | |
| 1 | $\frac{1}{2}$ | $-2$ | | | |
| 2 | $\frac{1}{5}$ | $-\frac{5}{2}$ | $-2$ | | |
| 3 | $\frac{1}{10}$ | $-\frac{10}{3}$ | $-\frac{3}{2}$ | 2 | |
| 4 | $\frac{1}{17}$ | $-\frac{17}{4}$ | $-\frac{4}{3}$ | 3 | 1 |

因此，$f(x)$ 的有理插值为

$$r_4(x)=1+\frac{x}{-2}+\frac{x-1}{-2}+\frac{x-2}{2}+\frac{x-3}{1}=\frac{1}{1+x^2}$$

经验证，$r_4(x)$ 满足所有插值条件.

**例 6-9**　利用 $f(x)=\arctan x$ 在 $x_0=10,x_1=12,x_2=14,x_3=16,x_4=18$ 的函数值，求 $f(x)$ 的有理插值 $r_4(x)$，并求 $f(100)$ 和 $f(1000)$

的近似值.

**解** 构造反差商表如下:

| $x_i$ | $f(x_i)$ | $f^{-1}[x_0,x_i]$ | $f^{-1}[x_0,x_1,x_i]$ | $f^{-1}[x_0,x_1,x_2,x_i]$ | $f^{-1}[x_0,x_1,\cdots,x_4]$ |
|---|---|---|---|---|---|
| 10 | 1.47113 | | | | |
| 12 | 1.48766 | 120.992 | | | |
| 14 | 1.49949 | 141.044 | 0.0997407 | | |
| 16 | 1.50838 | 161.074 | 0.0997954 | 36563.1 | |
| 18 | 1.51530 | 181.118 | 0.0997904 | 80482.9 | 0.000045537 |

因此,$f(x)$ 的有理插值为

$$r_4(x) = 1.47113 + \frac{x-10}{120.992 +}\ \frac{x-12}{0.0997407 +}\ \frac{x-14}{36563.1 +}\ \frac{x-16}{0.000045537}$$

即

$$r_4(x) = \frac{1.57092x^2 - 23.4091x + 12.7604}{x^2 - 14.2617x - 1.04938}$$

$$f(100) \approx r_4(100) = 1.56088,\ f(1000) \approx r_4(1000) = 1.56991$$

实际上,$f(100) = 1.56080$, $f(1000) = 1.56980$ .

虽然 $x = 100$ 和 $x = 1000$ 都远离插值区间,但有理插值计算的近似值都具有四位有效数字,这是多项式插值所没有的特点,它反映了被插值函数的渐近趋势.

在例 6-9 中,$r_4(x) \in R(2,2)$ . 一般地,由式(6.32)确定的 $r_n(x)$,当 $n = 2m$ 时,属于 $R(m,m)$ ,当 $n = 2m+1$ 时,属于 $R(m+1,m)$.

另一方面,如果 $m$, $l$ 没有分别指定,则满足插值条件

$$r_n(x_i) = y_i,\ i = 0, 1, \cdots, n$$

的有理插值总是存在的,但不唯一. 若事先指定 $m$, $l$ ,因为要求 $x \in [a,b]$ 时 $q_l(x) \neq 0$ ,对某些插值条件有理插值可能不存在.

## *6.8 正交多项式与最佳均方逼近

函数插值是函数的一种逼近方法. 如果定义了函数的范数,也可以

在范数的意义下建立函数的逼近. 本节将引进函数的平方范数概念，并在平方范数的意义下构造函数的逼近，当平方范数在离散意义下定义时，这种逼近就是曲线的拟合.

### 6.8.1　正交多项式

熟知 $C[a, b]$ 是一个线性空间，把所有次数不超过 $n$ 的多项式全体记为 $P_n$，则 $P_n$ 是 $C[a, b]$ 的子空间. 若 $f(x), g(x) \in C[a, b]$，则称

$$\int_a^b f(x)g(x)\mathrm{d}x$$

为 $f(x)$ 与 $g(x)$ 的内积，记为 $(f,g)$. 内积满足：

(1) $(f,g) = (g, f)$；

(2) $(cf,g) = c(f,g)$；

(3) $(f_1 + f_2, g) = (f_1, g) + (f_2, g)$.

若 $(f,g) = 0$，则称 $f(x)$ 与 $g(x)$ 正交，记为 $f \perp g$. 利用内积可以定义函数的平方范数

$$\|f\|_2 = \sqrt{(f,f)} = \sqrt{\int_a^b f^2(x)\mathrm{d}x}$$

函数的平方范数具有性质：

(1) $\|f\|_2 \geqslant 0$，而且 $\|f\|_2 = 0$ 当且仅当 $f(x) = 0$；

(2) $\|cf\|_2 = |c|\,\|f\|_2$；

(3) $\|f + g\|_2 \leqslant \|f\|_2 + \|g\|_2$；

(4) $|(f,g)| \leqslant \|f\|_2 \cdot \|g\|_2$.

为了实际应用的方便，也常引进如下形式的加权内积和相应的范数

$$(f, g) = \int_a^b \rho(x)f(x)g(x)\mathrm{d}x,\ \|f\|_2 = \sqrt{\int_a^b \rho(x)f^2(x)\mathrm{d}x}$$

这里函数 $\rho(x)$ 是非负连续函数，称为 $[a, b]$ 上的**权函数**，它的物理意义可以解释为密度函数. 加权范数仍满足上述性质（1）～（4）.

**定理 6.3**　若 $f_0(x), f_1(x), \cdots, f_n(x)$ 为 $C[a,b]$ 上的一组线性无关函数，则存在 $C[a, b]$ 上一组两两正交的函数组 $g_0(x), g_1(x), \cdots, g_n(x)$，使对任意 $k = 0, 1, \cdots, n$，满足：

(1) $g_k(x)$ 为 $f_0(x), f_1(x), \cdots, f_k(x)$ 的线性组合；

(2) $f_k(x)$ 为 $g_0(x)$, $g_1(x)$, …, $g_k(x)$ 的线性组合.

**证明** 只需按如下 **Schemite 正交化过程**构造函数组:

$$g_0(x)=f_0(x)$$

$$g_1(x)=f_1(x)-\frac{(f_1,g_0)}{(g_0,g_0)}g_0(x)$$

$$\vdots$$

$$g_n(x)=f_n(x)-\sum_{i=0}^{n-1}\frac{(f_n,g_i)}{(g_i,g_i)}g_i(x)$$

容易验证, $g_0(x)$, $g_1(x)$, …, $g_n(x)$ 两两正交且满足 (1) 和 (2).

若已得到正交函数组 $g_0(x)$, $g_1(x)$, …, $g_n(x)$, 令

$$e_k=\frac{g_k(x)}{\|g_k\|_2},\quad k=0,1,\cdots,n$$

则有 $(e_i, e_j)=\delta_{ij}(i, j=0, 1, \cdots, n)$, 称正交函数组 $e_0(x)$, $e_1(x)$, …, $e_n(x)$ 为**规范正交组**.

由线性无关函数组 1 $x$, $x^2$, …, $x^n$, 经过 Schemite 正交化过程得到的多项式 $p_0(x)$, $p_1(x)$, …, $p_n(x)$ 称为 $[a, b]$ 上的**正交多项式**.

**例 6-10** 求区间 $[-1, 1]$ 上, 权函数 $\rho(x)=1$ 的三次正交多项式.

**解** 由 Schemite 正交化过程有

$$p_0(x)=1$$

$$p_1(x)=x-\frac{(x,1)}{(1,1)}\times 1=x-\frac{\int_{-1}^{1}x\mathrm{d}x}{\int_{-1}^{1}1\mathrm{d}x}=x$$

$$p_2(x)=x^2-\frac{(x^2,1)}{(1,1)}\times 1-\frac{(x^2,x)}{(x,x)}\times x$$

$$=x^2-\frac{\int_{-1}^{1}x^2\mathrm{d}x}{\int_{-1}^{1}1\mathrm{d}x}-\frac{\int_{-1}^{1}x^3\mathrm{d}x}{\int_{-1}^{1}x^2\mathrm{d}x}\times x=x^2-\frac{1}{3}$$

$$p_3(x)=x^3-\frac{(x^3,1)}{(1,1)}\times 1-\frac{(x^3,x)}{(x,x)}\times x-\frac{(x^3,x^2-\frac{1}{3})}{(x^2-\frac{1}{3},x^2-\frac{1}{3})}\times(x^2-\frac{1}{3})$$

$$= x^3 - \frac{\int_{-1}^{1} x^3 \mathrm{d}x}{\int_{-1}^{1} 1 \mathrm{d}x} - \frac{\int_{-1}^{1} x^4 \mathrm{d}x}{\int_{-1}^{1} x^2 \mathrm{d}x} \times x - \frac{\int_{-1}^{1} (x^5 - \frac{1}{3}x^3) \mathrm{d}x}{\int_{-1}^{1} (x^2 - \frac{1}{3})^2 \mathrm{d}x} \times (x^2 - \frac{1}{3}) = x^3 - \frac{3}{5}x$$

若 $p_0(x), p_1(x), \cdots, p_n(x)$ 是 $[a, b]$ 上权函数为 $\rho(x)$ 的正交多项式，则有下列性质：

(1) $p_k(x)$ 是首项系数不为零的 $k$ 次多项式；

(2) $p_0(x), p_1(x), \cdots, p_n(x)$ 构成 $P_n$ 上的一组正交基，$P_n$ 上任一多项式可由这组基线性表示；

(3) $p_n(x)$ 与任一不高于 $n-1$ 次的多项式正交，记为 $p_n(x) \perp P_{n-1}$；

(4) 方程 $p_n(x) = 0$ 在 $[a, b]$ 上有 $n$ 个单根；

(5) 方程 $p_{n-1}(x) = 0$ 的根 $x_1^{(n-1)}, x_2^{(n-1)}, \cdots, x_{n-1}^{(n-1)}$，与方程 $p_n(x) = 0$ 的根 $x_1^{(n)}, x_2^{(n)}, \cdots, x_n^{(n)}$ 在 $[a, b]$ 上呈交错分布，即

$$a < x_1^{(n)} < x_1^{(n-1)} < x_2^{(n)} < x_2^{(n-1)} < \cdots < x_{n-1}^{(n-1)} < x_n^{(n)} < b$$

由于正交多项式理论超出了本教材的内容，上述性质证明从略.

下面介绍几个常用的正交多项式系.

**Legendre（勒让德）多项式**

$$L_n(x) = \frac{1}{2^n n!} \frac{\mathrm{d}^n}{\mathrm{d}x^n}(x^2 - 1)^n, \quad x \in [-1,1], \quad n = 0,1,2,\cdots$$

是区间 $[-1, 1]$ 上权函数为 $\rho(x) = 1$ 的正交多项式，且满足

(1) $$(L_m, L_n) = \int_{-1}^{1} L_m(x) L_n(x) \mathrm{d}x = \begin{cases} 0 & m \neq n \\ \dfrac{2}{2n+1} & m = n \end{cases}$$

(2) 三项递推关系

$$\begin{cases} (n+1)L_{n+1}(x) = (2n+1)xL_n(x) - nL_{n-1}(x), & n \geqslant 1 \\ L_0(x) = 1, \quad L_1(x) = x \end{cases}$$

**Chebyshev（切比雪夫）多项式**

$$T_n(x) = \cos(n \arccos x), \quad x \in [-1,1], \quad n = 0,1,2,\cdots$$

是区间 $[-1, 1]$ 上权函数为 $\rho(x) = \frac{1}{\sqrt{1-x^2}}$ 的正交多项式，$T_n(x)$ 的首项系数为 $2^{n-1}$，且满足

(1) $(T_m, T_n) = \int_{-1}^{1} \frac{1}{\sqrt{1-x^2}} T_m(x) T_n(x) \mathrm{d}x$

$$= \int_0^{\pi} \cos m\theta \cos n\theta \mathrm{d}\theta = \begin{cases} 0, & m \neq n \\ \frac{\pi}{2}, & m = n \neq 0 \\ \pi, & m = n = 0 \end{cases}$$

(2) 三项递推关系

$$\begin{cases} T_{n+1}(x) = 2xT_n(x) - T_{n-1}(x), & n \geqslant 1 \\ T_0(x) = 1, \quad T_1(x) = x \end{cases}$$

(3) $T_n(x)$ 在 $[-1, 1]$ 上的 $n$ 个零点为

$$x_k^{(n)} = \cos \frac{2k-1}{2n}\pi, \quad k = 1,2,\cdots,n$$

**Laguere（拉盖尔）多项式**

$$L_n(x) = e^x \frac{\mathrm{d}^n}{\mathrm{d}x^n}(x^n e^{-x}), \ 0 < x < +\infty, \ n = 0, 1, 2, \cdots$$

是区间 $[0, +\infty)$ 上权函数为 $\rho(x) = e^{-x}$ 的正交多项式，$L_n(x)$ 的首项系数为 $(-1)^n$，且满足

(1) $(L_m, L_n) = \int_0^{\infty} e^{-x} L_m(x) L_n(x) \mathrm{d}x = \begin{cases} 0 & m \neq n \\ (n!)^2 & m = n \end{cases}$

(2) 三项递推关系

$$\begin{cases} L_{n+1}(x) = (2n+1-x)L_n(x) - n^2 L_{n-1}(x), & n \geqslant 1 \\ L_0(x) = 1, \quad L_1(x) = 1-x \end{cases}$$

**Hermite（厄米特）多项式**

$$H_n(x) = (-1)^n e^{x^2} \frac{\mathrm{d}^n}{\mathrm{d}x^n}(e^{-x^2}), \ -\infty < x < +\infty, \quad n = 0, 1, 2, \cdots$$

是区间 $(-\infty, +\infty)$ 上权函数为 $\rho(x) = e^{-x^2}$ 的正交多项式，$H_n(x)$ 的首项系数为 $2^n$，且满足

(1) $(H_m, H_n) = \int_{-\infty}^{\infty} e^{-x^2} H_m(x) H_n(x) \mathrm{d}x = \begin{cases} 0 & m \neq n \\ 2^n n! \pi & m = n \end{cases}$

（2）三项递推关系

$$\begin{cases} H_{n+1}(x) = 2xH_n(x) - 2nH_{n-1}(x), \quad n \geqslant 1 \\ H_0(x) = 1, \quad H_1(x) = 2x \end{cases}$$

### 6.8.2　最佳均方逼近

这里仅介绍最佳均方逼近多项式. 考虑最佳均方逼近问题：对给定的函数 $f(x) \in C[a, b]$，寻找 $n$ 次多项式 $p_n^*(x) \in P_n$，使 $f(x) - p_n^*(x)$ 在平方范数下达到最小值，即

$$\| f(x) - p_n^*(x) \|_2 = \min_{p_n(x) \in P_n} \| f(x) - p_n(x) \|_2$$

设 $g_0(x), g_1(x), \cdots, g_n(x)$ 是区间 $[a, b]$ 上权函数为 $\rho(x)$ 的正交多项式，则对任何 $p_n(x) \in P_n$，有

$$p_n(x) = a_0 g_0(x) + a_1 g_1(x) + \cdots + a_n g_n(x)$$

其中 $a_0, a_1, \cdots, a_n$ 为适当常数，由于

$$\begin{aligned} \| f - p_n \|_2^2 &= \int_a^b \rho(x) [f(x) - p_n(x)]^2 \mathrm{d}x \\ &= \int_a^b \rho(x) [f(x) - \sum_{j=0}^{n} a_j g_j(x)]^2 \mathrm{d}x \\ &\triangleq G(a_0, a_1, \cdots, a_n) \end{aligned}$$

所以最佳均方逼近，就是寻求常数 $a_0^*, a_1^*, \cdots, a_n^*$，使得

$$G(a_0^*, a_1^*, \cdots, a_n^*) = \min G(a_0, a_1, \cdots, a_n)$$

这时

$$p_n^*(x) = a_n^* g_0(x) + a_n^* g_1(x) + \cdots + a_n^* g_n(x)$$

称 $p_n^*(x)$ 为 $f(x)$ 在区间 $[a, b]$ 上的 ***n* 次最佳均方逼近多项式**.

注意到 $G(a_0, a_1, \cdots, a_n)$ 是关于 $a_0, a_1, \cdots, a_n$ 的二次函数，寻求 $p_n^*(x)$ 就转化为求二次函数 $G(a_0, a_1, \cdots, a_n)$ 的最小值问题. 根据多元函数极值存在的必要条件知 $a_0^*, a_1^*, \cdots, a_n^*$ 应满足方程

$$\frac{\partial G}{\partial a_i} = 0, \quad i = 0, 1, 2, \cdots, n \tag{6.33}$$

由于

$$\frac{\partial G}{\partial a_i} = -2\int_a^b \rho(x)\left[f(x) - \sum_{j=0}^{n} a_j g_j(x)\right] g_i(x)\,\mathrm{d}x$$

故方程组（6.33）为

$$\sum_{j=0}^{n}\left(\int_a^b \rho(x) g_i(x) g_j(x)\,\mathrm{d}x\right) a_j = \int_a^b \rho(x) f(x) g_i(x)\,\mathrm{d}x$$

或写成

$$\sum_{j=0}^{n} (g_i, g_j) a_j = (f, g_i), \quad i = 0, 1, 2, \cdots, n \tag{6.34}$$

这是关于 $n+1$ 个未知量 $a_0, a_1, \cdots, a_n$ 的线性方程组，其矩阵形式为

$$\begin{pmatrix} (g_0,g_0) & (g_0,g_1) & \cdots & (g_0,g_n) \\ (g_1,g_0) & (g_1,g_1) & \cdots & (g_1,g_n) \\ \vdots & \vdots & & \vdots \\ (g_n,g_0) & (g_n,g_1) & \cdots & (g_n,g_n) \end{pmatrix} \begin{pmatrix} a_0 \\ a_1 \\ \vdots \\ a_n \end{pmatrix} = \begin{pmatrix} (f,g_0) \\ (f,g_1) \\ \vdots \\ (f,g_n) \end{pmatrix} \tag{6.35}$$

利用 $g_0(x)$，$g_1(x)$，…，$g_n(x)$ 的正交性，即 $(g_i, g_j) = 0 (i \neq j)$，可知方程组（6.35）为对角方程组，从而可求得解

$$a_j^* = \frac{(f, g_j)}{(g_j, g_j)}, \quad j = 0, 1, 2, \cdots, n$$

于是，最佳均方逼近多项式是唯一存在的，且可表示为

$$p_n^*(x) = \sum_{j=0}^{n} \frac{(f, g_j)}{(g_j, g_j)} g_j(x)$$

最佳均方逼近的误差为

$$\| f - p_n^* \|_2 = \sqrt{(f - p_n^*, f - p_n^*)}$$
$$= \sqrt{(f - p_n^*, f) - (f - p_n^*, p_n^*)}$$

由于 $a_j^* (j = 0, 1, \cdots, n)$ 满足式（6.34），故有 $(f - p_n^*, p_n^*) = 0$，因而最佳均方逼近的误差为

$$\| f - p_n^* \|_2 = \sqrt{(f, f) - (p_n^*, f)} = \sqrt{\| f \|_2^2 - \sum_{j=0}^{n} a_j^* (f, g_j)}$$

**例 6-11** 求函数 $f(x) = x\mathrm{e}^x$ 在区间 $[-1, 1]$ 上的三次最佳均方逼近多项式.

**解**　选取 Legendre 多项式：

$$L_0(x)=1,\ L_1(x)=x,\ L_2(x)=\frac{3}{2}x^2-\frac{1}{2},\ L_3(x)=\frac{5}{2}x^3-\frac{3}{2}x$$

计算

$$(f,L_0)=\int_{-1}^{1}xe^x dx=2e^{-1}\approx 0.73576$$

$$(f,L_1)=\int_{-1}^{1}x^2e^x dx=e-5e^{-1}\approx 0.87888$$

$$(f,L_2)=\int_{-1}^{1}x\left(\frac{3}{2}x^2-\frac{1}{2}\right)e^x dx=-3e+23e^{-1}\approx 0.30638$$

$$(f,L_3)=\int_{-1}^{1}x\left(\frac{5}{2}x^3-\frac{3}{2}x\right)e^x dx=21e-155e^{-1}\approx 0.06260$$

从而有

$$a_0^*=\frac{(f,L_0)}{(L_0,L_0)}=\frac{1}{2}(f,L_0)\approx 0.36788$$

$$a_1^*=\frac{(f,L_1)}{(L_1,L_1)}=\frac{3}{2}(f,L_1)\approx 1.31832$$

$$a_2^*=\frac{(f,L_2)}{(L_2,L_2)}=\frac{5}{2}(f,L_2)\approx 0.76595$$

$$a_3^*=\frac{(f,L_3)}{(L_3,L_3)}=\frac{7}{2}(f,L_3)\approx 0.2191$$

所以三次最佳均方逼近多项式为

$$p_3^*(x)=a_0^*L_0(x)+a_1^*L_1(x)+a_2^*L_2(x)+a_3^*L_3(x)$$

$$\approx 0.54775x^3+1.14893x^2+0.98967x-0.0151$$

最佳均方逼近误差为

$$\|f-p_3^*\|_2=\sqrt{\|f\|_2^2-\sum_{i=0}^{3}a_i^*(f,L_i)}$$

$$=\sqrt{\int_{-1}^{1}x^2e^{2x}dx-\sum_{i=0}^{3}a_i^*(f,L_i)}\leqslant 0.01978$$

顺便指出，对于区间 $[a,b]$ 上连续函数 $f(x)$ 的最佳均方逼近问题，

可作变量替换

$$x = \frac{b-a}{2}t + \frac{a+b}{2}, \quad t \in [-1,1]$$

将其转化为区间 $[-1, 1]$ 上来处理.

## 6.9 数据拟合的最小二乘法

### 6.9.1 数据拟合问题

经常由观察或测试可得到未知函数 $y(x)$ 的一组离散数据：

| $x_i$ | $x_0$ | $x_1$ | $x_2$ | … | $x_m$ |
|---|---|---|---|---|---|
| $y_i$ | $y_0$ | $y_1$ | $y_2$ | … | $y_m$ |

我们需要在给定的函数类 $\Phi$ 上，根据这组离散数据构造 $y(x)$ 的逼近曲线. 由于离散数据本身是由观察或测试得到，一般带有误差，因此不能要求逼近曲线像插值曲线那样经过这些离散点，只要求逼近曲线在 $x_i$ 处与离散数据尽可能接近. 考虑曲线拟合问题：求函数 $\varphi(x) \in \Phi$，使 $\varphi(x)$ 在离散点上的误差向量 $\boldsymbol{\delta} = (\delta_0, \delta_1, \cdots, \delta_m)^{\mathrm{T}}$，$(\delta_0 = \varphi(x_0) - y_0,\ \delta_1 = \varphi(x_1) - y_1, \cdots,\ \delta_m = \varphi(x_m) - y_m)$ 按某一向量范数 $\|\boldsymbol{\delta}\|$ 达到最小. 对不同的范数，就构造出不同意义下的拟合函数.

函数类 $\Phi$ 通常取为 $\Phi = \mathrm{span}\{\varphi_0(x), \varphi_1(x), \cdots, \varphi_n(x)\}$，其中函数系 $\varphi_0(x), \varphi_1(x), \cdots, \varphi_n(x)$ 在包含节点 $\{x_i\}$ 的区间 $[a,b]$ 上线性无关. 因而函数类 $\Phi$ 中的任何一个函数 $\varphi(x)$ 可以表示为

$$\varphi(x) = a_0\varphi_0(x) + a_1\varphi_1(x) + \cdots + a_n\varphi_n(x) \tag{6.36}$$

常用的函数系有多项式函数系 $\{x^j\}$，三角函数系 $\{\sin jx\}$，$\{\cos jx\}$，指数函数系 $\{e^{\lambda_j x}\}$，正交函数系等. 最常用的是多项式函数系 $\{x^j\}$，即取 $\Phi = \mathrm{span}\{1, x, x^2, \cdots, x^n\}$，这时求得的拟合曲线称为**多项式拟合曲线**.

### 6.9.2 数据拟合的最小二乘法

为了便于计算，在求误差向量 $\boldsymbol{\delta}$ 的范数时，宜采用向量的 2-范数，这时对应的曲线拟合方法称为**最小二乘法**. 具体表述是，对给定的离散

数据，在函数类 $\Phi = \mathrm{span}\{\varphi_0(x), \varphi_1(x), \cdots, \varphi_n(x)\}$ 中求一个函数 $y = \varphi^*(x)$，使其误差向量 $\boldsymbol{\delta}^*$ 按 2-范数达到最小，即

$$\|\boldsymbol{\delta}^*\|_2^2 = \sum_{i=0}^{m} \delta_i^{*2} = \sum_{i=0}^{m} [\varphi^*(x_i) - y_i]^2 = \min_{\varphi(x)\in\Phi} \|\boldsymbol{\delta}\|_2^2$$

在实际问题中，考虑到离散数据的比重不同，常采用向量的加权范数形式

$$\|\boldsymbol{\delta}\|_2^2 = \sum_{i=0}^{m} \rho(x_i)[\varphi(x_i) - y_i]^2 \tag{6.37}$$

其中 $\rho(x) > 0$，是区间 $[a, b]$ 上的权函数.

显然，数据拟合的最小二乘法，与上节所述的连续函数的最佳均方逼近相当，只是这里针对离散变量 $x_0, x_1, \cdots, x_n$ 而言，基本思想完全类似.

由式（6.36）和（6.37）可见，寻求最佳拟合函数 $y = \varphi^*(x)$ 可转化为求多元函数

$$G(a_0, a_1, \cdots, a_n) = \sum_{i=0}^{m} \rho(x_i)[\sum_{j=0}^{n} a_j\varphi_j(x_i) - y_i]^2$$

的最小值点（$a_0^*$，$a_1^*$，$\cdots$，$a_n^*$）的问题. 根据多元函数极值存在的必要条件知，在点（$a_0^*$，$a_1^*$，$\cdots$，$a_n^*$）处，

$$\frac{\partial G}{\partial a_i} = 0, \quad i = 0, 1, 2, \cdots, n$$

而

$$\frac{\partial G}{\partial a_i} = 2\sum_{j=0}^{m} \rho(x_j)[\sum_{k=0}^{n} a_k\varphi_k(x_j) - y_j]\varphi_i(x_j)$$

于是得到关于 $a_0^*, a_1^*, \cdots, a_n^*$ 所满足的线性方程组

$$\sum_{k=0}^{n} [\sum_{j=0}^{m} \rho(x_j)\varphi_k(x_j)\varphi_i(x_j)]a_k = \sum_{j=0}^{m} \rho(x_j)y_j\varphi_i(x_j), \quad i = 0, 1, \cdots, n \tag{6.38}$$

引进向量

$$\boldsymbol{\varphi}_j = (\varphi_j(x_0), \varphi_j(x_1), \cdots, \varphi_j(x_m))^{\mathrm{T}}, \quad j = 0, 1, \cdots, n$$

$$\boldsymbol{f} = (y_0, y_1, \cdots, y_m)^{\mathrm{T}}$$

且记向量加权内积

$$(\boldsymbol{\varphi}_k,\boldsymbol{\varphi}_i)=\sum_{j=0}^{m}\rho(x_j)\varphi_k(x_j)\varphi_i(x_j)$$

$$(\boldsymbol{f},\boldsymbol{\varphi}_i)=\sum_{j=0}^{m}\rho(x_j)y_j\varphi_i(x_j),\quad k,i=0,1,\cdots,n$$

这时方程组（6.38）可写成

$$\sum_{k=0}^{n}(\boldsymbol{\varphi}_k,\boldsymbol{\varphi}_i)a_k=(\boldsymbol{f},\boldsymbol{\varphi}_i),\ i=0,1,\cdots,n \tag{6.39}$$

这是关于 $n+1$ 个未知量 $a_0,a_1,\cdots,a_n$ 的线性方程组，通常称为（由最小二乘法导出的）**正则方程组**或**法方程组**. 写成矩阵形式为

$$\begin{pmatrix}(\boldsymbol{\varphi}_0,\boldsymbol{\varphi}_0) & (\boldsymbol{\varphi}_0,\boldsymbol{\varphi}_1) & \cdots & (\boldsymbol{\varphi}_0,\boldsymbol{\varphi}_n)\\(\boldsymbol{\varphi}_1,\boldsymbol{\varphi}_0) & (\boldsymbol{\varphi}_1,\boldsymbol{\varphi}_1) & \cdots & (\boldsymbol{\varphi}_1,\boldsymbol{\varphi}_n)\\ \vdots & \vdots & & \vdots\\(\boldsymbol{\varphi}_n,\boldsymbol{\varphi}_0) & (\boldsymbol{\varphi}_n,\boldsymbol{\varphi}_1) & \cdots & (\boldsymbol{\varphi}_n,\boldsymbol{\varphi}_n)\end{pmatrix}\begin{pmatrix}a_0\\a_1\\ \vdots\\a_n\end{pmatrix}=\begin{pmatrix}(\boldsymbol{f},\boldsymbol{\varphi}_0)\\(\boldsymbol{f},\boldsymbol{\varphi}_1)\\ \vdots\\(\boldsymbol{f},\boldsymbol{\varphi}_n)\end{pmatrix} \tag{6.40}$$

如果向量组 $\boldsymbol{\varphi}_0,\boldsymbol{\varphi}_1,\cdots,\boldsymbol{\varphi}_n$ 线性无关，则正则方程组的系数矩阵是对称正定矩阵，可用平方根法或 SOR 法求得唯一解 $a_0^*,a_1^*,\cdots,a_n^*$，于是得到拟合函数

$$\varphi^*(x)=a_0^*\varphi_0(x)+a_1^*\varphi_1(x)+\cdots+a_n^*\varphi_n(x)$$

若取函数类 $\Phi=P_n=\text{span}\{1,x,x^2,\cdots,x^n\}$，则相应的正则方程组（6.40）为

$$\begin{pmatrix}\Sigma\rho_i & \Sigma\rho_i x_i & \cdots & \Sigma\rho_i x_i^n\\ \Sigma\rho_i x_i & \Sigma\rho_i x_i^2 & \cdots & \Sigma\rho_i x_i^{n+1}\\ \vdots & \vdots & & \vdots\\ \Sigma\rho_i x_i^n & \Sigma\rho_i x_i^{n+1} & \cdots & \Sigma\rho_i x_i^{2n}\end{pmatrix}\begin{pmatrix}a_0\\a_1\\ \vdots\\a_n\end{pmatrix}=\begin{pmatrix}\Sigma\rho_i y_i\\ \Sigma\rho_i x_i y_i\\ \vdots\\ \Sigma\rho_i x_i^n y_i\end{pmatrix}$$

其中 $\rho_i=\rho(x_i)$，$\Sigma=\sum_{i=0}^{m}$. 此时拟合曲线为

$$\varphi^*(x)=P_n^*(x)=a_0^*+a_1^*x+\cdots+a_n^*x^n$$

曲线拟合在实际问题中有广泛应用，特别在实验、统计等方面更是如此. 通常，由一组实验或观测取得数据，先在平面上标出这些数据，

然后确定拟合曲线的类型. 对于具体问题，拟合曲线的类型往往是已知的，只需确定曲线的具体参数. 例如，电阻与导线的长度之间呈线性关系，如何确定具体的线性表示式，可通过对不同长度的导线测试电阻所得数据作拟合曲线而得.

**例 6-12**　求下列实验数据的拟合曲线.

| | | | | | |
|---|---|---|---|---|---|
| $x_i$ | 1 | 2 | 3 | 4 | 5 |
| $y_i$ | 1.1 | 2.9 | 5.2 | 7.1 | 8.8 |
| $\rho_i$ | 1 | 2 | 1 | 3 | 1 |

**解**　描出实验数据的图形，见图 6-3.

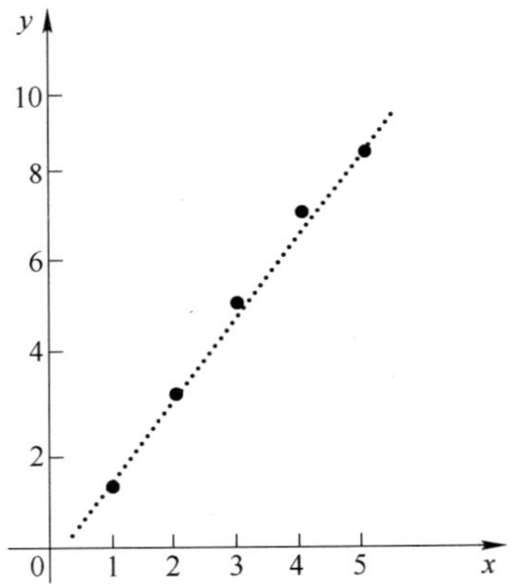


图 6-3

可见，实验数据分布在一条直线附近，故可取拟合函数为线性函数. 即

$$\varphi(x) = p_1(x) = a_0 + a_1 x$$

这时，$m = 4$，$n = 1$，$\varphi_0(x) = 1$，$\varphi_1(x) = x$，所以有

$$\boldsymbol{\varphi}_0 = (1,1,1,1,1)^{\mathrm{T}},\ \boldsymbol{\varphi}_1 = (1,2,3,4,5)^{\mathrm{T}}$$

$$\boldsymbol{f} = (1.1,2.9,5.2,7.1,8.8)^{\mathrm{T}}$$

正则方程组为

$$\begin{cases}8a_0 + 25a_1 = 42.2 \\ 25a_0 + 91a_1 = 157.5\end{cases}$$

解得：$a_0 = -0.94466$，$a_1 = 1.99029$．所得拟合曲线为

$$\varphi^*(x) = p_1^*(x) = 1.99029x - 0.94466$$

**例 6-13** 出钢时所用盛钢水的钢包，由于钢水对耐火材料的侵蚀，容积不断增大，经过试验，钢包的容积与相应的使用次数之间的关系如下表，求钢包的容积 $V$ 与相应的使用次数 $t$ 的拟合曲线 $V = \varphi(t)$．

| 使用次数 $t_i$ | 增大容积 $V_i$ | 使用次数 $t_i$ | 增大容积 $V_i$ | 使用次数 $t_i$ | 增大容积 $V_i$ |
|---|---|---|---|---|---|
| 2 | 6.42 | 7 | 10.00 | 12 | 10.60 |
| 3 | 8.20 | 8 | 9.93 | 13 | 10.80 |
| 4 | 9.58 | 9 | 9.99 | 14 | 10.60 |
| 5 | 9.50 | 10 | 10.49 | 15 | 10.90 |
| 6 | 9.70 | 11 | 10.59 | 16 | 10.76 |

**解** 将试验数据标在坐标纸上，见图 6-4．我们看到开始时容积增大较快，后来逐渐减弱，到一定次数就基本稳定在常数上，因此 $\varphi(t)$ 有一条水平渐近线，另外，显然有 $\varphi(0) = 0$．根据这些特点，可以选取拟合曲线 $\varphi(t)$ 为双曲线或指数函数.

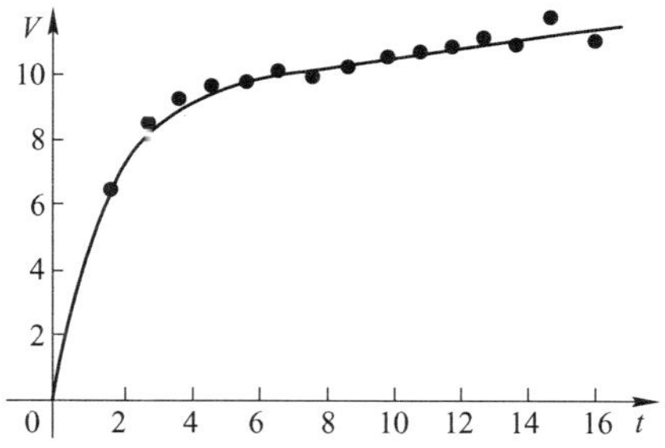


图 6-4

（1）设双曲线的数学模型为 $\dfrac{1}{V} = a + \dfrac{b}{t}$，即 $V = \varphi_1(t) = \dfrac{t}{at + b}$.

为了确定参数 $a,b$，令 $\bar{V} = \dfrac{1}{V}$，$\bar{t} = \dfrac{1}{t}$，于是可利用线性函数 $\bar{V}(\bar{t}) =$

$a+b\bar{t}$ 拟合数据 $(\bar{V}_i,\bar{t}_i)=(\frac{1}{V_i},\frac{1}{t_i})(i=2,3,\cdots,16)$. 利用上例相同的方法，得到正则方程组

$$\begin{cases}15a+135b=18.95\\135a+1405b=195.45\end{cases}$$

解得 $a^*=0.0838$, $b^*=0.1312$. 从而得到拟合曲线为

$$V=\varphi_1(t)=\frac{t}{0.0838\,t+0.1312}$$

（2）设指数函数的数学模型为 $V=ae^{\frac{b}{t}}$，即 $\ln V=\ln a+\frac{b}{t}$. 为了确定参数 $a,b$，令 $\hat{V}=\ln V,\hat{t}=\frac{1}{t},A=\ln a$，于是可利用线性函数 $\hat{V}(\hat{t})=A+b\hat{t}$ 拟合数据 $(\hat{V}_i,\hat{t}_i)=(\ln V_i,\frac{1}{t_i})(i=2,3,\cdots,16)$. 可求得 $A^*=2.4587,b^*=-1.1107$, 因此 $a^*=e^{A^*}\approx 11.6896$. 从而得到拟合曲线为

$$V=\varphi_2(t)=11.6896e^{-1.1107/t}$$

为了比较上述两种拟合曲线的好坏，分别求出其均方误差

$$\|\boldsymbol{\delta}^{(1)}\|_2=\sqrt{\sum_{i=2}^{16}(V_i-\varphi_1(t_i))^2}\approx 1.19$$

$$\|\boldsymbol{\delta}^{(2)}\|_2=\sqrt{\sum_{i=2}^{16}(V_i-\varphi_2(t_i))^2}\approx 0.94$$

由于 $\|\boldsymbol{\delta}^{(2)}\|_2<\|\boldsymbol{\delta}^{(1)}\|_2$，所以选取指数拟合曲线 $\varphi_2(x)$ 作为钢包使用次数与增大容积之间的近似关系更合适.

实际应用中，选取拟合曲线的类型不是一件容易的事情，一般根据数据的分布，再结合问题有关的专业知识、实际经验，确定若干个拟合曲线模型，经过分析计算，反复比较，才能获得较好的拟合曲线. 现在很多计算机配有自动选择数学模型的程序.

## 习　题　6

6-1　已知 $f(-1)=-3,f(1)=0,f(2)=4$，求 $f(x)$ 的二次插值多项式 $p_2(x)$.

6-2　利用 $f(x)=\sqrt{x}$ 在 $x=100,121,144$ 处的函数值，用插值方法求 $\sqrt{115}$ 的近似值，并由误差公式给出误差界，同时与实际误差作比较.

6-3　设 $l_2(x)$ 是以 $x_k=x_0+kh,k=0,1,2,3$ 为节点的三次 Lagrange 插值基函数，求 $\max\limits_{x_0\leqslant x\leqslant x_3}|l_2(x)|$.

6-4　设 $l_0(x),l_1(x),\cdots,l_n(x)$ 是以 $x_0,x_1,\cdots,x_n$ 为节点的 $n$ 次 Lagrange 插值基函数，证明：

（1）$\sum\limits_{j=0}^{n}x_j^k l_j(x)=x^k,\ k=0,1,\cdots n$；

（2）$\sum\limits_{j=0}^{n}(x_j-x)^k l_j(x)=0,\ k=0,1,\cdots n$.

6-5　设 $f(x)\in C^2[a,b]$，且 $f(a)=f(b)=0$，证明

$$|f(x)|\leqslant\frac{1}{8}(b-a)^2M_2,\quad a\leqslant x\leqslant b$$

其中，$M_2=\max\limits_{a\leqslant x\leqslant b}|f''(x)|$.

6-6　在区间［-4，4］上给出 $f(x)=e^x$ 的等距节点函数表，利用与 $x$ 距离最近的三点构造二次插值作为 $f(x)$ 的近似，若使其误差不超过 $10^{-6}$，问节点间步长 $h$ 应取多少？

6-7　证明 $n$ 阶差商有下列性质

（1）若 $F(x)=f(x)+g(x)$，则

$$F[x_0,x_1,\cdots,x_n]=f[x_0,x_1,\cdots,x_n]+g[x_0,x_1,\cdots,x_n];$$

（2）若 $f(x)\in P_m$（$m$ 次多项式集合），$m>n$，则

$$f[x_0,x_1,\cdots,x_{n-1},x]\in P_{m-n};$$

6-8　设 $f(x)=3x^5+2x^3+x+1$，求差商 $f[2^0,2^1,2^2,\cdots,2^5]$ 和 $f[2^0,2^1,2^2,\cdots,2^6]$.

6-9　设 $f(x)=x^5+x^3+1$，取 $x_0=-1,x_1=-0.8,x_2=0,x_3=0.5,x_4=1$，作出 $f(x)$ 关于 $x_0,x_1,x_2,x_3,x_4$ 的差商表，并建立 $f(x)$ 关于节点 $x_0,x_1,x_2,x_3$ 的 Newton 插值多项式，给出插值误差.

6-10　设 $f(x)\in C^4[0,2]$，且 $f(0)=2,f(1)=-1,f(2)=0,f'(1)=0$. 试利用给定数据求 $f(x)$ 的三次 Hermite 插值多项式，并给出插值余项.

6-11　设 $f(x)=x^4+2x^3+5$，对节点 $x_0=-3,x_1=-1,x_2=1,x_3=2$，求 $f(x)$ 在区间［-3，2］上的分段三次 Hermite 插值多项式及其余项.

6-12　给定插值条件 $f(0)=0,f(1)=1,f(2)=0,f(3)=1$，试分别求出边界条件为 $y'(0)=1,y'(3)=0$ 或 $y''(0)=1,y''(3)=0$ 的三次样条插值函数.

6-13　确定 $a,b,c$，使得函数

$$S(x)=\begin{cases}x^3 & 0\leqslant x\leqslant 1\\ \frac{1}{2}(x-1)^3+a(x-1)^2+b(x-1)+c & 1\leqslant x\leqslant 3\end{cases}$$

是一个三次样条函数.

6-14　确定 $a,b,c,d$ ，使得函数

$$S(x)=\begin{cases}x^2+x^3 & 0\leqslant x\leqslant 1\\ a+bx+cx^2+dx^3 & 1\leqslant x\leqslant 2\end{cases}$$

是一个三次样条函数，且满足 $S''(2)=12$ .

6-15　给定函数表

| $x$ | 0 | 1 | 2 | 3 |
|---|---|---|---|---|
| $y$ | 5 | 3 | -1 | 2 |

试建立 $y$ 的反差商有理插值函数.

6-16　给定函数 $y=\cot x$ 的数据如下：

| $x$ | 0.1 | 0.2 | 0.3 | 0.4 |
|---|---|---|---|---|
| $\cot x$ | 9.96664 | 4.93315 | 3.23273 | 2.36522 |

试分别用多项式插值与反差商有理插值，求 cot 0.15 的近似值，并与准确值 6.61659 作比较，看哪一种插值效果更好.

6-17　利用 Legendre 多项式 $L_0(x),L_1(x)$ ，求函数 $x^2$ 在区间 $[-1,1]$ 上的最佳均方逼近，并估计误差.

6-18　求区间 $[0,1]$ 上权函数为 $\rho(x)=\dfrac{1}{\sqrt{1-x^2}}$ 的正交多项式的前四项 $p_0(x)$, $p_1(x)$, $p_2(x)$, $p_3(x)$ .

6-19　求 $a,b$ ，使 $\int_0^1(ax-b-e^x)^2dx$ 达到极小.

6-20　利用 Legendre 多项式，分别求 $f(x)=\sin\left(\dfrac{\pi x}{2}\right)$ 在区间 $[0,1]$ 与 $[-1,1]$ 上的最佳均方逼近三次多项式，并比较有何异同.

6-21　证明：$1,\cos x,\cos 2x,\cdots,\cos nx,\cdots$ 是区间 $[-\pi,\pi]$ 上的正交函数系.

6-22　给定函数表

| $x_i$ | -1.00 | -0.50 | 0.00 | 0.25 | 0.75 | 1.00 |
|---|---|---|---|---|---|---|
| $y_i$ | 0.220 | 0.800 | 2.000 | 2.500 | 3.800 | 4.200 |

试分别作出线性、二次曲线拟合，并给出均方误差.

6-23　用最小二乘法求一个形如 $y = a + bx^2$ 的经验公式，使与下列数据拟合，并计算均方误差.

| $x_i$ | 19 | 25 | 31 | 33 | 44 |
|---|---|---|---|---|---|
| $y_i$ | 19.0 | 32.2 | 49.0 | 73.3 | 97.8 |

6-24　对下列数据

| $x_i$ | 1 | 2 | 3 | 4 | 5 |
|---|---|---|---|---|---|
| $y_i$ | 16.4 | 27.2 | 44.5 | 73.5 | 120.4 |

求形如 $y = ae^{bx}$ 的拟合曲线。

6-25　用最小二乘法求方程组

$$\begin{cases} 2x + 4y = 11 \\ 3x - 5y = 3 \\ x + 2y = 6 \\ 4x + 2y = 14 \end{cases}$$

的近似解。

# 7 数值积分与数值微分

在微积分学中，已经给出了许多计算函数定积分和导数的有效方法. 但在实际问题中，往往仅知道函数在一些离散点上的值，而无法得到具体的解析表达式；或者，虽然有函数的解析表达式，但却难以求得其原函数. 这时，我们就需要利用函数在这些离散点上的值计算函数定积分或导数的近似值，由此导出了数值积分和数值微分的概念. 本章介绍计算定积分和导数的数值方法.

## 7.1 数值积分概述

### 7.1.1 数值积分的基本概念

从定积分的定义

$$I = \int_a^b f(x)\,\mathrm{d}x = \lim_{|\Delta x|\to 0}\sum_{i=0}^{n} f(x_i)\,\Delta x_i$$

自然想到可利用被积函数 $f(x)$ 在区间 $[a,b]$ 上一些离散节点 $x_k$ 处的函数值 $f(x_k)$ 的线性组合

$$I_n = \sum_{k=0}^{n} A_k f(x_k)$$

近似定积分，即有

$$\int_a^b f(x)\,\mathrm{d}x \approx \sum_{k=0}^{n} A_k f(x_k) \tag{7.1}$$

或

$$\int_a^b f(x)\,\mathrm{d}x = \sum_{k=0}^{n} A_k f(x_k) + R[f] \tag{7.2}$$

称式（7.1）为**求积公式的一般形式**，$\{x_k\}(k = 0,1,\cdots,n)$ 为**求积节点**，$A_k(k = 0,1,\cdots,n)$ **为求积系数**，$R[f]$ 为求积公式的**误差或余项**. 显然，一个求积公式由它的求积节点和求积系数唯一确定.

**定义 7.1** 若求积公式

$$\int_a^b f(x)\mathrm{d}x \approx \sum_{k=0}^{n} A_k f(x_k) \tag{7.3}$$

对 $f(x)=x^j(j=0,1,\cdots,m)$ 都精确成立，但对 $f(x)=x^{m+1}$ 不能精确成立，即

$$\int_a^b x^j \mathrm{d}x = \sum_{k=0}^{n} A_k x_k^j, \quad j=0,1,\cdots,m$$

$$\int_a^b x^{m+1}\mathrm{d}x \neq \sum_{k=0}^{n} A_k x_k^{m+1}$$

则称求积公式（7.3）具有 **$m$ 次代数精度.**

显然，若求积公式具有 $m$ 次代数精度，则它对所有次数不超过 $m$ 的多项式都精确成立. 考虑到任何连续函数都可由多项式序列逼近，因此，代数精度越高求积公式的精度一般也就越高.

**例 7-1** 对求积公式

$$\int_a^b f(x)\mathrm{d}x \approx A_0 f(x_0) + A_1 f(x_1)$$

（1）取 $x_0=a, x_1=b$；（2）取 $a=-1, b=1$. 试分别确定参数，使其代数精度尽可能高，并问代数精度是多少？

**解** （1）此时求积公式只有两个参数 $A_0$，$A_1$，令公式对 $f(x)=1$，$x$ 都精确成立，则有

$$\begin{cases} A_0 + A_1 = b - a \\ aA_0 + bA_1 = \dfrac{b^2-a^2}{2} \end{cases}$$

解得，$A_0 = A_1 = \dfrac{b-a}{2}$，所以，求积公式为

$$\int_a^b f(x)\mathrm{d}x \approx \frac{b-a}{2}[f(a)+f(b)]$$

而当 $f(x)=x^2$ 时，由于

$$\int_a^b x^2\mathrm{d}x = \frac{b^3-a^3}{3} \neq \frac{b-a}{2}(a^2+b^2)$$

因此求积公式的代数精度为 $m=1$.

（2）求积公式有四个参数 $A_0$，$A_1$ 和 $x_0$，$x_1$，令公式对 $f(x)=1$，

$x$，$x^2$，$x^3$ 都精确成立，则有

$$\begin{cases} A_0 + A_1 = 2 \\ A_0 x_0 + A_1 x_1 = 0 \\ A_0 x_0^2 + A_1 x_1^2 = \dfrac{2}{3} \\ A_0 x_0^3 + A_1 x_1^3 = 0 \end{cases}$$

这是关于四个未知量 $A_0$，$A_1$，$x_0$，$x_1$ 的非线性方程组，为求此方程组的解，可令

$$(x - x_0)(x - x_1) = x^2 + bx + c$$

于是

$$A_0(x_0^2 + bx_0 + c) + A_1(x_1^2 + bx_1 + c) = 0$$

$$A_0 x_0(x_0^2 + bx_0 + c) + A_1 x_1(x_1^2 + bx_1 + c) = 0$$

则有

$$\frac{2}{3} + 2c = 0, \quad \frac{2}{3}b = 0$$

解得 $b = 0$，$c = -\dfrac{1}{3}$，于是可由 $x^2 - \dfrac{1}{3} = 0$ 求得

$$x_0 = -\frac{1}{\sqrt{3}}, \quad x_1 = \frac{1}{\sqrt{3}}$$

而且 $A_0 = A_1 = 1$．所以，求积公式为

$$\int_{-1}^{1} f(x)\,\mathrm{d}x \approx f\left(-\frac{1}{\sqrt{3}}\right) + f\left(\frac{1}{\sqrt{3}}\right)$$

由于

$$\int_{-1}^{1} x^4\,\mathrm{d}x = \frac{2}{5} \neq \left(-\frac{1}{\sqrt{3}}\right)^4 + \left(\frac{1}{\sqrt{3}}\right)^4$$

所以，此公式具有三次代数精度.

### 7.1.2 插值型数值求积公式

给定区间 $[a,b]$ 上一组节点 $\{x_k\}(k = 0,1,\cdots,n)$，且已知函数

$f(x)$ 在这些节点的函数值 $f(x_k)(k=0,1,\cdots,n)$，可以得到 $n$ 次 Lagrange插值多项式

$$L_n(x)=\sum_{k=0}^{n}f(x_k)l_k(x)$$

由于 $L_n(x)$ 是 $f(x)$ 的一个近似函数，因此可用 $L_n(x)$ 的定积分近似 $f(x)$ 的定积分，即

$$\begin{aligned}\int_a^b f(x)\,\mathrm{d}x&\approx\int_a^b L_n(x)\,\mathrm{d}x\\&=\int_a^b\Big[\sum_{k=0}^{n}f(x_k)l_k(x)\Big]\mathrm{d}x=\sum_{k=0}^{n}\Big[\int_a^b l_k(x)\,\mathrm{d}x\Big]f(x_k)\end{aligned}$$

若记

$$A_k=\int_a^b l_k(x)\,\mathrm{d}x \tag{7.4}$$

则有

$$\int_a^b f(x)\,\mathrm{d}x\approx\sum_{k=0}^{n}A_kf(x_k)$$

求积系数由式（7.4）确定的求积公式（7.1）称为**插值型求积公式**.

由于 $f(x)\in P_n$ 时，$L_n(x)=f(x)$，因此，插值型求积公式（7.1）至少具有 $n$ 次代数精度. 反之，如果式（7.1）的代数精度至少为 $n$，则它对 $n$ 次多项式

$$l_i(x)=\prod_{\substack{j=0\\j\neq i}}^{n}\frac{x-x_j}{x_i-x_j}$$

是精确成立的，即有

$$\int_a^b l_i(x)\,\mathrm{d}x=\sum_{k=0}^{n}A_kl_i(x_k)=A_i,\quad i=0,1,\cdots,n$$

所以求积公式（7.1）是插值型的.

**定理 7.1** 求积公式（7.1）至少具有 $n$ 次代数精度的充分必要条件是式（7.1）是插值型求积公式.

对于区间 $[a,b]$ 上权函数为 $\rho(x)$ 的积分

$$I=\int_a^b\rho(x)f(x)\,\mathrm{d}x$$

以 $x_k(k=0,1,\cdots,n)$ 为求积节点的插值型求积公式为

$$I_n = \sum_{k=0}^{n} A_k f(x_k)$$

其中，求积系数为

$$A_k = \int_a^b \rho(x) l_k(x)\mathrm{d}x$$

由于插值型求积公式的误差为

$$R[f] = I - I_n = \int_a^b [f(x) - L_n(x)]\mathrm{d}x$$

所以，当 $f(x) \in C^{n+1}[a,b]$ 时，由 Lagrange 插值余项公式可得

$$R[f] = \frac{1}{(n+1)!}\int_a^b f^{(n+1)}(\xi_x)\omega_{n+1}(x)\mathrm{d}x \tag{7.5}$$

利用 Newton 插值余项也可得到

$$R[f] = \int_a^b f[x_0,x_1,x_2,\cdots,x_n,x]\omega_{n+1}(x)\mathrm{d}x \tag{7.6}$$

就一般情况而言，对式（7.5）和（7.6）很难有进一步的估计，只是在选取一些特殊的节点的情况下，才能得到进一步的结果.

对于区间 $[a,b]$ 上权函数为 $\rho(x)$ 的插值型求积公式，有相应的误差表达式

$$R[f] = \frac{1}{(n+1)!}\int_a^b \rho(x) f^{(n+1)}(\xi_x)\omega_{n+1}(x)\mathrm{d}x$$

及

$$R[f] = \int_a^b \rho(x) f[x_0,x_1,x_2,\cdots,x_n,x]\omega_{n+1}(x)\mathrm{d}x$$

### 7.1.3　Newton-Cotes 求积公式

为了简化计算，通常取求积节点为等距节点 $x_k = a + kh$，$k=0,1,\cdots,n$，$h=\frac{b-a}{n}$.

**定义 7.2**　等距节点的插值型求积公式称为 **Newton-Cotes（牛顿-柯特斯）求积公式**.

Newton-Cotes 求积公式的求积系数很容易求得. 事实上

$$A_k = \int_a^b l_k(x)\mathrm{d}x = \int_a^b \prod_{\substack{i=0\\i\neq k}}^n \frac{x - x_i}{x_k - x_i}\mathrm{d}x$$

$$\overset{令x=a+th}{=} \frac{(-1)^{n-k}h}{k!(n-k)!}\int_0^n \prod_{\substack{i=0\\i\neq k}}^n (t-i)\mathrm{d}t, \quad k = 0,1,2,\cdots,n$$

令

$$C_k^{(n)} = \frac{1}{b-a}A_k$$

$$= \frac{(-1)^{n-k}}{nk!(n-k)!}\int_0^n \prod_{\substack{i=0\\i\neq k}}^n (t-i)\mathrm{d}t, \quad k = 0,1,2,\cdots,n \tag{7.7}$$

则 Newton-Cotes 求积公式可写成

$$\int_a^b f(x)\mathrm{d}x \approx (b-a)\sum_{k=0}^n C_k^{(n)} f(a+kh) \tag{7.8}$$

称 $C_k^{(n)}$ 为 Newton-Cotes 系数，它与积分区间 $[a,b]$ 无关.

**定理 7.2** 当 $n$ 为偶数时，Newton-Cotes 求积公式（7.8）至少具有 $n+1$ 次代数精度.

**证明** 由定理 7.1 知 Newton-Cotes 求积公式（7.8）至少具有 $n$ 次代数精度，故只需证明，$n$ 为偶数时 Newton-Cotes 求积公式（7.8）对 $f(x) = x^{n+1}$ 精确成立. 由于此时 $f^{(n+1)}(x) = (n+1)!$，则从式（7.5）得到

$$R[f] = \int_a^b \omega_{n+1}(x)\mathrm{d}x = \int_a^b \prod_{i=0}^n (x - x_i)\mathrm{d}x$$

当 $n$ 为偶数时，$\frac{n}{2}$ 是整数 作变换 $x = a + \left(t + \frac{n}{2}\right)h$，注意到 $x_i = a + ih$，则有

$$R[f] = h^{n+2}\int_{-\frac{n}{2}}^{\frac{n}{2}} \prod_{i=0}^n \left(t + \frac{n}{2} - i\right)\mathrm{d}t = 0$$

这是因为被积函数

$$\varphi(t) = \prod_{i=0}^n \left(t + \frac{n}{2} - i\right) = \prod_{i=-\frac{n}{2}}^{\frac{n}{2}} (t - i)$$

是奇函数. 因此公式（7.8）对 $f(x) = x^{n+1}$ 精确成立，证毕.

**例 7-2**　建立 $n=1$，$n=2$ 的 Newton-Cotes 求积公式，并给出其误差表示.

**解**　当 $n = 1$ 时，两个求积节点为 $x_0 = a$，$x_1 = b$. 由式（7.7）得 Newton-Cotes 系数

$$C_0^{(1)} = -\int_0^1 (t-1)\mathrm{d}t = \frac{1}{2}$$

$$C_1^{(1)} = \int_0^1 t\mathrm{d}t = \frac{1}{2}$$

于是，Newton-Cotes 求积公式为

$$\int_a^b f(x)\mathrm{d}x \approx \frac{b-a}{2}[f(a) + f(b)] \tag{7.9}$$

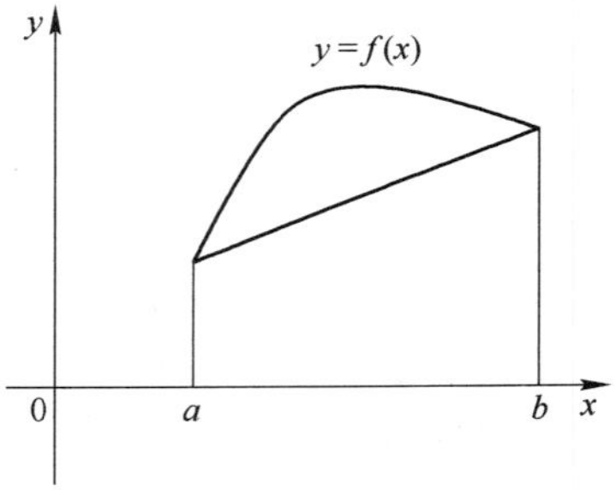


图 7-1

从几何上看（见图 7-1），式（7.9）就是利用连接 $(a, f(a))$，$(b, f(b))$ 两点的直线与 $x$ 轴围成的梯形面积来近似 $f(x)$ 与 $x$ 轴围成的曲边梯形面积. 所以式（7.9）也称为**梯形公式**，记为 $T$.

如果 $f(x) \in C^2[a,b]$，由式（7.5），利用积分中值定理可得

$$\begin{aligned} R[f] &= \frac{1}{2!}\int_a^b f''(\xi_x)(x-a)(x-b)\mathrm{d}x \\ &= \frac{f''(\eta)}{2!}\int_a^b (x-a)(x-b)\mathrm{d}x \\ &= -\frac{(b-a)^3}{12}f''(\eta),\quad \eta \in (a,b) \end{aligned} \tag{7.10}$$

若记 $M_2 = \max\limits_{a\leqslant x\leqslant b}|f''(x)|$，则有误差估计

$$|R[f]| \leqslant \frac{M_2}{12}(b-a)^3$$

当 $n = 2$ 时，三个求积节点为 $x_0 = a$，$x_1 = \dfrac{a+b}{2}$，$x_2 = b$. 由式（7.8）

得 Newton-Cotes 系数

$$C_0^{(2)} = \frac{1}{4}\int_0^2 (t-1)(t-2)\,\mathrm{d}t = \frac{1}{6}$$

$$C_1^{(2)} = -\frac{1}{2}\int_0^2 t(t-2)\,\mathrm{d}t = \frac{4}{6}$$

$$C_2^{(2)} = \frac{1}{4}\int_0^2 t(t-1)\,\mathrm{d}t = \frac{1}{6}$$

于是，$n=2$ 的 Newton-Cotes 求积公式为

$$\int_a^b f(x)\,\mathrm{d}x \approx \frac{b-a}{6}\left[f(a) + 4f\left(\frac{a+b}{2}\right) + f(b)\right] \tag{7.11}$$

式（7.11）称为 **Simpson（辛普森）公式或抛物线公式**.

如果 $f(x) \in C^4[a,b]$，构造三次插值多项式 $H_3(x)$，使满足

$$H_3(a) = f(a),\quad H_3(b) = f(b)$$

$$H_3\left(\frac{a+b}{2}\right) = f\left(\frac{a+b}{2}\right),\quad H_3'\left(\frac{a+b}{2}\right) = f'\left(\frac{a+b}{2}\right)$$

则有

$$f(x) - H_3(x) = \frac{f^{(4)}(\xi_x)}{4!}(x-a)\left(x-\frac{a+b}{2}\right)^2(x-b)$$

由定理 7.2 知，Simpson 公式具有三次代数精度，所以有

$$\int_a^b H_3(x)\,\mathrm{d}x = \frac{b-a}{6}\left[H_3(a) + 4H_3\left(\frac{a+b}{2}\right) + H_3(b)\right]$$

于是，利用插值条件和插值误差表示，可推得 Simpson 公式的误差为

$$\begin{aligned}
R[f] &= \int_a^b f(x)\,\mathrm{d}x - \frac{b-a}{6}\left[f(a) + 4f\left(\frac{a+b}{2}\right) + f(b)\right] \\
&= \int_a^b f(x)\,\mathrm{d}x - \frac{b-a}{6}\left[H_3(a) + 4H_3\left(\frac{a+b}{2}\right) + H_3(b)\right] \\
&= \int_a^b f(x)\,\mathrm{d}x - \int_a^b H_3(x)\,\mathrm{d}x \\
&= \int_a^b \frac{f^{(4)}(\xi_x)}{4!}(x-a)\left(x-\frac{a+b}{2}\right)^2(x-b)\,\mathrm{d}x
\end{aligned}$$

由于 $(x-a)\left(x-\frac{a+b}{2}\right)^2(x-b)$ 在区间 $[a,b]$ 上不变号，利用积分中值定理得

$$R[f]=\frac{f^{(4)}(\eta)}{4!}\int_a^b (x-a)\left(x-\frac{a+b}{2}\right)^2(x-b)\,\mathrm{d}x$$

$$=-\frac{(b-a)^5}{2880}f^{(4)}(\eta),\quad \eta\in(a,b) \tag{7.12}$$

若记 $M_4=\max\limits_{a\leqslant x\leqslant b}|f^{(4)}(x)|$，则有误差估计

$$|R[f]|\leqslant\frac{M_4}{2880}(b-a)^5$$

下面给出 Newton-Cotes 系数表，见表 7-1.

**表 7-1 Newton-Cotes 系数表**

| $n$ | $C_0^{(n)}$ | $C_1^{(n)}$ | $C_2^{(n)}$ | $C_3^{(n)}$ | $C_4^{(n)}$ | $C_5^{(n)}$ | $C_6^{(n)}$ | $C_7^{(n)}$ | $C_8^{(n)}$ |
|---|---|---|---|---|---|---|---|---|---|
| 1 | $\frac{1}{2}$ | $\frac{1}{2}$ | | | | | | | |
| 2 | $\frac{1}{6}$ | $\frac{4}{6}$ | $\frac{1}{6}$ | | | | | | |
| 3 | $\frac{1}{8}$ | $\frac{3}{8}$ | $\frac{3}{8}$ | $\frac{1}{8}$ | | | | | |
| 4 | $\frac{7}{90}$ | $\frac{16}{45}$ | $\frac{2}{15}$ | $\frac{16}{45}$ | $\frac{7}{90}$ | | | | |
| 5 | $\frac{19}{288}$ | $\frac{25}{96}$ | $\frac{25}{144}$ | $\frac{25}{144}$ | $\frac{25}{96}$ | $\frac{19}{288}$ | | | |
| 6 | $\frac{41}{840}$ | $\frac{9}{35}$ | $\frac{9}{280}$ | $\frac{34}{105}$ | $\frac{9}{280}$ | $\frac{9}{35}$ | $\frac{41}{840}$ | | |
| 7 | $\frac{751}{17280}$ | $\frac{3577}{17280}$ | $\frac{1323}{17280}$ | $\frac{2989}{17280}$ | $\frac{2989}{17280}$ | $\frac{1323}{17280}$ | $\frac{3577}{17280}$ | $\frac{751}{17280}$ | |
| 8 | $\frac{989}{28350}$ | $\frac{5888}{28350}$ | $\frac{-928}{28350}$ | $\frac{10496}{28350}$ | $\frac{-4540}{28350}$ | $\frac{10496}{28350}$ | $\frac{-928}{28350}$ | $\frac{5888}{28350}$ | $\frac{989}{28350}$ |

由式（7.4）知，求积系数 $\{A_k\}$ 满足

$$A_0+A_1+\cdots+A_n=b-a$$

所以，Newton-Cotes 系数 $C_k^{(n)}=\frac{A_k}{b-a}$ 满足

$$C_0^{(n)}+C_1^{(n)}+\cdots+C_n^{(n)}=1 \tag{7.13}$$

由表 7-1 还可见，当 $n \leqslant 7$ 时，均有 $C_i^{(n)} > 0$ ，而当 $n \geqslant 8$ 时，$C_i^{(n)}$ 出现不同符号. 可以证明，当 $n \to \infty$ 时，$\sum\limits_{i=0}^{n} |C_i^{(n)}|$ 是无界的. 这将导致实际计算的不稳定性，因此高次插值型求积公式一般是数值不稳定的，不具有实用价值.

事实上，如果实际计算中舍入误差导致 $f(x_i)$ 有误差 $\delta_i$ ，记 $\delta = \max\limits_i |\delta_i|$ ，于是数值求积公式具有计算误差

$$\begin{aligned}\varepsilon &= (b-a)\left[\sum_{i=0}^{n} C_i^{(n)}(f(x_i)+\delta_i) - \sum_{i=0}^{n} C_i^{(n)} f(x_i)\right] \\ &= (b-a)\sum_{i=0}^{n} C_i^{(n)}\delta_i\end{aligned}$$

若 $C_i^{(n)} > 0$ ，则有

$$|\varepsilon| \leqslant (b-a)\sum_{i=0}^{n} |C_i^{(n)}\delta_i| \leqslant (b-a)\delta\sum_{i=0}^{n} |C_i^{(n)}| = (b-a)\delta$$

即计算误差是可控制的. 反之，若 $C_i^{(n)}$ 出现不同符号，由于 $\sum\limits_{i=0}^{n} |C_i^{(n)}|$ 是无界的，则计算误差难以控制. 因此，利用增加求积节点来达到提高求积精度的方法是不可取的.

一般地，如果 $f(x) \in C^{n+2}[a,b]$ ，可以证明 Newton-Cotes 公式的误差为

$$R[f] = \begin{cases} \dfrac{f^{(n+1)}(\eta)}{(n+1)!}\displaystyle\int_a^b \omega_{n+1}(x)\,\mathrm{d}x, & (n = 2k+1) \\ \dfrac{f^{(n+2)}(\eta)}{(n+2)!}\displaystyle\int_a^b x\omega_{n+1}(x)\,\mathrm{d}x, & (n = 2k) \end{cases}, \eta \in (a,b) \tag{7.14}$$

**例 7-3** 写出 $n = 4$ 的 Newton-Cotes 求积公式及其误差.

**解** 由表 7-1 可得

$$C_0^{(4)} = \frac{7}{90},\ C_1^{(4)} = \frac{16}{45},\ C_2^{(4)} = \frac{2}{15},\ C_3^{(4)} = \frac{16}{45},\ C_4^{(4)} = \frac{7}{90}$$

于是，$n = 4$ 的 Newton-Cotes 求积公式为

$$\int_a^b f(x)\,\mathrm{d}x \approx \frac{b-a}{90}[7f(x_0)+32f(x_1)+12f(x_2)+32f(x_3)+7f(x_4)]$$

这里，$x_k = a + kh$，$k=0$，1，2，3，4，$h=\frac{b-a}{4}$. 这个求积公式称为 **Cotes 公式**，记为 $C$ .

如果 $f(x)\in C^6[a,b]$，由式（7.14）可得 Cotes 公式的误差为

$$R[f]=\frac{f^{(6)}(\eta)}{6!}\int_a^b x(x-x_0)(x-x_1)(x-x_2)(x-x_3)(x-x_4)\,\mathrm{d}x$$

$$=-\frac{(b-a)^7}{1935360}f^{(6)}(\eta),\quad \eta\in(a,b) \tag{7.15}$$

若记 $M_6=\max\limits_{a\leqslant x\leqslant b}|f^{(6)}(x)|$，则有误差估计

$$|R[f]|\leqslant\frac{M_6}{1935360}(b-a)^7$$

## 7.2　复化求积公式

前面已提到，在使用 Newton-Cotes 求积公式时，通过增加积分节点来达到提高计算精度的方法是不可取的，为了改善求积公式的精度，通常采用复化求积公式.

将求积区间 $[a,b]$ 等分为 $n$ 个小区间，等分节点为

$$x_k=a+kh,\quad k=0,1,\cdots,n,\quad h=\frac{b-a}{n}$$

由定积分的区间可加性，有

$$\int_a^b f(x)\,\mathrm{d}x=\sum_{k=1}^{n}\int_{x_{k-1}}^{x_k}f(x)\,\mathrm{d}x \tag{7.16}$$

若在每个小区间 $[x_{k-1},x_k]$ 采用梯形公式，则有

$$\int_a^b f(x)\,\mathrm{d}x\approx\sum_{k=1}^{n}\frac{h}{2}[f(x_{k-1})+f(x_k)]$$

$$=\frac{h}{2}\left[f(a)+2\sum_{k=1}^{n-1}f(x_k)+f(b)\right] \tag{7.17}$$

称为**复化梯形公式**，记为 $T_n$ . 由式（7.10）可得求积误差为

$$I-T_n=\sum_{k=1}^{n}\left[-\frac{h^3}{12}f''(\eta_k)\right]=-\frac{b-a}{12}h^2f''(\eta),\quad \eta\in(a,b)$$

若记 $M_2 = \max\limits_{a \leqslant x \leqslant b} |f''(x)|$，则有误差估计

$$|I - T_n| \leqslant \frac{(b-a)^3}{12n^2} M_2 \tag{7.18}$$

可见，复化梯形公式是收敛的. 而且，要使 $|I - T_n| < \varepsilon$，只要

$$\frac{(b-a)^3}{12n^2} M_2 < \varepsilon \quad 或 \quad n > \sqrt{\frac{(b-a)^3 M_2}{12\varepsilon}} \tag{7.19}$$

在式（7.16）中，若每个小区间 $[x_{k-1}, x_k]$ 上的积分都采用 Simpson 公式，则得到复化 Simpson 公式

$$\begin{aligned}\int_a^b f(x)\mathrm{d}x &\approx \sum_{k=1}^{n} \frac{h}{6}[f(x_{k-1}) + 4f(x_{k-\frac{1}{2}}) + f(x_k)] \\ &= \frac{h}{6}\left[f(a) + 4\sum_{k=1}^{n} f(x_{k-\frac{1}{2}}) + 2\sum_{k=1}^{n-1} f(x_k) + f(b)\right]\end{aligned} \tag{7.20}$$

记为 $S_n$，其中 $x_{k-\frac{1}{2}} = \frac{1}{2}(x_{k-1} + x_k) = a + \left(k - \frac{1}{2}\right)h$，且求积误差为

$$I - S_n = \sum_{k=1}^{n}\left[-\frac{h^5}{2880} f^{(4)}(\eta_k)\right] = -\frac{b-a}{2880} h^4 f^{(4)}(\eta), \quad \eta \in (a,b)$$

若记 $M_4 = \max\limits_{a \leqslant x \leqslant b} |f^{(4)}(x)|$. 则有误差估计

$$|I - S_n| \leqslant \frac{(b-a)^5}{2880n^4} M_4 \tag{7.21}$$

可见，复化 Simpson 公式是收敛的. 而且，要使 $|I - S_n| < \varepsilon$，只要

$$\frac{(b-a)^5}{2880n^4} M_4 < \varepsilon \quad 或 \quad n > \sqrt[4]{\frac{(b-a)^5 M_4}{2880\varepsilon}} \tag{7.22}$$

类似地可得复化 Cotes 公式 $C_n$ 及其误差估计

$$\begin{aligned}\int_a^b f(x)\mathrm{d}x \approx C_n = \frac{h}{90}\Big[&7f(a) + 32\sum_{k=1}^{n}(f(x_{k-\frac{3}{4}}) + f(x_{k-\frac{1}{4}})) + \\ &12\sum_{k=1}^{n} f(x_{k-\frac{1}{2}}) + 14\sum_{k=1}^{n-1} f(x_k) + 7f(b)\Big]\end{aligned} \tag{7.23}$$

$$\int_a^b f(x)\mathrm{d}x - C_n = -\frac{(b-a)h^6}{1935360} f^{(6)}(\eta), \quad \eta \in (a,b) \tag{7.24}$$

$$\left|\int_a^b f(x)\,\mathrm{d}x - C_n\right| \leqslant \frac{(b-a)^7}{1935360n^6}M_6 \tag{7.25}$$

其中，$x_{k-\frac{3}{4}} = a + \left(k - \frac{3}{4}\right)h, x_{k-\frac{1}{4}} = a + \left(k - \frac{1}{4}\right)h, M_6 = \max\limits_{a\leqslant x\leqslant b}|f^{(6)}(x)|$.

**例 7-4**　试利用函数 $f(x) = \frac{\sin x}{x}$ 的函数表（表 7-2），分别用复化梯形公式、复化 Simpson 公式和复化 Cotes 公式计算积分

$$I = \int_0^1 \frac{\sin x}{x}\mathrm{d}x$$

并估计误差.

**表 7-2　函数表**

| $x_k$ | $f(x_k)$ | $x_k$ | $f(x_k)$ | $x_k$ | $f(x_k)$ |
|---|---|---|---|---|---|
| 0 | 1 | $\frac{3}{8}$ | 0.9767267 | $\frac{3}{4}$ | 0.9088517 |
| $\frac{1}{8}$ | 0.9973979 | $\frac{1}{2}$ | 0.9588511 | $\frac{7}{8}$ | 0.8771926 |
| $\frac{1}{4}$ | 0.9896158 | $\frac{5}{8}$ | 0.9361556 | 1 | 0.8414710 |

**解**　三种复化公式分别计算如下：

$$T_8 = \frac{1}{16}\left[f(0) + 2f\left(\frac{1}{8}\right) + 2f\left(\frac{1}{4}\right) + 2f\left(\frac{3}{8}\right) + 2f\left(\frac{1}{2}\right) + 2f\left(\frac{5}{8}\right) + 2f\left(\frac{3}{4}\right) + 2f\left(\frac{7}{8}\right) + f(1)\right] = 0.9456909$$

$$S_4 = \frac{1}{24}\left[f(0) + 4f\left(\frac{1}{8}\right) + 4f\left(\frac{3}{8}\right) + 4f\left(\frac{5}{8}\right) + 4f\left(\frac{7}{8}\right) + 2f\left(\frac{1}{4}\right) + 2f\left(\frac{1}{2}\right) + 2f\left(\frac{3}{4}\right) + f(1)\right] = 0.9460833$$

$$C_2 = \frac{1}{180}\left[7f(0) + 32f\left(\frac{1}{8}\right) + 32f\left(\frac{3}{8}\right) + 32f\left(\frac{5}{8}\right) + 32f\left(\frac{7}{8}\right) + 12f\left(\frac{1}{4}\right) + 12f\left(\frac{3}{4}\right) + 14f\left(\frac{1}{2}\right) + 7f(1)\right] = 0.9460831$$

由于 $f(x) = \frac{\sin x}{x} = \int_0^1 \cos tx\,\mathrm{d}t$，所以有

$$f'(x) = -\int_0^1 t\sin xt\mathrm{d}t,\quad f''(x) = -\int_0^1 t^2\cos xt\mathrm{d}t$$

$$f'''(x) = \int_0^1 t^3\sin xt\mathrm{d}t,\quad f^{(4)}(x) = \int_0^1 t^4\cos xt\mathrm{d}t,$$

$$f^{(5)}(x) = -\int_0^1 t^5\sin xt\mathrm{d}t,\quad f^{(6)}(x) = -\int_0^1 t^6\cos xt\mathrm{d}t$$

于是

$$|f''(x)| = \int_0^1 t^2 |\cos xt|\mathrm{d}t < \frac{1}{3}$$

$$|f^{(4)}(x)| = \int_0^1 t^4 |\cos xt|\mathrm{d}t < \frac{1}{5}$$

$$|f^{(6)}(x)| = \int_0^1 t^6 |\cos xt|\mathrm{d}t < \frac{1}{7}$$

因此，可取 $M_2 = \frac{1}{3}$，$M_4 = \frac{1}{5}$，$M_6 = \frac{1}{7}$. 由式（7.18）、式（7.21）和式（7.25）可得误差估计

$$|I - T_8| \leqslant \frac{1}{12 \times 8^2 \times 3} = 0.434028 \times 10^{-3}$$

$$|I - S_4| \leqslant \frac{1}{2880 \times 4^4 \times 5} = 0.271267 \times 10^{-6}$$

$$|I - C_2| \leqslant \frac{1}{1935360 \times 2^6 \times 7} = 0.115335 \times 10^{-8}$$

上述三种算法对区间采用不同等分，计算量大体一致. 从计算结果可见，$C_2$ 的精度最高，$S_4$ 的精度次之，$T_8$ 的精度最低. 实际上，定积分 $I$ 具有七位有效数字的值是 0.9460831.

**例 7-5** 利用复化梯形公式和复化 Simpson 公式分别计算定积分 $I = \int_0^1 \frac{\sin x}{x}\mathrm{d}x$，若要求精度 $\varepsilon = 10^{-6}$，问各需取步长 $h$ 为多少？

**解** 对复化梯形公式，若要使 $|I - T_n| < 10^{-6}$，由式（7.19）知，只要

$$n > \sqrt{\frac{1}{3 \times 12 \times 10^{-6}}} = \frac{10^3}{6} = 166.67$$

因此需取 $n = 167$ ，也就是需采用步长 $h = 1/167$ 的复化梯形公式 $T_{167}$ .

对复化 Simpson 公式,若要使 $|I - S_n| < 10^{-6}$ ,由式(7.22)知,只要

$$n > \sqrt[4]{\frac{1}{5 \times 2880 \times 10^{-6}}} = 2.89$$

因此需取 $n = 3$ ，即采用步长 $h = \frac{1}{3}$ 的复化 Simpson 公式 $S_3$ . 实际上，$S_3 = 0.9460838$.

此例进一步说明复化梯形公式的精度较低.

## 复化 Simpson 算法

本算法采用复化 Simpson 公式计算定积分 $\int_a^b f(x)\,\mathrm{d}x$ ，计算公式为

$$S_n = \frac{h}{3}\left[f(a) + 4\sum_{k=1}^{n} f(x_{2k-1}) + 2\sum_{k=1}^{n-1} f(x_{2k}) + f(b)\right]$$

其中，$h = \frac{b-a}{2n}$，$x_i = a + ih$，$i = 0，1，\cdots，2n$.

**输入**　端点 $a,b$ ，正整数 $n$

**输出**　定积分 $\int_a^b f(x)\,\mathrm{d}x$ 的近似值 $SN$

(1) 置 $h = \frac{b-a}{2n}$ ;

(2) $F0 = f(a) + f(b)$

$F1 = 0$

$F2 = 0$;

(3) 对 $j = 1,2,\cdots,2n-1$ 循环执行步 4 至步 5;

(4) 置 $x = a + jh$ ;

(5) 如果 $j$ 是偶数，则 $F2 = F2 + f(x)$ ，否则 $F1 = F1 + f(x)$ ;

(6) 置 $SN = \frac{h(F0 + 2F2 + 4F1)}{3}$ ;

(7) 输出 SN，停机.

## 7.3　Romberg 求积公式

复化求积公式对提高积分精度是可行的方法，但在使用求积公式前

需给出合适的步长，步长取得太大精度难以保证，步长太小又会导致计算量大大增加. 为了克服这些困难，本节将引进 Romberg 求积公式，并介绍相关的算法.

### 7.3.1 区间逐次分半的梯形公式

将区间 $[a,b]$ 等分为 $n$ 个小区间，等分节点为 $x_k = a + kh, k = 0, 1, \cdots, n, h = \frac{b-a}{n}$. 则复化梯形公式为

$$T_n = \frac{h}{2}\left[f(a) + 2\sum_{k=1}^{n-1} f(x_k) + f(b)\right] \tag{7.26}$$

若再取节点 $x_{k+\frac{1}{2}} = \frac{x_k + x_{k+1}}{2} = a + \left(k + \frac{1}{2}\right)h$, $k = 0, 1, \cdots, n-1$，则这 $2n+1$ 个节点将区间 $[a, b]$ 划分为 $2n$ 等分，对应的复化梯形公式为：

$$\begin{aligned} T_{2n} &= \frac{h}{4}\left[f(a) + 2\sum_{k=1}^{n-1} f(x_k) + 2\sum_{k=0}^{n-1} f(x_{k+\frac{1}{2}}) + f(b)\right] \\ &= \frac{h}{4}\left[f(a) + 2\sum_{k=1}^{n-1} f(x_k) + f(b)\right] + \frac{h}{2}\sum_{k=0}^{n-1} f(x_{k+\frac{1}{2}}) \end{aligned} \tag{7.27}$$

从而可得区间逐次分半的梯形公式

$$\begin{cases} T_1 = \dfrac{b-a}{2}\left[f(a) + f(b)\right] \\ T_{2n} = \dfrac{T_n}{2} + \dfrac{h}{2}\displaystyle\sum_{k=0}^{n-1} f(x_{k+\frac{1}{2}}), \quad n = 1, 2, 4, 8, \cdots \end{cases} \tag{7.28}$$

这是一个具有递推形式的计算公式，每次将区间分半后，仅需要计算新增加节点的函数值. 可利用此公式逐次获得精度更高的积分近似值.

已知复化梯形公式的误差为

$$I - T_n = -\frac{f''(\eta)}{12}\frac{(b-a)^3}{n^2}$$

可见，当无法估计 $f''(\eta)$ 时，不能用来直接估计误差. 但是，由于对 $T_{2n}$ 也有误差估计式

$$I - T_{2n} = -\frac{f''(\bar{\eta})}{12}\frac{(b-a)^3}{(2n)^2}$$

这样，当 $f''(x)$ 在区间 $(a,b)$ 变化不大时，即 $f''(\eta) \approx f''(\bar{\eta})$，可有

$$\frac{I - T_n}{I - T_{2n}} \approx 4 \tag{7.29}$$

或写为

$$I - T_{2n} \approx \frac{1}{3}(T_{2n} - T_n) \tag{7.30}$$

式（7.30）给出了复化梯形公式的后验误差估计. 利用后验误差估计也可建立区间逐次分半算法的终止准则：当 $|T_{2n} - T_n| \leqslant 3\varepsilon$ 时（$\varepsilon$ 为给定的精度），可取 $I \approx T_{2n}$ .

**例 7-6**　计算定积分 $I = \int_0^1 \frac{\sin x}{x}\mathrm{d}x$

**解**　记 $f(x) = \frac{\sin x}{x}$. 首先在区间 $[0,1]$ 使用梯形公式，由于 $f(0) = 1$ , $f(1) = 0.8414710$ ，所以有

$$I \approx T_1 = \frac{1}{2}[f(0) + f(1)] = 0.9207355$$

然后将区间 $[0,1]$ 二等分，由于 $f\left(\frac{1}{2}\right) = 0.9588511$ ，从而有

$$I \approx T_2 = \frac{T_1}{2} + \frac{1}{2}f\left(\frac{1}{2}\right) = 0.9397933$$

进一步将区间 $[0,1]$ 四等分，由于 $f\left(\frac{1}{4}\right) = 0.9896158$ , $f\left(\frac{3}{4}\right) = 0.9088517$ ，从而有

$$I \approx T_4 = \frac{T_2}{2} + \frac{1}{4}\left[f\left(\frac{1}{4}\right) + f\left(\frac{3}{4}\right)\right] = 0.9445135$$

如此下去，将区间 $[0,1]$ 逐次分半，计算结果见表 7-3.

**表 7-3　计算结果**

| $n$ | 1 | 2 | 4 | 8 | 16 |
|---|---|---|---|---|---|
| $T_n$ | 0.9207355 | 0.9397933 | 0.9445135 | 0.9456909 | 0.9459850 |
| $n$ | 32 | 64 | 128 | 256 | 512 |
| $T_n$ | 0.9460596 | 0.9460769 | 0.9460815 | 0.9460827 | 0.9460830 |

利用后验误差估计式（7.30）可得

$$|I - T_{512}| \approx \frac{1}{3}|T_{512} - T_{256}| = 0.0000001$$

实际上，用 $T_{512}$ 近似定积分 $I$ 已经精确到小数点后 6 位.

### 7.3.2 Romberg 积分公式

复化梯形公式的优点是算法简单，且有相应的后验误差估计，但它的收敛速度缓慢. 如何提高收敛速度，节省运算量，是需要进一步研究的问题.

利用式（7.29）容易得到

$$I \approx \frac{4T_{2n} - T_n}{4 - 1} \tag{7.31}$$

若以此式右端近似定积分 $I$，则可能得到更好的结果. 比如，在例 7-6 中，$T_4 = 0.9445135$，$T_8 = 0.9456909$ 作为 $I$ 的近似仅具有二位有效数字，如果将其带入式（7.31），则得

$$I \approx \frac{4 \times 0.9456909 - 0.9445135}{4 - 1} = 0.9460833$$

已具有六位有效数字，精度得到很大的提高.

实际上，从复化 Simpson 公式（7.20）和表达式（7.26）与（7.27）可以得到

$$S_n = \frac{4T_{2n} - T_n}{4 - 1} \tag{7.32}$$

可见，复化梯形公式按式（7.32）组合后，产生了精度更高的复化 Simpson 公式.

对于复化 Simpson 公式有误差表示

$$I - S_n = -\frac{(b-a)^5}{2880n^4}f^{(4)}(\eta),\quad I - S_{2n} = -\frac{(b-a)^5}{2880(2n)^4}f^{(4)}(\bar{\eta})$$

如果 $f^{(4)}(\eta) \approx f^{(4)}(\bar{\eta})$，则有

$$\frac{I - S_n}{I - S_{2n}} \approx 16$$

由此可得

$$I - S_{2n} \approx \frac{1}{15}(S_{2n} - S_n) \tag{7.33}$$

$$I \approx \frac{4^2 S_{2n} - S_n}{4^2 - 1} \tag{7.34}$$

式（7.33）是复化 Simpson 公式的后验误差估计式，只要 $|S_{2n} - S_n| < 15\varepsilon$，就近似有 $|I - S_{2n}| < \varepsilon$．式（7.34）给出定积分 $I$ 的新的近似值.

可进一步验证

$$C_n = \frac{4^2 S_{2n} - S_n}{4^2 - 1} \tag{7.35}$$

即复化 Simpson 公式按式（7.35）组合后，结果便是复化 Cotes 公式.对复化 Cotes 公式类似上述分析可得

$$I - C_{2n} \approx \frac{1}{63}(C_{2n} - C_n) \tag{7.36}$$

$$I \approx \frac{4^3 C_{2n} - C_n}{4^3 - 1} \tag{7.37}$$

式（7.36）是复化 Cotes 公式的后验误差估计式，只要 $|C_{2n} - C_n| < 63\varepsilon$，就近似有 $|I - C_{2n}| < \varepsilon$．式（7.37）也给出了定积分 $I$ 的新的近似值，将其记为 $R_n$．称 $R_n$ 为 **Romberg（龙贝格）求积公式**，即

$$R_n = \frac{4^3 C_{2n} - C_n}{4^3 - 1} \tag{7.38}$$

可以证明，Romberg 求积公式的后验误差估计为

$$I - R_{2n} \approx \frac{1}{255}(R_{2n} - R_n) \tag{7.39}$$

可见，复化 Simpson 公式、复化 Cotes 公式和 Romberg 求积公式都可以通过复化梯形公式逐次递推得到.

**例 7-7**　用 Romberg 求积公式计算定积分 $I = \int_0^1 \frac{\sin x}{x} \mathrm{d}x$

**解**　由例 7-6 有

$$T_1 = 0.9207355, T_2 = 0.9397933, T_4 = 0.9445135, T_8 = 0.9456909$$

利用式（7.32）可得

$$S_1=0.9461459,S_2=0.9460869,S_4=0.9460833$$

利用式（7.35）可得

$$C_1=0.9460830,C_2=0.9460831$$

再利用式（7.38）可得

$$R_1=0.9460831$$

$R_1$ 已经是具有七位有效数字的近似值.

上述递推公式还可以继续进行下去，例如，对 $R_n$ 继续递推可得计算公式

$$Q_n=\frac{4^4R_{2n}-R_n}{4^4-1}$$

一般地，由区间 $[a,b]$ 上 $n=2^k$ 等分（逐次分半）的复化梯形公式起始，按上述方式递推计算，则可建立如下形式的 Romberg 求积算法：

$$\begin{cases} T_1^{(0)}=\dfrac{b-a}{2}[f(a)+f(b)] \\ T_{2^k}^{(0)}=\dfrac{1}{2}T_{2^{k-1}}^{(0)}+\dfrac{b-a}{2^k}\sum_{i=0}^{2^{k-1}}f\left[a+(2i-1)\dfrac{b-a}{2^k}\right], \quad k=1,2,3,\cdots \\ T_{2^k}^{(m)}=\dfrac{4^mT_{2^{k+1}}^{(m-1)}-T_{2^k}^{(m-1)}}{4^m-1}, \quad m=1,2,3,\cdots \end{cases} \tag{7.40}$$

比照前面推导可知，$T_{2^k}^{(0)}$ 是对区间 $[a,b]$ 进行 $2^k$ 等分的复化梯形公式，$T_{2^k}^{(1)}$ 是 $2^k$ 等分的复化 Simpson 公式，$T_{2^k}^{(2)}$ 是 $2^k$ 等分的复化 Cotes 公式，…….一般将计算公式（7.40）统称为 Romberg 求积公式，它的后验误差估计式为

$$I-T_{2^k}^{(m)}\approx\frac{1}{4^m-1}(T_{2^k}^{(m)}-T_{2^{k-1}}^{(m)}), \quad m=0,1,2,\cdots; \quad k=1,2,3,\cdots \tag{7.41}$$

实际应用 Romberg 求积公式时，常按下述方式构造所谓的 $T$ 数表.

表 7-4　$T$ 数表

| $k$ | 区间等分数 $n=2^k$ | 梯形公式 $T_n^{(0)}$ | Simpson 公式 $T_n^{(1)}$ | Cotes 公式 $T_n^{(2)}$ | Romberg 公式 $T_n^{(3)}$ | … |
|---|---|---|---|---|---|---|
| 0 | 1 | $T_1^{(0)}$ | | | | … |
| 1 | 2 | $T_2^{(0)}$ | $T_1^{(1)}$ | | | … |
| 2 | 4 | $T_4^{(0)}$ | $T_2^{(1)}$ | $T_1^{(2)}$ | | … |
| 3 | 8 | $T_8^{(0)}$ | $T_4^{(1)}$ | $T_2^{(2)}$ | $T_1^{(3)}$ | … |
| ⋮ | ⋮ | ⋮ | ⋮ | ⋮ | ⋮ | |

**例 7-8**　利用 Romberg 求积公式计算积分

$$I=\int_0^1 \frac{4}{1+x^2}\mathrm{d}x$$

**解**　这里 $a=0$，$b=1$，$f(x)=\dfrac{4}{1+x^2}$，按递推公式（7.40）计算，计算结果见表 7-5.

表 7-5　计算结果

| $k$ | $n$ | $T_n^{(0)}$ | $T_n^{(1)}$ | $T_n^{(2)}$ | $T_n^{(3)}$ | $T_n^{(4)}$ |
|---|---|---|---|---|---|---|
| 0 | 1 | 3.0000000 | | | | |
| 1 | 2 | 3.1000000 | 3.1333333 | | | |
| 2 | 4 | 3.1311765 | 3.1415687 | 3.1421177 | | |
| 3 | 8 | 3.1389885 | 3.1415925 | 3.1415941 | 3.1415858 | |
| 4 | 16 | 3.1409416 | 3.1415926 | 3.1415926 | 3.1415926 | 3.1415926 |

由后验误差估计式（7.41）还可得

$$I-T_{16}^{(0)}\approx\frac{1}{3}(T_{16}^{(0)}-T_8^{(0)})=0.000651033$$

$$I-T_8^{(1)}\approx\frac{1}{15}(T_8^{(1)}-T_4^{(1)})=0.000000006$$

$$I-T_4^{(2)}\approx\frac{1}{63}(T_4^{(2)}-T_2^{(2)})=-0.000000023$$

$$I-T_2^{(3)}\approx\frac{1}{255}(T_2^{(3)}-T_1^{(3)})=0.000000026$$

与定积分 $I$ 的精确值 $\pi$ 相比较，误差估计的结果基本准确.

## Romberg 求积算法

本算法为计算定积分 $\int_a^b f(x)\,\mathrm{d}x$ 的 Romberg 求积算法.

**输入**　端点 $a,b$，精度 $\varepsilon$

**输出**　定积分 $\int_a^b f(x)\,\mathrm{d}x$ 的近似值

(1) 置 $T_1^{(0)} = \frac{b-a}{2}[f(a)+f(b)]$；

(2) 置 $k=1$；

(3) 按式 (7.40) 依次计算 $T_{2^k}^{(0)}, T_{2^{k-1}}^{(1)}, \cdots, T_1^{(k)}$；

(4) 如果 $|T_2^{(k-1)} - T_1^{(k-1)}| < \varepsilon$，则输出 $T_2^{(k-1)}$，停机；

(5) 置 $k=k+1$ 转步 3 继续计算.

## * 7.4　Gauss 型求积公式

### 7.4.1　Gauss 型求积公式的一般理论

在节 7.1 中已指出，$n+1$ 个节点的插值型积分公式一般具有 $n$ 次代数精度. 我们将看到，如果适当地选取节点来构造求积公式，就可以得到代数精度更高的求积公式，这就是本节将介绍的 Gauss 型求积公式.

为了讨论方便，本节取 $n$ 个节点，并记节点为 $x_1, x_2, \cdots, x_n$，同时，所讨论的积分均为带有权函数 $\rho(x)$ 的积分.

**定理 7.3**　区间 $[a,b]$ 上权函数为 $\rho(x)$ 的具有 $n$ 个节点的求积公式代数精度不超过 $2n-1$.

**证明**　记 $n$ 个节点的求积公式为

$$\int_a^b f(x)\rho(x)\,\mathrm{d}x \approx \sum_{i=1}^{n} A_i f(x_i) \tag{7.42}$$

取 $2n$ 次多项式 $p(x) = (x-x_1)^2(x-x_2)^2\cdots(x-x_n)^2$，则有

$$\int_a^b p(x)\rho(x)\,\mathrm{d}x > 0$$

而

$$\sum_{i=1}^{n} A_i p(x_i) = 0$$

因此，求积公式对 $f(x) = p(x)$ 不能精确成立，所以求积公式的代数精度不超过 $2n-1$ 次.

现在问题是，如何适当地选取节点 $x_1, x_2, \cdots, x_n$，使求积公式 (7.42) 具有 $2n-1$ 次代数精度.

**定义 7.3**　如果求积公式 (7.42) 具有 $2n-1$ 次代数精度，则称对应的节点 $x_1, x_2, \cdots, x_n$ 为 **Gauss 点**，此时，求积公式 (7.42) 称为 **Gauss 型求积公式**.

用待定系数法确定 Gauss 型求积公式显然是困难的. 下面用构造性方法建立 Gauss 型求积公式.

取区间 $[a,b]$ 上权函数为 $\rho(x)$ 的正交多项式 $p_n(x)$ 的 $n$ 个零点 $x_1, x_2, \cdots, x_n$ 作为求积节点，构造插值型求积公式，利用 Newton 插值余项表示求积公式的误差，则有

$$\begin{aligned} R[f] &= \int_a^b f(x)\rho(x)\,dx - \sum_{i=1}^{n} A_i f(x_i) \\ &= \int_a^b f[x_1, x_2, \cdots, x_n, x](x-x_1)(x-x_2)\cdots(x-x_n)\rho(x)\,dx \end{aligned}$$

若取 $f(x)$ 是次数不超过 $2n-1$ 的多项式，由差商的性质知，$n$ 阶差商 $f[x_1, x_2, \cdots, x_n, x]$ 是次数不超过 $n-1$ 次的多项式. 另一方面，$(x-x_1)(x-x_2)\cdots(x-x_n)$ 与正交多项式 $p_n(x)$ 仅差一个常数因子，由于正交多项式 $p_n(x)$ 与任一次数不超过 $n-1$ 次的多项式正交，从而 $(x-x_1)(x-x_2)\cdots(x-x_n)$ 与 $f[x_1, x_2, \cdots, x_n, x]$ 正交，即

$$R[f] = \int_a^b f[x_1, x_2, \cdots, x_n, x](x-x_1)(x-x_2)\cdots(x-x_n)\rho(x)\,dx = 0$$

这表明，按这种方式选取求积节点，求积公式 (7.42) 对不高于 $2n-1$ 次多项式都精确成立，因此具有 $2n-1$ 次代数精度，所以 $x_1, x_2, \cdots, x_n$ 就是 Gauss 点.

**定理 7.4**　对于区间 $[a,b]$ 上权函数为 $\rho(x)$ 的积分

$$\int_a^b f(x)\rho(x)\,dx$$

区间 $[a,b]$ 上权函数为 $\rho(x)$ 的正交多项式 $p_n(x)$ 的 $n$ 个零点 $x_1$，

$x_2$，$\cdots, x_n$ 恰是 Gauss 点.

构造 Gauss 型求积公式可按以下三步进行：

（1）对给定的区间 $[a,b]$ 及权函数 $\rho(x)$，由 Schemite 正交化过程构造正交多项式 $p_0(x)$，$p_1(x)$，$\cdots$，$p_n(x)$；

（2）求出 $p_n(x)$ 的 $n$ 个零点 $x_1$，$x_2$，$\cdots$，$x_n$ 即为 Gauss 点；

（3）计算求积系数 $A_i = \int_a^b l_i(x)\rho(x)\,\mathrm{d}x, i = 1,2,\cdots,n$.

（求积系数 $A_i$ 也可以由待定系数法确定）.

**例 7-9** 求计算积分 $\int_{-1}^1 x^2 f(x)\,\mathrm{d}x$ 的两点 Gauss 公式.

**解** 这里 $a=-1$，$b=1$，$\rho(x) = x^2$，$n=2$.

首先按 Schemite 正交化过程求出正交多项式：

$$p_0(x) = 1$$

$$p_1(x) = x - \frac{(x,p_0(x))}{(p_0(x),p_0(x))}p_0(x) = x - \frac{\int_{-1}^1 x^3\,\mathrm{d}x}{\int_{-1}^1 x^2\,\mathrm{d}x} = x$$

$$p_2(x) = x^2 - \frac{(x^2,p_0(x))}{(p_0(x),p_0(x))}p_0(x) - \frac{(x^2,p_1(x))}{(p_1(x),p_1(x))}p_1(x)$$

$$= x^2 - \frac{\int_{-1}^1 x^4\,\mathrm{d}x}{\int_{-1}^1 x^2\,\mathrm{d}x} - \frac{\int_{-1}^1 x^5\,\mathrm{d}x}{\int_{-1}^1 x^4\,\mathrm{d}x}x = x^2 - \frac{3}{5}$$

再令 $p_2(x) = 0$，求出 Gauss 点：$x_1 = -\sqrt{\frac{3}{5}}$，$x_2 = \sqrt{\frac{3}{5}}$. 最后计算求积系数

$$A_1 = \int_{-1}^1 x^2 l_1(x)\,\mathrm{d}x = \int_{-1}^1 x^2 \frac{x - x_2}{x_1 - x_2}\mathrm{d}x = \frac{1}{3}$$

$$A_2 = \int_{-1}^1 x^2 l_2(x)\,\mathrm{d}x = \int_{-1}^1 x^2 \frac{x - x_1}{x_2 - x_1}\mathrm{d}x = \frac{1}{3}$$

那么，计算此例中积分的两点 Gauss 公式为

$$\int_{-1}^1 x^2 f(x)\,\mathrm{d}x \approx \frac{1}{3}\left[f\left(-\sqrt{\frac{3}{5}}\right)+f\left(\sqrt{\frac{3}{5}}\right)\right]$$

**定理 7.5**　设 $f(x) \in C^{(2n)}[a,b]$，则 Gauss 公式（7.42）的误差为

$$R[f] = \int_a^b f(x)\rho(x)\mathrm{d}x - \sum_{i=1}^{n} A_i f(x_i) = \frac{f^{(2n)}(\eta)}{(2n)!}\int_a^b \rho(x)\omega_n^2(x)\mathrm{d}x$$

其中 $\eta \in (a,b)$，$\omega_n(x) = (x-x_1)(x-x_2)\cdots(x-x_n)$.

**证明**　构造 $2n-1$ 次插值多项式 $H_{2n-1}(x)$，使满足

$$H_{2n-1}(x_i) = f(x_i),\quad H'_{2n-1}(x_i) = f'(x_i),\ i = 1,2,\cdots,n$$

则有

$$f(x) - H_{2n-1}(x) = \frac{f^{(2n)}(\xi_x)}{(2n)!}\omega_n^2(x)$$

由于 Gauss 公式（7.42）具有 $2n-1$ 次代数精度，所以有

$$\int_a^b H_{2n-1}(x)\rho(x)\mathrm{d}x = \sum_{i=1}^{n} A_i H_{2n-1}(x_i)$$

于是，利用插值条件和插值误差表示，可推得 Gauss 公式（7.42）的误差为

$$\begin{aligned}
R[f] &= \int_a^b f(x)\rho(x)\mathrm{d}x - \sum_{i=1}^{n} A_i f(x_i) \\
&= \int_a^b f(x)\rho(x)\mathrm{d}x - \sum_{i=1}^{n} A_i H_{2n-1}(x_i) \\
&= \int_a^b f(x)\rho(x)\mathrm{d}x - \int_a^b H_{2n-1}(x)\rho(x)\mathrm{d}x \\
&= \int_a^b \frac{f^{(2n)}(\xi_x)}{(2n)!}\omega_n^2(x)\rho(x)\mathrm{d}x
\end{aligned}$$

利用积分中值定理得

$$R[f] = \frac{f^{(2n)}(\eta)}{(2n)!}\int_a^b \omega_n^2(x)\rho(x)\mathrm{d}x$$

### 7.4.2　几种 Gauss 型求积公式

构造 Gauss 型求积公式除需求出正交多项式外，还需求出正交多项式的零点和求积系数. 当 $n \geqslant 3$ 时这些工作均很困难. 下面介绍几种常用的 Gauss 型求积公式，并给出各阶 Gauss 点和求积系数表，以备查阅.

**Gauss-Legendre 求积公式**

区间 [−1, 1] 上权函数为 $\rho(x)\equiv 1$ 的 Gauss 型求积公式，称为 **Gauss-Legendre 求积公式**，其 Gauss 点为 Legendre 多项式

$$L_n(x)=\frac{1}{2^n n!}\frac{\mathrm{d}^n}{\mathrm{d}x^n}[(x^2-1)^n]$$

的零点.

例如，取 $L_1(x)=x$ 的零点 $x_1=0$ 为节点构造求积公式

$$\int_{-1}^{1} f(x)\,\mathrm{d}x \approx A_1 f(0)$$

令它对 $f(x)=1$ 精确成立，可得 $A_1=2$. 于是得到一点 Gauss-Legendre 求积公式，也就是中矩形公式：

$$\int_{-1}^{1} f(x)\,\mathrm{d}x \approx 2f(0)$$

再取 $L_2(x)=\dfrac{3x^2-1}{2}$ 的零点 $x_1=-\sqrt{\dfrac{1}{3}}$, $x_2=\sqrt{\dfrac{1}{3}}$ 为节点构造求积公式

$$\int_{-1}^{1} f(x)\,\mathrm{d}x \approx A_1 f\left(-\sqrt{\frac{1}{3}}\right)+A_2 f\left(\sqrt{\frac{1}{3}}\right)$$

令它对 $f(x)=1$, $x$ 都精确成立，可得

$$\begin{cases} A_1+A_2=2 \\ A_1\left(-\sqrt{\dfrac{1}{3}}\right)+A_2\left(\sqrt{\dfrac{1}{3}}\right)=0 \end{cases}$$

由此解出 $A_1=A_2=1$, 于是得到两点 Gauss-Legendre 求积公式：

$$\int_{-1}^{1} f(x)\,\mathrm{d}x \approx f\left(-\sqrt{\frac{1}{3}}\right)+f\left(\sqrt{\frac{1}{3}}\right)$$

类似地可得三点 Gauss-Legendre 求积公式：

$$\int_{-1}^{1} f(x)\,\mathrm{d}x \approx \frac{1}{9}\left[5f\left(-\sqrt{\frac{3}{5}}\right)+8f(0)+5f\left(\sqrt{\frac{3}{5}}\right)\right]$$

一般地，$n$ 点 Gauss-Legendre 积分公式为

$$\int_{-1}^{1} f(x)\mathrm{d}x \approx \sum_{i=1}^{n} A_i f(x_i)$$

其求积节点和系数如表 7-6 所示.

**表 7-6　Gauss-Legendre 求积系数表**

| $n$ | $x_k$ | $A_k$ | $n$ | $x_k$ | $A_k$ |
|---|---|---|---|---|---|
| 1 | 0 | 2 | 6 | ±0.9324695142 | 0.1713244924 |
| 2 | ±0.5773502692 | 1 | | ±0.6612093865 | 0.3607615730 |
| 3 | ±0.7745966692 | 0.5555555556 | | ±0.2386191861 | 0.4679139346 |
| | 0 | 0.8888888889 | 7 | ±0.9491079123 | 0.1294849662 |
| 4 | ±0.8611363116 | 0.3478548451 | | ±0.7415311856 | 0.2797053915 |
| | ±0.3399810436 | 0.6521451549 | | ±0.4058451514 | 0.3818300505 |
| 5 | ±0.9061798459 | 0.2369268851 | | 0 | 0.4179591837 |
| | ±0.5384693101 | 0.4786286705 | 8 | ±0.9324695142 | 0.1012285363 |
| | 0 | 0.5688888889 | | ±0.6612093865 | 0.2223810345 |
| | | | | ±0.2386191861 | 0.3137066459 |
| | | | | 0 | 0.3626837834 |

当 $f(x) \in C^{(2n)}[-1,1]$ 时，Gauss-Legendre 求积公式的误差为

$$R[f] = \frac{2^{2n+1}(n!)^4}{[(2n)!]^3(2n+1)} f^{(2n)}(\eta), \quad \eta \in (-1,1) \tag{7.43}$$

**例 7-10**　用三点 Gauss-Legendre 求积公式计算定积分 $I = \int_{-1}^{1} \cos x \mathrm{d}x$ .

**解**　由表 7-6 可得

$$x_1 = -0.7745966692, \quad x_2 = 0, \quad x_3 = 0.7745966692$$

$$A_1 = A_3 = 0.5555555556, \quad A_2 = 0.8888888889$$

于是，三点 Gauss-Legendre 求积公式的计算结果为

$$I = \int_{-1}^{1} \cos x \mathrm{d}x \approx A_1 \cos x_1 + A_2 \cos x_2 + A_3 \cos x_3 = 1.68300355$$

由式（7.43）可得求积误差为

$$|R[f]| = \left| \frac{2^7 \times 6^4}{720^3 \times 7}(-\cos\eta) \right| \leqslant 6.3492 \times 10^{-5}$$

实际上，$I = 2\sin 1 = 1.68294197$ ，所以实际误差为

$$|R[f]| = |1.68294197 - 1.68300355| = 6.158 \times 10^{-5}$$

可见，理论误差和实际结果是相符的.

另外，若用 Simpson 公式计算定积分 $I$，则有

$$I = \int_{-1}^{1} \cos x \mathrm{d}x \approx \frac{1}{3}\cos(-1) + \frac{4}{3}\cos 0 + \frac{1}{3}\cos 1 = 1.69353487$$

可见，节点个数相同的求积公式中，Gauss 型求积公式的精度要高些.

对区间 $[a,b]$ 上权函数为 $\rho(x) \equiv 1$ 的积分 $\int_a^b f(x)\mathrm{d}x$，可作变量替换：$x = \frac{(a+b)+(b-a)t}{2}$，则有

$$\int_a^b f(x)\mathrm{d}x = \frac{b-a}{2}\int_{-1}^{1} f\left[\frac{(a+b)+(b-a)t}{2}\right]\mathrm{d}t$$

于是，区间 $[a,b]$ 上权函数为 $\rho(x) \equiv 1$ 的 Gauss 型求积公式为

$$\int_a^b f(x)\mathrm{d}x \approx \frac{b-a}{2}\sum_{i=1}^{n} A_i f\left[\frac{(a+b)+(b-a)x_i}{2}\right]$$

而相应的求积误差为

$$R[f] = \frac{(b-a)^{2n+1}(n!)^4}{[(2n)!]^3(2n+1)} f^{(2n)}(\eta), \quad \eta \in (a,b)$$

**Gauss-Chebyshev 求积公式**

区间 $[-1, 1]$ 上权函数为 $\rho(x) = \frac{1}{\sqrt{1-x^2}}$ 的 Gauss 型求积公式称为 **Gauss-Chebyshev 求积公式**，其 Gauss 点为 Chebyshev 正交多项式

$$T_n(x) = \cos(n\arccos x), \quad x \in [-1,1], \quad n = 0,1,2,\cdots$$

的零点. Gauss-Chebyshev 求积公式为

$$\int_{-1}^{1} \frac{1}{\sqrt{1-x^2}} f(x)\mathrm{d}x \approx \sum_{i=1}^{n} A_i f(x_i)$$

其求积节点和系数为

$$x_k^{(n)} = \cos\frac{2k-1}{2n}\pi, \quad A_k = \frac{\pi}{n}, \quad k = 1,2,\cdots,n$$

当 $f(x) \in C^{(2n)}[-1,1]$ 时，Gauss-Chebyshev 求积公式的误差为

$$R[f] = \frac{\pi}{2^{2n-1}(2n)!} f^{(2n)}(\eta), \quad \eta \in (-1,1)$$

**Gauss-Laguerre 求积公式**

区间 $[0, +\infty)$ 上权函数为 $\rho(x)=e^{-x}$ 的 Gauss 型求积公式称为 **Gauss-Laguerre 求积公式**，其 Gauss 点为 Laguerre 正交多项式

$$L_n(x)=e^x\frac{d^n}{dx^n}(e^{-x}x^n)$$

的零点. Gauss-Laguerre 求积公式为

$$\int_0^{\infty}e^{-x}f(x)dx\approx\sum_{i=1}^{n}A_if(x_i)$$

其求积节点和系数如表 7-7 所示.

**表 7-7　Gauss-Laguerre 求积系数表**

| $n$ | $x_k$ | $A_k$ | $n$ | $x_k$ | $A_k$ |
|---|---|---|---|---|---|
| 2 | 0. 5858864376 | 0. 8535533905 | 5 | 0. 2635603197 | 0. 5217556105 |
| | 3. 4142135623 | 0. 1464466094 | | 1. 4134030591 | 0. 3986668110 |
| 3 | 0. 4157745567 | 0. 7110930099 | | 3. 5964257710 | 0. 0759424497 |
| | 2. 2942803602 | 0. 2785177335 | | 7. 0858100058 | 0. 0036117587 |
| | | | | 12. 6408008442 | 0. 0000233700 |
| | 6. 2899450829 | 0. 0103892565 | 6 | 0. 2228466041 | 0. 4589646793 |
| 4 | 0. 3225476896 | 0. 6031541043 | | 1. 1889321016 | 0. 4170008307 |
| | 1. 745611011 | 0. 3574186924 | | 2. 9927363260 | 0. 1133733820 |
| | 4. 5366202969 | 0. 0388879085 | | 5. 7751435691 | 0. 0103991975 |
| | | | | 9. 8374674183 | 0. 0002610172 |
| | 9. 3950709123 | 0. 0005392947 | | 15. 9828739806 | 0. 0000008985 |

当 $f(x)\in C^{(2n)}[0,\infty)$ 时，Gauss-Laguerre 求积公式的误差为

$$R[f]=\frac{(n!)^2}{(2n)!}f^{(2n)}(\eta),\quad \eta\in(0,\infty)$$

对区间 $[0,\infty)$ 上的积分 $\int_0^{\infty}f(x)dx$，可将 $f(x)$ 写成 $f(x)=e^{-x}e^xf(x)$，把积分 $\int_0^{\infty}f(x)dx$ 看成 $e^xf(x)$ 在区间 $[0,\infty)$ 上权函数为 $\rho(x)=e^{-x}$ 的积分，Gauss 型求积公式为

$$\int_0^{\infty}f(x)dx\approx\sum_{i=1}^{n}A_ie^{x_i}f(x_i)$$

**Gauss-Hermite 求积公式**

区间 $(-\infty, \infty)$ 上权函数为 $\rho(x)=e^{-x^2}$ 的 Gauss 型求积公式称为 **Gauss-Hermite 求积公式**，其 Gauss 点为 Hermite 正交多项式

$$H_n(x) = (-1)^n e^{x^2} \frac{d^n}{dx^n} e^{-x^2}$$

的零点. Gauss-Hermite 求积公式为

$$\int_{-\infty}^{\infty} e^{-x^2} f(x)\,dx \approx \sum_{i=1}^{n} A_i f(x_i)$$

其求积节点和系数如表 7-8 所示.

**表 7-8　Gauss-Hermite 求积系数表**

| $n$ | $x_k$ | $A_k$ | $n$ | $x_k$ | $A_k$ |
|---|---|---|---|---|---|
| 2 | ±0.7071067811 | 0.8862269254 | 6 | ±0.4360774119 | 0.7246295952 |
| 3 | ±1.2247448713 | 0.2954089751 | | ±1.3358490704 | 0.1570673203 |
| | 0 | 1.8163590006 | | ±2.3506049736 | 0.0045300099 |
| 4 | ±0.5246476232 | 0.8049140900 | 7 | ±0.8162878828 | 0.4256072526 |
| | ±1.6506801238 | 0.0813128354 | | ±1.6735516287 | 0.0545155828 |
| 5 | ±0.9585724646 | 0.3936193231 | | ±2.6519613563 | 0.0009717812 |
| | ±2.0201828704 | 0.0199532421 | | 0 | 0.8102646175 |
| | 0 | 0.9453087204 | | | |

当 $f(x) \in C^{(2n)}(-\infty,\infty)$ 时，Gauss-Hermite 求积公式的误差为

$$R[f] = \frac{n!\sqrt{\pi}}{2^n(2n)!} f^{(2n)}(\eta), \quad \eta \in (-\infty,\infty)$$

对区间 $(-\infty,\infty)$ 上的积分 $\int_{-\infty}^{\infty} f(x)\,dx$，Gauss 型求积公式为

$$\int_{-\infty}^{\infty} f(x)\,dx \approx \sum_{i=1}^{n} A_i e^{x_i^2} f(x_i)$$

## ＊7.5　特殊积分的处理技术

有些时候被积函数并非光滑，甚至不连续，有时函数还会发生振荡，并且积分区间也可能无界，如图 7-2 所示的一些特殊函数. 对于这些情形，需要考虑一些特殊的处理手段.

对函数在某点发生间断的情形（见图 7-2a），其处理技巧很简单. 假设 $f(x)$ 在区间 $[a,b]$ 上有间断点 $x_1 < x_2 < \cdots < x_m$，记 $x_0 = a$，

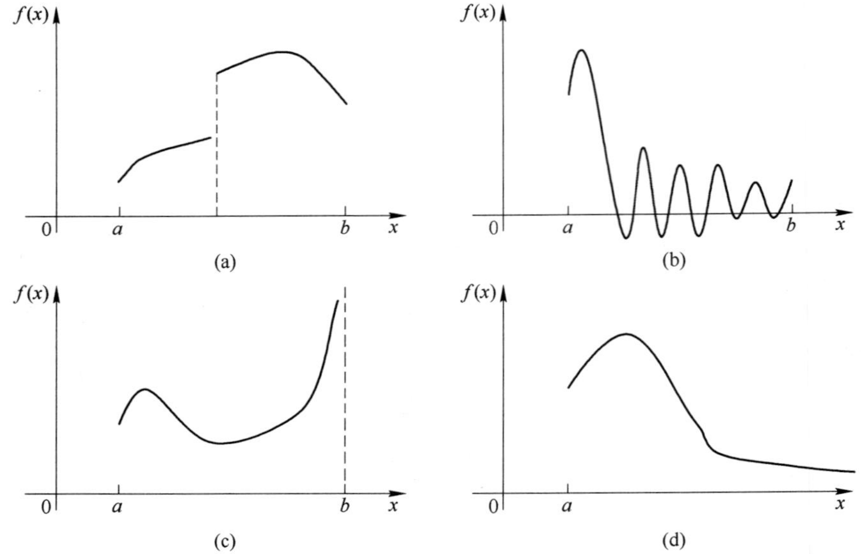


图 7-2

$x_{m+1} = b$，利用定积分的区间可加性有

$$\int_a^b f(x)\,\mathrm{d}x = \sum_{i=0}^{m} \int_{x_i}^{x_{i+1}} f(x)\,\mathrm{d}x$$

由于在每个小区间 $[x_i, x_{i+1}]$ $(i = 0,1,\cdots,m)$ 上 $f(x)$ 连续，用通常的求积公式就可以得到较好的积分近似值.

本节主要考虑被积函数发生振荡（见图 7-2b），或在某点无界（见图 7-2c），或求积区间无界（见图 7-2d）等特殊积分的处理技术.

### 7.5.1　振荡函数的积分

工程技术中常遇到如下形式的积分

$$I_c = \int_a^b f(x)\cos\omega x\,\mathrm{d}x \tag{7.44}$$

$$I_s = \int_a^b f(x)\sin\omega x\,\mathrm{d}x \tag{7.45}$$

由于当 $\omega$ 很大时，$\cos\omega x$ 和 $\sin\omega x$ 振荡的频率很大，因此称上述积分为振荡积分.

用通常的求积公式计算振荡积分的效果是很差的，如用复化梯形公式计算振荡积分（7.44），可有

$$T_n = \frac{h}{2}\left[f(a)\cos\omega a + 2\sum_{k=1}^{n-1} f(x_k)\cos\omega x_k + f(b)\cos\omega b\right]$$

其求积误差为

$$I_c - T_n = -\frac{b-a}{12}h^2\left[f(x)\cos\omega x\right]''\Big|_{x=\eta},\quad \eta \in (a,b)$$

由于

$$\left[f(x)\cos\omega x\right]'' = f''(x)\cos\omega x - 2\omega f'(x)\sin\omega x - \omega^2 f(x)\cos\omega x$$

所以当 $\omega$ 很大时

$$I_c - T_n = O((\omega h)^2)$$

可见，要使计算结果达到一定的精度，$h$ 必须取得非常小.

**例 7-11**　计算定积分 $I = \int_0^1 x\sin x\sin 100x\,dx$

**解**　对于这个积分，不用数值积分也可算出，其准确值为 $-0.0073279\cdots$. 现在我们利用区间逐次分半的梯形公式（7.28）进行计算，可得

| $n$ | $T_n$ | $\frac{1}{3}(T_n - T_{\frac{n}{2}})$ | $n$ | $T_n$ | $\frac{1}{3}(T_n - T_{\frac{n}{2}})$ |
|---|---|---|---|---|---|
| 1 | −0.213046 | | 16 | −0.115268 | −0.000354 |
| 2 | −0.137970 | 0.025025 | 32 | −0.000264984 | 0.038334 |
| 4 | −0.120593 | 0.005792 | 64 | −0.00580398 | −0.001858 |
| 8 | −0.116329 | 0.040198 | 128 | −0.00695873 | −0.0003849 |

由此可见，已经将区间［0，1］一百二十八等分，计算结果还不具有一位有效数字. 而且，由于被积函数的振荡性使得求积公式的后验误差估计也不准确. 为此，需引进一些专门的处理技巧.

下面针对式（7.44）和（7.45）的积分给出一种处理方法. 这种方法就是把 $\cos\omega x$ 或 $\sin\omega x$ 当成权函数，而对积分采用加权数值求积公式

$$\int_a^b f(x)\cos\omega x\,dx \approx \sum_{k=0}^{n} A_k f(x_k)$$

或

$$\int_a^b f(x)\sin\omega x\mathrm{d}x \approx \sum_{k=0}^{n} B_k f(x_k)$$

其中

$$A_k = \int_a^b l_k(x)\cos\omega x\mathrm{d}x, \quad B_k = \int_a^b l_k(x)\sin\omega x\mathrm{d}x$$

这样处理会提高求积计算精度，但相应的求积系数也更难确定. 比如，当 $n = 1$ 时

$$A_0 = \int_a^b \frac{x-b}{a-b}\cos\omega x\mathrm{d}x = -\frac{\sin\omega a}{\omega} - \frac{1}{(a-b)\omega}\int_a^b \sin\omega x\mathrm{d}x$$

$$= -\frac{\sin\omega a}{\omega} - \frac{\cos\omega b - \cos\omega a}{(b-a)\omega^2}$$

$$A_1 = \int_a^b \frac{x-a}{b-a}\cos\omega x\mathrm{d}x = \frac{\sin\omega b}{\omega} - \frac{1}{(b-a)\omega}\int_a^b \sin\omega x\mathrm{d}x$$

$$= \frac{\sin\omega b}{\omega} + \frac{\cos\omega b - \cos\omega a}{(b-a)\omega^2}$$

则有

$$I_c \approx \frac{f(b)\sin\omega b - f(a)\sin\omega a}{\omega} + \frac{(\cos\omega b - \cos\omega a)(f(b) - f(a))}{(b-a)\omega^2}$$

类似地有

$$I_s \approx \frac{f(a)\cos\omega a - f(b)\cos\omega b}{\omega} + \frac{(\sin\omega b - \sin\omega a)(f(b) - f(a))}{(b-a)\omega^2}$$

以上两式称为三角梯形公式.

当 $n > 1$ 时，类似地推导，可以得到精度更高的求积公式. 在应用中也可以采用相应的复化公式. 如复化三角梯形公式为

$$I_c \approx \frac{f(b)\sin\omega b - f(a)\sin\omega a}{\omega} -$$

$$\frac{2}{\omega^2}\sin\frac{\omega h}{2}\sum_{k=0}^{n-1} f[x_k, x_{k+1}]\sin\omega x_{k+\frac{1}{2}}$$

$$I_s \approx \frac{f(a)\cos\omega a - f(b)\sin\omega b}{\omega} +$$

$$\frac{2}{\omega^2}\sin\frac{\omega h}{2}\sum_{k=0}^{n-1}f\left[x_k, x_{k+1}\right]\cos\omega x_{k+\frac{1}{2}}$$

其中，$x_k = a + kh$，$x_{k+\frac{1}{2}} = \frac{x_k + x_{k+1}}{2}$，$k = 0,1,2,\cdots,n$，$h = \frac{b-a}{n}$.

**例 7-12** 计算定积分 $I = \int_0^1 x\sin x\sin 100x\mathrm{d}x$.

**解** 现在利用区间逐次分半的三角梯形公式进行计算，可得

| $n$ | $T_{sn}$ | $n$ | $T_{sn}$ |
|---|---|---|---|
| 1 | -0.00729877 | 16 | -0.00729793 |
| 2 | -0.00729811 | 32 | -0.00732617 |
| 4 | -0.00729797 | 64 | -0.00732756 |
| 8 | -0.00729794 | 128 | -0.00732785 |

与例 7-11 比较可见，复化三角梯形公式的计算精度比复化梯形公式的计算精度有了很大提高.

### 7.5.2 奇异积分

被积函数在求积区间的某一点无界或积分区间无界，这类积分称为**奇异积分**，前者也称为**反常积分**，后者也称为**无穷积分**. 由于这类积分通常是用极限来定义的，因此无法直接利用正常的求积公式.

对于反常积分，有时可以对其奇性部分作变量替换或分部积分，使之转换为正常积分. 例如，利用变量替换 $x = t^n$，将积分

$$\int_0^1 \frac{1}{\sqrt[n]{x}}f(x)\mathrm{d}x = n\int_0^1 f(t^n)t^{n-2}\mathrm{d}t, \quad n \geqslant 2$$

化成了正常积分. 如果 $f(x)$ 在 [0, 1] 上连续可微，利用分部积分，也可以将积分

$$\int_0^1 \frac{1}{\sqrt[n]{x}}f(x)\mathrm{d}x = \frac{n}{n-1}\left[f(1) - \int_0^1 x^{1-\frac{1}{n}}f'(x)\mathrm{d}x\right], \quad n \geqslant 2$$

化成了正常积分.

对于无穷积分，利用平移变换和反射变换可以化为区间 $[0,\infty)$ 上的积分，然后利用变换 $x = \frac{t}{1-t}$ 或 $x = -\ln t$，又可化为区间 [0, 1] 上的积分，即

$$\int_0^{\infty} f(x)\,\mathrm{d}x = \int_0^1 \frac{1}{(1-t)^2} f\left(\frac{t}{1-t}\right)\mathrm{d}t = -\int_0^1 \frac{f(-\ln t)}{t}\mathrm{d}t$$

具体计算时采用怎样的变换，要根据问题的需要. 不适当的变换有可能引进函数的奇性，而适当的变换会有效地消去函数的奇性. 例如

$$\int_0^{\infty} \frac{\cos\left(\frac{x}{1+x}\right)}{\sqrt{x(1+x)}(1+x)}\mathrm{d}x \overset{x=\frac{t}{1-t}}{=} \int_0^1 \frac{\cos t}{\sqrt{t}}\mathrm{d}t$$

引进了奇性；而

$$\int_0^{\infty} \frac{\cos\left(\frac{x}{1+x}\right)}{\sqrt{x(1+x)}(1+x)}\mathrm{d}x \overset{x=\frac{t^2}{1-t^2}}{=} 2\int_0^1 \cos t^2\,\mathrm{d}t$$

就不会产生奇性了.

由于奇异积分是用极限定义的，对 $f(x)$ 在 $a$ 附近的反常积分 $\int_a^b f(x)\,\mathrm{d}x$，也可以适当地选取一个收敛于 $a$ 的序列 $r_m$，例如取 $r_m = a + 2^{-m}(m = 1,2,3,\cdots)$，利用

$$\int_a^b f(x)\,\mathrm{d}x \approx \int_{r_m}^b f(x)\,\mathrm{d}x,\quad m = 1,2,\cdots$$

将反常积分化成正常积分. 但这样的近似计算往往由于 $r_m$ 控制得过快或过慢而出现数值不稳定现象.

**例 7-13**　计算定积分 $I = \int_0^1 \frac{1}{\sqrt{x}+\sqrt[4]{x}}\mathrm{d}x$.

**解**　这个积分的准确值为 $I = 0.772588722\cdots$，我们采用两种数值方法进行计算.

方法一：作变量替换

$$I = \int_0^1 \frac{1}{\sqrt{x}+\sqrt[4]{x}}\mathrm{d}x \overset{\sqrt[4]{x}=t}{=} 4\int_0^1 \frac{t^2}{t+1}\mathrm{d}t$$

转换成一般积分，再利用复化 Simpson 公式 $S_{2^k}$ 计算，数值结果见表 7-9.

方法二：取

$$I \approx I_m = \int_{2^{-m}}^{1} \frac{1}{\sqrt{x} + \sqrt[4]{x}} \mathrm{d}x$$

转换成一般积分，再利用复化 Simpson 公式 $I_m = S_{2^k}^{(m)}$ 计算，数值结果见表 7-9（对 $I_m$ 给出了 $m = 4$ 和 $m = 8$ 的结果）.

**表 7-9　数值结果**

| $k$ | $S_{2^k}$ | $S_{2^k}^{(4)}$ | $S_{2^k}^{(8)}$ |
|---|---|---|---|
| 0 | 0.777777777 | 0.590230448 | 1.042629155 |
| 1 | 0.773015872 | 0.612565959 | 0.872873164 |
| 2 | 0.772618122 | 0.629297356 | 0.799980212 |
| 3 | 0.772590611 | 0.639513144 | 0.770524172 |

计算结果显示，积分变换比极限逼近收敛快得多. 但是，当被积函数比较复杂时，用变量替换消去函数的奇性将是十分困难的. 另一种处理方法是，将反常积分的被积函数写成 $\rho(x)f(x)$ 的形式，其中 $f(x)$ 在区间 $[a,b]$ 连续，$\rho(x)$ 有奇性. 然后利用加权形式的求积公式（把 $\rho(x)$ 看成权函数）

$$\int_a^b \rho(x)f(x)\mathrm{d}x \approx \sum_{k=1}^{n} A_k f(x_k)$$

进行计算. 例如，对奇异积分 $\int_{-1}^{1} \frac{1}{\sqrt{1-x^2}} f(x)\mathrm{d}x$ 可采用 Gauss-Chebyshev求积公式

$$\int_{-1}^{1} \frac{1}{\sqrt{1-x^2}} f(x)\mathrm{d}x \approx \frac{\pi}{n}\sum_{k=1}^{n} f\left(\cos\frac{2k-1}{2n}\pi\right)$$

进行计算.

也可以利用 Gauss-Laguerre 求积公式和 Gauss-Hermite 求积公式计算无穷积分. 对于没有现成求积公式可用的奇异积分，也可以建立相应的求积公式进行处理.

**例 7-14**　对奇异积分 $I = \int_0^1 f(x)\ln\frac{1}{x}\mathrm{d}x$ 建立求积公式，其中函数 $f(x) \in C[0,1]$.

**解**　方法一：建立等距节点求积公式. 设

$$I = \int_0^1 f(x)\ln\frac{1}{x}\mathrm{d}x \approx A_0 f(0) + A_1 f(1)$$

令公式对 $f(x) = 1, x$ 精确成立，则有

$$\begin{cases} A_0 + A_1 = \int_0^1 \ln\frac{1}{x}\mathrm{d}x = 1 \\ A_1 = \int_0^1 x\ln\frac{1}{x}\mathrm{d}x = \frac{1}{4} \end{cases}$$

解得 $A_0 = \frac{3}{4}$，$A_1 = \frac{1}{4}$．所以，两个等距节点的求积公式为

$$I = \int_0^1 f(x)\ln\frac{1}{x}\mathrm{d}x \approx \frac{1}{4}[3f(0) + f(1)]$$

也可以建立相应的复化求积公式

$$I = \int_0^1 f(x)\ln\frac{1}{x}\mathrm{d}x \approx h\left[\frac{3}{4}f(0) + \sum_{k=1}^{n-1} f(x_k) + \frac{1}{4}f(1)\right]$$

其中，$x_k = kh$，$h = \frac{1}{n}$．

方法二：建立 Gauss 型求积公式．设

$$I = \int_0^1 f(x)\ln\frac{1}{x}\mathrm{d}x \approx A_0 f(x_0) + A_1 f(x_1)$$

令公式对 $f(x) = 1$，$x$，$x^2$，$x^3$ 精确成立，则

$$\begin{cases} A_0 + A_1 = \int_0^1 \ln\frac{1}{x}\mathrm{d}x = 1 \\ A_0x_0 + A_1x_1 = \int_0^1 x\ln\frac{1}{x}\mathrm{d}x = \frac{1}{4} \\ A_0x_0^2 + A_1x_1^2 = \int_0^1 x^2\ln\frac{1}{x}\mathrm{d}x = \frac{1}{9} \\ A_0x_0^3 + A_1x_1^3 = \int_0^1 x^3\ln\frac{1}{x}\mathrm{d}x = \frac{1}{16} \end{cases}$$

为求此方程组的解 $x_0$，$x_1$ 及 $A_0$，$A_1$，可令

$$(x - x_0)(x - x_1) = x^2 + bx + c$$

则有

$$A_0(x_0^2+bx_0+c)+A_1(x_1^2+bx_1+c)=0$$

$$A_0x_0(x_0^2+bx_0+c)+A_1x_1(x_1^2+bx_1+c)=0$$

于是，利用前述四个方程可得

$$\frac{1}{9}+\frac{1}{4}b+c=0,\quad \frac{1}{16}+\frac{1}{9}b+\frac{1}{4}c=0$$

解得 $b=-\frac{5}{7}$，$c=\frac{17}{252}$. 再由 $x^2-\frac{5}{7}x+\frac{17}{252}=0$ 求得

$$x_0=\frac{5}{14}-\frac{\sqrt{106}}{42},\quad x_1=\frac{5}{14}+\frac{\sqrt{106}}{42}$$

且有

$$A_0=\frac{1}{2}+\frac{9\sqrt{106}}{424},\quad A_1=\frac{1}{2}-\frac{9\sqrt{106}}{424}$$

则所求的两点 Gauss 公式为

$$\int_0^1 f(x)\ln\frac{1}{x}\mathrm{d}x\approx\left(\frac{1}{2}+\frac{9\sqrt{106}}{424}\right)f\left(\frac{5}{14}-\frac{\sqrt{106}}{42}\right)+\left(\frac{1}{2}-\frac{9\sqrt{106}}{424}\right)f\left(\frac{5}{14}+\frac{\sqrt{106}}{42}\right)$$

## 7.6　数值微分

本节介绍如何利用函数在离散节点上的函数值来近似计算函数在节点上的导数值.

### 7.6.1　差商型数值微分公式

由导数的定义知，导数 $f'(x_0)$ 是差商 $\frac{f(x_0+h)-f(x_0)}{h}$ 当 $h\to 0$ 时的极限. 所以，当 $h$ 比较小时，可以取差商作为导数的近似，这就是向前差商数值微分公式

$$f'(x_0)\approx\frac{f(x_0+h)-f(x_0)}{h}$$

类似地，也可得向后差商数值微分公式

$$f'(x_0) \approx \frac{f(x_0) - f(x_0 - h)}{h}$$

和中心差商数值微分公式

$$f'(x_0) \approx \frac{f(x_0 + h) - f(x_0 - h)}{2h}$$

为了给出上述数值微分公式的截断误差，分别将 $f(x_0 \pm h)$ 在 $x = x_0$ 处作 Taylor 展开

$$f(x_0 + h) = f(x_0) + hf'(x_0) + \frac{h^2}{2!}f''(x_0) + \frac{h^3}{3!}f'''(x_0) + \frac{h^4}{4!}f^{(4)}(x_0) + \frac{h^5}{5!}f^{(5)}(x_0) + \cdots$$

$$f(x_0 - h) = f(x_0) - hf'(x_0) + \frac{h^2}{2!}f''(x_0) - \frac{h^3}{3!}f'''(x_0) + \frac{h^4}{4!}f^{(4)}(x_0) - \frac{h^5}{5!}f^{(5)}(x_0) + \cdots$$

于是有

$$f'(x_0) - \frac{f(x_0 + h) - f(x_0)}{h} = -\frac{h}{2!}f''(x_0) - \frac{h^2}{3!}f'''(x_0) - \frac{h^3}{4!}f^{(4)}(x_0) + \cdots$$

$$f'(x_0) - \frac{f(x_0) - f(x_0 - h)}{h} = \frac{h}{2!}f''(x_0) - \frac{h^2}{3!}f'''(x_0) + \frac{h^3}{4!}f^{(4)}(x_0) + \cdots$$

$$f'(x_0) - \frac{f(x_0 + h) - f(x_0 - h)}{2h} = -\frac{h^2}{3!}f'''(x_0) - \frac{h^4}{5!}f^{(5)}(x_0) + \cdots$$

可见，中心差商数值微分公式的精度要高于向前和向后差商数值微分公式的精度.

从截断误差的角度看，步长 $h$ 越小，计算越精确. 但另一方面，当 $h$ 很小时，由于计算过程有两个相近数相减，会严重损失有效数字，这

样步长 $h$ 又不宜过小. 例如，用中心差商数值微分公式计算 $f(x) = \sin x$ 在 $x = 5$ 处的一阶导数（$f'(5) = \cos 5 = 0.283662$）. 取五位有效数字计算，结果见表 7-10.

**表 7-10 计算结果表**

| $h$ | $\frac{f(5+h)-f(5-h)}{2h}$ | $h$ | $\frac{f(5+h)-f(5-h)}{2h}$ |
|---|---|---|---|
| 1 | 0.23869 | 0.001 | 0.28500 |
| 0.1 | 0.28320 | 0.0001 | 0.25000 |
| 0.01 | 0.28350 | 0.00001 | 0.500000 |

从计算结果可见，$h = 0.01$ 时近似效果最好，随着步长近一步缩小，近似效果越来越差.

实际应用时，可采用步长逐次减半的方法确定最终步长. 记 $D(h)$ 和 $D\left(\frac{h}{2}\right)$ 分别为步长取 $h$ 和 $\frac{h}{2}$ 时的差商公式，对给定的精度 $\varepsilon > 0$，如果 $\left|D(h) - D\left(\frac{h}{2}\right)\right| < \varepsilon$，就取步长为 $\frac{h}{2}$，否则进一步将步长减半.

类似地，也可以用高阶差商作为高阶导数的近似. 例如，二阶中心差商数值微分公式为

$$f''(x_0) \approx \frac{f(x_0+h) - 2f(x_0) + f(x_0-h)}{h^2}$$

利用上述 Taylor 展开式可得此公式的截断误差为

$$f''(x_0) - \frac{f(x_0+h) - 2f(x_0) + f(x_0-h)}{h^2}$$

$$= -\frac{2h^2}{4!}f^{(4)}(x_0) - \frac{2h^4}{6!}f^{(6)}(x_0) - \cdots$$

### 7.6.2 插值型数值微分公式

设 $x_0, x_1, \cdots, x_n$ 为区间 $[a, b]$ 上的节点，$L_n(x)$ 为 $f(x)$ 以 $\{x_k\}$ 为节点的 $n$ 次 Lagrange 插值多项式，用 $L_n(x)$ 的各阶导数作为 $f(x)$ 各阶导数的近似，即

$$f^{(k)}(x) \approx L_n^{(k)}(x) = \sum_{i=0}^{n} l_i^{(k)}(x)f(x_i), \quad k = 1,2,\cdots,n \tag{7.46}$$

公式（7.46）统称为**插值型数值微分公式**.

需要指出，即使 $f(x)$ 和 $L_n(x)$ 的值相差不多，其导数 $f'(x)$ 和 $L'_n(x)$ 的值也可能相差很多，因此在使用插值型数值微分公式时应注意误差的分析.

利用 Lagrange 插值余项可得公式（7.46）的误差为

$$f^{(k)}(x) - L_n^{(k)}(x) = \frac{\mathrm{d}^k}{\mathrm{d}x^k}\left[\frac{f^{(n+1)}(\xi_x)}{(n+1)!}\omega_{n+1}(x)\right]$$

特别当 $k = 1$ 时，有

$$f'(x) - L'_n(x) = \frac{1}{(n+1)!}\left[\frac{\mathrm{d}}{\mathrm{d}x}(f^{(n+1)}(\xi_x))\omega_{n+1}(x) + f^{(n+1)}(\xi_x)\omega'_{n+1}(x)\right]$$

由于 $\xi_x$ 是 $x$ 的未知函数，我们无法对 $\frac{\mathrm{d}}{\mathrm{d}x}[f^{(n+1)}(\xi_x)]$ 作出进一步估计. 但是，如果仅限定在节点 $x_k(k = 0,1,\cdots,n)$ 处求导数，则有

$$\begin{aligned} f'(x_k) - L'_n(x_k) &= \frac{f^{(n+1)}(\xi_x)}{(n+1)!}\omega'_{n+1}(x_k) \\ &= \frac{f^{(n+1)}(\xi_x)}{(n+1)!}\prod_{\substack{j=0 \\ j\neq k}}^{n}(x_k - x_j) \end{aligned} \tag{7.47}$$

下面采用等距节点构造常用的插值型数值微分公式.

**两点公式**

给定两个节点 $x_0$, $x_1$ 上的函数值 $f(x_0)$, $f(x_1)$，则有

$$L_1(x) = \frac{x - x_1}{x_0 - x_1}f(x_0) + \frac{x - x_0}{x_1 - x_0}f(x_1)$$

对上式求导，记 $h = x_1 - x_0$，并利用误差表达式（7.47），可以得到带有截断误差的两点公式：

$$f'(x_0) = \frac{1}{h}[f(x_1) - f(x_0)] - \frac{h}{2}f''(\xi)$$

$$f'(x_1) = \frac{1}{h}[f(x_1) - f(x_0)] + \frac{h}{2}f''(\xi)$$

**三点公式**

给定三个节点 $x_0$, $x_1 = x_0 + h$, $x_2 = x_0 + 2h$ 上的函数值 $f(x_0)$, $f(x_1)$ 和 $f(x_2)$，则有

$$L_2(x) = \frac{(x - x_1)(x - x_2)}{(x_0 - x_1)(x_0 - x_2)}f(x_0) + \frac{(x - x_0)(x - x_2)}{(x_1 - x_0)(x_1 - x_2)}f(x_1) + \frac{(x - x_0)(x - x_1)}{(x_2 - x_0)(x_2 - x_1)}f(x_2)$$

对上式求导，并利用误差表达式（7.47），可以得到带有截断误差的三点公式：

$$f'(x_0) = \frac{1}{2h}[-3f(x_0) + 4f(x_1) - f(x_2)] + \frac{h^2}{3}f'''(\xi)$$

$$f'(x_1) = \frac{1}{2h}[-f(x_0) + f(x_2)] - \frac{h^2}{6}f'''(\xi)$$

$$f'(x_2) = \frac{1}{2h}[f(x_0) - 4f(x_1) + 3f(x_2)] + \frac{h^2}{3}f'''(\xi)$$

对 $L_2(x)$ 求二阶导数，也可以得到带截断误差的近似二阶导数的三点公式：

$$f''(x_0) = \frac{1}{h^2}[f(x_0) - 2f(x_1) + f(x_2)] - hf'''(\xi_1) + \frac{h^2}{6}f^{(4)}(\xi_2)$$

$$f''(x_1) = \frac{1}{h^2}[f(x_0) - 2f(x_1) + f(x_2)] - \frac{h^2}{12}f^{(4)}(\xi)$$

$$f''(x_2) = \frac{1}{h^2}[f(x_0) - 2f(x_1) + f(x_2)] + hf'''(\xi_1) - \frac{h^2}{6}f^{(4)}(\xi_2)$$

类似地，可以构造出计算更高阶导数的数值微分公式.

## 习　题　7

7-1　建立右矩形和左矩形求积公式，并导出误差表达式.

7-2　说明中矩形公式的几何意义，并证明

$$\int_a^b f(x)\,dx = (b - a)f\left(\frac{a + b}{2}\right) + \frac{(b - a)^3}{24}f''(\eta), \quad \eta \in (a,b)$$

7-3　设 $f''(x) > 0$. 证明：用梯形公式计算积分 $\int_a^b f(x)\,dx$ 所得结果比准确值大，说明几何意义.

7-4 确定下列求积公式中的待定系数，使其代数精度尽可能高，并说明代数精度是多少.

(1) $\int_{-h}^{h} f(x)\mathrm{d}x \approx A_1 f(-h) + A_2 f(0) + A_3 f(h)$

(2) $\int_{-1}^{1} f(x)\mathrm{d}x \approx \frac{1}{3}[f(-1) + 2f(x_1) + 3f(x_2)]$

(3) $\int_{0}^{h} f(x)\mathrm{d}x \approx \frac{h}{2}[f(0) + f(h)] + \alpha h^2[f'(0) - f'(h)]$

(4) $\int_{0}^{1} f(x)\mathrm{d}x \approx A_1 f(0) + \frac{1}{3}f(x_1) + A_2 f'(0)$

(5) $\int_{1}^{3} f(x)\mathrm{d}x \approx A_1 f\left(2 - \sqrt{\frac{3}{5}}\right) + A_2 f(2) + A_3 f\left(2 + \sqrt{\frac{3}{5}}\right)$

(6) $\int_{-1}^{2} x^2 f(x)\mathrm{d}x \approx A_1 f(-1) + A_2 f(0) + A_3 f(2)$

7-5 证明 Newton-Cotes 系数 $C_k^{(n)}$ 满足方程组：

$$\begin{pmatrix} 1 & 2 & \cdots & n \\ 1 & 2^2 & \cdots & n^2 \\ \vdots & \vdots & & \vdots \\ 1 & 2^n & \cdots & n^n \end{pmatrix} \begin{pmatrix} C_1^{(n)} \\ C_2^{(n)} \\ \vdots \\ C_n^{(n)} \end{pmatrix} = \begin{pmatrix} \frac{n}{2} \\ \frac{n^2}{3} \\ \vdots \\ \frac{n^n}{n+1} \end{pmatrix}$$

7-6 分别用梯形公式、Simpson 公式和 Cotes 公式计算定积分 $I = \int_1^2 \ln x\mathrm{d}x$ 的近似值，并给出误差界.

7-7 设 $I = \int_1^2 \ln x\mathrm{d}x$，若取 $\varepsilon = 10^{-3}$，分别求出 $n$ 使复化梯形公式 $T_n$，复化Simpson 公式 $S_n$ 的截断误差满足：$|I - T_n| < \varepsilon$ 及 $|I - S_n| < \varepsilon$，并计算 $S_n$.

7-8 设 $I = \int_0^1 \mathrm{e}^x\mathrm{d}x$，若取 $\varepsilon = 10^{-6}$，用 Romberg 求积公式求 $I$ 的近似值，并作出相应的 $T$ 数表.

7-9 分别用 Romberg 求积公式、三点及五点 Gauss 公式计算定积分 $I = \int_1^3 \frac{1}{x}\mathrm{d}x$，并比较结果 $\left(\int_1^3 \frac{1}{x}\mathrm{d}x = 1.09861\right)$.

7-10 对积分 $I = \int_0^1 \ln\frac{1}{x} f(x)\mathrm{d}x$，导出两点 Gauss 求积公式.

7-11 用两点 Gauss 求积公式计算下列积分的近似值.

(1) $\int_{-1}^{1} \sqrt{1 - \frac{1}{2}\cos^2 x}\,\mathrm{d}x$ (2) $\int_0^{\infty} \frac{\sin x}{x}\mathrm{d}x$

(3) $\int_0^{\infty} e^{-x} x^2 dx$ (4) $\int_{-\infty}^{\infty} e^{-x^2} \sqrt{1+x^2}\, dx$

7-12 对积分 $\int_0^{2\pi} f(x)\sin\omega x dx$ 建立三角 Simpson 公式.

7-13 利用上题结果求定积分 $\int_0^{2\pi} x^2 \sin 100x dx$ 和定积分 $\int_0^{2\pi} e^x \sin 100x dx$ 的近似值.

( $\int_0^{2\pi} x^2 \sin 100x dx = -0.394784$ , $\int_0^{2\pi} e^x \sin 100x dx = -5.344382$ )

7-14 适当处理下列积分，并选择合适的方法计算其近似值.

(1) $\int_0^1 \frac{e^x}{\sqrt{1-x^2}} dx$ ; (2) $\int_0^{\infty} e^{-2x} \ln(1+x) dx$

7-15 证明下列数值微分公式：

(1) $f'(x_0) = \frac{1}{2h}[-3f(x_0) + 4f(x_1) - f(x_2)] + \frac{h^2}{3} f'''(\xi)$

(2) $f''(x_1) = \frac{1}{h^2}[f(x_0) - 2f(x_1) + f(x_2)] - \frac{h^2}{12} f^{(4)}(\eta)$

其中 $x_j = x_0 + jh, j = 0,1,2$ .

(3) $f'(0) = \frac{1}{6h}[-4f(-h) + 3f(0) + f(2h)] - \frac{h^2}{3} f'''(\eta)$

7-16 证明数值微分公式

$$f'(x_2) \approx \frac{1}{12h}[f(x_0) - 8f(x_1) + 8f(x_3) - f(x_4)]$$

对于次数不超过四次的多项式 $f(x)$ 是精确成立的，其中 $x_j = x_0 + jh$ , $j = 0,1,2,3,4$.

# 8 常微分方程数值解法

在自然科学与工程技术的许多领域中，经常会遇到常微分方程定解问题. 本章主要介绍常微分方程初值问题的差分方法和相关理论，最后简介常微分方程边值问题的数值解法.

## 8.1 引言

### 8.1.1 为什么要研究数值解法

一阶常微分方程初值问题的一般形式是

$$\begin{cases} \dfrac{\mathrm{d}y}{\mathrm{d}x} = f(x,y), \quad a \leqslant x \leqslant b & (8.1) \\ y(a) = \alpha & (8.2) \end{cases}$$

其中$f$是$x$和$y$的已知函数，$\alpha$为给定的初值.

根据常微分方程理论可知，如果函数$f(x,y)$在区域$\{a \leqslant x \leqslant b, -\infty < y < +\infty\}$上连续且关于$y$满足 **Lipschitz（李普希兹）条件**：

$$|f(x,y) - f(x,\bar{y})| \leqslant L|y - \bar{y}|, \forall y,\bar{y}$$

其中$L > 0$称为 **Lipschitz 常数**，则初值问题（8.1）~（8.2）的解$y = y(x)$存在且唯一. 虽然可用许多方法来求初值问题的解析解，但它们只限于一些特殊形式的常微分方程，对于大量来源于实际问题的常微分方程，其精确解很难求出或者不能用初等函数表示出. 例如，初值问题

$$\begin{cases} \dfrac{\mathrm{d}y}{\mathrm{d}x} = 1 + x\sin(xy), \quad 0 \leqslant x \leqslant 2 \\ y(0) = 1 \end{cases}$$

此时$f(x,y) = 1 + x\sin(xy)$. 对于任何$y,\bar{y}$，对变量$y$应用微分中值定理，存在$\eta$使得

$$\frac{f(x,y) - f(x,\bar{y})}{y - \bar{y}} = \frac{\partial}{\partial y} f(x,\eta) = x^2\cos(x\eta)$$

于是有

$$|f(x,y)-f(x,\bar{y})|=|x^2\cos(x\eta)||y-\bar{y}|\leqslant 4|y-\bar{y}|$$

因此$f(x,y)$关于$y$满足 Lipschitz 条件，且常数$L=4$. 从理论上讲，该初值问题存在唯一解，但其精确解却不能用初等函数表示出来. 有些初值问题即使能求出某种解析形式的解（如级数形式），也因计算复杂而不实用. 因此，研究常微分方程初值问题的近似解法就显得十分必要. 近似解法主要有两类：一类称为解析近似方法，它能给出解的近似表达式，例如熟知的级数解法和逐次逼近法等；另一类近似解法称为数值解法，它可以给出解在一些离散节点上的近似值，此类方法非常适于在计算机上实现. 我们这里主要介绍数值解法中最基本的方法——有限差分方法.

### 8.1.2 构造差分方法的基本思想

假设初值问题（8.1）~（8.2）的解$y=y(x)$唯一存在且足够光滑. 对求解区域$[a,b]$做剖分

$$a=x_0<x_1<\cdots<x_n<\cdots<x_N=b$$

其中剖分节点$x_n=x_0+nh$, $n=0,1,\cdots,N$, $h=(b-a)/N$称为剖分步长. 差分方法就是求精确解$y(x)$在剖分节点$x_n$上的近似值$y_n\approx y(x_n)$, $n=1,2,\cdots,N$.

构造差分方法的基本思想是：通过某种离散化方法将常微分方程（8.1）在剖分节点$\{x_n\}$上离散化，建立节点近似值$\{y_n\}$满足的差分方程（也称为差分公式），然后结合定解条件由差分方程求出近似值$y_n, n=1,2,\cdots$. 离散化方法主要有数值积分和数值微分两类方法，下面采用数值积分方法建立几种简单的差分公式.

在区间$[x_n,x_{n+1}]$上对方程（8.1）积分，得到

$$y(x_{n+1})-y(x_n)=\int_{x_n}^{x_{n+1}}f(x,y(x))\mathrm{d}x \tag{8.3}$$

对右边的积分应用左矩形求积公式：

$$\int_{x_n}^{x_{n+1}}f(x,y(x))\mathrm{d}x=hf(x_n,y(x_n))+O(h^2)$$

则式（8.3）化为

$$y(x_{n+1})=y(x_n)+hf(x_n,y(x_n))+O(h^2)$$

舍去高阶小项 $O(h^2)$ ，得到

$$y(x_{n+1}) \approx y(x_n) + hf(x_n, y(x_n))$$

据此，可建立节点近似值 $y_n$ 所满足的差分公式

$$y_{n+1} = y_n + hf(x_n, y_n),\ n = 0,1,\cdots \tag{8.4}$$

式（8.4）称为 **Euler（欧拉）公式**. 当取定初值 $y_0 = y(a) = \alpha$ ，即可由公式（8.4）递推计算出 $y_1, y_2, \cdots, y_N$ .

类似地，若对式（8.3）右端的积分应用梯形求积公式：

$$\int_{x_n}^{x_{n+1}} f(x, y(x))\mathrm{d}x = \frac{h}{2}[f(x_n, y(x_n)) + f(x_{n+1}, y(x_{n+1}))] + O(h^3)$$

便可导出**梯形差分公式**：

$$\begin{cases} y_{n+1} = y_n + \dfrac{h}{2}[f(x_n, y_n) + f(x_{n+1}, y_{n+1})] \\ y_0 = \alpha,\ n = 0,1,\cdots \end{cases} \tag{8.5}$$

如果在小区间 $[x_{n-1}, x_{n+1}]$ 上积分方程（8.1），则得到

$$y(x_{n+1}) - y(x_{n-1}) = \int_{x_{n-1}}^{x_{n+1}} f(x, y(x))\mathrm{d}x$$

对右端积分应用中矩形求积公式：

$$\int_{x_{n-1}}^{x_{n+1}} f(x, y(x))\mathrm{d}x = 2hf(x_n, y(x_n)) + O(h^3)$$

则可导出 **Euler 中点公式**：

$$\begin{cases} y_{n+1} = y_{n-1} + 2hf(x_n, y_n) \\ y_0 = \alpha,\ n = 1,2,\cdots \end{cases} \tag{8.6}$$

**例 8-1**　利用 Euler 方法求初值问题

$$\begin{cases} \dfrac{\mathrm{d}y}{\mathrm{d}x} = \dfrac{1}{1+x^2} - 2y^2,\quad 0 \leqslant x \leqslant 2 \\ y(0) = 0 \end{cases}$$

的数值解. 此问题的精确解是 $y(x) = \dfrac{x}{1+x^2}$ .

**解**　求解此问题的 Euler 公式为

$$\begin{cases} y_{n+1} = y_n + h\left(\dfrac{1}{1+x_n^2} - 2y_n^2\right) \\ y_0 = 0, \quad n = 0,1,\cdots \end{cases}$$

分别取步长 $h = 0.2, 0.1, 0.05$，计算结果见表 8-1.

**表 8-1　计算结果**

| $h$ | $x_n$ | $y_n$ | $y(x_n)$ | $y(x_n) - y_n$ |
|---|---|---|---|---|
| 0.2 | 0.00 | 0.00000 | 0.00000 | 0.00000 |
| | 0.40 | 0.37631 | 0.34483 | -0.03148 |
| | 0.80 | 0.54228 | 0.48780 | -0.05448 |
| | 1.20 | 0.52709 | 0.49180 | -0.03529 |
| | 1.60 | 0.46632 | 0.44944 | -0.01689 |
| | 2.00 | 0.40682 | 0.40000 | -0.00682 |
| 0.1 | 0.00 | 0.00000 | 0.00000 | 0.00000 |
| | 0.40 | 0.36085 | 0.34483 | -0.01603 |
| | 0.80 | 0.51371 | 0.48780 | -0.02590 |
| | 1.20 | 0.50961 | 0.49180 | -0.01781 |
| | 1.60 | 0.45872 | 0.44944 | -0.00928 |
| | 2.00 | 0.40419 | 0.40000 | -0.00419 |
| 0.05 | 0.00 | 0.00000 | 0.00000 | 0.00000 |
| | 0.40 | 0.35287 | 0.34483 | -0.00804 |
| | 0.80 | 0.50049 | 0.48780 | -0.01268 |
| | 1.20 | 0.50073 | 0.49180 | -0.00892 |
| | 1.60 | 0.45425 | 0.44944 | -0.00481 |
| | 2.00 | 0.40227 | 0.40000 | -0.00227 |

从计算结果可见，步长 $h$ 越小，数值解的精度越高.

在公式（8.4）和（8.5）中，为求得 $y_{n+1}$，只需用到前一步值 $y_n$，这种差分方法称为**单步法**，这是一种自开始方法. 而公式（8.6）则不然，计算 $y_{n+1}$ 时需用到前两步的值 $y_n$，$y_{n-1}$，称其为**两步方法**. 两步以上的方法统称为**多步法**，将在节 8.5 中讨论.

差分公式除了可用单步法和多步法划分外，按其求解方式还可分为**显式公式**和**隐式公式**. 在公式（8.4）和（8.6）中，需要计算的 $y_{n+1}$ 已被显式地表示出来，称这类差分公式为**显式公式**. 而公式（8.5）则不然，公式的左边和右边都含有 $y_{n+1}$ ，这类公式称为**隐式公式**. 对于隐式公式，当 $y_n$ 已知时，需要通过解方程才能求出 $y_{n+1}$ . 显然隐式公式比显示公式需要更多的计算量，但其数值稳定性较好.

## 8.2　改进的 Euler 方法和 Taylor 展开方法

### 8.2.1　改进的 Euler 方法

从数值积分的角度来看，利用梯形公式

$$\begin{cases} y_{n+1} = y_n + \dfrac{h}{2}[f(x_n, y_n) + f(x_{n+1}, y_{n+1})] \\ y_0 = \alpha, \quad n = 0,1,\cdots \end{cases} \tag{8.7}$$

计算数值解的精度要比 Euler 公式好，但它属于隐式公式，不便于计算.

已知 $y_n$ ，利用梯形公式（8.7）计算 $y_{n+1}$ 时，需要解方程（一般是非线性的)，通常采用迭代法求解. 迭代求解时，可将 Euler 公式与梯形公式结合使用，计算公式为

$$\begin{cases} y_{n+1}^{[0]} = y_n + hf(x_n, y_n) \\ y_{n+1}^{[k+1]} = y_n + \dfrac{h}{2}[f(x_n, y_n) + f(x_{n+1}, y_{n+1}^{[k]})] \\ y_0 = \alpha, \quad k = 0,1,2,\cdots \end{cases} \tag{8.8}$$

这就是说，由 $y_n$ 计算 $y_{n+1}$ 时，先用 Euler 公式提供 $y_{n+1}$ 的一个初始近似 $y_{n+1}^{[0]}$ ，再利用梯形公式进行迭代计算，直至 $|y_{n+1}^{[k+1]} - y_{n+1}^{[k]}| \leqslant \varepsilon$（ $\varepsilon$ 为允许误差)，然后把 $y_{n+1}^{[k+1]}$ 取作为 $y_{n+1}$ . 可以证明，如果 $\left|\dfrac{\partial f}{\partial y}\right| \leqslant L$ 且 $\dfrac{h}{2}L < 1$ ，就可以保证迭代公式（8.8）收敛. 实际计算时，只要 $h$ 适当小，收敛是很快的. 为简化计算，通常采用迭代一次的算法：

$$\begin{cases} \bar{y}_{n+1} = y_n + hf(x_n, y_n) \\ y_{n+1} = y_n + \dfrac{h}{2}[f(x_n, y_n) + f(x_{n+1}, \bar{y}_{n+1})] \\ y_0 = \alpha, \ n = 0,1,2,\cdots \end{cases} \tag{8.9}$$

或写为

$$\begin{cases} y_{n+1} = y_n + \frac{h}{2}(K_1 + K_2) \\ K_1 = f(x_n, y_n) \\ K_2 = f(x_n + h, y_n + hK_1) \\ y_0 = \alpha, \quad n = 0,1,2,\cdots \end{cases} \tag{8.10}$$

称式（8.9）或（8.10）为**改进的 Euler 方法**，这是一种单步显式方法.

**例 8-2** 求初值问题

$$\begin{cases} \frac{\mathrm{d}y}{\mathrm{d}x} = y - \frac{2x}{y}, \quad 0 \leqslant x \leqslant 1 \\ y(0) = 1 \end{cases}$$

的数值解，取步长 $h = 0.1$ .

**解** 采用 Euler 方法和改进的 Euler 方法.

（1）Euler 方法的算式为

$$\begin{cases} y_{n+1} = y_n + h\left(y_n - \frac{2x_n}{y_n}\right) \\ y_0 = 1, \quad n = 0,1,\cdots \end{cases}$$

（2）改进的 Euler 方法的算式为

$$\begin{cases} \bar{y}_{n+1} = y_n + h\left(y_n - \frac{2x_n}{y_n}\right) \\ y_{n+1} = y_n + \frac{h}{2}\left[\left(y_n - \frac{2x_n}{y_n}\right) + \left(\bar{y}_{n+1} - \frac{2x_{n+1}}{\bar{y}_{n+1}}\right)\right] \\ y_0 = 1, \quad n = 0,1,\cdots \end{cases}$$

计算结果见表 8-2. 本题精确解为 $y(x) = \sqrt{1 + 2x}$ .

表 8-2　计算结果

| $x_n$ | Euler 方法 $y_n$ | 改进 Euler 方法 $y_n$ | 精确解 $y(x_n)$ |
|---|---|---|---|
| 0 | 1 | 1 | 1 |
| 0.1 | 1.100000 | 1.095909 | 1.095445 |
| 0.2 | 1.191818 | 1.184096 | 1.183216 |
| 0.3 | 1.277438 | 1.266201 | 1.264911 |
| 0.4 | 1.358213 | 1.343360 | 1.341641 |
| 0.5 | 1.435133 | 1.416402 | 1.414214 |
| 0.6 | 1.508966 | 1.485956 | 1.483240 |
| 0.7 | 1.580338 | 1.552515 | 1.549193 |
| 0.8 | 1.649783 | 1.616476 | 1.612452 |
| 0.9 | 1.717779 | 1.678168 | 1.673320 |
| 1.0 | 1.784770 | 1.737869 | 1.732051 |

从计算结果可见，改进的 Euler 方法明显地改善了精度.

### 8.2.2　差分公式的误差分析

从差分公式的递推计算形式容易看到，在节点 $x_{n+1}$ 处的误差 $y(x_{n+1})-y_{n+1}$ 不仅与 $y_{n+1}$ 这一步计算有关，而且与前 $n$ 步值 $y_n$，$y_{n-1},\cdots,y_1$ 的计算都有关. 为了简化对误差的分析，我们着重研究进行一步计算时产生的误差. 在假设 $y_n=y(x_n)$ 的前提下，误差 $y(x_{n+1})-y_{n+1}$ 称为**局部截断误差**，它可以反映出差分公式的精度.

现在推导 Euler 公式的局部截断误差. 假设 $y_n=y(x_n)$，注意到 $y'(x_n)=f(x_n,y(x_n))=f(x_n,y_n)$，则 Euler 公式（8.4）可以写为

$$y_{n+1}=y(x_n)+hy'(x_n)$$

对于精确解 $y(x)$，利用 Taylor 展开得到

$$y(x_{n+1})=y(x_n)+hy'(x_n)+\frac{h^2}{2}y''(x_n)+O(h^3) \qquad (8.11)$$

从而可知 Euler 公式的局部截断误差为

$$y(x_{n+1})-y_{n+1}=\frac{h^2}{2}y''(x_n)+O(h^3)=O(h^2)$$

对于改进的 Euler 公式（8.10），由于

$$y'(x_n) = f(x_n, y(x_n))$$

$$y''(x_n) = f_x(x_n, y(x_n)) + f(x_n, y(x_n))f_y(x_n, y(x_n))$$

则当 $y_n = y(x_n)$ 时，利用二元 Taylor 展开公式

$$f(x+\Delta x, y+\Delta y) = f(x,y) + \Delta x f_x(x,y) + \Delta y f_y(x,y) + \frac{1}{2}[\Delta x^2 f_{xx}(x,y) + 2\Delta x\Delta y f_{xy}(x,y) + \Delta y^2 f_{yy}(x,y)] + \cdots$$

可得到

$$K_1 = f(x_n, y_n) = f(x_n, y(x_n)) = y'(x_n)$$

$$\begin{aligned} K_2 &= f(x_n + h, y_n + hK_1) = f(x_n + h, y(x_n) + hK_1) \\ &= f(x_n, y(x_n)) + hf_x(x_n, y(x_n)) + hK_1 f_y(x_n, y(x_n)) + O(h^2) \\ &= y'(x_n) + hy''(x_n) + O(h^2) \end{aligned}$$

将 $K_1, K_2$ 代入式（8.10），得到

$$y_{n+1} = y(x_n) + hy'(x_n) + \frac{h^2}{2}y''(x_n) + O(h^3)$$

于是，利用式（8.11）可知，改进的 Euler 公式的局部截断误差为

$$y(x_{n+1}) - y_{n+1} = O(h^3)$$

同样可推得梯形公式（8.7）的局部截断误差为

$$y(x_{n+1}) - y_{n+1} = O(h^3)$$

一般地，如果单步差分方法的局部截断误差为 $O(h^{p+1})$ 阶，则称该方法为 ***p* 阶方法**，这里 $p$ 为非负整数. 根据此定义，Euler 方法是一阶方法，改进的 Euler 方法和梯形方法是二阶方法.

### 8.2.3 Taylor 展开方法

设 $y(x)$ 是初值问题（8.1）～（8.2）的精确解. 利用 Taylor 展开得到

$$y(x_{n+1}) = y(x_n) + hy'(x_n) + \frac{h^2}{2}y''(x_n) + \cdots + \frac{h^p}{p!}y^{(p)}(x_n) +$$

$$\frac{h^{p+1}}{(p+1)!}y^{(p+1)}(\xi)$$

$$= y(x_n) + hf(x_n,y(x_n)) + \frac{h^2}{2}f^{(1)}(x_n,y(x_n)) + \cdots +$$

$$\frac{h^p}{p!}f^{(p-1)}(x_n,y(x_n)) + O(h^{p+1}) \tag{8.12}$$

舍去高阶小项 $O(h^{p+1})$，则导出差分公式

$$\begin{cases} y_{n+1} = y_n + hf(x_n,y_n) + \dfrac{h^2}{2}f^{(1)}(x_n,y_n) + \cdots + \dfrac{h^p}{p!}f^{(p-1)}(x_n,y_n) \\ y_0 = \alpha, \quad n = 0,1,\cdots \end{cases} \tag{8.13}$$

其中

$$f^{(1)}(x,y) = \frac{\mathrm{d}}{\mathrm{d}x}f(x,y(x)) = \left(\frac{\partial}{\partial x} + f\frac{\partial}{\partial y}\right)f$$

$$f^{(2)}(x,y) = \frac{\mathrm{d}^2}{\mathrm{d}x^2}f(x,y(x))$$

$$= \left(\frac{\partial}{\partial x} + f\frac{\partial}{\partial y}\right)^2 f + \frac{\partial f}{\partial y}\cdot\left(\frac{\partial}{\partial x} + f\frac{\partial}{\partial y}\right)f$$

$$\vdots$$

式（8.13）是一个单步显式差分公式．当 $y_n = y(x_n)$ 时，由式（8.12）和式（8.13）可知，其局部截断误差为

$$y(x_{n+1}) - y_{n+1} = O(h^{p+1})$$

故差分公式（8.13）为 $p$ 阶方法．当 $p = 1$ 时，式（8.13）就是 Euler 公式；当 $p = 3$ 时，则得到三阶显式公式

$$\begin{cases} y_{n+1} = y_n + hf(x_n,y_n) + \dfrac{h^2}{2}f^{(1)}(x_n,y_n) + \dfrac{h^3}{3!}f^{(2)}(x_n,y_n) \\ y_0 = \alpha, \quad n = 0,1,\cdots \end{cases}$$

利用 Taylor 展开方法导出的差分公式往往涉及许多复合函数 $f(x,y(x))$ 的导数计算，比较繁琐，因而很少直接使用．经常利用它来计算

多步方法（见节 8.5）的起始值，如 $y_1, y_2, y_3$ 等．然而 Taylor 展开方法给出了一种构造单步显式高阶方法的途径．下节将利用这种思想构造 **Runge-Kutta（龙格－库塔）方法**，它是以增加计算 $f(x,y)$ 函数值的次数来替代计算其高阶导数．

## 8.3 Runge-Kutta 方法

### 8.3.1 Runge-Kutta 方法的构造

首先通过分析 Euler 方法和改进 Euler 方法来说明构造 Runge-Kutta 方法（简称 **R-K 方法**）的基本思想．

设 $y(x)$ 为方程的精确解，$y'(x) = f(x,y)$．由于

$$y(x_{n+1}) = y(x_n) + hy'(\xi) = y(x_n) + hf(\xi, y(\xi)),\ x_n \leqslant \xi \leqslant x_{n+1}$$

则构造差分方法就是研究如何利用适当的函数值来近似计算 $f(\xi, y(\xi))$．Euler 方法可写为

$$\begin{cases} y_{n+1} = y_n + hK_1 \\ K_1 = f(x_n, y_n) \end{cases}$$

这相当于用一个函数值 $K_1 = f(x_n, y_n)$ 作为 $f(\xi, y(\xi))$ 的近似．当 $y_n = y(x_n)$ 时，$y_{n+1}$ 的表达式与精确解 $y(x_{n+1})$ 的 Taylor 展开式前两项完全一致，因此其局部截断误差为 $y(x_{n+1}) - y_{n+1} = O(h^2)$．

改进的 Euler 方法可写为

$$\begin{cases} y_{n+1} = y_n + \dfrac{h}{2}(K_1 + K_2) \\ K_1 = f(x_n, y_n) \\ K_2 = f(x_n + h, y_n + hK_1) \end{cases}$$

这相当于用两个函数值 $K_1$ 和 $K_2$ 的线性组合作为 $f(\xi, y(\xi))$ 的近似．当 $y_n = y(x_n)$ 时，$y_{n+1}$ 的表达式与精确解 $y(x_{n+1})$ 的 Taylor 展开式前三项完全一致，故其局部截断误差为 $y(x_{n+1}) - y_{n+1} = O(h^3)$．

上述表明，只需增加计算 $f(x,y)$ 函数值的次数，就有可能构造出高阶差分公式．这启示我们考虑如下形式的差分公式

$$
\begin{cases}
y_{n+1} = y_n + h(\lambda_1 K_1 + \lambda_2 K_2 + \cdots + \lambda_p K_p) \\
K_1 = f(x_n, y_n) \\
K_2 = f(x_n + \alpha_2 h, y_n + h\,\beta_{21} K_1) \\
\quad \vdots \\
K_p = f(x_n + \alpha_p h, y_n + h\sum_{s=1}^{p-1} \beta_{ps} K_s)
\end{cases}
\tag{8.14}
$$

其中 $\{\lambda_i, \alpha_i, \beta_{is}\}$ 为待定参数. 确定 $\lambda_i$, $\alpha_i$, $\beta_{is}$ 的原则是：将式（8.14）中的 $K_j(j = 1, \cdots, p)$ 在点（$x_n$, $y_n$）处 Taylor 展开，然后与精确解 $y(x_{n+1})$ 的 Taylor 展开式（8.12）相比较，在 $y_n = y(x_n)$ 的前提下，使两式直到 $h^p$ 项完全一致，据此确定各参数 $\lambda_i$, $\alpha_i$, $\beta_{is}$ 的值，从而导出局部截断误差为 $O(h^{p+1})$ 阶的 $p$ 阶 Runge-Kutta 公式.

对于 $p = 2$ 情形，应有

$$
\begin{cases}
y_{n+1} = y_n + h(\lambda_1 K_1 + \lambda_2 K_2) \\
K_1 = f(x_n, y_n) \\
K_2 = f(x_n + \alpha h, y_n + \beta h K_1)
\end{cases}
\tag{8.15}
$$

将式（8.15）右端在点 $(x_n, y_n)$ 处做 Taylor 展开，得到

$$
\begin{aligned}
y_{n+1} = y_n + h\lambda_1 f(x_n, y_n) + {} \\
h\lambda_2 [f(x_n, y_n) + h\alpha f_x(x_n, y_n) + {} \\
h\beta f(x_n, y_n) f_y(x_n, y_n)] + O(h^3)
\end{aligned}
$$

然后与 $y(x_{n+1})$ 的 Taylor 展开

$$
\begin{aligned}
y(x_{n+1}) &= y(x_n) + hy'(x_n) + \frac{h^2}{2} y''(x_n) + O(h^3) \\
&= y(x_n) + hf(x_n, y(x_n)) + \frac{h^2}{2} [f_x(x_n, y(x_n)) + {} \\
&\quad f(x_n, y(x_n)) f_y(x_n, y(x_n))] + O(h^3)
\end{aligned}
$$

相比较，当 $y_n = y(x_n)$ 时，欲使两式直到 $h^2$ 项完全一致，只需各参数满足

$$\lambda_1 + \lambda_2 = 1,\ \alpha\lambda_2 = \frac{1}{2},\ \beta\lambda_2 = \frac{1}{2} \tag{8.16}$$

这组方程中有一个参数可自由选取．若取 $\alpha = 1$ ，则解得 $\lambda_1 = \lambda_2 = \frac{1}{2}$，$\beta = 1$ ，此时式（8.15）便是改进的 Euler 公式（8.10）；若取 $\lambda_1 = 0$ ，则解得 $\lambda_2 = 1, \alpha = \beta = \frac{1}{2}$ ，代入式（8.15）得到差分公式

$$\begin{cases} y_{n+1} = y_n + hK_2 \\ K_1 = f(x_n, y_n) \\ K_2 = f\left(x_n + \frac{1}{2}h, y_n + \frac{1}{2}hK_1\right) \end{cases}$$

称之为**中点公式**，或写为

$$y_{n+1} = y_n + hf\left(x_n + \frac{1}{2}h, y_n + \frac{1}{2}hf(x_n, y_n)\right)$$

一般地，参数由式（8.16）确定的这样一族差分公式（8.15）统称为**二阶 R-K 方法**.

高阶 R-K 公式可类似推导．下面给出常用的三阶、四阶公式.

**三阶 R-K 公式：**

$$\begin{cases} y_{n+1} = y_n + \frac{h}{6}(K_1 + 4K_2 + K_3) \\ K_1 = f(x_n, y_n) \\ K_2 = f\left(x_n + \frac{1}{2}h, y_n + \frac{1}{2}hK_1\right) \\ K_3 = f(x_n + h, y_n - hK_1 + 2hK_2) \end{cases} \tag{8.17}$$

局部截断误差为 $y(x_{n+1}) - y_{n+1} = O(h^4)$ .

**四阶标准 R-K 公式：**

$$\begin{cases} y_{n+1} = y_n + \dfrac{h}{6}(K_1 + 2K_2 + 2K_3 + K_4) \\ K_1 = f(x_n, y_n) \\ K_2 = f\left(x_n + \dfrac{1}{2}h, y_n + \dfrac{1}{2}hK_1\right) \\ K_3 = f\left(x_n + \dfrac{1}{2}h, y_n + \dfrac{1}{2}hK_2\right) \\ K_4 = f(x_n + h, y_n + hK_3) \end{cases} \tag{8.18}$$

局部截断误差为 $y(x_{n+1}) - y_{n+1} = O(h^5)$.

四阶标准 R-K 方法是精度较高的单步显式方法，计算简便且能满足精度要求. 它的不足是每一步需计算四次 $f(x,y)$ 的值，计算量较大.

**例 8-3**　用四阶标准 R-K 方法求初值问题

$$\begin{cases} \dfrac{dy}{dx} = y - \dfrac{2x}{y}, \quad 0 \leqslant x \leqslant 1 \\ y(0) = 1 \end{cases}$$

的数值解，取步长 $h = 0.2$.

**解**　求解此问题的四阶标准 R-K 公式为

$$y_{n+1} = y_n + \frac{h}{6}(K_1 + 2K_2 + 2K_3 + K_4)$$

$$K_1 = y_n - \frac{2x_n}{y_n}$$

$$K_2 = y_n + \frac{1}{2}hK_1 - \frac{2x_n + h}{y_n + \frac{1}{2}hK_1}$$

$$K_3 = y_n + \frac{1}{2}hK_2 - \frac{2x_n + h}{y_n + \frac{1}{2}hK_2}$$

$$K_4 = y_n + hK_3 - \frac{2(x_n + h)}{y_n + hK_3}$$

计算结果见表 8-3.

**表 8-3 计算结果**

| $n$ | $x_n$ | $y_n$ | $y(x_n)$ | $n$ | $x_n$ | $y_n$ | $y(x_n)$ |
|---|---|---|---|---|---|---|---|
| 0 | 0.0 | 1.0000 | 1.0000 | 3 | 0.6 | 1.4833 | 1.4832 |
| 1 | 0.2 | 1.1832 | 1.1832 | 4 | 0.8 | 1.6125 | 1.6125 |
| 2 | 0.4 | 1.3417 | 1.3416 | 5 | 1.0 | 1.7321 | 1.7321 |

比较例 8-2 与例 8-3 的计算结果，显然四阶 R-K 方法的精度更高. 尽管四阶 R-K 方法的计算量比改进的 Euler 方法大，但由于放大了步长，在求相同节点上的近似值时，所需的计算量几乎相同.

以上讨论的是显式 R-K 方法，当然也可以构造隐式 R-K 方法，其一般形式为

$$\begin{cases} y_{n+1} = y_n + h\sum_{r=1}^{p}\lambda_r K_r \\ K_r = f(x_n + \alpha_r h, y_n + h\sum_{s=1}^{p}\beta_{rs}K_s), \quad r = 1,2,\cdots,p \end{cases}$$

称之为 ***p* 级隐式 R-K 方法**. 确定待定参数 $\{\lambda_r, \alpha_r, \beta_{rs}\}$ 的原则同显式 R-K 方法. 例如，梯形公式（8.7）可以写成一个二级隐式 R-K 方法的形式

$$\begin{cases} y_{n+1} = y_n + h\left(\frac{1}{2}K_1 + \frac{1}{2}K_2\right) \\ K_1 = f(x_n, y_n) \\ K_2 = f\left(x_n + h, y_n + \frac{1}{2}hK_1 + \frac{1}{2}hK_2\right) \end{cases}$$

它是二阶方法. 但是 $p$ 级隐式 R-K 方法的阶可以大于 $p$. 例如，一级隐式中点公式为

$$y_{n+1} = y_n + hK_1$$

$$K_1 = f\left(x_n + \frac{1}{2}h, y_n + \frac{1}{2}hK_1\right)$$

或写为

$$y_{n+1} = y_n + hf\left(x_n + \frac{1}{2}h, \frac{1}{2}(y_n + y_{n+1})\right)$$

它是二阶方法. 隐式 R-K 方法每步需要求解方程组，一般是非线性的方程组，计算量较大，但隐式方法的数值稳定性好.

## Runge-Kutta 算法

本算法利用四阶标准 R-K 公式（8.18）求初值问题

$$\begin{cases}\dfrac{\mathrm{d}y}{\mathrm{d}x} = f(x,y), \quad a \leqslant x \leqslant b \\ y(a) = \alpha\end{cases}$$

在等距节点 $x_n = a + nh(n = 1,\cdots,N)$ 上的数值解 $y_n$.

**输入**　$a,b,\alpha,N$

**输出**　数值解 $y_n$，$n = 1,2,\cdots,N$

(1) $h \Leftarrow \dfrac{b-a}{N}$；$x \Leftarrow a$；$y \Leftarrow \alpha$；

(2) 对 $n = 1,2,\cdots,N$，循环执行步 3 至步 5；

(3) $K_1 \Leftarrow f(x,y)$

$$K_2 \Leftarrow f\left(x + \frac{1}{2}h, y + \frac{1}{2}hK_1\right)$$

$$K_3 \Leftarrow f\left(x + \frac{1}{2}h, y + \frac{1}{2}hK_2\right)$$

$$K_4 \Leftarrow f(x + h, y + hK_3);$$

(4) $y \Leftarrow y + \dfrac{1}{6}h(K_1 + 2K_2 + 2K_3 + K_4)$；

(5) $x \Leftarrow x + h$；$x_n \Leftarrow x$；$y_n \Leftarrow y$；

(6) 输出 $(x_n, y_n)$，$n = 1,2,\cdots,N$.

### 8.3.2　变步长 Runge-Kutta 方法

一些常微分方程初值问题的解在求解区域内变化程度差别很大. 如果在整个区域上统一使用大步长可能达不到精度要求，而使用小步长又可能浪费计算量，还会导致舍入误差积累的增加. 这就要求根据解的性态来调整步长的大小，在变化平缓的部分，数值求解时可以使用较大步长；而在变化剧烈的部分，应当使用较小的步长，其目的是在保证精度的前提下尽可能减少计算量. 因此有必要讨论变步长的差分方法.

以 $p$ 阶 R-K 公式为例进行讨论. 设从 $x_n$ 以步长 $h$ 计算 $y(x_{n+1})$ 的近似值为 $y_{n+1}^{(h)}$，局部的截断误差为

$$y(x_{n+1}) - y_{n+1}^{(h)} = Ch^{p+1}$$

式中 $C$ 为与 $h$ 无关的常数. 如果将步长减半，取 $\frac{h}{2}$ 为步长，从 $x_n$ 经两步计算得到 $y(x_{n+1})$ 的近似值记为 $y_{n+1}^{(\frac{h}{2})}$，其局部截断误差约为

$$y(x_{n+1}) - y_{n+1}^{(\frac{h}{2})} \approx 2C\left(\frac{h}{2}\right)^{p+1} = \frac{1}{2^p}Ch^{p+1}$$

于是，步长减半后误差减少为原误差的 $\frac{1}{2^p}$，即

$$\frac{y(x_{n+1}) - y_{n+1}^{(\frac{h}{2})}}{y(x_{n+1}) - y_{n+1}^{(h)}} \approx \frac{1}{2^p}$$

从而可得到后验误差估计

$$y(x_{n+1}) - y_{n+1}^{(\frac{h}{2})} \approx \frac{1}{2^p - 1}\left(y_{n+1}^{(\frac{h}{2})} - y_{n+1}^{(h)}\right)$$

由此可知，当 $\left|y_{n+1}^{(\frac{h}{2})} - y_{n+1}^{(h)}\right| \leqslant \varepsilon$ 成立时（$\varepsilon$ 为给定的精度要求），可将 $y_{n+1}^{(\frac{h}{2})}$ 取为 $y(x_{n+1})$ 的近似值；若不成立，则应将步长再次减半进行计算，直至满足精度要求. 然后再进行下一步的计算及相应步长的选择.

## 8.4 单步方法的收敛性和稳定性

初值问题的差分方法是经过某种离散化过程导出的，人们自然关心差分解能否作为精确解的近似，因此需要对差分方法进行定性分析. 本节将讨论单步法的收敛性与稳定性.

### 8.4.1 单步方法的收敛性

求解初值问题

$$\begin{cases} \dfrac{dy}{dx} = f(x,y), \quad a \leqslant x \leqslant b \\ y(a) = \alpha \end{cases} \tag{8.19}$$

的单步显式方法可以统一写为如下形式

$$y_{n+1} = y_n + h\Phi(x_n, y_n, h) \tag{8.20}$$

式中 $\Phi(x,y,h)$ 称为方法的**增量函数**. 不同的单步方法对应着不同的增

量函数. 例如，对于 Euler 方法，可有

$$\Phi(x,y,h) = f(x,y)$$

对于改进的 Euler 方法，可有

$$\Phi(x,y,h) = \frac{1}{2}[f(x,y) + f(x+h, y+hf(x,y))] \tag{8.21}$$

类似地可写出与各阶 R-K 方法相应的增量函数 $\Phi(x,y,h)$ .

对于任意给定的点 $x_n$ ，用单步方法（8.20）求出精确解 $y(x_n)$ 的近似值 $y_n$ ，当步长 $h$ 充分小时，$y_n$ 能否逼近 $y(x_n)$ . 也就是说，当 $h \to 0$ 时，是否有 $y_n \to y(x_n)$ ，这就是收敛性问题.

**定义 8.1**　设 $y(x)$ 是初值问题（8.19）的解，$y_n$ 是单步方法（8.20）产生的近似解. 如果对任意固定的点 $x_n$ ，均有 $\lim\limits_{h\to 0} y_n = y(x_n)$ ，则称单步方法（8.20）是收敛的.

此定义也适用于单步隐式方法和后面要讨论的多步方法. 从定义可知，若方法（8.20）是收敛的，当 $h \to 0$ 时，整体截断误差 $e_n = y(x_n) - y_n$ 将趋于零.

**定理 8.1**　设单步方法（8.20）是 $p \geqslant 1$ 阶方法，增量函数 $\Phi(x,y,h)$ 在区域 $\{a \leqslant x \leqslant b, -\infty < y < +\infty, 0 \leqslant h \leqslant h_0\}$ 上连续，且关于 $y$ 满足 Lipschitz 条件，初始近似 $y_0 = y(a) = \alpha$ . 则方法（8.20）是收敛的，且存在与 $h$ 无关的常数 $C$ ，使

$$|y(x_n) - y_n| \leqslant Ch^p \tag{8.22}$$

**证明**　由于单步方法（8.20）为 $p$ 阶方法，则 $y(x)$ 满足

$$y(x_{n+1}) = y(x_n) + h\Phi(x_n, y(x_n), h) + R_n(h) \tag{8.23}$$

其中局部截断误差 $|R_n(h)| \leqslant C_1 h^{p+1}$ . 记误差 $e_n = y(x_n) - y_n$ ，从式（8.20）和（8.23）得到

$$e_{n+1} = e_n + h[\Phi(x_n, y(x_n), h) - \Phi(x_n, y_n, h)] + R_n(h)$$

利用 Lipschitz 条件得

$$|e_{n+1}| \leqslant (1 + hL)|e_n| + C_1 h^{p+1}, \quad n = 0,1,\cdots$$

由此递推得到

$$|e_n| \leqslant (1 + hL)^n |e_0| + C_1 h^{p+1} \sum_{i=0}^{n-1} (1 + hL)^i$$

$$\leqslant (1+hL)^n|e_0| + \frac{C_1h^{p+1}}{hL}[(1+hL)^n - 1]$$

注意到

$$1+hL \leqslant \mathrm{e}^{hL},\ (1+hL)^n \leqslant \mathrm{e}^{nhL} \leqslant \mathrm{e}^{L(b-a)}$$

于是

$$|e_n| \leqslant |e_0|\mathrm{e}^{L(b-a)} + \frac{C_1h^p}{L}(\mathrm{e}^{L(b-a)} - 1)$$

由于 $e_0 = y_0 - y(a) = 0$，所以 $\lim\limits_{h\to0} y_n = y(x_n)$，且有收敛阶估计

$$|y(x_n) - y_n| \leqslant Ch^p$$

现设 $f(x,y)$ 连续且关于 $y$ 满足 Lipschitz 条件. 对于 Euler 方法，由于增量函数 $\Phi(x,y,h) = f(x,y)$，根据定理 8.1，Euler 方法是收敛的.

对于改进的 Euler 方法，其增量函数 $\Phi(x,y,h)$ 由式（8.21）给出. 此时，利用 $f(x,y)$ 的 Lipschitz 条件，可得到

$$|\Phi(x,y,h) - \Phi(x,\bar{y},h)| \leqslant \frac{1}{2}|f(x,y) - f(x,\bar{y})| +$$

$$\frac{1}{2}|f(x+h, y+hf(x,y)) - f(x+h, \bar{y}+hf(x,\bar{y}))|$$

$$\leqslant \frac{1}{2}L(2+hL)|y-\bar{y}|$$

则当 $h \leqslant h_0$ 时，$\Phi$ 关于 $y$ 满足常数为 $\frac{1}{2}L(2+h_0L)$ 的 Lipschitz 条件，因此改进的 Euler 方法是收敛的.

可类似验证各阶 R-K 方法的收敛性.

### 8.4.2 单步方法的稳定性

在收敛性的讨论中，我们已假定差分方程是精确求解的，但实际情况并非如此. 例如，初始数据可能存在误差，计算过程中也不可避免地产生计算舍入误差，这些误差的传播和积累都会影响到数值解. 那么实际计算得出的数值解能否作为精确解的近似，这取决于计算误差是否可控制，这就是数值方法稳定性的概念.

**定义 8.2** 对于初值问题（8.19），取定步长 $h$，用某一个差分方

法进行计算时，假设仅在一个节点值 $y_n$ 上产生计算误差 $\delta$，即计算值 $\bar{y}_n = y_n + \delta$，如果这个误差引起以后各节点计算值 $y_m(m > n)$ 的变化均不超过 $\delta$，则称此差分方法是**绝对稳定**的.

讨论数值方法的稳定性，通常只限于典型的试验方程

$$y' = \lambda y$$

其中 $\lambda$ 为复数且 $Re(\lambda) < 0$. 如果对这样简单方程的差分方法是不稳定的，那么对更复杂的方程也将如此. 差分方法的稳定性一般与步长 $h$ 的大小也有关，在复平面上，当方法稳定时要求变量 $\lambda h$ 的取值范围称为方法的**绝对稳定域**，它与实轴的交集称为**绝对稳定区间**.

将 Euler 方法应用于方程 $y' = \lambda y$，得到

$$y_{n+1} = (1 + \lambda h)y_n$$

设在计算 $y_n$ 时产生误差 $\delta_n$，计算值 $\bar{y}_n = y_n + \delta_n$，则 $\delta_n$ 将对以后各节点计算产生影响. 记 $\bar{y}_m = y_m + \delta_m$，$m \geqslant n$，由上式可知误差 $\delta_m$ 满足方程

$$\delta_m = (1 + \lambda h)\delta_{m-1} = \cdots = (1 + \lambda h)^{m-n}\delta_n, \quad m \geqslant n$$

可见若要 $|\delta_m| < |\delta_n|$，$m > n$，必须且只需 $|1 + \lambda h| < 1$. 因此 Euler 方法的绝对稳定域为 $|1 + \lambda h| < 1$，绝对稳定区间是 $-2 < Re(\lambda)h < 0$.

对隐式单步方法也可类似讨论. 将梯形公式用于方程 $y' = \lambda y$，就有

$$y_{n+1} = y_n + \frac{h}{2}\lambda(y_n + y_{n+1})$$

解出 $y_{n+1}$ 得

$$y_{n+1} = \frac{1 + \frac{1}{2}\lambda h}{1 - \frac{1}{2}\lambda h}y_n$$

类似前面分析，可知绝对稳定区域为

$$\left|\frac{1 + \frac{1}{2}\lambda h}{1 - \frac{1}{2}\lambda h}\right| < 1$$

由于 $Re(\lambda) < 0$，所以此不等式对任意步长 $h$ 恒成立，这是隐式公式的

优点.

表 8-4 给出了一些常用方法的绝对稳定区间.

**表 8-4 常用差分方法的稳定区间**

| 差分方法 | 方法的阶数 | 稳定区间 |
|---|---|---|
| Euler 方法 | 1 | $(-2,0)$ |
| 梯形方法 | 2 | $(-\infty,0)$ |
| 改进 Euler 方法 | 2 | $(-2,0)$ |
| 二阶 R-K 方法 | 2 | $(-2,0)$ |
| 三阶 R-K 方法 | 3 | $(-2.51,0)$ |
| 四阶 R-K 方法 | 4 | $(-2.78,0)$ |

**例 8-4** 考虑初值问题

$$\begin{cases} y' = -30y, & 0 \leqslant x \leqslant 1 \\ y(0) = 1 \end{cases}$$

试取步长 $h = 0.1$，利用 Euler 方法计算 $y_{10} \approx y(1)$. 问题的精确解为 $y(x) = e^{-30x}$，是指数衰减函数.

**解** 取 $h = 0.1$，按 Euler 公式经十步计算得到 $y_{10} = 1024$，而精确值为 $y(1) = 9.357623 \times 10^{-14}$，显然 $y_{10}$ 不能作为 $y(1)$ 的近似. 这是因为 $\lambda h = -3$ 不属于 Euler 方法的绝对稳定区间.

综上所述，收敛性是反映差分公式本身的截断误差对数值解的影响；稳定性是反映计算过程中舍入误差对数值解的影响. 单步显式方法的稳定性与步长密切相关，在一种步长下是稳定的差分公式，取大一点步长就可能是不稳定的. 只有既收敛又稳定的差分公式才具有实用价值.

## 8.5 线性多步方法

单步方法是自开始方法，计算简便，一般精度较低. 精度高的四阶 R-K 方法需要计算四次函数值，计算量较大. 由于在计算 $y_{n+1}$ 时，已经计算出 $y_n, y_{n-1}, \cdots$，及 $f(x_n, y_n)$，$f(x_{n-1}, y_{n-1}), \cdots$，因此可以期望利用这些值构造出精度高、计算量小的差分公式，这就是线性多步方法.

### 8.5.1　利用待定参数法构造线性多步方法

$r+1$ 步线性多步方法的一般形式为

$$y_{n+1} = \sum_{i=0}^{r} \alpha_i y_{n-i} + h \sum_{i=-1}^{r} \beta_i f_{n-i} \tag{8.24}$$

其中 $f_{n-i} = f(x_{n-i}, y_{n-i})$. 当 $\beta_{-1} \neq 0$ 时，式（8.24）为隐式公式，反之为显式公式. 参数 $\{\alpha_i, \beta_i\}$ 的选取原则是使方法的局部截断误差为

$$y(x_{n+1}) - y_{n+1} = O(h^{r+2}) \tag{8.25}$$

这里，局部截断误差是指，在 $y_{n-i} = y(x_{n-i})$，$i = 0,1,\cdots,r$ 的前提下，误差 $y(x_{n+1}) - y_{n+1}$. 可利用 Taylor 展开，导出使式（8.25）成立时，参数 $\{\alpha_i, \beta_i\}$ 应满足的方程，从而求出 $\{\alpha_i, \beta_i\}$. 这里仅举例说明.

**例 8-5**　选取参数 $\alpha, \beta_0, \beta_1, \beta_2$，使三步方法

$$y_{n+1} = \alpha y_n + h(\beta_0 f_n + \beta_1 f_{n-1} + \beta_2 f_{n-2}) \tag{8.26}$$

为三阶方法.

**解**　设初值问题的精确解为 $y(x)$，则有 Taylor 展开式

$$y(x_{n+1}) = y(x_n) + hy'(x_n) + \frac{h^2}{2}y''(x_n) + \frac{h^3}{3!}y'''(x_n) + \frac{h^4}{4!}y^{(4)}(\xi)$$

设 $y_n = y(x_n)$，$y_{n-1} = y(x_{n-1})$，$y_{n-2} = y(x_{n-2})$，则有

$$f_n = f(x_n, y(x_n)) = y'(x_n)$$

$$\begin{aligned} f_{n-1} &= f(x_{n-1}, y(x_{n-1})) = y'(x_{n-1}) \\ &= y'(x_n) - hy''(x_n) + \frac{h^2}{2}y'''(x_n) - \\ &\quad \frac{h^3}{3!}y^{(4)}(x_n) + O(h^4) \end{aligned}$$

$$\begin{aligned} f_{n-2} &= f(x_{n-2}, y(x_{n-2})) = y'(x_{n-2}) \\ &= y'(x_n) - 2hy''(x_n) + \frac{(2h)^2}{2}y'''(x_n) - \\ &\quad \frac{(2h)^3}{3!}y^{(4)}(x_n) + O(h^4) \end{aligned}$$

将其代入式（8.26），然后与 $y(x_{n+1})$ 的 Taylor 展开式相比较，要使

$y(x_{n+1}) - y_{n+1} = O(h^4)$，$\alpha, \beta_0, \beta_1, \beta_2$ 应满足方程

$$\alpha = 1, \quad \beta_0 + \beta_1 + \beta_2 = 1$$

$$-\beta_1 - 2\beta_2 = \frac{1}{2}, \quad \beta_1 + 4\beta_2 = \frac{1}{3}$$

解得

$$\alpha = 1, \quad \beta_0 = \frac{23}{12}, \quad \beta_1 = -\frac{4}{3}, \quad \beta_2 = \frac{5}{12}$$

于是得到三步三阶显式差分公式

$$y_{n+1} = y_n + \frac{h}{12}(23f_n - 16f_{n-1} + 5f_{n-2})$$

### 8.5.2 利用数值积分构造线性多步方法

对方程 $y' = f(x,y)$ 在小区间 $[x_n, x_{n+1}]$ 上积分，得到

$$y(x_{n+1}) = y(x_n) + \int_{x_n}^{x_{n+1}} f(x, y(x))\,\mathrm{d}x \tag{8.27}$$

设 $p_r(x)$ 是函数 $f(x,y(x))$ 的某个 $r$ 次插值多项式，则式（8.27）可写为

$$y(x_{n+1}) = y(x_n) + \int_{x_n}^{x_{n+1}} p_r(x)\,\mathrm{d}x + R_n$$

其中

$$R_n = \int_{x_n}^{x_{n+1}} (f(x, y(x)) - p_r(x))\,\mathrm{d}x$$

为求积余项. 舍去 $R_n$，则可建立近似值 $y_n \approx y(x_n)$ 所满足的差分公式

$$y_{n+1} = y_n + \int_{x_n}^{x_{n+1}} p_r(x)\,\mathrm{d}x \tag{8.28}$$

选取不同的插值多项式 $p_r(x)$，就可导出不同的差分公式. 下面介绍常用的 **Adams（阿当姆斯）公式**.

**Adams 显式公式**

设已求得精确解 $y(x)$ 在步长为 $h$ 的等距节点 $x_{n-r}, \cdots, x_n$ 上的近似值 $y_{n-r}, \cdots, y_n$. 记 $f_k = f(x_k, y_k)$，利用 $r+1$ 个数据 $(x_{n-r}, f_{n-r}), \cdots, (x_n, f_n)$ 构造 $f(x, y(x))$ 的 $r$ 次 Lagrange 插值多项式

$$p_r(x) = \sum_{j=0}^{r} l_{n-j}(x) f_{n-j}$$

其中

$$l_{n-j}(x) = \prod_{\substack{k=0 \\ k\neq j}}^{r} \frac{(x - x_{n-k})}{(x_{n-j} - x_{n-k})}$$

代入式（8.28）得到

$$y_{n+1} = y_n + \sum_{j=0}^{r} \int_{x_n}^{x_{n+1}} l_{n-j}(x)\,\mathrm{d}x\, f_{n-j}$$

做变量代换 $x = x_n + th$，经整理可得

$$y_{n+1} = y_n + h\sum_{j=0}^{r} \beta_{rj} f_{n-j} \tag{8.29}$$

其中系数

$$\beta_{rj} = \frac{(-1)^j}{(r-j)!j!}\int_0^1 \frac{\prod_{k=0}^{r}(t+k)}{(t+j)}\mathrm{d}t, \quad j = 0,1,\cdots,r$$

当取定 $r$，并计算出 $\beta_{rj}$ 时，式（8.29）给出了 $r+1$ 步 **Adams 显式公式**. 下面给出几个带有局部截断误差主项的 Adams 显式公式.

$$r = 0 \quad y_{n+1} = y_n + hf_n + \frac{1}{2}h^2 y''(x_n)$$

$$r = 1 \quad y_{n+1} = y_n + \frac{1}{2}h(3f_n - f_{n-1}) + \frac{5}{12}h^3 y'''(x_n)$$

$$r = 2 \quad y_{n+1} = y_n + \frac{h}{12}(23f_n - 16f_{n-1} + 5f_{n-2}) + \frac{3}{8}h^4 y^{(4)}(x_n)$$

$$r = 3 \quad y_{n+1} = y_n + \frac{h}{24}(55f_n - 59f_{n-1} + 37f_{n-2} - 9f_{n-3}) + \frac{251}{720}h^5 y^{(5)}(x_n)$$

**Adams 隐式公式**

如果选择插值节点 $x_{n-r+1},\cdots,x_n,x_{n+1}$ 来构造式（8.28）中的插值多项式 $p_r(x)$，由于使用了数据（$x_{n+1}$，$f_{n+1}$），则可导出数值稳定性好的隐式公式，称为 **Adams 隐式公式**，其一般形式为

$$y_{n+1} = y_n + h\sum_{j=0}^{r}\beta_{rj}^{*}f_{n-j+1} \tag{8.30}$$

其中系数

$$\beta_{rj}^{*} = \frac{(-1)^j}{(r-j)!j!}\int_{-1}^{0}\frac{\prod\limits_{k=0}^{r}(t+k)}{(t+j)}\mathrm{d}t,\quad j = 0,1,\cdots,r$$

下面给出几个带有局部截断误差主项的 Adams 隐式公式.

$r=0\quad y_{n+1} = y_n + hf_{n+1} - \frac{1}{2}h^2y''(x_n)$

$r=1\quad y_{n+1} = y_n + \frac{1}{2}h(f_n + f_{n+1}) - \frac{1}{12}h^3y'''(x_n)$

$r=2\quad y_{n+1} = y_n + \frac{h}{12}(5f_{n+1} + 8f_n - f_{n-1}) - \frac{1}{24}h^4y^{(4)}(x_n)$

$r=3\quad y_{n+1} = y_n + \frac{h}{24}(9f_{n+1} + 19f_n - 5f_{n-1} + f_{n-2}) - \frac{19}{720}h^5y^{(5)}(x_n)$

**Adams 预估-校正公式**

通常把 Adams 显式和隐式公式结合起来使用. 由显式公式提供一个预估值，再用隐式公式校正，求得数值解，称之为**预估校正方法**.

一般预估公式和校正公式都取同阶的公式. 例如，四阶 Adams 预估校正公式由四阶四步 Adams 显式公式做预估，再用四阶三步 Adams 隐式公式做校正，计算公式为

**预估** $\quad \bar{y}_{n+1} = y_n + \frac{h}{24}(55f_n - 59f_{n-1} + 37f_{n-2} - 9f_{n-3})$

**校正** $\quad y_{n+1} = y_n + \frac{h}{24}(9\bar{f}_{n+1} + 19f_n - 5f_{n-1} + f_{n-2})$

$$\bar{f}_{n+1} = f(x_{n+1},\bar{y}_{n+1}),\quad n = 3,4,\cdots$$

这是四阶四步显式公式. 实际计算时，可以用同阶的单步公式，例如四阶 R-K 公式，为它提供起始值 $y_1$，$y_2$，$y_3$.

**例 8-6** 用四阶 Adams 预估校正公式求解初值问题

$$\begin{cases}\dfrac{\mathrm{d}y}{\mathrm{d}x} = y - \dfrac{2x}{y}, & 0 \leqslant x \leqslant 1\\ y(0) = 1\end{cases}$$

取步长 $h = 0.1$.

**解**　先用四阶标准 R-K 公式算出起始值 $y_1$，$y_2$，$y_3$，再用预估校正公式进行计算. 计算结果见表 8-5.

**表 8-5　计算结果**

| $x_n$ | R-K 法 $y_n$ | 预估值 $\bar{y}_n$ | 校正值 $y_n$ | 精确值 $y(x_n)$ |
|---|---|---|---|---|
| 0 | 1 | | | 1 |
| 0.1 | 1.095446 | | | 1.095445 |
| 0.2 | 1.183217 | | | 1.183216 |
| 0.3 | 1.264912 | | | 1.264911 |
| 0.4 | | 1.341551 | 1.341641 | 1.341641 |
| 0.5 | | 1.414045 | 1.414213 | 1.414214 |
| 0.6 | | 1.483017 | 1.483239 | 1.483240 |
| 0.7 | | 1.548917 | 1.549192 | 1.549193 |
| 0.8 | | 1.612114 | 1.612450 | 1.612452 |
| 0.9 | | 1.672914 | 1.673318 | 1.673320 |
| 1.0 | | 1.731566 | 1.732048 | 1.732051 |

预估校正算式每一步只需重新计算 $f(x,y)$ 的函数值两次，因此比四阶标准 R-K 公式的计算量小. 其缺点是要用其他方法计算起始值，计算过程中改变步长困难.

## 8.6　常微分方程组与高阶方程的差分方法

前面所介绍的关于一阶常微分方程初值问题的差分方法，原则上都可推广到一阶方程组和高阶方程情形.

### 8.6.1　一阶常微分方程组的差分方法

考虑一阶常微分方程组初值问题:

$$\begin{aligned}
y'_1 &= f_1(x, y_1, y_2, \cdots, y_m), \quad & y_1(x_0) &= y_{10} \\
y'_2 &= f_2(x, y_1, y_2, \cdots, y_m), \quad & y_2(x_0) &= y_{20} \\
&\vdots & &\vdots \\
y'_m &= f_m(x, y_1, y_2, \cdots, y_m), \quad & y_m(x_0) &= y_{m0}
\end{aligned} \tag{8.31}$$

引进向量符号

$$\boldsymbol{y}(x)=\begin{bmatrix}y_1(x)\\y_2(x)\\\vdots\\y_m(x)\end{bmatrix},\ \boldsymbol{F}(x,\boldsymbol{y})=\begin{bmatrix}f_1(x,y)\\f_2(x,y)\\\vdots\\f_m(x,y)\end{bmatrix},\ \boldsymbol{y}_0=\begin{bmatrix}y_{10}\\y_{20}\\\vdots\\y_{m0}\end{bmatrix}$$

则初值问题（8.31）可写为

$$\boldsymbol{y}'=\boldsymbol{F}(x,\boldsymbol{y}),\quad \boldsymbol{y}(x_0)=\boldsymbol{y}_0 \tag{8.32}$$

现在，仿照一阶常微分方程初值问题的差分方法，可完全类似地建立一阶常微分方程组初值问题（8.32）的差分方法. 例如，求解初值问题（8.32）的四阶标准 R-K 方法为

$$\begin{aligned}&\boldsymbol{y}_{n+1}=\boldsymbol{y}_n+\frac{h}{6}(\boldsymbol{K}_1+2\boldsymbol{K}_2+2\boldsymbol{K}_3+\boldsymbol{K}_4)\\&\boldsymbol{K}_1=\boldsymbol{F}(x_n,\boldsymbol{y}_n)\\&\boldsymbol{K}_2=\boldsymbol{F}(x_n+\frac{1}{2}h,\boldsymbol{y}_n+\frac{1}{2}h\boldsymbol{K}_1)\\&\boldsymbol{K}_3=\boldsymbol{F}(x_n+\frac{1}{2}h,\boldsymbol{y}_n+\frac{1}{2}h\boldsymbol{K}_2)\\&\boldsymbol{K}_4=\boldsymbol{F}(x_n+h,\boldsymbol{y}_n+h\boldsymbol{K}_3)\end{aligned} \tag{8.33}$$

或写成分量形式

$$\begin{aligned}&y_{i,n+1}=y_{i,n}+\frac{h}{6}(K_{i,1}+2K_{i,2}+2K_{i,3}+K_{i,4})\\&K_{i,1}=f_i(x_n,y_{1,n},\cdots,y_{m,n})\\&K_{i,2}=f_i(x_n+\frac{1}{2}h,y_{1,n}+\frac{1}{2}hK_{1,1},\cdots,y_{m,n}+\frac{1}{2}hK_{m,1})\\&K_{i,3}=f_i(x_n+\frac{1}{2}h,y_{1,n}+\frac{1}{2}hK_{1,2},\cdots,y_{m,n}+\frac{1}{2}hK_{m,2})\\&K_{i,4}=f_i(x_n+h,y_{1,n}+hK_{1,3},\cdots,y_{m,n}+hK_{m,3})\\&\quad i=1,2,\cdots,m,\quad n=0,1,\cdots\end{aligned}$$

下面仅就两个未知量情形给出具体的计算公式.

解一阶常微分方程组初值问题

$$\begin{cases} y' = f(x,y,z), & y(x_0) = y_0 \\ z' = g(x,y,z), & z(x_0) = z_0 \end{cases}$$

的标准四阶 R-K 方法为

$$\begin{aligned} y_{n+1} &= y_n + \frac{h}{6}(k_1 + 2k_2 + 2k_3 + k_4) \\ z_{n+1} &= z_n + \frac{h}{6}(l_1 + 2l_2 + 2l_3 + l_4) \\ & n = 0,1,\cdots \end{aligned} \tag{8.34}$$

其中

$$\begin{aligned} k_1 &= f(x_n, y_n, z_n) \\ l_1 &= g(x_n, y_n, z_n) \\ k_2 &= f\left(x_n + \frac{h}{2}, y_n + \frac{h}{2}k_1, z_n + \frac{h}{2}l_1\right) \\ l_2 &= g\left(x_n + \frac{h}{2}, y_n + \frac{h}{2}k_1, z_n + \frac{h}{2}l_1\right) \\ k_3 &= f\left(x_n + \frac{h}{2}, y_n + \frac{h}{2}k_2, z_n + \frac{h}{2}l_2\right) \\ l_3 &= g\left(x_n + \frac{h}{2}, y_n + \frac{h}{2}k_2, z_n + \frac{h}{2}l_2\right) \\ k_4 &= f(x_n + h, y_n + hk_3, z_n + hl_3) \\ l_4 &= g(x_n + h, y_n + hk_3, z_n + hl_3) \end{aligned}$$

这是单步显式方法，利用节点 $x_n$ 上的已知值 $y_n$ ，$z_n$ ，可依次计算出 $k_i$，$l_i$ ，$i = 1,2,3,4$ ，然后代入式（8.34）求出节点 $x_{n+1}$ 上的近似值 $y_{n+1}$ ，$z_{n+1}$ .

求解一阶常微分方程组（8.32）的其他差分方法，包括线性多步方法，可类似推导.

### 8.6.2 化高阶方程为一阶方程组

考虑高阶（$m$ 阶）常微分方程初值问题：

$$\begin{cases} y^{(m)} = f(x, y, y', \cdots, y^{(m-1)}), \quad a \leqslant x \leqslant b \\ y(a) = y_0, \quad y'(a) = y'_0, \cdots, y^{(m-1)}(a) = y_0^{(m-1)} \end{cases} \tag{8.35}$$

引进变换

$$y_j(x) = y^{(j-1)}(x) \text{ 或 } y'_j(x) = y^{(j)}(x) = y_{j+1}(x), \quad j = 1, 2, \cdots, m$$

在此变换下，高阶方程初值问题（8.35）化为如下一阶方程组的初值问题：

$$\begin{aligned} & y'_1 = y_2, && y_1(a) = y_0 \\ & y'_2 = y_3, && y_2(a) = y'_0 \\ & \quad \vdots && \quad \vdots \\ & y'_{m-1} = y_m, && y_{m-1}(a) = y_0^{(m-2)} \\ & y'_m = f(x, y_1, y_2, \cdots, y_m), && y_m(a) = y_0^{(m-1)} \end{aligned}$$

因此，可以利用求解一阶方程组的差分方法，求出高阶方程初值问题（8.35）的数值解.

**例 8-7** 用四阶标准 R-K 方法求解二阶常微分方程初值问题

$$\begin{cases} y'' - 2y' + 2y = e^{2x}\sin x, \quad 0 \leqslant x \leqslant 1 \\ y(0) = -0.4, \ y'(0) = -0.6 \end{cases}$$

取步长 $h = 0.1$. 此问题精确解为 $y(x) = 0.2e^{2x}(\sin x - 2\cos x)$.

**解** 令 $z = y'$，则原方程化为一阶方程组

$$\begin{cases} y' = z \\ z' = e^{2x}\sin x - 2y + 2z \\ y(0) = -0.4, \quad z(0) = -0.6 \end{cases}$$

利用四阶标准 R-K 方法（8.34）求解此方程组，此时 $f(x,y,z) = z$，$g(x,y,z) = e^{2x}\sin x - 2y + 2z$. 由 $x_0 = 0$，$y_0 = -0.4$，$z_0 = -0.6$ 起始计算，得到

$$k_1 = z_0 = -0.6$$

$$l_1 = e^{2x_0}\sin x_0 - 2y_0 + 2z_0 = -0.4$$

$$k_2 = z_0 + \frac{h}{2}l_1 = -0.62$$

$$l_2 = e^{2(x_0+\frac{h}{2})}\sin(x_0 + \frac{h}{2}) - 2(y_0 + \frac{h}{2}k_1) + 2(z_0 + \frac{h}{2}l_1) = -0.32476448$$

$$k_3 = z_0 + \frac{h}{2}l_2 = -0.61623822$$

$$l_3 = e^{2(x_0+\frac{h}{2})}\sin(x_0 + \frac{h}{2}) - 2(y_0 + \frac{h}{2}k_2) + 2(z_0 + \frac{h}{2}l_2) = -0.31524092$$

$$k_4 = z_0 + hl_3 = -0.63152409$$

$$l_4 = e^{2(x_0+h)}\sin(x_0 + h) - 2(y_0 + hk_3) + 2(z_0 + hl_3) = -0.21786373$$

于是

$$y_1 = y_0 + \frac{h}{6}(k_1 + 2k_2 + 2k_3 + k_4) = -0.46173334$$

$$z_1 = z_0 + \frac{h}{6}(l_1 + 2l_2 + 2l_3 + l_4) = -0.63163124$$

这里，$y_1$ 是 $y(0.1)$ 的近似值，$z_1$ 是 $y'(0.1)$ 的近似值．依此下去，可计算出各节点上的近似值，计算结果见表 8-6.

**表 8-6　计算结果**

| $x_n$ | $y_n$ | $z_n$ | $y(x_n)$ | $\lvert y(x_n) - y_n \rvert$ |
|---|---|---|---|---|
| 0.0 | −0.40000000 | −0.60000000 | −0.40000000 | 0 |
| 0.1 | −0.46173334 | −0.63163124 | −0.46173297 | $3.7 \times 10^{-7}$ |
| 0.2 | −0.52555988 | −0.64014895 | −0.52555905 | $8.3 \times 10^{-7}$ |
| 0.3 | −0.58860144 | −0.61366381 | −0.58860005 | $1.39 \times 10^{-6}$ |
| 0.4 | −0.64661231 | −0.53658203 | −0.64661028 | $2.03 \times 10^{-6}$ |

续表 8-6

| $x_n$ | $y_n$ | $z_n$ | $y(x_n)$ | $\|y(x_n)-y_n\|$ |
|---|---|---|---|---|
| 0.5 | -0.69356666 | -0.38873810 | -0.69356395 | $2.71\times10^{-6}$ |
| 0.6 | -0.72115190 | -0.14438087 | -0.72114849 | $3.41\times10^{-6}$ |
| 0.7 | -0.71815295 | 0.22899702 | -0.71814890 | $4.05\times10^{-6}$ |
| 0.8 | -0.66971133 | 0.77199180 | -0.66970677 | $4.56\times10^{-6}$ |
| 0.9 | -0.55644290 | 0.15347815 | -0.55643814 | $4.76\times10^{-6}$ |
| 1.0 | -0.35339886 | 0.25787663 | -0.35339436 | $4.50\times10^{-6}$ |

## * 8.7　刚性方程组简介

在自动控制、电力系统、生物学和化学等领域中，经常会遇到一类病态常微分方程组，称之为刚性（Stiff）方程组．通常这类方程组解的各分量的数量级相差很大，给数值求解带来困难，需要进行特殊处理．本节仅简单介绍一下刚性方程组的特性以及进行数值求解时需要注意的问题．

考虑方程组

$$\frac{dy}{dx}=\boldsymbol{A}\boldsymbol{y},\quad \boldsymbol{y}(0)=(2,1,2)^{T} \tag{8.36}$$

其中

$$\boldsymbol{A}=\begin{bmatrix}-0.1 & -49.9 & 0\\ 0 & -50 & 0\\ 0 & 70 & -30000\end{bmatrix}$$

可以求出矩阵 $\boldsymbol{A}$ 的特征值为 $\lambda_1=-30000$，$\lambda_2=-50$，$\lambda_3=-0.1$，从而可得到初值问题（8.36）精确解的表达式

$$\begin{cases} y_1(x)=e^{-0.1x}+e^{-50x}\\ y_2(x)=e^{-50x}\\ y_3(x)=e^{-50x}+e^{-30000x}\end{cases} \tag{8.37}$$

显然当 $x\to\infty$ 时，方程组解趋于常向量零，称其为**稳态解**．若用四阶 Runge-Kutta 方法来求解问题（8.36），为保证算法的数值稳定性，应选

择步长 $h$，使 $|h\lambda_j| < 2.78$，$j = 1,2,3$．由于 $|\lambda_1| = 30000$，步长应满足 $h < 10^{-4}$．为了使数值求解达到解的稳定状态，亦即解分量的值稳定在常数零附近，从式（8.37）可见数值求解的区间长度应由 $e^{-0.1x}$ 项，或 $\lambda_3 = -0.1$ 决定．例如，如果我们规定当解分量 $|y_j(x)| < e^{-8}$ $(\approx 0.0003)$ 时可认为达到稳态，则应该要求计算到 $x = b$，$b$ 满足 $e^{-0.1b} < e^{-8}$，即数值求解区间至少为 $[0,b] = [0,80]$，这样所需计算步数不少于 $80/h = 8 \times 10^5$．又从式（8.37）看出，解分量中包含 $\lambda_1$，$\lambda_2$ 的项，随 $x$ 的增加迅速消失（达到稳态），例如，当 $x > 0.16$ 时，解分量 $e^{-50x} < e^{-8}$．因此，当 $x > 0.16$ 时，实际上只有包含 $\lambda_3$ 的项未达到稳态．这样，人们就遇到了严重困难：根据 $\lambda_1$ 来选择步长，而按 $\lambda_3$ 来确定求解区间，由于 $|\lambda_1|$ 远大于 $|\lambda_3|$，使求解步数十分巨大，既大大地增加了计算量又将加重计算误差积累的影响．这种根据稳定性要求（而非精度）选择小步长来进行长区间上计算，以使解达到稳态，从而导致巨大计算量的现象，是刚性方程组数值求解中特有的困难，是问题本身病态性质引起的．

为了对刚性方程组给出定义，考虑线性方程组

$$\frac{dy}{dx} = \boldsymbol{A}\boldsymbol{y}(x) + \boldsymbol{\varphi}(x), \quad x \in [a,b] \tag{8.38}$$

设 $\boldsymbol{A}$ 的特征值为 $\lambda_j = \alpha_j + i\beta_j$，$j = 1,2,\cdots,m$，相应的特征向量为 $\xi_j$．则方程组（8.38）的解可表示为

$$\boldsymbol{y}(x) = \sum_{j=1}^{m} c_j e^{\lambda_j x}\xi_j + \boldsymbol{\psi}(x)$$

其中 $c_j$ 是常数，可由初始条件 $\boldsymbol{y}(a)$ 确定．假定 $\alpha_j = Re(\lambda_j) < 0$，则当 $x \to \infty$ 时，$\boldsymbol{y}(x) \to \boldsymbol{\psi}(x)$，$\boldsymbol{\psi}(x)$ 为稳态解．

**定义 8.3**　若线性方程组（8.38）中矩阵 $\boldsymbol{A}$ 的特征值 $\lambda_j$ 满足

（1）$Re(\lambda_j) < 0$，$j = 1,2,\cdots,m$

（2）$\mu = \dfrac{\max\limits_j |Re(\lambda_j)|}{\min\limits_j |Re(\lambda_j)|} \gg 1$

则称其为**刚性方程组**（或病态方程组），比值 $\mu$ 称为**刚性比**．

对于非线性方程组 $\boldsymbol{y}' = \boldsymbol{F}(x,\boldsymbol{y})$，如果 $\boldsymbol{F}$ 的雅可比矩阵的特征值 $\lambda(x)$ 在区间 $[a,b]$ 上满足上述定义，则称方程组在 $[a,b]$ 上是刚性的．

通常当刚性比 $\mu = O(10^p)$ , $p \geqslant 3$ ，就可认为方程组是刚性的，且 $\mu$ 越大刚性（病态）越严重．例如，方程组（8.36）的刚性比为 $\mu = 30000/0.1 = 3 \times 10^5$ ，是严重病态的.

对于刚性方程组，一般需要采用绝对稳定性好的方法，比如隐式的 Runge-Kutta 方法和吉尔方法等，有兴趣的读者可参阅文献［1，15］.

## * 8.8　常微分方程边值问题的数值解法

常微分方程边值问题是指定解条件给出方程解 $y(x)$ 在求解区间两个端点的性态．二阶常微分方程边值问题的一般形式为

$$y'' = f(x, y, y'), \quad a < x < b$$

其边值条件主要有以下三种形式：

**第一边值条件：** $y(a) = \alpha, \quad y(b) = \beta$

**第二边值条件：** $y'(a) = \alpha, \quad y'(b) = \beta$

**第三边值条件：** $y'(a) - \alpha_0 y(a) = \alpha, \quad y'(b) + \beta_0 y(b) = \beta$

其中 $\alpha, \beta, \alpha_0, \beta_0$ 均为已知常数, $\alpha_0, \beta_0$ 非负且不全为零.

本节将讨论常微分方程边值问题的数值解法，主要介绍打靶法和有限差分方法.

### 8.8.1　打靶法

打靶法的基本思想是将边值问题化为相应的初值问题，从而可利用初值问题的数值解法求得边值问题的数值解.

首先考虑线性边值问题：

$$\begin{cases} -y'' + p(x)y' + q(x)y = r(x), & a < x < b \\ y(a) = \alpha, \quad y(b) = \beta \end{cases} \tag{8.39}$$

其中 $p(x)$ , $q(x)$ , $r(x)$ 为区间 $[a,b]$ 上已知的连续函数，且 $q(x) \geqslant 0$. 与边值问题（8.39）相应，引进两个初值问题

$$\begin{cases} -u'' + p(x)u' + q(x)u = r(x), & a \leqslant x \leqslant b \\ u(a) = \alpha, \quad u'(a) = 0 \end{cases} \tag{8.40}$$

$$\begin{cases} -v'' + p(x)v' + q(x)v = 0, & a \leqslant x \leqslant b \\ v(a) = 0, \quad v'(a) = 1 \end{cases} \tag{8.41}$$

不难验证，当 $v(b)\neq 0$ 时，边值问题（8.39）的解 $y=y(x)$ 可表示为

$$y(x)=u(x)+\frac{\beta-u(b)}{v(b)}v(x)$$

这样，通过求出初值问题（8.40）和（8.41）的数值解 $u_n\approx u(x_n)$，$v_n\approx v(x_n)$，$n=1,2,\cdots,N$，就可得到边值问题（8.39）的数值解 $y_n=u_n+\dfrac{(\beta-u_n)v_n}{v_n}$.

对于更一般的线性边值问题

$$\begin{cases}-y''+p(x)y'+q(x)y=r(x), & a<x<b\\ \alpha_0y(a)-\alpha_1y'(a)=\alpha\\ \beta_0y(b)+\beta_1y'(b)=\beta\end{cases}\tag{8.42}$$

其中 $\alpha_0\alpha_1\geqslant 0$，$\beta_0\beta_1\geqslant 0$，$\alpha_0+\alpha_1\neq 0$，$\beta_0+\beta_1\neq 0$．可将其转化为两个初值问题

$$\begin{cases}-u''+p(x)u'+q(x)u=r(x), & a\leqslant x\leqslant b\\ u(a)=-C_1\alpha, \quad u'(a)=-C_0\alpha\end{cases}\tag{8.43}$$

$$\begin{cases}-v''+p(x)v'+q(x)v=0, & a\leqslant x\leqslant b\\ v(a)=\alpha_1, \quad v'(a)=\alpha_0\end{cases}\tag{8.44}$$

其中 $C_0$ 和 $C_1$ 是任意选取的两个常量，但应满足条件

$$C_0\alpha_1-C_1\alpha_0=1$$

设 $u(x)$ 和 $v(x)$ 分别为初值问题（8.43）和（8.44）的解，则由

$$y(x)=u(x)+sv(x)$$

所确定的函数为边值问题（8.42）的解，其中

$$s=\frac{\beta-[\beta_0u(b)+\beta_1u'(b)]}{\beta_0v(b)+\beta_1v'(b)}$$

现在考虑非线性边值问题：

$$\begin{cases}y''=f(x,y,y'), & a<x<b\\ y(a)=\alpha, \quad y(b)=\beta\end{cases}\tag{8.45}$$

引进初值问题

$$\begin{cases} y'' = f(x,y,y') \\ y(a) = \alpha, \quad y'(a) = S \end{cases} \tag{8.46}$$

其中 $S$ 为适当选定的值. 设 $y(x)$ 为初值问题（8.46）的解，如果 $S$ 选取得当使 $y(b)$ 恰好等于 $\beta$，那么这个 $y(x)$ 也就是边值问题（8.45）的解. 为寻找这样的 $S$，可求解一系列初值问题

$$\begin{cases} y'' = f(x,y,y'), \quad a \leqslant x \leqslant b \\ y(a) = \alpha, \quad y'(a) = S_k, \quad k = 0,1,\cdots \end{cases} \tag{8.47}$$

其中 $S_k$ 为适当选择的参数. 记该问题的解为 $y(x,S_k)$，则数列 $\{S_k\}$ 的选取应满足

$$\lim_{k\to\infty} y(b,S_k) = y(b,S) = \beta$$

设 $y_{n,k}$，$n=1, 2, \cdots, N$，是初值问题（8.47）与参数 $S_k$ 相应的数值解，$y_{N,k} \approx y(b,S_k)$. 对 $k=0$，求得 $\{y_{n,0}\}$，若 $|y_{N,0}-\beta| < \varepsilon$，$\varepsilon$ 为取定的精度，则可取 $\{y_{n,0}\}$ 作为边值问题（8.45）的数值解. 否则，将 $S_0$ 改为 $S_1$，再求出数值解 $\{y_{n,1}\}$，判断是否 $|y_{N,1}-\beta| < \varepsilon$. 如此下去，直到出现 $|y_{N,k}-\beta| < \varepsilon$ 为止，取 $\{y_{n,k}\}$ 作为边值问题（8.45）的数值解.

现在考虑数列 $\{S_k\}$ 的合理选择. 在方程（8.46）中，参数 $S$ 的理想值应满足 $y(b,S)-\beta=0$，通常这是一个非线性方程，可采用插值法或 Newton 迭代法解之，从而产生收敛于 $S$ 的序列 $S_0$，$S_1$，$S_2$，$\cdots$. 例如，利用 $y(b,S)$ 在 $S_k$ 和 $S_{k+1}$ 两点的线性插值，可导出计算 $\{S_k\}$ 的公式

$$S_{k+2} = S_k + \frac{S_{k+1} - S_k}{y_{N,k+1} - y_{N,k}}(\beta - y_{N,k}), \quad k = 0,1,\cdots$$

这里，起始值 $S_0$，$S_1$ 需取定，并求出相应的数值解 $y_{N,0}$ 和 $y_{N,1}$.

### 8.8.2 有限差分方法

考虑二阶线性常微分方程

$$-y'' + p(x)y' + q(x)y = f(x), \quad a < x < b \tag{8.48}$$

其中 $p(x)$，$q(x)$ 和 $f(x)$ 为 $[a,b]$ 上已知的连续函数，且 $q(x) \geqslant 0$. 边值条件可取为前述的三种边值条件之一.

为将连续问题离散化，首先剖分区间 $[a,b]$ : $a = x_0 < x_1 < \cdots < x_N = b$，剖分节点 $x_n = a + nh$，$n = 0,1,\cdots,N$，$h = \dfrac{b-a}{N}$ 为剖分步长. 利用数值微分公式：

$$y''(x_n) = \frac{y(x_{n+1}) - 2y(x_n) + y(x_{n-1})}{h^2} - \frac{h^2}{12}y^{(4)}(\xi_n)$$

$$y'(x_n) = \frac{y(x_{n+1}) - y(x_{n-1})}{2h} - \frac{h^2}{6}y^{(3)}(\eta_n)$$

可将方程（8.48）在内节点 $x_n$ 处离散为

$$-\frac{y(x_{n+1}) - 2y(x_n) + y(x_{n-1})}{h^2} + p(x_n)\frac{y(x_{n+1}) - y(x_{n-1})}{2h}$$

$$+ q(x_n)y(x_n) = f(x_n) - \frac{h^2}{12}y^{(4)}(\xi_n) + \frac{h^2}{6}p(x_n)y^{(3)}(\eta_n)$$

当 $h$ 充分小时，舍去高阶小项，就得到节点近似值 $y_n \approx y(x_n)$ 所满足的差分方程

$$-\frac{y_{n+1} - 2y_n + y_{n-1}}{h^2} + p_n\frac{y_{n+1} - y_{n-1}}{2h} + q_n y_n = f_n \tag{8.49}$$

$$n = 1,2,\cdots,N-1$$

其中 $p_n = p(x_n)$，$q_n = q(x_n)$，$f_n = f(x_n)$，截断误差为

$$R_n = -\frac{h^2}{12}y^{(4)}(\xi_n) + \frac{h^2}{6}p(x_n)y^{(3)}(\eta_n) = O(h^2)$$

式（8.49）是关于 $N+1$ 个未知量 $y_0,y_1,\cdots,y_N$ 的线性方程组，方程个数为 $N-1$ 个. 为得到封闭的线性方程组，还需利用相应的边值条件补充两个方程.

对于第一边值条件，可直接取 $y_0 = \alpha$，$y_N = \beta$，从而得到求解常微分方程（8.48）第一边值问题的差分方程组

$$\begin{cases} -(1 + \frac{h}{2}p_n)y_{n-1} + (2 + q_n h^2)y_n - (1 - \frac{h}{2}p_n)y_{n+1} = h^2 f_n \\ y_0 = \alpha,\quad y_N = \beta,\quad n = 1,2,\cdots,N-1 \end{cases} \tag{8.50}$$

对于第二、三边值条件，可用数值微分公式进行离散. 最简单的近

似公式为

$$y'(a) \approx \frac{y(x_1) - y(x_0)}{h}, \quad y'(b) \approx \frac{y(x_N) - y(x_{N-1})}{h}$$

也可采用精度较高的近似公式

$$y'(a) \approx \frac{-y(x_2) + 4y(x_1) - 3y(x_0)}{2h}$$

$$y'(b) \approx \frac{3y(x_N) - 4y(x_{N-1}) + y(x_{N-2})}{2h}$$

将上述导数近似代入相应的边值条件中，就可得到两个边界方程. 例如，对于第三边值问题可导出相应的差分方程组

$$\begin{cases} -(1 + \frac{h}{2}p_n)y_{n-1} + (2 + q_n h^2)y_n - (1 - \frac{h}{2}p_n)y_{n+1} = h^2 f_n \\ -y_2 + 4y_1 - 3y_0 - 2h\alpha_0 y_0 = 2h\alpha \\ 3y_N - 4y_{N-1} + y_{N-2} + 2h\beta_0 y_N = 2h\beta, \quad n = 1,2,\cdots,N-1 \end{cases} \tag{8.51}$$

至此，我们已经建立了求解常微分方程（8.48）的第一和第三边值问题（$\alpha_0 = \beta_0 = 0$ 时对应第二边值问题）的两个差分方程组（8.50）和（8.51），在一定条件下，这些方程组的解是唯一存在的.

现在考虑差分方程组（8.50）的求解. 将方程组（8.50）写成矩阵形式

$$\begin{bmatrix} 2 + q_1 h^2 & -1 + \frac{h}{2}p_1 & & & \\ -1 - \frac{h}{2}p_2 & 2 + q_2 h^2 & -1 + \frac{h}{2}p_2 & & \\ & \ddots & \ddots & \ddots & \\ & & -1 - \frac{h}{2}p_{N-2} & 2 + q_{N-2}h^2 & -1 + \frac{h}{2}p_{N-2} \\ & & & -1 - \frac{h}{2}p_{N-1} & 2 + q_{N-1}h^2 \end{bmatrix} \begin{bmatrix} y_1 \\ y_2 \\ \vdots \\ y_{N-2} \\ y_{N-1} \end{bmatrix}$$

$$
= \begin{bmatrix} h^2 f_1 + (1 + \frac{h}{2} p_1)\alpha \\ h^2 f_2 \\ \vdots \\ h^2 f_{N-2} \\ h^2 f_{N-1} + (1 - \frac{h}{2} p_{N-1})\beta \end{bmatrix} \tag{8.52}
$$

这是一个三对角方程组，当 $\frac{1}{2}hp_{\max} < 1$ 时（$p_{\max} = \max\limits_{a \leqslant x \leqslant b} |p(x)|$），此方程组的系数矩阵是严格对角占优的（或不可约对角占优的），因此它的解唯一存在．可利用追赶法求解此方程组，从而得到第一边值问题的解 $y(x)$ 在节点 $x_n$ 处的近似值 $y_n$，$n = 1,2,\cdots,N$．

**例 8-8**　用差分方法求解边值问题

$$
\begin{cases} -y'' + y = -x, & 0 < x < 1 \\ y(0) = 0, & y(1) = 1 \end{cases}
$$

**解**　取步长 $h = 0.1$，节点 $x_n = nh$．差分方程组（8.50）中相应的数据为 $p_n = 0$，$q_n = 1$，$f_n = -x_n$，$\alpha = 0$，$\beta = 1$．利用追赶法求解，计算结果见表 8-7．此边值问题的精确解为

$$
y(x) = \frac{2\mathrm{sh}(x)}{\mathrm{sh}(1)} - x = \frac{2(\mathrm{e}^x - \mathrm{e}^{-x})}{\mathrm{e} - \mathrm{e}^{-1}} - x
$$

**表 8-7　计算结果**

| $x_n$ | $y_n$ | $y(x_n)$ | $y(x_n) - y_n$ |
|---|---|---|---|
| 0.1 | 0.0704894 | 0.0704673 | $-0.221\times10^{-4}$ |
| 0.2 | 0.1426836 | 0.1426409 | $-0.427\times10^{-4}$ |
| 0.3 | 0.2183048 | 0.2182436 | $-0.612\times10^{-4}$ |
| 0.4 | 0.2991089 | 0.2990332 | $-0.757\times10^{-4}$ |
| 0.5 | 0.3869042 | 0.3868189 | $-0.853\times10^{-4}$ |
| 0.6 | 0.4835684 | 0.4834801 | $-0.883\times10^{-4}$ |
| 0.7 | 0.5910684 | 0.5909852 | $-0.832\times10^{-4}$ |
| 0.8 | 0.7114791 | 0.7114109 | $-0.682\times10^{-4}$ |
| 0.9 | 0.8470045 | 0.8469633 | $-0.412\times10^{-4}$ |

最后指出，对于二阶非线性常微分方程边值问题

$$\begin{cases} y'' = F(x,y,y'), & a < x < b \\ y(a) = \alpha, & y(b) = \beta \end{cases}$$

可以仿照前述的离散化方法，建立如下差分方程组

$$\begin{cases} \dfrac{y_{n+1} - 2y_n + y_{n-1}}{h^2} = F(x_n, y_n, \dfrac{y_{n+1} - y_{n-1}}{2h}) \\ y_0 = \alpha, \quad y_N = \beta, \quad n = 1,2,\cdots,N-1 \end{cases}$$

## 解边值问题的有限差分算法

本算法利用差分方法求解边值问题：

$$\begin{cases} -y'' + p(x)y' + q(x)y = f(x), & a < x < b \\ y(a) = \alpha, & y(b) = \beta \end{cases}$$

即采用追赶法求解三对角方程组（8.52）.

**输入** 端点 $a, b$，边值条件 $\alpha, \beta$，整数 $N$

**输出** 精确解 $y(x)$ 在节点 $x_n$ 上的近似值 $y_n$

(1) $h \Leftarrow \dfrac{b-a}{N}$;  $x \Leftarrow a + h$;

(2) 步 2 至步 4 对三对角矩阵赋值

$a_1 \Leftarrow 2 + q(x)h^2$

$b_1 \Leftarrow -1 + \dfrac{h}{2}p(x)$

$d_1 \Leftarrow h^2 f(x) + (1 + \dfrac{h}{2}p(x))\alpha$;

(3) 对 $i = 2,\cdots,N-2$，置

$x \Leftarrow a + ih$

$a_i \Leftarrow 2 + q(x)h^2$

$b_i \Leftarrow -1 + \dfrac{h}{2}p(x)$

$c_i \Leftarrow -1 - \dfrac{h}{2}p(x)$

$d_i \Leftarrow h^2 f(x)$;

(4) $x \Leftarrow b - h$

$$a_{N-1} \Leftarrow 2 + q(x)h^2$$

$$c_{N-1} \Leftarrow -1 - \frac{1}{2}hp(x)$$

$$d_{N-1} \Leftarrow h^2 f(x) + (1 - \frac{1}{2}hp(x))\beta \text{ ;}$$

(5) 步 5 至步 7 进行三角分解

$$l_1 \Leftarrow a_1; \quad u_1 \Leftarrow \frac{b_1}{l_1} \text{ ;}$$

(6) 对 $i = 2, \cdots, N-2$，置

$$l_i \Leftarrow a_i - c_i u_{i-1}$$

$$u_i \Leftarrow \frac{b_i}{l_i} \text{ ;}$$

(7) $l_{N-1} \Leftarrow a_{N-1} - c_{N-1} u_{N-2}$ ;

(8) 步 8 至步 11 进行追赶法求解

$$z_1 \Leftarrow \frac{d_1}{l_1} \text{ ;}$$

(9) 对 $i = 2, \cdots, N-1$，置

$$z_i \Leftarrow \frac{d_i - c_i z_{i-1}}{l_i} \text{ ;}$$

(10) $y_{N-1} \Leftarrow z_{N-1}$ ;

(11) 对 $i = N-2, \cdots, 1$，置

$$y_i \Leftarrow z_i - u_i y_{i+1} \text{ ;}$$

(12) 对 $i = 1, 2, \cdots, N-1$

置 $x = a + ih$

输出 $(x, y_i)$，$i = 1, 2, \cdots, N-1$ .

## 习　题　8

8-1　用 Euler 方法与改进的 Euler 方法求解初值问题

$$\begin{cases} y' = x + y, & 0 < x < 1 \\ y(0) = 1 \end{cases}$$

取步长 $h = 0.1$，并与精确解 $y = 2e^x - x - 1$ 相比较.

8-2　用改进的 Euler 方法求解初值问题

$$\begin{cases} y' = x^2 + x - y, & 0 < x < 1 \\ y(0) = 0 \end{cases}$$

取步长 $h = 0.1$，计算 $y(0.5)$ 的近似值，并与精确解 $y = -e^{-x} + x^2 - x + 1$ 相比较.

8-3　给定初值问题 $y' = ax + b$，$y(0) = 0$．设 $x_n = nh$，$y_n$ 是用 Euler 方法得到的解 $y(x)$ 在 $x = x_n$ 处的近似值．证明：

$$y(x_n) - y_n = \frac{1}{2}ahx_n$$

8-4　用 Euler 方法计算积分

$$y(x) = \int_0^x e^{-t^2}\mathrm{d}t$$

在点 $x = 0.5$，1，1.5，2 处的近似值.

8-5　用梯形方法与四阶标准 R-K 方法求解初值问题

$$\begin{cases} y' + y = 0, & 0 < x \leqslant 1 \\ y(0) = 1 \end{cases}$$

取步长 $h = 0.1$，并与精确解 $y = e^{-x}$ 相比较.

8-6　用四阶标准 R-K 方法求解初值问题

$$\begin{cases} y' = y + x, & 0 < x \leqslant 1 \\ y(0) = 1 \end{cases}$$

取步长 $h = 0.1$，并与精确解 $y(x) = -x - 1 + 2e^x$ 相比较.

8-7　证明下述 R-K 方法对任何参数 $t$ 都是二阶方法.

$$\begin{aligned} y_{n+1} &= y_n + \frac{h}{2}(K_2 + K_3) \\ K_1 &= f(x_n, y_n) \\ K_2 &= f(x_n + th, y_n + thK_1) \\ K_3 &= f(x_n + (1-t)h, y_n + (1-t)hK_1) \end{aligned}$$

8-8　验证式（8.17）的 R-K 方法是三阶方法.

8-9　用变步长 R-K 方法求解初值问题

$$\begin{cases} y' = \dfrac{y^2 + y}{x}, & 1 \leqslant x \leqslant 3 \\ y(1) = -2 \end{cases}$$

取精度要求 $\varepsilon = 10^{-3}$，初始步长 $h_{\max} = 0.5$.

8-10　设 $f(x,y)$ 关于 $y$ 满足常数为 $L$ 的 Lipschitz 条件，对 Euler 单步隐式方法

$$y_{n+1} = y_n + hf(x_{n+1}, y_{n+1})$$

采用迭代公式

$$y_{n+1}^{[k+1]} = y_n + hf(x_{n+1}, y_{n+1}^{[k]}),\ k = 0,1,2,\cdots$$

计算 $y_{n+1}$. 证明：当步长 $h$ 满足 $hL < 1$ 时，此迭代公式是收敛的.

8-11　对试验方程 $y' = -\lambda y$, $\lambda > 0$, 证明如下方法的绝对稳定性条件为

（1）改进的 Euler 方法

$$\left|1 - \lambda h + \frac{1}{2}\lambda^2 h^2\right| < 1$$

（2）四阶标准 R-K 方法

$$\left|1 - \lambda h + \frac{1}{2!}\lambda^2 h^2 - \frac{1}{3!}\lambda^3 h^3 + \frac{1}{4!}\lambda^4 h^4\right| < 1$$

8-12　确定二步方法

$$y_{n+1} = \frac{1}{2}(y_n + y_{n-1}) + \frac{h}{4}(4f_{n+1} - f_n + 3f_{n-1})$$

的局部截断误差主项和阶.

8-13　试求系数 $\alpha$，$\beta_0$，$\beta_1$，使二步方法

$$y_{n+1} = \alpha(y_n + y_{n-1}) + h(\beta_0 f_n + \beta_1 f_{n-1})$$

的局部截断误差阶尽可能的高，并写出局部截断误差主项.

8-14　用 $r = 3$ 的 Adams 显式和预校公式求解初值问题

$$\begin{cases} y' = x^2 - y^2, & -1 \leqslant x \leqslant 0 \\ y(-1) = 0 \end{cases}$$

取步长 $h = 0.1$，用四阶标准 R-K 方法计算起始值.

8-15　对微分方程 $y' = f(x,y)$ 在区间 $[x_{n-1}, x_{n+1}]$ 上积分得到

$$y(x_{n+1}) = y(x_{n-1}) + \int_{x_{n-1}}^{x_{n+1}} f(x, y(x))\,\mathrm{d}x$$

试利用 Simpson 求积公式近似右边积分，导出 Milne - Simpson 差分公式，并说明方法的阶.

8-16　将下列高阶方程化为一阶方程组.

(1) $y'' - 3y' + 2y = 0$,　$y(0) = 1$,　$y'(0) = 1$

(2) $y'' - 0.1(1 - y^2)y' + y = 0$,　$y(0) = 1$,　$y'(0) = 0$

(3) $x''(t) = -\dfrac{x}{r^3}$,　$y''(t) = -\dfrac{y}{r^3}$,　$r = \sqrt{x^2 + y^2}$

$x(0) = 0.4$,　$x'(0) = 0$,　$y(0) = 0$,　$y'(0) = 2$

8-17　用四阶标准 R-K 方法求解初值问题

$$\begin{cases} y'' + \sin y = 0, & 0 \leqslant x \leqslant 4 \\ y(0) = 1, \quad y'(0) = 0 \end{cases}$$

取步长 $h = 0.2$.

8-18　用差分方法求解边值问题

(1) $\begin{cases} y'' - (1+x^2)y = 1, & -1 < x < 1 \\ y(-1) = 0, & y(1) = 0 \end{cases}$

取步长 $h = 0.5$.

(2) $\begin{cases} (1+x^2)y'' - xy' - 3y = 6x - 3, & 0 < x < 1 \\ y(0) - y'(0) = 1, & y(1) = 2 \end{cases}$

取步长 $h = 0.2$.

8-19　用打靶法求解边值问题（用 Euler 公式）

$$\begin{cases} y'' + y = 0, & 0 < x < \frac{\pi}{2} \\ y(0) = 1, & y\left(\frac{\pi}{2}\right) = 3 \end{cases}$$

取步长 $h = \frac{\pi}{8}$.

# *9　偏微分方程差分方法

含有未知函数的偏导数的方程称为偏微分方程. 当研究需用多个变量描述的自然现象或物理过程时，就会遇到偏微分方程. 由于变量的增多和区域的复杂性，偏微分方程的求解要比常微分方程困难得多，求精确解一般是不可能的，经常采用数值方法求方程的近似解.

偏微分方程的数值方法种类较多，最常用的方法之一是**有限差分方法**，简称**差分方法**. 差分方法具有格式简单，程序易于实现，计算量小等优点，特别适合于规则区域上偏微分方程的近似求解. 本章将以一些典型的偏微分方程为例，介绍差分方法的基本原理和具体实现方法.

## 9.1　椭圆型方程边值问题的差分方法

### 9.1.1　差分方程的建立

最典型的椭圆型方程是 **Poisson（泊松）方程**:

$$-\Delta u \equiv -\left(\frac{\partial^2 u}{\partial x^2}+\frac{\partial^2 u}{\partial y^2}\right)=f(x,y),(x,y)\in G \tag{9.1}$$

$G$ 是 $x$，$y$ 平面上的有界区域，其边界 $\Gamma$ 为分段光滑的闭曲线. 当 $f(x,y)\equiv 0$ 时，方程（9.1）称为 **Laplace（拉普拉斯）方程**. 椭圆型方程的定解条件主要有如下三种边界条件.

第一边值条件：
$$u|_{\Gamma}=\alpha(x,y) \tag{9.2}$$

第二边值条件：
$$\left.\frac{\partial u}{\partial n}\right|_{\Gamma}=\beta(x,y) \tag{9.3}$$

第三边值条件：
$$\left.\left(\frac{\partial u}{\partial n}+ku\right)\right|_{\Gamma}=\gamma(x,y) \tag{9.4}$$

这里，$n$ 表示 $\Gamma$ 上单位外法向量，$\alpha(x,y)$，$\beta(x,y)$，$\gamma(x,y)$ 和 $k(x,y)$ 都是已知的函数，$k(x,y)\geqslant 0$. 满足方程（9.1）和上述三种边值条件之一的光滑函数 $u(x,y)$ 称为 Poisson 方程边值问题的解.

用差分方法求解偏微分方程，就是要求出精确解 $u(x,y)$ 在区域 $G$

上一些离散节点（$x_i$，$y_j$）处的近似值 $u_{i,j} \approx u(x_i, y_j)$．差分方法的基本思想是，对求解区域 $G$ 做网格剖分，将偏微分方程在网格节点上离散化，导出精确解在网格节点上近似值所满足的差分方程，最终通过求解差分方程，通常为一个线性方程组，得到精确解在离散节点上的近似值.

设 $G = \{0 < x < a, 0 < y < b\}$ 为矩形区域. 在 $x$，$y$ 平面上用两组平行直线

$$x = ih_1, \quad i = 0,1,\cdots,N_1, \quad h_1 = \frac{a}{N_1}$$

$$y = jh_2, \quad j = 0,1,\cdots,N_2, \quad h_2 = \frac{b}{N_2}$$

将 $G$ 剖分为网格区域，见图 9-1．$h_1$，$h_2$ 分别称为 $x$ 方向和 $y$ 方向的剖分步长，网格交点 $(x_i, y_j)$ 称为**剖分节点**，区域内节点集合记为 $G_h = \{(x_i, y_j):(x_i, y_j) \in G\}$，网格线与边界 $\Gamma$ 的交点称为**边界点**，边界点集合记为 $\Gamma_h$.

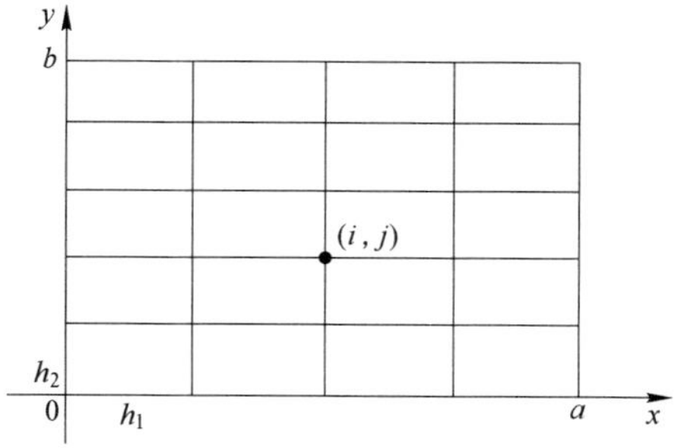


图 9-1

现将偏微分方程（9.1）在每一个内节点 $(x_i, y_j)$ 上进行离散. 在节点 $(x_i, y_j)$ 处，方程（9.1）为

$$-\left[\frac{\partial^2 u}{\partial x^2}(x_i, y_j) + \frac{\partial^2 u}{\partial y^2}(x_i, y_j)\right] = f(x_i, y_j), \ (x_i, y_j) \in G_h \quad (9.5)$$

需进一步离散（9.5）中的二阶偏导数. 为简化记号，简记节点 $(x_i, y_j) = (i, j)$，节点函数值 $u(x_i, y_j) = u(i, j)$．利用一元函数的 Taylor 展开公式，可推得二阶偏导数的差商表达式：

$$\frac{\partial^2 u}{\partial x^2}(i,j) = \frac{1}{h_1^2}[u(i+1,j) - 2u(i,j) + u(i-1,j)] + O(h_1^2)$$

$$\frac{\partial^2 u}{\partial y^2}(i,j) = \frac{1}{h_2^2}[u(i,j+1) - 2u(i,j) + u(i,j-1)] + O(h_2^2)$$

代入式（9.5）中，得到方程（9.1）在节点 $(i,j)$ 处的离散形式

$$-\frac{1}{h_1^2}[u(i+1,j) - 2u(i,j) + u(i-1,j)] - \frac{1}{h_2^2}[u(i,j+1) - 2u(i,j) + u(i,j-1)] = f_{i,j} + O(h_1^2 + h_2^2),\quad (i,j) \in G_h$$

其中 $f_{i,j} = f(x_i, y_j)$．舍去高阶小项 $O(h_1^2 + h_2^2)$，就导出了 $u(i,j)$ 的近似值 $u_{i,j}$ 所满足的差分方程

$$-\frac{1}{h_1^2}[u_{i+1,j} - 2u_{i,j} + u_{i-1,j}] - \frac{1}{h_2^2}[u_{i,j+1} - 2u_{i,j} + u_{i,j-1}] = f_{i,j}\quad (i,j) \in G_h \tag{9.6}$$

在节点 $(i,j)$ 处，方程（9.6）逼近偏微分方程（9.1）的误差为 $O(h_1^2 + h_2^2)$，它关于剖分步长是二阶的．这个误差称为差分方程逼近偏微分方程的**截断误差**，它的大小将影响近似解的精度．

在差分方程（9.6）中，每一个节点 $(i,j)$ 处的方程仅涉及五个节点未知量 $u_{i,j}, u_{i+1,j}$，$u_{i-1,j}$，$u_{i,j+1}$，$u_{i,j-1}$，因此通常称式（9.6）为**五点差分格式**，当 $h_1 = h_2 = h$ 时，它简化为

$$-\frac{1}{h^2}[u_{i+1,j} + u_{i-1,j} + u_{i,j+1} + u_{i,j-1} - 4u_{i,j}] = f_{i,j},\ (i,j) \in G_h$$

差分方程（9.6）中，方程个数等于内节点总数，但未知量除内节点值 $u_{i,j}, (i,j) \in G_h$ 外，还包括边界点值．例如，点 $(1,j)$ 处方程就含有边界点未知量 $u_{0,j}$．因此，还要利用给定的边值条件补充上边界点未知量的方程．

对于第一边值条件（9.2），可直接取

$$u_{i,j} = \alpha(x_i, y_j),\ (i,j) \in \Gamma_h \tag{9.7}$$

对于第三（$k=0$ 时为第二）边值条件（9.4），以左边界点 $(0,j)$ 为例，见图 9-2，利用一阶差商公式

$$\frac{\partial u}{\partial n}(0,j) = \frac{u(0,j) - u(1,j)}{h_1} + O(h_1)$$

则得到边界点 $(0,j)$ 处的差分方程

$$\frac{u_{0,j}-u_{1,j}}{h_1}+k_{0,j}u_{0,j}=\gamma_{0,j} \qquad (9.8)$$

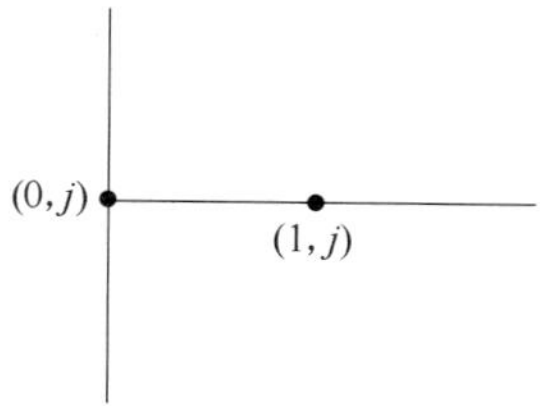

图 9-2

联立差分方程（9.6）与（9.7）或（9.8）就形成了求解 Poisson 方程边值问题的差分方程组，它实质上是一个关于未知量 $\{u_{i,j}\}$ 的线性代数方程组，可采用第二、第三章介绍的方法进行求解．这个方程组的解就称为偏微分方程的**差分近似解**，简称**差分解**．

考虑更一般形式的二阶椭圆型方程

$$-\left[\frac{\partial}{\partial x}\left(A\frac{\partial u}{\partial x}\right)+\frac{\partial}{\partial y}\left(B\frac{\partial u}{\partial y}\right)+C\frac{\partial u}{\partial x}+D\frac{\partial u}{\partial y}+Eu\right]$$
$$=f(x,y),\ (x,y)\in G \qquad (9.9)$$

其中 $A(x,y)\geqslant A_{\min}>0, B(x,y)\geqslant B_{\min}>0, E(x,y)\geqslant 0$．引进半节点 $x_{i\pm\frac{1}{2}}=x_i\pm\frac{1}{2}h_1$，$y_{j\pm\frac{1}{2}}=y_j\pm\frac{1}{2}h_2$．利用一阶中心差商公式，在节点 $(i,j)$ 处可有

$$\frac{\partial}{\partial x}\left(A\frac{\partial u}{\partial x}\right)(i,j)$$
$$=\frac{1}{h_1}\left[\left(A\frac{\partial u}{\partial x}\right)\left(i+\frac{1}{2},j\right)-\left(A\frac{\partial u}{\partial x}\right)\left(i-\frac{1}{2},j\right)\right]+O(h_1^2)$$
$$=\frac{1}{h_1}\left[A_{i+\frac{1}{2},j}\frac{u(i+1,j)-u(i,j)}{h_1}-A_{i-\frac{1}{2},j}\frac{u(i,j)-u(i-1,j)}{h_1}\right]+$$
$$O(h_1^2)$$

$$\frac{\partial u}{\partial x}(i,j)=\frac{u(i+1,j)-u(i-1,j)}{2h_1}+O(h_1^2)$$

对 $\frac{\partial}{\partial y}\left(B\frac{\partial u}{\partial y}\right),\frac{\partial u}{\partial y}$ 类似处理，就可推得求解方程（9.9）的差分方程

$$-\left[a_{i+1,j}u_{i+1,j}+a_{i-1,j}u_{i-1,j}+a_{i,j+1}u_{i,j+1}+a_{i,j-1}u_{i,j-1}-a_{i,j}u_{i,j}\right]=f_{i,j}$$
$$(i,j)\in G_h \qquad (9.10)$$

其中

$$\begin{cases} a_{i+1,j} = h_1^{-2}\left(A_{i+\frac{1}{2},j} + \dfrac{h_1}{2}C_{i,j}\right) \\ a_{i-1,j} = h_1^{-2}\left(A_{i-\frac{1}{2},j} - \dfrac{h_1}{2}C_{i,j}\right) \\ a_{i,j+1} = h_2^{-2}\left(B_{i,j+\frac{1}{2}} + \dfrac{h_2}{2}D_{i,j}\right) \\ a_{i,j-1} = h_2^{-2}\left(B_{i,j-\frac{1}{2}} - \dfrac{h_2}{2}D_{i,j}\right) \\ a_{i,j} = h_1^{-2}(A_{i+\frac{1}{2},j} + A_{i-\frac{1}{2},j}) + h_2^{-2}(B_{i,j+\frac{1}{2}} + B_{i,j-\frac{1}{2}}) + E_{i,j} \end{cases} \tag{9.11}$$

显然，当系数函数 $A(x,y) = B(x,y) = 1$，$C(x,y) = D(x,y) = E(x,y) = 0$ 时，椭圆型方程（9.9）就成为 Poisson 方程（9.1），而差分方程（9.10）就成为差分方程（9.6）．容易看出，差分方程（9.10）的截断误差为 $O(h_1^2 + h_2^2)$ 阶．

### 9.1.2　一般区域的边界条件处理

前面已假设 $G$ 为矩形区域，现在考虑 $G$ 为一般区域情形，这里主要涉及边界条件的处理．

考虑 Poisson 方程第一边值问题

$$\begin{cases} -\Delta u = f(x,y), & (x,y) \in G \\ u = \alpha(x,y), & (x,y) \in \Gamma \end{cases} \tag{9.12}$$

其中 $G$ 可为平面上一般区域，例如为曲边区域．仍然用两组平行直线：$x = x_0 + ih_1$，$y = y_0 + jh_2$，$i, j = 0, \pm 1, \cdots$，对区域 $G$ 进行矩形网格剖分，见图 9-3．

如果一个内节点 $(i, j)$ 的四个相邻节点 $(i+1, j)$，$(i-1, j)$，$(i, j+1)$ 和 $(i, j-1)$ 属于 $\overline{G} = G \cup \Gamma$，则称其为**正则内点**，见图 9-3 中打"○"号者；如果一个节点 $(i, j)$ 属于 $\overline{G}$ 且不为正则内点，则称其为**非正则内点**，见图 9-3 中打"●"号者．记正则内点集合为 $G'_h$ 非正则内点集合为 $\Gamma'_h$．显然，当 $G$ 为矩形区域时，$G'_h = G_h$，$\Gamma'_h = \Gamma_h$ 成立．

在正则内点 $(i,j)$ 处，完全同矩形区域情形，可建立五点差分格式

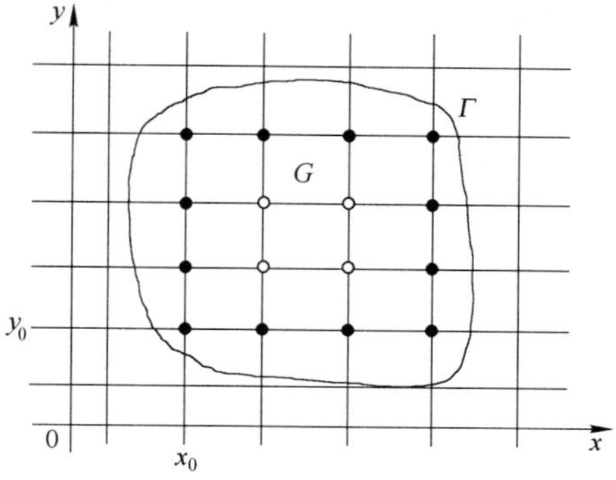


图 9-3

$$-\frac{1}{h_1^2}[u_{i+1,j}-2u_{i,j}+u_{i-1,j}]-\frac{1}{h_2^2}[u_{i,j+1}-2u_{i,j}+u_{i,j-1}]=f_{i,j},(i,j)\in G'_h \tag{9.13}$$

在方程（9.13）中，当（$i$，$j$）点临近边界时，将出现非正则内点上的未知量，因此必须补充非正则内点处的方程.

若非正则内点恰好是边界点，如图 9-4 中 $D$ 点，则利用边值条件可取

$$u_D=\alpha(D)$$

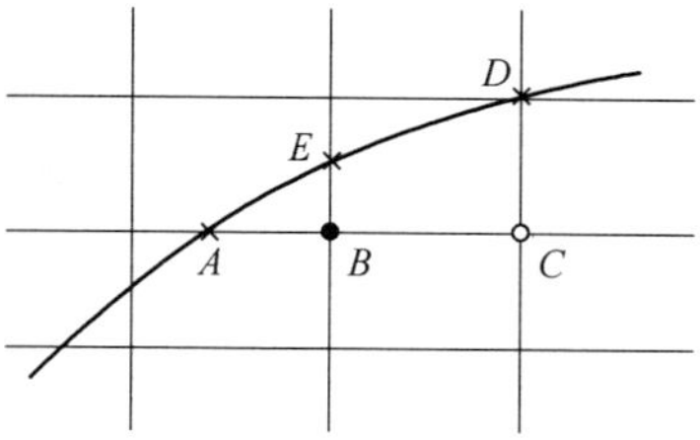


图 9-4

对于不是边界点的非正则内点，如图 9-4 中 $B$ 点，一般可采用如下两种处理方法.

（1）**直接转移法**. 取与点 $B$ 距离最近的边界点（如图 9-4 中 $E$ 点）上 $u$ 的值作为 $u(B)$ 的近似值 $u_B$，即

$$u_B=u(E)=\alpha(E)$$

直接转移法的优点是简单易行，但精度较低，只为一阶近似.

（2）**线性插值法**. 取 $B$ 点的两个相邻点（如图 9-4 中边界点 $A$ 和正则内点 $C$）作为插值节点对 $u(B)$ 进行线性插值

$$u(B)=\frac{x_C-x_B}{x_C-x_A}u(A)+\frac{x_B-x_A}{x_C-x_A}u(C)+O(h_1^2)$$

则得到点 $B$ 处的方程

$$u_B = \frac{h_1}{h_1 + \delta}\alpha(A) + \frac{\delta}{h_1 + \delta}u_C, \quad \delta = x_B - x_A$$

线性插值法精度较高，为二阶近似.

对每一个非正则内点进行上述处理，将所得到的方程与（9.13）式联立，就组成了方程个数与未知量个数相一致的线性代数方程组. 求解此方程组就可得到一般区域上边值问题（9.12）的差分近似解.

对于一般区域上二阶椭圆型方程（9.9）的第一边值问题，可完全类似处理.

第二、第三边值条件的处理较为复杂，这里不再讨论.

### 9.1.3　差分方程解的存在唯一性与迭代求解

本节将利用极值原理证明差分方程解的存在唯一性，然后简介求解差分方程的迭代法. 如前所述，$G'_h$ 表示正则内点集合，$\Gamma'_h$ 表示非正则内点集合，当 $G$ 为矩形区域时，$G'_h = G_h$，$\Gamma'_h = \Gamma_h$ 成立.

考虑一般形式的五点差分方程

$$L_h u_{i,j} \equiv a_{i,j}u_{i,j} - a_{i+1,j}u_{i+1,j} - a_{i-1,j}u_{i-1,j} - a_{i,j+1}u_{i,j+1} - a_{i,j-1}u_{i,j-1} = f_{i,j}, \quad (i,j) \in G'_h \tag{9.14}$$

其中 $L_h$ 表示差分算子，称差分方程（9.14）为**椭圆型差分方程**，如果方程系数满足

$$a_{i+1,j}, a_{i-1,j}, a_{i,j+1}, a_{i,j-1} > 0$$

$$a_{i,j} \geqslant a_{i+1,j} + a_{i-1,j} + a_{i,j+1} + a_{i,j-1} \tag{9.15}$$

此时也称 $L_h$ 为**椭圆型差分算子**，根据这个定义，上小节中建立的差分方程（9.6）和差分方程（9.10）（当 $h_1$，$h_2$ 充分小时，见式（9.11））都是椭圆型差分方程.

**定理 9.1（极值原理）**　设 $L_h$ 为椭圆型差分算子 $\{v_{i,j}\}$ 是定义在点集 $G'_h \cup \Gamma'_h$ 上的一组值且 $v_{i,j} \neq$ 常数. 如果

$$L_h v_{i,j} \leqslant 0 \quad (L_h v_{i,j} \geqslant 0), \quad (i,j) \in G'_h$$

那么 $v_{i,j}$ 不可能在点集 $G'_h$ 上取得正的最大值（负的最小值）.

**证明**　用反证法. 假设 $v_{i,j}$ 在 $G'_h$ 上取得正的最大值 $M$，由于 $v_{i,j} \neq$

常数，则一定可在 $G'_h$ 中找到一个点 $(i_0,j_0)$，使得 $v_{i_0,j_0}=M$ 并且在 $(i_0,j_0)$ 四个邻点中至少存在一个点，在该点上 $v_{i,j}$ 的值小于 $M$. 从而，利用式（9.15）得

$$L_h v_{i_0,j_0} > M(a_{i_0,j_0} - a_{i_0+1,j_0} - a_{i_0-1,j_0} - a_{i_0,j_0+1} - a_{i_0,j_0-1}) \geqslant 0$$

这与定理条件矛盾. 所以，$v_{i,j}$ 不可能在 $G'_h$ 上取得正的最大值.

另一种情况同理可证.

下面证明差分方程解的存在唯一性. 为简化讨论，仅考虑第一边值问题，且当 $G$ 不是矩形区域时，按直接转移法建立边界方程.

**定理 9.2** 椭圆型差分方程（9.14）的解是唯一存在的.

**证明** 根据线性方程组理论，只须证明与方程（9.14）相应的齐次方程

$$L_h v_{i,j} = 0,\quad (i,j)\in G'_h,\quad v_{i,j} = 0,\quad (i,j)\in \Gamma'_h$$

只有零解. 先设 $v_{i,j}\equiv$常数，由于 $v_{i,j}$ 在 $\Gamma'_h$ 上取零值，所以 $v_{i,j}$ 恒等于零. 再设 $v_{i,j}\neq$常数，利用极值原理可知，$v_{i,j}$ 将在 $\Gamma'_h$ 上取得正的最大值和负的最小值，所以 $v_{i,j}\equiv 0$.

现在考虑差分方程（9.14）的求解. 由差分方程形成的线性方程组通常是大型稀疏带状方程组，也就是说，方程组的系数矩阵是高阶的，存在大量的零元素（可占元素总数的 80% 以上），并且非零元素呈带状分布. 例如，五点差分方程（9.14）的系数矩阵每一行最多有五个非零元素，且分布在平行于主对角线的五条斜线上. 若用直接法求解这类方程组，由于许多零元素也将占用存贮单元并参与运算，则将耗费大量的存贮量和计算量，所以很少采用. 迭代法是求解这类差分方程的主要方法.

在用迭代法求解差分方程（9.14）时，首先要将未知量 $\{u_{i,j}\}$ 按一定顺序排序. 例如，可按节点标号 $(i,\ j)$ 从左到右、从下到上顺序进行 $\{u_{i,j}\}$ 的排序. 然后用五个一维数组存贮数据 $a_{i,j}$，$a_{i-1,j}$，$a_{i+1,j}$，$a_{i,j-1}$，$a_{i,j+1}$. 求解方程组（9.14）的 Jacobi 迭代法计算公式为

$$u_{i,j}^{(k+1)} = \frac{1}{a_{i,j}}(a_{i-1,j}u_{i-1,j}^{(k)} + a_{i+1,j}u_{i+1,j}^{(k)} + a_{i,j-1}u_{i,j-1}^{(k)} + a_{i,j+1}u_{i,j+1}^{(k)} + f_{i,j}),\quad (i,j)\in G'_h,\ k=0,1,\cdots$$

由于方程组（9.14）一般是病态方程组，Jacobi 迭代法将收敛得很慢.

为提高收敛速度，可采用 **SOR** 方法，计算公式为

$$u_{i,j}^{(k+1)} = (1-\omega)u_{i,j}^{(k)} + \frac{\omega}{a_{i,j}}(a_{i-1,j}u_{i-1,j}^{(k+1)} + a_{i,j-1}u_{i,j-1}^{(k+1)} + a_{i+1,j}u_{i+1,j}^{(k)} + a_{i,j+1}u_{i,j+1}^{(k)} + f_{i,j}),\quad (i,j)\in G'_h,\quad k=0,1,\cdots$$

其中 $0<\omega<2$ 为松弛因子. 椭圆型差分方程的系数矩阵通常是不可约对角占优或对称正定的，所以 Jacobi 迭代法和 **SOR** 方法都将收敛.

## 9.2　抛物型方程的差分方法

椭圆型方程主要是描述定常（与时间无关）物理过程. 非定常的物理过程，例如热传导、分子扩散、机械振动和声波传播等，则可归结为发展型方程（包括抛物型和双曲型方程等）的初值问题或初边值问题. 本节介绍抛物型方程的差分方法，重点讨论差分格式的构造和稳定性分析.

### 9.2.1　一维问题

作为模型，考虑一维热传导方程的初边值问题：

$$\frac{\partial u}{\partial t} = a\frac{\partial^2 u}{\partial x^2} + f(x,t),\quad 0<x<l,\quad 0<t\leqslant T \tag{9.16}$$

$$u(x,0) = \varphi(x),\quad 0<x<l \tag{9.17}$$

$$u(0,t) = g_1(t),\quad u(l,t) = g_2(t),\quad 0\leqslant t\leqslant T \tag{9.18}$$

其中 $a$ 是正常数，$f(x,t)$，$\varphi(x)$，$g_1(t)$ 和 $g_2(t)$ 都是已知的连续函数.

现在讨论求解问题（9.16）~（9.18）的差分方法. 首先对求解区域 $G=\{0\leqslant x\leqslant l, 0\leqslant t\leqslant T\}$ 进行网格剖分. 取空间步长 $h=\frac{l}{N}$，时间步长 $\tau=\frac{T}{M}$，其中 $N$，$M$ 是正整数，作两族平行直线

$$x = x_j = jh,\quad j=0,1,\cdots,N$$

$$t = t_k = k\tau,\quad k=0,1,\cdots,M$$

将区域 $G$ 剖分成矩形网格，见图 9-5，网格交点（$x_j,t_k$）称为节点.

用差分方法求解初边值问题（9.16）~（9.18）就是要求出精确解 $u(x,t)$ 在每个节点 $(x_j,t_k)$ 处的近似值 $u_j^k\approx u(x_j,t_k)$. 为简化记号，简记节点 $(x_j,t_k)=(j,k)$，函数值 $u(x_j,t_k)=u(j,k)$.

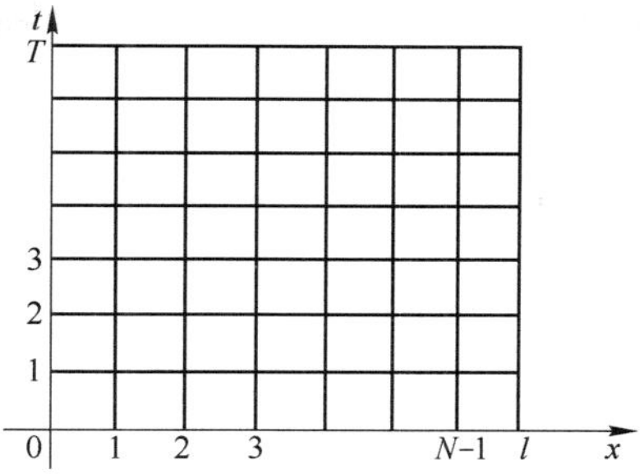


图 9-5

利用一元函数的 Taylor 展开公式，可推出下列差商表达式：

$$\frac{\partial u}{\partial t}(j,k) = \frac{u(j,k+1) - u(j,k)}{\tau} + O(\tau) \tag{9.19}$$

$$\frac{\partial u}{\partial t}(j,k) = \frac{u(j,k) - u(j,k-1)}{\tau} + O(\tau) \tag{9.20}$$

$$\frac{\partial u}{\partial t}(j,k) = \frac{u(j,k+1) - u(j,k-1)}{2\tau} + O(\tau^2) \tag{9.21}$$

$$\frac{\partial^2 u}{\partial x^2}(j,k) = \frac{u(j+1,k) - 2u(j,k) + u(j-1,k)}{h^2} + O(h^2) \tag{9.22}$$

**古典显格式**

在区域 $G$ 的内节点 $(j,k)$ 处，利用公式（9.19）和（9.22），可将偏微分方程（9.16）离散为

$$\frac{u(j,k+1) - u(j,k)}{\tau}$$

$$= a\frac{u(j+1,k) - 2u(j,k) + u(j-1,k)}{h^2} + f_j^k + O(\tau + h^2)$$

其中 $f_j^k = f(x_j, t_k)$．舍去高阶小项 $O(\tau + h^2)$，就得到节点近似值（差分解）$u_j^k$ 所满足的差分方程

$$\frac{u_j^{k+1} - u_j^k}{\tau} = a\frac{u_{j+1}^k - 2u_j^k + u_{j-1}^k}{h^2} + f_j^k \tag{9.23}$$

显然，在节点 $(j,k)$ 处，差分方程（9.23）逼近偏微分方程（9.16）

的误差为 $O(\tau + h^2)$，这个误差称为**截断误差**，它反映了差分方程逼近偏微分方程的精度. 现将式（9.23）改写为便于计算的形式，并利用初边值条件（9.17）与（9.18）补充上初始值和边界点方程，则得到

$$\begin{cases} u_j^{k+1} = ru_{j+1}^k + (1-2r)u_j^k + ru_{j-1}^k + \tau f_j^k \\ \quad j = 1,2,\cdots,N-1, \quad k = 0,1,\cdots,M-1 \\ u_j^0 = \varphi(x_j),\ j = 1,2,\cdots,N-1 \\ u_0^k = g_1(t_k), \quad u_N^k = g_2(t_k), \quad k = 0,1,\cdots,M \end{cases} \tag{9.24}$$

其中 $r = a\dfrac{\tau}{h^2}$ 称为**网比**.

与时间相关问题差分方程的求解通常是按时间方向逐层进行的. 对于差分方程（9.24），当第 $k$ 层节点值 $\{u_j^k\}$ 已知时，可直接计算出第 $k+1$ 层节点值 $\{u_j^{k+1}\}$. 这样，从第 0 层已知值 $u_j^0 = \varphi(x_j)$ 开始，就可逐层求出各时间层的节点值. 差分方程（9.24）的求解计算是显式的，无须求解方程组，故称为**古典显格式**. 此外，在式（9.24）中，每个内节点处方程仅涉及 $k$ 和 $k+1$ 两层节点值，称这样的差分格式为**双层格式**.

差分方程（9.24）可表示为矩阵形式

$$\begin{cases} \boldsymbol{u}^{k+1} = \boldsymbol{A}\boldsymbol{u}^k + \boldsymbol{F}^k, \quad k = 0,1,\cdots,M-1 \\ \boldsymbol{u}^0 = \boldsymbol{\varphi} \end{cases} \tag{9.25}$$

其中

$$\boldsymbol{A} = \begin{bmatrix} 1-2r & r & & & \\ r & 1-2r & r & & \\ & \ddots & \ddots & \ddots & \\ & & \ddots & \ddots & r \\ & & & r & 1-2r \end{bmatrix}$$

$$\boldsymbol{u}^k = (u_1^k, \cdots, u_{N-1}^k)^{\mathrm{T}}$$

$$\boldsymbol{F}^k = (\tau f_1^k + rg_1(t_k), \tau f_2^k, \cdots, \tau f_{N-2}^k, \tau f_{N-1}^k + rg_2(t_k))^{\mathrm{T}}$$

$$\boldsymbol{\varphi} = (\varphi(x_1), \cdots, \varphi(x_{N-1}))^{\mathrm{T}}$$

**古典隐格式**

在区域 $G$ 的内节点 $(j,k)$ 处，利用公式（9.20）和（9.22），可将偏微分方程（9.16）离散为

$$\frac{u(j,k)-u(j,k-1)}{\tau}$$
$$=a\frac{u(j+1,k)-2u(j,k)+u(j-1,k)}{h^2}+f_j^k+O(\tau+h^2)$$

舍去高阶小项 $O(\tau+h^2)$，则得到如下差分方程

$$\frac{u_j^k-u_j^{k-1}}{\tau}=a\frac{u_{j+1}^k-2u_j^k+u_{j-1}^k}{h^2}+f_j^k \tag{9.26}$$

它的截断误差为 $O(\tau+h^2)$，逼近精度与古典显格式相同. 改写式（9.26）为便于计算的形式，并补充上初始值与边界点方程，则得到

$$\begin{cases}-ru_{j+1}^k+(1+2r)u_j^k-ru_{j-1}^k=u_j^{k-1}+\tau f_j^k\\ \qquad j=1,2,\cdots,N-1,\quad k=1,2,\cdots,M\\ u_j^0=\varphi(x_j),\quad j=1,2,\cdots,N-1\\ u_0^k=g_1(t_k),\quad u_N^k=g_2(t_k),\quad k=0,1,\cdots,M\end{cases} \tag{9.27}$$

与古典显格式不同，在差分方程（9.27）的求解中，当第 $k-1$ 层值 $\{u_j^{k-1}\}$ 已知时，必须通过求解一个线性方程组才能求出第 $k$ 层值 $\{u_j^k\}$，所以称式（9.27）为**古典隐格式**，它也是双层格式.

差分方程（9.27）的矩阵形式为

$$\begin{cases}\boldsymbol{B}\boldsymbol{u}^k=\boldsymbol{u}^{k-1}+\boldsymbol{F}^k,\quad k=1,2,\cdots,M\\ \boldsymbol{u}^0=\boldsymbol{\varphi}\end{cases} \tag{9.28}$$

其中

$$\boldsymbol{B}=\begin{bmatrix}1+2r & -r & & & \\ -r & 1+2r & -r & & \\ & \ddots & \ddots & \ddots & \\ & & \ddots & \ddots & -r \\ & & & -r & 1+2r\end{bmatrix}$$

向量 $\boldsymbol{u}^k$，$\boldsymbol{F}^k$，$\boldsymbol{\varphi}$ 同式（9.25）中定义. 从式（9.28）看到，古典隐格

式在每一层计算时，都需求解一个三对角形线性方程组，可采用追赶法求解.

**Crank-Nicolson 格式（六点对称格式）**

利用一元函数 Taylor 展开公式可得到如下公式

$$\frac{\partial u}{\partial t}(j,k+\frac{1}{2}) = \frac{u(j,k+1)-u(j,k)}{\tau} + O(\tau^2)$$

$$\frac{\partial^2 u}{\partial x^2}(j,k+\frac{1}{2}) = \frac{1}{2}\left[\frac{\partial^2 u}{\partial x^2}(j,k) + \frac{\partial^2 u}{\partial x^2}(j,k+1)\right] + O(\tau^2)$$

使用这两个公式，在 $(j,\ k+\frac{1}{2})$ 点离散偏微分方程（9.16），然后利用式（9.22）进一步离散二阶偏导数，则可导出差分方程

$$\frac{u_j^{k+1}-u_j^k}{\tau} = a\frac{1}{2}\left[\frac{u_{j+1}^{k+1}-2u_j^{k+1}+u_{j-1}^{k+1}}{h^2} + \frac{u_{j+1}^k-2u_j^k+u_{j-1}^k}{h^2}\right] + f_j^{k+\frac{1}{2}} \tag{9.29}$$

其截断误差为 $O(\tau^2+h^2)$，在时间方向的逼近阶较显格式和隐格式高出一阶. 这个差分格式称为 **Crank-Nicolson 格式**，有时也称为**六点对称格式**，它显然是双层隐式格式. 改写式（9.29），并补充上初始值和边界点方程得到

$$\begin{cases} -ru_{j+1}^{k+1} + 2(1+r)u_j^{k+1} - ru_{j-1}^{k+1} \\ \quad = ru_{j+1}^k + 2(1-r)u_j^k + ru_{j-1}^k + 2\tau f_j^{k+\frac{1}{2}} \\ \quad j=1,2,\cdots,N-1,\ k=0,1,\cdots,M-1 \\ u_j^0 = \varphi(x_j),\quad j=1,2,\cdots,N-1 \\ u_0^k = g_1(t_k),\quad u_N^k = g_2(t_k),\quad k=0,1,\cdots,M \end{cases} \tag{9.30}$$

它的矩阵形式为

$$\begin{cases} (\boldsymbol{I}+\boldsymbol{B})\boldsymbol{u}^{k+1} = (\boldsymbol{I}+\boldsymbol{A})\boldsymbol{u}^k + \boldsymbol{F}^{k+\frac{1}{2}} \\ \boldsymbol{u}^0 = \boldsymbol{\varphi},\quad k=0,1,\cdots,M-1 \end{cases} \tag{9.31}$$

在每层计算时，仍需求解一个三对角形方程组.

**Richardson 格式**

利用公式（9.21）和（9.22），可导出另一个截断误差为 $O(\tau^2 + h^2)$ 阶的差分方程

$$\frac{u_j^{k+1} - u_j^{k-1}}{2\tau} = a\frac{u_{j+1}^k - 2u_j^k + u_{j-1}^k}{h^2} + f_j^k$$

称之为 **Richardson 格式**. 可改写为

$$u_j^{k+1} = u_j^{k-1} + 2r(u_{j+1}^k - 2u_j^k + u_{j-1}^k) + 2\tau f_j^k \tag{9.32}$$

这是一个三层显式差分格式. 在逐层计算时，需用到 $\{u_j^{k-1}\}$ 和 $\{u_j^k\}$ 两层值才能得到 $k+1$ 层值 $\{u_j^{k+1}\}$. 这样，从第 0 层已知值 $u_j^0 = \varphi(x_j)$ 开始，还须补充上第一层值 $\{u_j^1\}$，才能逐层计算下去. 可采用前述的双层格式计算 $\{u_j^1\}$.

除上述四种差分格式外，还可构造出许多逼近偏微分方程（9.16）的差分格式，但并不是每个差分格式都是可用的. 一个有实用价值的差分格式应具有如下性质：

（1）**收敛性**　对任意固定的节点 $(x_j, t_k)$，当剖分步长 $\tau$，$h \to 0$ 时，差分解 $u_j^k$ 应收敛到精确解 $u(x_j, t_k)$.

（2）**稳定性**　当某一时间层计算产生误差时，在以后各层的计算中，这些误差的传播积累是可控制而不是无限增长的.

理论上可以证明，在一定条件下，稳定的差分格式必然是收敛的. 因此，这里主要研究差分格式的稳定性.

作为例子，先考查 Richardson 格式的稳定性. 设 $\bar{u}_j^k$ 是当计算过程中带有误差时，按 Richardson 格式（9.32）得到的实际计算值，$u_j^k$ 是理论计算值，误差 $e_j^k = \bar{u}_j^k - u_j^k$. 假定右端项 $f_j^k$ 的计算是精确的，网比 $r = \frac{1}{2}$，则 $e_j^k$ 满足

$$e_j^{k+1} = e_j^{k-1} + (e_{j+1}^k - 2e_j^k + e_{j-1}^k) \tag{9.33}$$

设前 $k-1$ 层计算是精确的，误差只在第 $k$ 层 $j_0$ 点发生，即 $e_j^{k-1} = 0$，$e_{j_0}^k = \varepsilon$，$e_j^k = 0$，$j \neq j_0$. 则利用误差方程（9.33）可得到误差 $\varepsilon$ 的传播情

况，见表9-1.

**表 9-1　$r=\frac{1}{2}$时 Richardson 格式的误差传播**

| $k$ \ $j$ | $j_0-4$ | $j_0-3$ | $j_0-2$ | $j_0-1$ | $j_0$ | $j_0+1$ | $j_0+2$ | $j_0+3$ | $j_0+4$ |
|---|---|---|---|---|---|---|---|---|---|
| $k$ | 0 | 0 | 0 | 0 | $\varepsilon$ | 0 | 0 | 0 | 0 |
| $k+1$ | 0 | 0 | 0 | $\varepsilon$ | $-2\varepsilon$ | $\varepsilon$ | 0 | 0 | 0 |
| $k+2$ | 0 | 0 | $\varepsilon$ | $-4\varepsilon$ | $7\varepsilon$ | $-4\varepsilon$ | $\varepsilon$ | 0 | 0 |
| $k+3$ | 0 | $\varepsilon$ | $-6\varepsilon$ | $17\varepsilon$ | $-24\varepsilon$ | $17\varepsilon$ | $-6\varepsilon$ | $\varepsilon$ | 0 |
| $k+4$ | $\varepsilon$ | $-8\varepsilon$ | $31\varepsilon$ | $-68\varepsilon$ | $89\varepsilon$ | $-68\varepsilon$ | $31\varepsilon$ | $-8\varepsilon$ | $\varepsilon$ |
| $k+5$ | $-10\varepsilon$ | $49\varepsilon$ | $-144\varepsilon$ | $273\varepsilon$ | $-388\varepsilon$ | $273\varepsilon$ | $-144\varepsilon$ | $49\varepsilon$ | $-10\varepsilon$ |
| $k+6$ | $71\varepsilon$ | $-260\varepsilon$ | $641\varepsilon$ | $-1096\varepsilon$ | $1311\varepsilon$ | $-1096\varepsilon$ | $641\varepsilon$ | $-260\varepsilon$ | $71\varepsilon$ |

从表中看出，误差是逐层无限增长的. 表中的计算虽然是就网比 $r=\frac{1}{2}$ 进行的，实际上对任何 $r>0$ 都会产生类似现象，所以 Richardson 格式是不稳定的.

利用误差传播图表方法考查差分格式的稳定性虽然直观明了，但只能就具体取定的 $r$ 值进行，并且也不适用于隐式差分格式，我们需要进一步建立差分格式的稳定性理论和分析方法.

### 9.2.2　差分格式的稳定性

前面构造的几种双层差分格式都可以表示为如下的矩阵方程形式

$$\begin{cases} \boldsymbol{u}^k = \boldsymbol{H}\boldsymbol{u}^{k-1} + \boldsymbol{F}^k \\ \boldsymbol{u}^0 = \boldsymbol{\varphi} \end{cases} \tag{9.34}$$

其中 $\boldsymbol{H}$ 称为**传播矩阵**. 对于显格式 $\boldsymbol{H}=\boldsymbol{A}$，隐格式 $\boldsymbol{H}=\boldsymbol{B}^{-1}$，六点对称格式 $\boldsymbol{H}=(\boldsymbol{I}+\boldsymbol{B})^{-1}(\boldsymbol{I}+\boldsymbol{A})$. 一般的三层格式也可以转化为双层格式.

为了讨论方便，设在初始层产生误差 $\boldsymbol{\varepsilon}^0$，且假定右端项 $\boldsymbol{F}^k$ 的计算是精确的. 用 $\bar{\boldsymbol{u}}^k$ 表示当初始层存在误差 $\boldsymbol{\varepsilon}^0$ 时，由差分格式（9.34）得到的计算解，则 $\bar{\boldsymbol{u}}^k$ 满足方程

$$\begin{cases} \bar{\boldsymbol{u}}^k = \boldsymbol{H}\bar{\boldsymbol{u}}^{k-1} + \boldsymbol{F}^k \\ \bar{\boldsymbol{u}}^0 = \boldsymbol{\varphi} + \boldsymbol{\varepsilon}^0 \end{cases} \tag{9.35}$$

记误差向量 $\boldsymbol{\varepsilon}^k=\overline{\boldsymbol{u}}^k-\boldsymbol{u}^k$，则 $\boldsymbol{\varepsilon}^k$ 满足方程

$$\begin{cases}\boldsymbol{\varepsilon}^k=\boldsymbol{H}\boldsymbol{\varepsilon}^{k-1}, & k=1,2,\cdots \\ \boldsymbol{\varepsilon}^0 \text{ 为初始误差}\end{cases} \tag{9.36}$$

**定义 9.1** 称差分格式（9.34）是稳定的，如果对任意初始误差 $\boldsymbol{\varepsilon}^0$，误差向量 $\boldsymbol{\varepsilon}^k$ 在某种范数下满足

$$\|\boldsymbol{\varepsilon}^k\| \leqslant C\|\boldsymbol{\varepsilon}^0\|,\quad k\geqslant 0,\quad 0<\tau\leqslant\tau_0 \tag{9.37}$$

其中 $C$ 为与 $h,\tau$ 无关的常数.

这个定义表明，当差分格式稳定时，它的误差传播是可控制的.

从式（9.36）递推得到

$$\boldsymbol{\varepsilon}^k=\boldsymbol{H}^k\boldsymbol{\varepsilon}^0,\ 0\leqslant k\leqslant\frac{T}{\tau}$$

因此，差分格式稳定的充分必要条件是

$$\|\boldsymbol{H}^k\|\leqslant C,\ 0\leqslant k\leqslant\frac{T}{\tau} \tag{9.38}$$

**定理 9.3** （**稳定性必要条件**）差分格式稳定的必要条件是存在与 $h,\tau$ 无关的常数 $M$，使谱半径

$$\rho(\boldsymbol{H})\leqslant 1+M\tau,\quad 0<\tau\leqslant\tau_0 \tag{9.39}$$

**证明** 由式（9.38）

$$\rho^k(\boldsymbol{H})=\rho(\boldsymbol{H}^k)\leqslant\|\boldsymbol{H}^k\|\leqslant C,\ 0\leqslant k\leqslant\frac{T}{\tau}$$

取 $k=\frac{T}{\tau}-1$，得到

$$\rho(\boldsymbol{H})\leqslant C^{\frac{1}{k}}=C^{\frac{\tau}{T-\tau}}=\mathrm{e}^{\frac{\tau}{T-\tau}\ln C}\leqslant\mathrm{e}^{\frac{\tau}{T-\tau_0}\ln C}\leqslant 1+M\tau$$

其中 $M=\dfrac{\ln C}{T-\tau_0}C^{\frac{\tau_0}{T-\tau_0}}$.

**定理 9.4** （**稳定性充分条件**）设 $\boldsymbol{H}$ 为正规矩阵，即 $\boldsymbol{H}\boldsymbol{H}^*=\boldsymbol{H}^*\boldsymbol{H}$，则式（9.39）也是差分格式稳定的充分条件.

**证明** 因为正规矩阵的 2-范数等于谱半径，由式（9.39）

$$\|\boldsymbol{H}^k\|_2\leqslant\|\boldsymbol{H}\|_2^k=\rho^k(\boldsymbol{H})\leqslant(1+M\tau)^k$$

$$\leqslant(1+M\tau)^{\frac{T}{\tau}}\leqslant\mathrm{e}^{MT}=C$$

下面讨论几种差分格式的稳定性. 为便于讨论，引进 $N-1$ 阶矩阵

$$S = \begin{bmatrix} 0 & 1 & & & \\ 1 & 0 & 1 & & \\ & \ddots & \ddots & \ddots & \\ & & 1 & 0 & 1 \\ & & & 1 & 0 \end{bmatrix}$$

熟知，这个特殊矩阵的特征值为

$$\lambda_j^S = 2\cos\frac{j\pi}{N},\ j = 1,2,\cdots,N-1 \tag{9.40}$$

**例 9-1**　古典显格式．此时 $\boldsymbol{H}=\boldsymbol{A}=(1-2r)\boldsymbol{I}+r\boldsymbol{S}$. 利用式（9.40）和三角函数公式，可求得 $\boldsymbol{H}$ 的特征值为

$$\lambda_j = 1-4r\sin^2\left(\frac{j\pi}{2N}\right),\quad j=1,2,\cdots,N-1$$

为使稳定性条件式（9.39）成立，必须且只须 $r\leqslant\frac{1}{2}$．由于 $\boldsymbol{H}=\boldsymbol{A}$ 为实对称矩阵，所以古典显格式稳定的充分必要条件是网比 $r\leqslant\frac{1}{2}$.

**例 9-2**　古典隐格式．此时 $\boldsymbol{H}=\boldsymbol{B}^{-1},\boldsymbol{B}=(1+2r)\boldsymbol{I}-r\boldsymbol{S}$. 利用式（9.40）可求得 $\boldsymbol{H}$ 的特征值为

$$\lambda_j = \left[1+4r\sin^2\left(\frac{j\pi}{2N}\right)\right]^{-1},\quad j=1,2,\cdots,N-1$$

显然，对任意 $r>0$，条件（9.39）成立．注意，$\boldsymbol{H}=\boldsymbol{B}^{-1}$ 仍为实对称矩阵，所以古典隐格式对任何网比 $r>0$ 都是稳定的，称为**绝对稳定**.

**例 9-3**　六点对称格式．此时 $\boldsymbol{H}=(\boldsymbol{I}+\boldsymbol{B})^{-1}(\boldsymbol{I}+\boldsymbol{A})$. 利用矩阵 $\boldsymbol{A}$ 和 $\boldsymbol{B}$ 的特征值可得到矩阵 $\boldsymbol{H}$ 的特征值为

$$\lambda_j = \frac{2-4r\sin^2\left(\frac{j\pi}{2N}\right)}{2+4r\sin^2\left(\frac{j\pi}{2N}\right)},\quad j=1,2,\cdots,N-1$$

则对任意 $r>0$，条件（9.39）成立．由于 $\boldsymbol{A}$ 和 $\boldsymbol{B}$ 均为实对称矩阵，且 $\boldsymbol{AB}=\boldsymbol{BA}$,则可验证 $\boldsymbol{H}$ 也是实对称矩阵．所以六点对称格式是绝对稳

定的.

研究稳定性的另一种常用方法是 **Fourier 方法**. 这里仅介绍 Fourier 方法的具体使用，而不做详细的理论分析. 在进行线性差分方程稳定性研究时，可假设右端项 $f = 0$ .

双层差分格式的一般形式可表示为

$$\sum_{m \in \Omega_0} a_m u_{j+m}^k = \sum_{m \in \Omega_1} b_m u_{j+m}^{k-1}, \quad j = 1,2,\cdots,N-1 \tag{9.41}$$

其中 $\Omega_0$ , $\Omega_1$ 为适当的标号集合. 例如，对古典隐格式，可有

$$\Omega_0 = \{-1,0,1\}, \Omega_1 = \{0\}, a_{-1} = a_1 = -r, a_0 = 1+2r, b_0 = 1$$

将差分解的一个简谐波表示

$$u_j^k = v^k \mathrm{e}^{i\sigma x_j}, i = \sqrt{-1}, \quad \sigma \text{ 为频率参数} \tag{9.42}$$

代入式（9.41），并消去公因子 $\mathrm{e}^{i\sigma x_j}$ ，可得到

$$v^k = G(\sigma,\tau)v^{k-1}$$

其中

$$G(\sigma,\tau) = \Big(\sum_{m \in \Omega_0} a_m \mathrm{e}^{i\sigma x_m}\Big)^{-1}\Big(\sum_{m \in \Omega_1} b_m \mathrm{e}^{i\sigma x_m}\Big)$$

称为**增长因子**. Fourier 方法指出，差分格式稳定的充分必要条件是

$$|G(\sigma,\tau)| \leqslant 1 + M\tau, \ \forall \sigma, \quad 0 < \tau \leqslant \tau_0 \tag{9.43}$$

作为应用举例，考虑六点对称格式

$$-ru_{j+1}^k + 2(1+r)u_j^k - ru_{j-1}^k = ru_{j+1}^{k-1} + 2(1-r)u_j^{k-1} + ru_{j-1}^{k-1}$$

将 $u_j^k = v^k \mathrm{e}^{i\sigma x_j}$ 代入，并消去公因子 $\mathrm{e}^{i\sigma x_j}$ ，得到

$$[2(1+r) - r(\mathrm{e}^{i\sigma h} + \mathrm{e}^{-i\sigma h})]v^k = [2(1-r) + r(\mathrm{e}^{i\sigma h} + \mathrm{e}^{-i\sigma h})]v^{k-1}$$

由此可得到增长因子

$$G(\sigma,\tau) = [2(1+r) - 2r\cos\sigma h]^{-1}[2(1-r) + 2r\cos\sigma h]$$

$$= \frac{2 - 4r\sin^2 \dfrac{\sigma h}{2}}{2 + 4r\sin^2 \dfrac{\sigma h}{2}}$$

显然，对任意 $r > 0$ , $G(\sigma,\tau)$ 满足稳定性条件（9.43），所以六点对称格式是绝对稳定的.

### 9.2.3　高维问题

一维问题的隐式差分格式绝对稳定，每层计算用直接法求解的计算量也不大（不超过显式格式两层的计算量）. 对于高维问题，隐式格式虽然绝对稳定，但计算量显著增加；显式格式计算量小，但稳定性条件对网比的限制更为苛刻. 高维问题差分方法的研究主要集中于构造出绝对稳定且计算量小的差分格式. 这里将介绍其中两种：**ADI 格式（交替方向隐式格式）和 LOD 格式（局部一维格式）**.

作为模型，考虑二维热传导方程的初边值问题：

$$\frac{\partial u}{\partial t}=a\left(\frac{\partial^2 u}{\partial x^2}+\frac{\partial^2 u}{\partial y^2}\right),\quad 0<x,\ y<l,\ 0<t\leqslant T \tag{9.44}$$

$$u(x,y,0)=\varphi(x,y) \tag{9.45}$$

$$u(0,y,t)=u(l,y,t)=u(x,0,t)=u(x,l,t)=0 \tag{9.46}$$

其中常数 $a>0$. 取空间步长 $h=\frac{l}{N}$，作两族平行线 $x=x_i=ih, y=y_j=jh, i,j=0,1,\cdots,N$，将空间区域 $0\leqslant x,y\leqslant l$ 剖分成矩形网格区域，再进行时间方向剖分，取剖分节点 $t_k=k\tau, k=0,1,\cdots,M, \tau=\frac{T}{M}$ 为时间步长，剖分区域的网格节点为 $(x_i,y_j,t_k)$. 引进 $x$ 方向和 $y$ 方向的二阶中心差分算子

$$\delta_x^2 u_{ij}^k=u_{i+1,j}^k-2u_{i,j}^k+u_{i-1,j}^k$$

$$\delta_y^2 u_{ij}^k=u_{i,j+1}^k-2u_{i,j}^k+u_{i,j-1}^k$$

那么，逼近方程（9.44）的古典显格式为

$$\frac{u_{ij}^{k+1}-u_{ij}^k}{\tau}=\frac{a}{h^2}(\delta_x^2 u_{ij}^k+\delta_y^2 u_{ij}^k) \tag{9.47}$$

古典隐格式为

$$\frac{u_{ij}^{k+1}-u_{ij}^k}{\tau}=\frac{a}{h^2}(\delta_x^2 u_{ij}^{k+1}+\delta_y^2 u_{ij}^{k+1}) \tag{9.48}$$

它们的截断误差均为 $O(\tau+h^2)$.

对高维问题仍可采用 Fourier 方法进行差分格式的稳定性分析. 在二维情形，可将表达式

$$u_{ij}^k=v^k e^{i\sigma_1 x_i}\cdot e^{i\sigma_2 y_j}\quad(\ \sigma_1,\sigma_2\ 为参数)$$

代入差分格式，导出增长因子 $G(\sigma_1,\sigma_2,\tau)$，稳定性条件仍为式(9.43).

利用 Fourier 方法可推得古典显格式（9.47）的增长因子为

$$G=1-4r\left(\sin^2\frac{\sigma_1 h}{2}+\sin^2\frac{\sigma_2 h}{2}\right)$$

为使条件 $|G|\leqslant 1+M\tau$ 成立，必须且只须 $r\leqslant\frac{1}{4}$，可见随着维数的增加，显式格式对网比的限制更加严格. 类似地，可推得古典隐格式（9.48）的增长因子为

$$G=\left[1+4r\left(\sin^2\frac{\sigma_1 h}{2}+\sin^2\frac{\sigma_2 h}{2}\right)\right]^{-1}$$

对任何 $r>0$，都有 $|G|\leqslant 1$，所以隐式格式（9.48）绝对稳定. 在每一层计算时，隐式格式都要求解 $(N-1)^2$ 个未知量的线性方程组，计算量显著增加.

上述显式和隐式差分格式都不便于实际使用，下面介绍两个绝对稳定且计算量小的差分格式：ADI 格式和 LOD 格式.

ADI 格式的基本思想是，把第 $k$ 层到第 $k+1$ 层计算分成两步：先由 $k$ 层值计算 $k+\frac{1}{2}$ 层值，对 $\frac{\partial^2 u}{\partial x^2}$ 采用隐式格式，对 $\frac{\partial^2 u}{\partial y^2}$ 采用显式格式；然后由 $k+\frac{1}{2}$ 层值计算 $k+1$ 层值，对 $\frac{\partial^2 u}{\partial x^2}$ 采用显式格式，对 $\frac{\partial^2 u}{\partial y^2}$ 采用隐式格式. 这样就得到了逼近方程（9.44）的 ADI 格式：

$$\frac{u_{ij}^{k+\frac{1}{2}}-u_{ij}^{k}}{\frac{\tau}{2}}=\frac{a}{h^2}\left(\delta_x^2 u_{ij}^{k+\frac{1}{2}}+\delta_y^2 u_{ij}^{k}\right) \tag{9.49a}$$

$$\frac{u_{ij}^{k+1}-u_{ij}^{k+\frac{1}{2}}}{\frac{\tau}{2}}=\frac{a}{h^2}\left(\delta_x^2 u_{ij}^{k+\frac{1}{2}}+\delta_y^2 u_{ij}^{k+1}\right) \tag{9.49b}$$

这里，$k+\frac{1}{2}$ 层值 $u_{ij}^{k+\frac{1}{2}}$ 可视为中间过渡值.

ADI 格式是截断误差为 $O(\tau^2+h^2)$ 阶的绝对稳定格式. 在由 $u_{ij}^{k}$ 计算 $u_{ij}^{k+1}$ 时，先按式（9.49a）逐列（对每个 $j$，$j=1,2,\cdots,N-1$）求解三对角形方程组得到 $u_{ij}^{k+\frac{1}{2}}$；然后由 $u_{ij}^{k+\frac{1}{2}}$ 计算 $u_{ij}^{k+1}$，按式(9.49b)逐行

（对每个 $i$，$i=1, 2, \cdots, N-1$）求解三对角形方程组. 由此可见，ADI 格式计算简便，每一时间层计算只需用追赶法求解 2（$N-1$）个三对角形方程组，计算量与未知量个数是线性关系，可以认为是最优的.

ADI 格式不能直接应用于三维问题. 另一个适用于任意维问题的差分格式是 LOD 格式：

$$\frac{u_{ij}^{k+\frac{1}{2}}-u_{ij}^{k}}{\tau}=\frac{a}{2h^2}\delta_x^2\left(u_{ij}^{k+\frac{1}{2}}+u_{ij}^{k}\right) \tag{9.50a}$$

$$\frac{u_{ij}^{k+1}-u_{ij}^{k+\frac{1}{2}}}{\tau}=\frac{a}{2h^2}\delta_y^2\left(u_{ij}^{k+1}+u_{ij}^{k+\frac{1}{2}}\right) \tag{9.50b}$$

它逼近方程（9.44）的截断误差仍为 $O(\tau^2+h^2)$ 阶，且为绝对稳定的. LOD 格式的计算特点与 ADI 格式类同. 求解三维热传导方程

$$\frac{\partial u}{\partial t}=a\left(\frac{\partial^2 u}{\partial x^2}+\frac{\partial^2 u}{\partial y^2}+\frac{\partial^2 u}{\partial z^2}\right)$$

的 LOD 格式为

$$\frac{u_{ijm}^{k+\frac{1}{3}}-u_{ijm}^{k}}{\tau}=\frac{a}{2h^2}\delta_x^2\left(u_{ijm}^{k+\frac{1}{3}}+u_{ijm}^{k}\right) \tag{9.51a}$$

$$\frac{u_{ijm}^{k+\frac{2}{3}}-u_{ijm}^{k+\frac{1}{3}}}{\tau}=\frac{a}{2h^2}\delta_y^2\left(u_{ijm}^{k+\frac{2}{3}}+u_{ijm}^{k+\frac{1}{3}}\right) \tag{9.51b}$$

$$\frac{u_{ijm}^{k+1}-u_{ijm}^{k+\frac{2}{3}}}{\tau}=\frac{a}{2h^2}\delta_z^2\left(u_{ijm}^{k+1}+u_{ijm}^{k+\frac{2}{3}}\right) \tag{9.51c}$$

这是一个截断误差为 $O(\tau^2+h^2)$ 阶的绝对稳定格式. 由 $u_{ijm}^{k}$ 计算 $u_{ijm}^{k+1}$ 时，分三步计算，$u_{ijm}^{k+\frac{1}{3}}$ 和 $u_{ijm}^{k+\frac{2}{3}}$ 都可以看作中间过渡值，计算特点同二维情形.

## 9.3　双曲型方程的差分方法

### 9.3.1　一阶双曲型方程

考虑最典型的一阶双曲型方程初值问题

$$\begin{cases} \dfrac{\partial u}{\partial t} + a\dfrac{\partial u}{\partial x} = 0,\ 0 < t \leqslant T,\ -\infty < x < +\infty & (9.52) \\ u(x,0) = \varphi(x),\ -\infty < x < +\infty & (9.53) \end{cases}$$

其中，$a$ 为非零常数. 容易验证问题（9.52）~（9.53）的解为

$$u(x,t) = \varphi(x - at),\ 0 \leqslant t \leqslant T,\ -\infty < x < +\infty$$

由此看出，在 $x$，$t$ 坐标平面上，沿直线

$$x - at = c(\text{常数}) \tag{9.54}$$

$u$ 的值保持不变，即 $u(x,t) = \varphi(c)$. 直线（9.54）称为一阶双曲型方程（9.52）的**特征线**，它与 $x$ 轴相交于坐标为 $x=c$ 的点. 当 $a>0$ 时，特征线向右上方倾斜，当 $a<0$ 时，特征线向左上方倾斜，参见图 9-6.

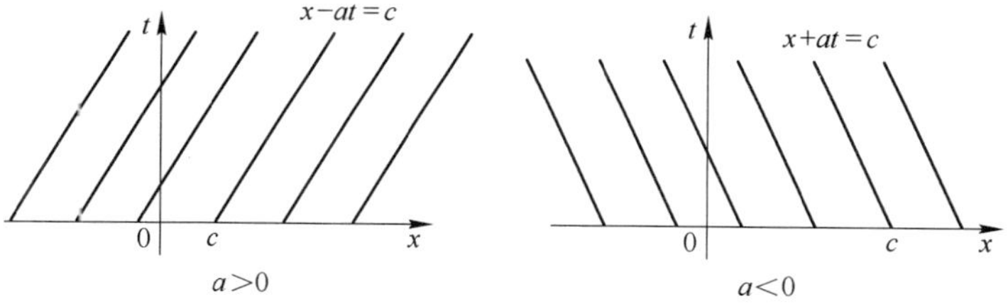


图 9-6

现在考虑差分格式的构造. 由于是初值问题，只能采用显式差分格式. 对 $\dfrac{\partial u}{\partial t}$ 使用一阶向前差商离散；对于 $\dfrac{\partial u}{\partial x}$，理论上可使用一阶向前，向后或中心差商公式进行离散. 经验表明，能够反映原问题物理特性的差分格式将具有更好的计算效果. 考虑到一阶双曲方程通常描述流体（气体、液体）流动，特征线方向代表着流体的走向，流体在流域内一点处的性态主要受上游值的影响，因此建立如下**迎风差分格式**

$$\begin{cases} \dfrac{u_j^{k+1} - u_j^k}{\tau} + a\dfrac{u_j^k - u_{j-1}^k}{h} = 0,\quad a > 0 & (9.55) \\ \dfrac{u_j^{k+1} - u_j^k}{\tau} + a\dfrac{u_{j+1}^k - u_j^k}{h} = 0,\quad a < 0 & (9.56) \end{cases}$$

它逼近方程（9.52）的截断误差为 $O(\tau + h)$ 阶. 本节规定网比 $r = \dfrac{\tau}{h}$.

利用 Fourier 方法，将表达式 $u_j^k = v^k e^{i\sigma x_j}$ 代入式（9.55）和（9.56），分别导出

$$v^{k+1} = (are^{-i\sigma h} + 1 - ar)v^k = G_1 v^k$$

$$v^{k+1} = (1 + ar - are^{i\sigma h})v^k = G_2 v^k$$

容易推得 $|G_1| \leqslant 1$ 和 $|G_2| \leqslant 1$ 的充要条件是

$$|ar| \leqslant 1 \tag{9.57}$$

因此，当网比 $r$ 满足条件（9.57）时，迎风差分格式（9.55）与（9.56）是稳定的. 为了便于程序编制，简记 $\langle a,b\rangle = \max(a,b)$. 则式（9.55）与（9.56）可统一写为

$$u_j^{k+1} = u_j^k - r\langle a,0\rangle(u_j^k - u_{j-1}^k) + r\langle -a,0\rangle(u_{j+1}^k - u_j^k) \tag{9.58}$$

利用同样的思想，可构造求解变系数一阶双曲型方程

$$\frac{\partial u}{\partial t} + a(x,t)\frac{\partial u}{\partial x} = 0$$

的迎风差分格式

$$u_j^{k+1} = u_j^k - r\langle a_j^k,0\rangle(u_j^k - u_{j-1}^k) + r\langle -a_j^k,0\rangle(u_{j+1}^k - u_j^k) \tag{9.59}$$

其中 $a_j^k = a(x_j,t_k)$. 采用凝固系数法，视 $a_j^k$ 为常数，由 Fourier 方法可导出差分格式（9.59）的稳定性条件为 $|a_j^k r| \leqslant 1$，即

$$\max|a(x,t)|r \leqslant 1$$

对于方程（9.52）自然也可考虑一阶中心差分格式

$$\frac{u_j^{k+1} - u_j^k}{\tau} + a\frac{u_{j+1}^k - u_{j-1}^k}{2h} = 0 \tag{9.60}$$

它的截断误差为 $O(\tau + h^2)$. 利用 Fourier 方法可导出此格式的增长因子为

$$G = 1 - iar\sin\sigma h,\quad |G|^2 = 1 + a^2r^2\sin^2\sigma h$$

可见，对任何网比 $r>0$，都有 $|G|>1$. 因此一阶中心差分格式(9.60)是不稳定的，从而不能使用.

1954 年，Lax 对差分格式（9.60）进行了修改，用算术平均值 $\frac{1}{2}(u_{j+1}^k + u_{j-1}^k)$ 来代替 $u_j^k$，于是得到

$$\frac{u_j^{k+1}-\frac{1}{2}(u_{j+1}^k+u_{j-1}^k)}{\tau}+a\frac{u_{j+1}^k-u_{j-1}^k}{2h}=0 \tag{9.61}$$

此差分格式称作 **Lax 格式**. 容易求得此格式的截断误差为 $O(\tau+h^2+h^2/\tau)$，对固定的网比 $r=\tau/h$，截断误差为 $O(\tau+h)$ 阶. 利用 Fourier 方法可导出 Lax 格式的增长因子为

$$G=\cos\sigma h-iar\sin\sigma h$$

$$|G|^2=1-(1-a^2r^2)\sin^2\sigma h$$

由此看出，当 $|ar|\leqslant 1$ 时，$|G|\leqslant 1$ 成立. 所以 Lax 格式的稳定性条件同迎风差分格式一致，但它的实际计算效果不如迎风差分格式.

构造一阶双曲型方程差分格式的另一种途径是考虑带小参数的抛物方程

$$\frac{\partial u}{\partial t}+a\frac{\partial u}{\partial x}=\varepsilon\frac{\partial^2 u}{\partial x^2} \tag{9.62}$$

方程（9.62）右端的附加项称为**粘性项**，小参数 $\varepsilon>0$，当 $\varepsilon\to 0$ 时，方程（9.62）收敛于方程（9.52）. 从式（9.62）出发，构造出的一阶双曲方程差分格式，通常称为**粘性差分格式**. 取 $\varepsilon=\frac{1}{2}\tau a^2$，利用中心差商公式，可得到如下差分格式

$$\frac{u_j^{k+1}-u_j^k}{\tau}+a\frac{u_{j+1}^k-u_{j-1}^k}{2h}=\frac{1}{2}\tau a^2\frac{u_{j+1}^k-2u_j^k+u_{j-1}^k}{h^2} \tag{9.63}$$

它的截断误差为 $O(\tau h^2+h^2+\tau^3)$ 阶. 此格式称为 **Lax-Wendroff 格式**，这是一个二阶精度的显式双层格式. 利用 Fourier 方法可导出增长因子

$$G=1-2a^2r^2\sin^2\frac{\sigma h}{2}-iar\sin\sigma h$$

$$|G|^2=1-4a^2r^2(1-a^2r^2)\sin^4\frac{\sigma h}{2}$$

于是，当 $|ar|\leqslant 1$ 时，$|G|\leqslant 1$ 成立. 因此，差分格式（9.63）的稳定性条件为 $|ar|\leqslant 1$.

取不同的小参数 $\varepsilon$，就可构造出各种不同的粘性差分格式. 事实上，迎风差分格式和 Lax 格式也可看作为粘性差分格式，它们可分别改

写为

$$\frac{u_j^{k+1}-u_j^k}{\tau}+a\frac{u_{j+1}^k-u_{j-1}^k}{2h}=\frac{h}{2}|a|\frac{u_{j+1}^k-2u_j^k+u_{j-1}^k}{h^2} \tag{9.64}$$

$$\frac{u_j^{k+1}-u_j^k}{\tau}+a\frac{u_{j+1}^k-u_{j-1}^k}{2h}=\frac{h^2}{2\tau}\frac{u_{j+1}^k-2u_j^k+u_{j-1}^k}{h^2} \tag{9.65}$$

这对应于小参数 $\varepsilon=\frac{1}{2}|a|h$ 和 $\varepsilon=\frac{h^2}{2\tau}$ 情形.

### 9.3.2　一阶双曲型方程组

考虑常系数一阶偏微分方程组初值问题

$$\begin{cases}\dfrac{\partial \boldsymbol{u}}{\partial t}+\boldsymbol{A}\dfrac{\partial \boldsymbol{u}}{\partial x}=\boldsymbol{0}, \quad 0<t\leqslant T,\ -\infty<x<+\infty & (9.66)\\ \boldsymbol{u}(x,0)=\boldsymbol{\varphi}(x),\ -\infty<x<+\infty & (9.67)\end{cases}$$

其中向量函数 $\boldsymbol{u}=(u_1(x,t),\cdots,u_n(x,t))^{\mathrm{T}}$, $\boldsymbol{\varphi}(x)=(\varphi_1(x),\cdots,\varphi_n(x))^{\mathrm{T}}$，矩阵

$$\boldsymbol{A}=\begin{bmatrix}a_{11} & a_{12} & \cdots & a_{1n}\\ a_{21} & a_{22} & \cdots & a_{2n}\\ \vdots & \vdots & & \vdots\\ a_{n1} & a_{n2} & \cdots & a_{nn}\end{bmatrix}$$

称方程组（9.66）为双曲型方程组，如果矩阵 $\boldsymbol{A}$ 有 $n$ 个实的互异特征值 $\lambda_1<\lambda_2<\cdots<\lambda_n$.

原则上，求解一阶双曲型方程的差分格式都可推广到方程组情形. 求解方程组（9.66）的 Lax 差分格式为

$$\frac{\boldsymbol{u}_j^{k+1}-\frac{1}{2}(\boldsymbol{u}_{j+1}^k+\boldsymbol{u}_{j-1}^k)}{\tau}+\boldsymbol{A}\frac{\boldsymbol{u}_{j+1}^k-\boldsymbol{u}_{j-1}^k}{2h}=\boldsymbol{0}$$

Lax-Wendroff 差分格式为

$$\frac{\boldsymbol{u}_j^{k+1}-\boldsymbol{u}_j^k}{\tau}+\boldsymbol{A}\frac{\boldsymbol{u}_{j+1}^k-\boldsymbol{u}_{j-1}^k}{2h}=\frac{\tau}{2}\boldsymbol{A}^2\frac{\boldsymbol{u}_{j+1}^k-2\boldsymbol{u}_j^k+\boldsymbol{u}_{j-1}^k}{h^2}$$

迎风差分格式不能直接推广到方程组情形. 由于方程组是双曲型的，则存在可逆矩阵 $\boldsymbol{S}$ 使

$$\boldsymbol{S}^{-1}\boldsymbol{A}\boldsymbol{S} = \Lambda, \quad \Lambda = \mathrm{diag}(\lambda_1,\lambda_2,\cdots,\lambda_n)$$

令 $\boldsymbol{w}=\boldsymbol{S}^{-1}\boldsymbol{u}$，则方程组（9.66）可转化为

$$\frac{\partial \boldsymbol{w}}{\partial t} + \Lambda \frac{\partial \boldsymbol{w}}{\partial x} = \boldsymbol{0} \tag{9.68}$$

方程组（9.68）是方程组（9.66）的特征形式，它已经解耦为 $n$ 个独立的方程

$$\frac{\partial w_m}{\partial t} + \lambda_m \frac{\partial w_m}{\partial x} = 0,\ m = 1,2,\cdots,n \tag{9.69}$$

对式（9.69）中每个方程应用迎风差分格式，就得到解一阶双曲方程组（9.66）的迎风差分格式，其矩阵形式为（参见式（9.64））

$$\frac{\boldsymbol{w}_j^{k-1} - \boldsymbol{w}_j^k}{\tau} + \Lambda \frac{\boldsymbol{w}_{j+1}^k - \boldsymbol{w}_{j-1}^k}{2h} = \frac{h}{2}|\Lambda| \frac{\boldsymbol{w}_{j+1}^k - 2\boldsymbol{w}_j^k + \boldsymbol{w}_{j-1}^k}{h^2} \tag{9.70}$$

这里规定对角矩阵 $|\Lambda| = \mathrm{diag}(|\lambda_1|,|\lambda_2|,\cdots,|\lambda_n|)$. 由式（9.70）计算出 $\boldsymbol{w}_j^k$，则原方程组的差分解为 $\boldsymbol{u}_j^k=\boldsymbol{S}\boldsymbol{w}_j^k$.

对于方程组情形，也可采用 Fourier 方法进行稳定性分析. 此时，增长因子 $\boldsymbol{G}$ 为矩阵，稳定的充分必要条件是矩阵族 $\boldsymbol{G}^k$ 一致有界. 利用方程组的双曲性质（$\boldsymbol{A}$ 相似于对角矩阵），可以证明上述三种差分格式的稳定性条件是

$$r\rho(\boldsymbol{A}) \leqslant 1$$

### 9.3.3 二阶双曲型方程

最典型的二阶双曲型方程是**波动方程**

$$\frac{\partial^2 u}{\partial t^2} - a^2 \frac{\partial^2 u}{\partial x^2} = 0,\quad 0 < t \leqslant T,\ -\infty < x < +\infty \tag{9.71}$$

其中 $a>0$ 为常数. 初始条件为

$$u(x,0) = \varphi(x),\ \frac{\partial u}{\partial t}(x,0) = g(x),\ -\infty < x < +\infty \tag{9.72}$$

采用二阶中心差商可得到逼近方程（9.71）的差分格式

$$\frac{u_j^{k+1} - 2u_j^k + u_j^{k-1}}{\tau^2} - a^2 \frac{u_{j+1}^k - 2u_j^k + u_{j-1}^k}{h^2} = 0 \tag{9.73}$$

这是一个截断误差为 $O(\tau^2 + h^2)$ 阶的三层显式格式. 对于初始条件 (9.72)，可做如下离散

$$u_j^0 = \varphi(x_j) \tag{9.74}$$

$$\frac{u_j^1 - u_j^0}{\tau} = g(x_j) \tag{9.75}$$

由式 (9.73) ~ (9.75)，就可逐层计算出差分解 $u_j^k$.

需要指出，一阶导数初始条件的离散式（9.75）的截断误差为 $O(\tau)$ 阶，比内点方程截断误差阶低一阶，这将影响差分解的精度. 作为改进，可以引进一个虚设的边界层 $u_j^{-1}$，利用一阶中心差商公式，可得到一阶导数初始条件的离散

$$\frac{u_j^1 - u_j^{-1}}{2\tau} = g(x_j) \tag{9.76}$$

它的截断误差阶为 $O(\tau^2)$. 在式（9.73）中令 $k=0$，得到

$$u_j^1 - 2u_j^0 + u_j^{-1} - a^2 r^2 (u_{j+1}^0 - 2u_j^0 + u_{j-1}^0) = 0$$

将此式与式（9.76）联立后消去 $u_j^{-1}$，就得到

$$u_j^1 \doteq \frac{1}{2} a^2 r^2 (\varphi(x_{j+1}) - \varphi(x_{j-1})) + (1 - a^2 r^2)\varphi(x_j) + \tau g(x_j) \tag{9.77}$$

那么，由方程（9.73），（9.74）和（9.77），就可逐层计算出 $u_j^k$ 的值.

构造二阶双曲型方程差分格式的另一种方法是将其转化为一阶双曲型方程组. 在方程（9.71）中引入新的变量

$$v = \frac{\partial u}{\partial t}, \quad w = a\frac{\partial u}{\partial x} \tag{9.78}$$

则方程（9.71）等价于如下偏微分方程组

$$\begin{cases} \dfrac{\partial v}{\partial t} - a\dfrac{\partial w}{\partial x} = 0, \; v(x,0) = g(x) \\ \dfrac{\partial w}{\partial t} - a\dfrac{\partial v}{\partial x} = 0, \; w(x,0) = a\varphi'(x) \end{cases}$$

令 $\boldsymbol{U} = (v,w)^{\mathrm{T}}$，此方程组可写为矩阵形式

$$\begin{cases} \dfrac{\partial \boldsymbol{U}}{\partial t} + \boldsymbol{A}\dfrac{\partial \boldsymbol{U}}{\partial x} = \boldsymbol{0} & (9.79) \\ \boldsymbol{U}(x,0) = (g(x),a\varphi'(x))^{\mathrm{T}} & (9.80) \end{cases}$$

其中

$$\boldsymbol{A} = \begin{pmatrix} 0 & -a \\ -a & 0 \end{pmatrix}$$

容易求出 $\boldsymbol{A}$ 的特征值为 $\lambda_1 = a, \lambda_2 = -a$，因此方程组（9.79）是一阶双曲型方程组. 这样，前述的关于一阶双曲型方程组的差分格式都可用于求解方程组（9.79）. 在求出 $\boldsymbol{U}_j^k = (v_j^k, w_j^k)^{\mathrm{T}}$ 后，利用式（9.78）首先可得到一阶偏导数的差分解 $(u_t)_j^k = v_j^k$，$(u_x)_j^k = a^{-1}w_j^k$. 为得到函数值的差分近似，对式（9.78）积分得

$$u(x,t) = u(x,0) + \int_0^t v(x,t)\,\mathrm{d}t$$

或写为

$$u(x_j,t_k) = \varphi(x_j) + \int_0^{t_k} v(x_j,t)\,\mathrm{d}t$$

利用数值积分公式，得到

$$u_j^k = \varphi(x_j) + \tau\sum_{m=0}^{k-1} v_j^m$$

这给出波动方程(9.71)~(9.72)的差分解.

## 习 题 9

9-1 试用五点差分格式求解 Poisson 方程的边值问题

$$\begin{cases} \dfrac{\partial^2 u}{\partial x^2} + \dfrac{\partial^2 u}{\partial y^2} = 16, & (x,y) \in G \\ u|_{\Gamma} = 0, & (x,y) \in \Gamma \end{cases}$$

其中, $G = \{-1 < x,y < 1\}$. 取步长 $h = 0.5$ 求解.

9-2 试写出求解 Laplace 方程边值问题

$$\begin{cases} \dfrac{\partial^2 u}{\partial x^2}+\dfrac{\partial^2 u}{\partial y^2}=0, & 0<x<4,\quad 0<y<3 \\ u(0,y)=y(3-y), \quad u(4,y)=0, & 0\leqslant y\leqslant 3 \\ u(x,0)=\sin\dfrac{\pi}{4}x, \quad u(x,3)=0, & 0\leqslant x\leqslant 4 \end{cases}$$

的五点差分格式，取步长 $h=1$，并写出差分方程的矩阵形式.

9-3　试用古典显格式求解热传导方程定解问题

$$\begin{cases} \dfrac{\partial u}{\partial t}=\dfrac{\partial^2 u}{\partial x^2}, 0<x<1, & 0<t\leqslant T \\ u(x,0)=4x(1-x), & 0\leqslant x\leqslant 1 \\ u(0,t)=u(1,t)=0, & 0\leqslant t\leqslant T \end{cases}$$

只计算 $k=1$，2 两层上的差分解，取网比 $r=\dfrac{1}{6}$，$h=0.2$.

9-4　用古典隐格式求解热传导方程定解问题

$$\frac{\partial u}{\partial t}=\frac{\partial^2 u}{\partial x^2}, 0<x<1, \quad 0<t\leqslant 0.3$$

$$u(x,0)=\sin\pi x, \quad 0\leqslant x\leqslant 1$$

$$u(0,t)=u(1,t)=0, \quad 0\leqslant t\leqslant 0.3$$

取 $\tau=0.1, h=0.2$．精确解为 $u(x,t)=e^{-\pi^2 t}\sin\pi x$.

9-5　导出求解热传导方程的差分格式

$$(1+\theta)\frac{u_j^{k+1}-u_j^k}{\tau}-\theta\frac{u_j^k-u_j^{k-1}}{\tau}=\frac{1}{h^2}(u_{j+1}^k-2u_j^k+u_{j-1}^k)$$

的截断误差，并选取 $\theta$ 使其达到二阶.

9-6　将古典显格式和古典隐格式作加权平均，得到下列差分格式

$$\frac{u_j^{k+1}-u_j^k}{\tau}=\frac{a}{h^2}[\theta(u_{j+1}^{k+1}-2u_j^{k+1}+u_{j-1}^{k+1}) + (1-\theta)(u_{j+1}^k-2u_j^k+u_{j-1}^k)]$$

其中，$0\leqslant\theta\leqslant 1$．试导出其截断误差，并证明当 $\theta=\dfrac{1}{2}-\dfrac{1}{12r}$ 时，截断误差的阶可达到 $O(\tau^2+h^4)$.

9-7　试证明上题中的差分格式当 $\dfrac{1}{2}\leqslant\theta\leqslant 1$ 时绝对稳定，当 $0\leqslant\theta<\dfrac{1}{2}$ 时，稳定性条件是

$$r\leqslant\frac{1}{2}\frac{1}{1-2\theta}$$

9-8　对于对流-扩散方程

$$\frac{\partial u}{\partial t} = a\frac{\partial^2 u}{\partial x^2} + b\frac{\partial u}{\partial x} + cu, \quad a > 0$$

建立如下差分格式

$$\frac{u_j^{k+1} - u_j^k}{\tau} = a\frac{u_{j+1}^k - 2u_j^k + u_{j-1}^k}{h^2} + b\frac{u_{j+1}^k - u_{j-1}^k}{2h} + cu_j^k$$

证明此格式稳定的充要条件是 $r = \frac{a\tau}{h^2} \leqslant \frac{1}{2}$.

9-9　判定求解一阶双曲型方程 $\frac{\partial u}{\partial t} + a\frac{\partial u}{\partial x} = 0, \quad a > 0$ 的差分格式

（1）$\frac{u_j^{k+1} - u_j^k}{\tau} + a\frac{u_j^k - u_{j-1}^k}{h} = 0$

（2）$\frac{u_j^{k+1} - u_j^k}{\tau} + a\frac{u_{j+1}^k - u_j^k}{h} = 0$

的稳定性.

9-10　证明求解一阶双曲型方程的隐式格式

$$\frac{u_j^{k+1} - u_j^k}{\tau} + a\frac{u_{j+1}^{k+1} - u_{j-1}^{k+1}}{2h} = 0$$

是绝对稳定的.

# 习 题 解 答

## 习题 1

1-1 绝对误差限分别为：$\varepsilon_1 = 0.5 \times 10^{-3}$，$\varepsilon_2 = 0.5 \times 10^{-4}$，$\varepsilon_3 = 0.5 \times 10^{-5}$，$\varepsilon_4 = 0.5$，$\varepsilon_5 = 0.5 \times 10^{4}$；

相对误差限分别为：$\varepsilon_{r1} = 0.00923\%$，$\varepsilon_{r2} = 0.00923\%$，$\varepsilon_{r3} = 0.0923\%$，$\varepsilon_{r4} = 0.0083\%$，$\varepsilon_{r5} = 8.3\%$；

有效数位分别为：四位，四位，三位，四位，一位.

1-2 有效数位分别为：三位，一位，0 位.

1-3 取五位有效数字，即 $\sqrt{10} \approx 3.1623$.

1-4 $x_1 \approx 55.982$，$x_2 = \dfrac{1}{x_1} \approx 0.01786$.

1-5 $|y_{100} - y_{100}^*| \leqslant 0.5 \times 10^{-3}$.

1-6 提示：$|S - S^*| \leqslant gt\varepsilon + O(\varepsilon^2)$；$\dfrac{|S - S^*|}{|S^*|} \leqslant \dfrac{2\varepsilon}{t} + O(\varepsilon^2)$，$\varepsilon$ 为时间 $t$ 的绝对误差限.

## 习题 2

2-1 (1) $x = (2,2,3)^{\mathrm{T}}$，(2) $x = (-1,2,0,1)^{\mathrm{T}}$

2-2 (1) $x = (0,-1,1)^{\mathrm{T}}$，(2) $x = (2,1,0,5)^{\mathrm{T}}$

2-3 (1) $$\boldsymbol{A} = \begin{pmatrix} 1 & 0 & 0 \\ \frac{1}{2} & 1 & 0 \\ \frac{1}{2} & \frac{3}{5} & 1 \end{pmatrix} \begin{pmatrix} 2 & 1 & 1 \\ 0 & \frac{5}{2} & \frac{3}{2} \\ 0 & 0 & \frac{3}{5} \end{pmatrix},\ \boldsymbol{x} = \begin{pmatrix} 1 \\ 1 \\ 1 \end{pmatrix}$$

(2) $$\boldsymbol{A} = \begin{pmatrix} 1 & 0 & 0 \\ -\frac{3}{2} & 1 & 0 \\ \frac{1}{12} & -\frac{5}{6} & 1 \end{pmatrix} \begin{pmatrix} 12 & -3 & 3 \\ 0 & -\frac{3}{2} & \frac{7}{2} \\ 0 & 0 & \frac{11}{3} \end{pmatrix},\ \boldsymbol{x} = \begin{pmatrix} 1 \\ 2 \\ 3 \end{pmatrix}.$$

2-4 $\boldsymbol{A}=\begin{pmatrix}1&0&0\\2&1&0\\3&4&1\end{pmatrix}\begin{pmatrix}2&0&0\\0&3&0\\0&0&1\end{pmatrix}\begin{pmatrix}1&\frac{1}{2}&1\\0&1&\frac{2}{3}\\0&0&1\end{pmatrix}$

$$\boldsymbol{A}=\begin{pmatrix}2&0&0\\4&3&0\\6&12&1\end{pmatrix}\begin{pmatrix}1&\frac{1}{2}&1\\0&1&\frac{2}{3}\\0&0&1\end{pmatrix}$$

2-5 $\boldsymbol{A}=\begin{pmatrix}1&0&0\\\frac{1}{4}&1&0\\\frac{1}{2}&-\frac{3}{2}&1\end{pmatrix}\begin{pmatrix}16&0&0\\0&4&0\\0&0&9\end{pmatrix}\begin{pmatrix}1&\frac{1}{4}&\frac{1}{2}\\0&1&-\frac{3}{2}\\0&0&1\end{pmatrix}$

$$\boldsymbol{A}=\begin{pmatrix}4&0&0\\1&2&0\\2&-3&3\end{pmatrix}\begin{pmatrix}4&1&2\\0&2&-3\\0&0&3\end{pmatrix},\ \boldsymbol{x}=\begin{pmatrix}-0.5451\\1.2916\\0.5694\end{pmatrix}.$$

2-6 （1） a. Cramer 法则得 $x\approx(1.010,0.9899)^{\mathrm{T}}$；

b. 消去法得 $x\approx(0,1)^{\mathrm{T}}$；列主元消去法得 $x\approx(1,1)^{\mathrm{T}}$.

（2） a. Cramer 法则得 $x\approx(1,1,1)^{\mathrm{T}}$；

b. 消去法得解不唯一；列主元消去法得 $x\approx(1,1,1)^{\mathrm{T}}$.

2-7 提示：每步选主元为互换矩阵两行，这相当于用一个初等方阵左乘被消元矩阵.

2-8 $x=(27.051,\ 8.2051,\ 5.7693,\ 14.872,\ 53.718)^{\mathrm{T}}$

2-9

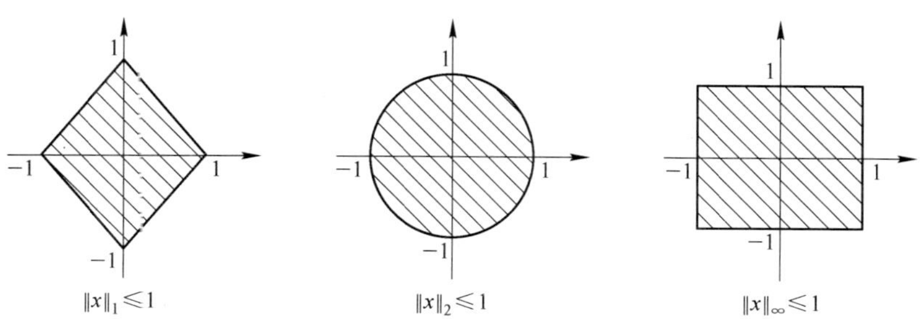


2-10 提示：利用向量范数的三角不等式证明.

2-11 提示：直接验证范数的三个条件.

2-12 提示：$\boldsymbol{A}$ 可分解为 $\boldsymbol{A}=\boldsymbol{G}\boldsymbol{G}^{\mathrm{T}}$，$\|\boldsymbol{x}\|_{A}=\|\boldsymbol{G}^{\mathrm{T}}\boldsymbol{x}\|_{2}$ 再利用上题结果.

2-13 （2）提示：利用不等式

$$\frac{x_1+x_2+\cdots+x_n}{n}\leqslant\sqrt{\frac{x_1^2+x_2^2+\cdots+x_n^2}{n}}$$

（3）提示：$\|\boldsymbol{A}\|_F^2$ 等于 $\boldsymbol{A}^{\mathrm{T}}\boldsymbol{A}$ 的迹（对角元素之和），而矩阵的迹又等于矩阵特征值之和.

2-14 $\|\boldsymbol{A}\|_1=0.8$，$\|\boldsymbol{A}\|_2=0.8278$，$\|\boldsymbol{A}\|_\infty=1.1$，$\|\boldsymbol{A}\|_F=0.8426$.
$\mathrm{Cond}_1(\boldsymbol{A})=6.762$，$\mathrm{Cond}_2(\boldsymbol{A})=5.2712$，$\mathrm{Cond}_\infty(\boldsymbol{A})=6.7692$.

2-15 不满足矩阵范数条件 $\|\boldsymbol{AB}\|\leqslant\|\boldsymbol{A}\|\ \|\boldsymbol{B}\|$. 例如，对矩阵

$$\boldsymbol{A}=\begin{pmatrix}1&1\\1&1\end{pmatrix},\boldsymbol{B}=\begin{pmatrix}1&1\\1&1\end{pmatrix},\boldsymbol{C}=\begin{pmatrix}1&1\\1&1\end{pmatrix},$$

可有 $\|\boldsymbol{AB}\|=2$，$\|\boldsymbol{A}\|=1$，$\|\boldsymbol{B}\|=1$.

2-16 提示：(1) 利用 $\|\boldsymbol{A}\|\leqslant\|\boldsymbol{AI}\|\leqslant\|\boldsymbol{A}\|\ \|\boldsymbol{I}\|$；(2) 利用：$\boldsymbol{A}^{-1}\boldsymbol{A}=\boldsymbol{I}$；
(3) 利用：$\boldsymbol{A}^{-1}-\boldsymbol{B}^{-1}=\boldsymbol{A}^{-1}(\boldsymbol{B}-\boldsymbol{A})\boldsymbol{B}^{-1}$.

2-17 提示：(1) $\boldsymbol{A}$ 正交时，$\boldsymbol{A}\boldsymbol{A}^{\mathrm{T}}=\boldsymbol{A}^{\mathrm{T}}\boldsymbol{A}=\boldsymbol{I}$；(2) 利用 $\lambda(\boldsymbol{A}^2)=\lambda^2(\boldsymbol{A})$，$\lambda(\boldsymbol{A}^{-1})=\dfrac{1}{\lambda(\boldsymbol{A})}$，$\lambda(\boldsymbol{A})$表示 $A$ 的特征值.

2-18 提示：分别对 $\boldsymbol{Ax}=\boldsymbol{b}$，$\boldsymbol{r}=\boldsymbol{b}-\boldsymbol{A}\tilde{\boldsymbol{x}}=\boldsymbol{A}(\boldsymbol{x}-\tilde{\boldsymbol{x}})$取范数，即可证明.

## 习题 3

3-1 （1）系数矩阵严格对角占优，故 J 迭代法和 GS 迭代法均收敛.
（2）J 迭代法 $x^{(6)}=(0.2250, 0.3056, -0.4938)^{\mathrm{T}}$，GS 迭代法 $x^{(4)}=(0.2249, 0.3056, -0.4939)^{\mathrm{T}}$.

3-2 （1）J 迭代法不收敛，GS 迭代法收敛（$\rho(B)=\dfrac{\sqrt{5}}{2}$，$\rho(G)=\dfrac{1}{2}$）.（2）J 迭代法收敛，GS 迭代法不收敛（$\rho(B)=0$，$\rho(G)=2$）.

3-3 J 迭代法需 $k=14$ 次，GS 迭代法需 $k=11$ 次.

3-4 当且仅当 $|\alpha|<1$ 时，J 迭代法和 GS 迭代法收敛.

3-5 J 迭代法 $\|\boldsymbol{x}^{(5)}-\boldsymbol{x}^*\|_\infty\leqslant5.25\times10^{-2}$，GS 迭代法 $\|\boldsymbol{x}^{(5)}-\boldsymbol{x}^*\|_\infty\leqslant9.85\times10^{-3}$，SOR 方法 $\|\boldsymbol{x}^{(5)}-\boldsymbol{x}^*\|_\infty\leqslant2.79\times10^{-3}$.

3-6 $\omega=1.03$ 时迭代五次，$\boldsymbol{x}^{(5)}=(0.5000043, 0.0000001, -0.4999999)^{\mathrm{T}}$，$\omega=1$ 时迭代六次，$\boldsymbol{x}^{(6)}=(0.5000038, 0.0000002, -0.4999995)^{\mathrm{T}}$，$\omega=1.1$ 时迭代六次，$\boldsymbol{x}^{(6)}=(0.5000035, 0.9999989, -0.5000003)^{\mathrm{T}}$.

3-7 （1）J 迭代法，$\rho(B) = \sqrt{3} > 1$，故发散，迭代六次得 $\boldsymbol{x}^{(6)} = (14.28, -5.23)^{\mathrm{T}}$. GS 迭代法，$\rho(G) = 3 > 1$，故发散，迭代六次得 $\boldsymbol{x}^{(6)} = (117.14, -173.71)^{\mathrm{T}}$.

（2）系数矩阵严格对角占优，$J$ 迭代法和 GS 迭代法都收敛，由于 $\rho(G) = \frac{1}{3} < \rho(B) = \frac{1}{\sqrt{3}}$，所以 GS 迭代法收敛得快. 迭代六次可得：$J$ 迭代法：$\boldsymbol{x}^{(6)} = (0.519, 1.248)^{\mathrm{T}}$，GS 迭代法：$\boldsymbol{x}^{(6)} = (0.5, 1.25)^{\mathrm{T}}$，精确解：$\boldsymbol{x}^{*} = (0.5, 1.25)^{\mathrm{T}}$.

3-8 可验证系数矩阵 $\boldsymbol{A}$ 为负定矩阵，即 $-\boldsymbol{A}$ 为正定矩阵，故 SOR 方法（$0 < \omega < 2$）收敛.

3-9 原方程组等价于

$$\begin{cases} 3x_1 + x_2 + x_3 = 2 \\ x_1 + 4x_2 + x_3 = 3 \\ 2x_1 + x_2 + 4x_3 = 6 \end{cases}$$

系数矩阵严格对角占优，用相应的 J 迭代法和 GS 迭代法都收敛.

3-10 $\boldsymbol{x}^{(2)} = (-0.613, 0.032, 0.4951, 0.710)^{\mathrm{T}}$.

3-11 $\boldsymbol{x}^{(3)} = (2.9999998, 1.9999998, 0.9999997)^{\mathrm{T}}$.

3-12 提示：迭代矩阵的谱半径 $\rho(\boldsymbol{I} - \alpha\boldsymbol{A}) = \max\limits_{1\leqslant i\leqslant n} |1 - \alpha\lambda_i|$，$\lambda_i$ 为 $\boldsymbol{A}$ 的特征值.

3-13 提示：参照定理 3.4 的证明.

3-14 提示：参照定理 3.8 的证明.

## 习题 4

4-1 需迭代 14 次.

4-2 取 $a = 1$，$b = 2$，得 $\alpha \approx x_4 = 1.59375$.

4-3 （1）10 次；（2）3 次；$\alpha \approx 0.091$.

4-4 提示：对任意 $x_0$，都有 $x_1 \in [-1,1]$.

4-5 $x_{k+1} = \sqrt[3]{5 - 2x_k}$，$\varphi(x) = \sqrt[3]{5 - 2x}$ 满足收敛定理条件.

4-6 $\alpha \approx 0.441406$.

4-7 提示：$\varphi(x) = x - \lambda f(x)$ 满足 $|\varphi'(x)| < 1$.

4-8 将 $x = \varphi(x)$ 化为 $x = \varphi^{-1}(x)$ 的形式，其中 $\varphi^{-1}(x)$ 为 $\varphi(x)$ 的反函数. 利用 $x_{k+1} = \pi + \arctan x_k$ 得 $\alpha \approx x_5 = 4.493409$.

4-9 （1）一阶收敛；（2）一阶收敛；（3）不收敛；取 $x_{k+1} = 1 + \frac{1}{x_k^2}$ 得：$\alpha \approx x_{12} =$

1.465717 .

4-10　$\alpha \approx x_3 = 1.324718$

4-11　$\alpha \approx x_3 = 1.3160740$

4-12　$x_{k+1} = \frac{n-1}{n}x_k + \frac{a}{nx_k^{n-1}}$，　$C = \frac{1-n}{2\sqrt[n]{a}}$

$x_{k+1} = \frac{x_k}{n}\left(n + 1 - \frac{x_k^n}{a}\right)$，　$C = \frac{1+n}{2\sqrt[n]{a}}$

4-13　提示：证明 $\lim\limits_{k\to\infty} x_k = \sqrt{a}, \lim\limits_{k\to\infty}(\sqrt{a} - x_{k+1})/(\sqrt{a} - x_k)^3 = \frac{1}{4}a$

4-14　$\alpha \approx x_3 = 1.87941106$ .

4-15　利用参数 $m = 2$ 的 Newton 迭代法得 $\alpha \approx x_2 = 1.90000$ .

4-16　(1) $(x_1, y_1)^T = (1.5826, 1.2289)^T$ ;

(2) $(x_1, y_1)^T = (0.9986, -0.1055)^T$ .

4-17　$\boldsymbol{x}^{(4)} = (0.5000, 0.0000, -0.5236)^T$.

## 习题 5

5-1　(1) $0.8 \leqslant \lambda_1 \leqslant 1.2$，$1.6 \leqslant \lambda_2 \leqslant 2.4$，$2.7 \leqslant \lambda_3 \leqslant 3.3$；

(2) $\lambda_1, \lambda_2$ 在两个圆盘 $|\lambda - 4| \leqslant 2, |\lambda - 2| \leqslant 1$ 的连通区域内，$7 \leqslant \lambda_3 \leqslant 11$ .

5-2　(1) 取 $\boldsymbol{u}^0 = (1,1,1)^T, \lambda_1 \approx 9.9056, \boldsymbol{x}_1 = (1, 0.6056, -0.3944)^T$；

(2) 取 $\boldsymbol{u}^0 = (1,1,1)^T, \lambda_1 \approx 8.8681, \boldsymbol{x}_1 = (-0.6039, 1, 0.1512)^T$ ;

(3) $\lambda_1 \approx 7.084$ ; (4) $\lambda_1 \approx 3.732$ .

5-3　(1) $\lambda_3 \approx 1$ ; (2) $\lambda_3 \approx 0.3$ .

5-4　$\lambda_1 \approx 19.29; \lambda_3 \approx -7.08$.

5-5　取 $p = -2$，$\boldsymbol{u}^{(0)} = (1, 1, 1)^T$，可得 $\lambda_1 \approx 6.303$ .

5-6　$\mu_k \to -1, \lambda \approx 6$ .

5-7　迭代六次，$\lambda_1 \approx 5.1247$ ，$\boldsymbol{x}_1 = (-0.0461, -0.3749, 1)^T$.

5-8　(1) $\lambda_1 \approx 20.9681, \lambda_2 \approx 0.4659, \lambda_3 \approx -0.9340$ ;

(2) $\lambda_1 \approx 1.62772, \lambda_2 \approx 3, \lambda_3 \approx 7.37228$ .

5-9　$\boldsymbol{P}_1 = \begin{pmatrix} 1 & 0 & 0 \\ 0 & -\frac{3}{5} & -\frac{4}{5} \\ 0 & -\frac{4}{5} & \frac{3}{5} \end{pmatrix}$，　$\boldsymbol{A}_2 = \boldsymbol{P}_1\boldsymbol{A}\boldsymbol{P}_1 = \begin{pmatrix} 1 & -5 & 0 \\ -5 & \frac{73}{25} & \frac{14}{25} \\ 0 & \frac{14}{25} & -\frac{23}{25} \end{pmatrix}$

5-10　只证 (2)：$\boldsymbol{H}^T\boldsymbol{H} = (\boldsymbol{I} - 2\boldsymbol{x}\boldsymbol{x}^T)^T(\boldsymbol{I} - 2\boldsymbol{x}\boldsymbol{x}^T) = (\boldsymbol{I} - 2\boldsymbol{x}\boldsymbol{x}^T)^2 = \boldsymbol{I} - 2\boldsymbol{x}\boldsymbol{x}^T - 2\boldsymbol{x}\boldsymbol{x}^T$

$+4xx^{\mathrm{T}}xx^{\mathrm{T}}=I$

5-11 $\lambda$ 是 $A$ 的特征值⇔存在非零向量 $x$ 使 $Ax=\lambda x$⇔$\lambda=x^{\mathrm{T}}Ax/x^{\mathrm{T}}x$，可得结论.

5-12 $Q=\begin{pmatrix}-\frac{1}{3} & \frac{2}{3} & \frac{2}{3}\\ -\frac{2}{3} & \frac{1}{3} & -\frac{2}{3}\\ -\frac{2}{3} & -\frac{2}{3} & \frac{1}{3}\end{pmatrix}$, $R=\begin{pmatrix}-3 & 3 & -3\\ 0 & 3 & -3\\ 0 & 0 & 3\end{pmatrix}$

5-13 $H=\begin{pmatrix}1 & 0 & 0\\ 0 & -\frac{3}{5} & \frac{4}{5}\\ 0 & \frac{4}{5} & \frac{3}{5}\end{pmatrix}$, $H^{\mathrm{T}}AH=\begin{pmatrix}1 & \frac{1}{5} & \frac{7}{5}\\ 5 & \frac{22}{5} & -\frac{77}{25}\\ 0 & \frac{4}{5} & -\frac{2}{5}\end{pmatrix}$

5-14 取位移量 $p_k=a_{nn}^{(k)}$

$$A_5=\begin{pmatrix}3.7303 & 0.04976 & 0\\ 0.04976 & 2.0011 & 0\\ 0 & 0 & 0.2678\end{pmatrix},$$

$\overline{A}_2=\begin{pmatrix}3.7317 & 0\\ 0 & 1.9997\end{pmatrix}$, $\lambda_1\approx 3.7317$, $\lambda_2\approx 1.9997$, $\lambda_3\approx 0.2678$.

## 习题 6

6-1 $p_2(x)=\frac{1}{6}(x-1)(5x+14)$.

6-2 $p_2(x)=\frac{1}{10626}(-x^2+727x+43560)$, $\sqrt{115}\approx p_2(115)=10.722756$, $R(115)\leqslant 1.63125\times 10^{-3}$, $\sqrt{115}-p_2(115)=1.04929\times 10^{-3}$.

6-3 $\max\limits_{x_0\leqslant x\leqslant x_3}|l_2(x)|=\frac{7\sqrt{7}+10}{27}$.

6-4 提示：(1) 对 $f(x)=x^k$ 插值，并利用插值余项；(2) 对 $f(t)=(t-x)^k$ ($x$ 为参数) 插值，并利用插值余项.

6-5 提示：利用线性插值及其余项.

6-6 $h\approx 0.006$.

6-7 提示：利用数学归纳法证明.

6-8 $f[2^0,2^1,2^2,\cdots,2^5]=3$, $f[2^0,2^1,2^2,\cdots,2^6]=0$.

6-9 差商表为：

| $x_1$ | $f(x_1)$ | 一阶差商 | 二阶差商 | 三阶差商 | 四阶差商 |
|---|---|---|---|---|---|
| -1 | -1 | | | | |
| -0.8 | 0.16032 | 5.8016 | | | |
| 0 | 1 | 1.0496 | -4.752 | | |
| 0.5 | 1.15625 | 0.3125 | -0.567 | 2.79 | |
| 1 | 3 | 3.6875 | 3.375 | 2.19 | -0.3 |

$$N_3(x) = -1 + 5.8016(x+1) - 4.752(x+1)(x+0.8) + 2.79(x+1)(x+0.8)x$$

$$|R_3(x)| = |f[-1,-0.8,0,0.5,x](x+1)(x+0.8)x(x-0.5)|$$
$$\leqslant 5|(x+1)(x+0.8)x(x-0.5)|$$

6-10 $H_3(x) = (2-x)(x^2-3x+1), R_3(x) = \dfrac{f^{(4)}(\xi_x)}{4!}x(x-1)^2(x-2)$

6-11

$$H_3(x) = \begin{cases} \dfrac{1}{2}[(x+3)^2(1-x) - (x+1)^2(11x+17)], & -3 \leqslant x \leqslant -1 \\ \dfrac{1}{2}[(x-1)^2(3x+5) + (x+1)^2(x+3)], & -1 \leqslant x \leqslant 1 \\ (x-2)^2(26x-18) + (x-1)^2(73-18x), & 1 \leqslant x \leqslant 2 \end{cases}$$

$$R_3(x) = \begin{cases} (x+3)^2(x+1)^2, & -3 \leqslant x \leqslant -1 \\ (x-1)^2(x+1)^2, & -1 \leqslant x \leqslant 1 \\ (x-2)^2(x-1)^2, & 1 \leqslant x \leqslant 2 \end{cases}$$

6-12 $y'(0) = 1, y'(3) = 0$ 时，

$$S(x) = \begin{cases} -\dfrac{19}{15}x^3 + \dfrac{19}{15}x^2 + x, & 0 \leqslant x \leqslant 1 \\ \dfrac{9}{5}x^3 - \dfrac{119}{15}x^2 + \dfrac{51}{5}x - \dfrac{46}{15}, & 1 \leqslant x \leqslant 2 \\ -\dfrac{29}{15}x^3 + \dfrac{217}{15}x^2 - \dfrac{173}{5}x + \dfrac{134}{5}, & 2 \leqslant x \leqslant 3 \end{cases}$$

$y''(0) = 1, y''(3) = 0$ 时，

$$S(x) = \begin{cases} -0.878x^3 + 0.5x^2 + 1.378x, & 0 \leqslant x \leqslant 1 \\ 1.38889x^3 - 6.3x^2 + 8.17778x - 2.26667, & 1 \leqslant x \leqslant 2 \\ -0.67778x^3 + 6.1x^2 - 16.62222x + 14.26667, & 2 \leqslant x \leqslant 3 \end{cases}$$

6-13 $a=3$，$b=3$，$c=1$.

6-14 $a=-1$，$b=3$，$c=-2$，$d=2$.

6-15 反差商表为

| $x_i$ | $f_i$ | $f^{-1}[x_0, x_k]$ | $f^{-1}[x_0, x_1, x_k]$ | $f^{-1}[x_0, x_1, x_2, x_k]$ |
|---|---|---|---|---|
| 0 | 5 | | | |
| 1 | 3 | $\frac{1}{2}$ | | |
| 2 | -1 | $-\frac{1}{3}$ | 6 | |
| 3 | 2 | -1 | -4 | $-\frac{1}{10}$ |

$$r_3(x) = 5 + \frac{x}{-0.5 + \frac{x-1}{6 + \frac{x-2}{-0.1}}} = \frac{-10x^2 + 56x - 70}{6x - 14}$$

6-16 反差商表为

| $x_i$ | $f_i$ | $f^{-1}[x_0, x_k]$ | $f^{-1}[x_0, x_1, x_k]$ | $f^{-1}[x_0, x_1, x_2, x_k]$ |
|---|---|---|---|---|
| 0.1 | 9.96664 | | | |
| 0.2 | 4.93315 | -0.0198669 | | |
| 0.3 | 3.23273 | -0.0297004 | -10.1693 | |
| 0.4 | 2.36522 | -0.0394663 | -10.2044 | -2.84900 |

$$r_3(x) = 9.96664 + \frac{x-0.1}{-0.0198669 + \frac{x-0.2}{-10.1693 + \frac{x-0.3}{-2.849}}}$$

$$= \frac{x^2 - 0.0206945x - 2.86553}{-2.86887x + 0.000170283}$$

$$r_3(0.15) = 6.61645$$

$$L_3(x) = -1661.11(x-0.2)(x-0.3)(x-0.4) + 2466.58(x-0.1)(x-0.3)(x-0.4) - 1616.37(x-0.1)(x-0.2)(x-0.4) + 394.203(x-0.1)(x-0.2)(x-0.3)$$

$$L_3(0.15) = 6.87701$$

6-17 $p^*(x) = \frac{1}{3}$，$\|f - p^*\|_2 \leqslant 0.42164$.

6-18 $p_0(x) = 1$，$p_1(x) = x - \frac{2}{\pi}$.

$p_2(x) = x^2 + \frac{2\pi}{24 - 3\pi^2}x + \frac{32 - 3\pi^2}{6(\pi^2 - 8)}$，$p_3(x) = x^3$.

6-19 $a = -6(1 + e)$，$b = -(4e + 2)$.

6-20 $L_0(x)=1, L_1(x)=x, L_2(x)=\frac{3}{2}x^2-\frac{1}{2}, L_3(x)=\frac{5}{2}x^3-\frac{3}{2}x$，在区间 [0, 1] 上，

$$\begin{aligned}P_3(x)=&\left(\frac{192}{\pi}-\frac{3360}{\pi^2}-\frac{38400}{\pi^3}+\frac{147840}{\pi^4}\right)L_0(x)+\\&\left(-\frac{408}{\pi}+\frac{7392}{\pi^2}+\frac{83520}{\pi^3}-\frac{322560}{\pi^4}\right)L_1(x)+\\&\left(\frac{320}{\pi}-\frac{6240}{\pi^2}-\frac{69120}{\pi^3}+\frac{268800}{\pi^4}\right)L_2(x)+\\&\left(-\frac{112}{\pi}+\frac{2688}{\pi^2}+\frac{90720}{\pi^3}-\frac{544320}{\pi^4}\right)L_3(x)\end{aligned}$$

在区间 [ −1, 1] 上，$P_3(x)=\frac{12}{\pi^2}L_1(x)+\left(\frac{168}{\pi^2}-\frac{1680}{\pi^4}\right)L_3(x)$

6-21 提示：只需证明 $\int_{-\pi}^{\pi}\cos kx\cdot\cos lx\mathrm{d}x=0$，$k\neq l$.

6-22 线性拟合：$\varphi^*(x)=2.07897+2.09235x$，$\|\delta^*\|_2=0.38659$；

二次拟合：$\varphi^*(x)=1.94448+2.0851x+0.28191x^2$，$\|\delta^*\|_2=0.06943$.

6-23 $\varphi^*(x)=3.33339+0.05121x^2$，$\|\delta^*\|_2=15.933$.

6-24 $\varphi^*(x)=9.999\mathrm{e}^{0.498x}$.

6-25 $x\approx2.9774$，$y\approx1.2295$.

## 习题 7

7-1 右矩形：$\int_a^b f(x)\mathrm{d}x=(b-a)f(b)-\frac{f'(\eta)}{2}(b-a)^2,\eta\in(a,b)$；

左矩形：$\int_a^b f(x)\mathrm{d}x=(b-a)f(a)+\frac{f'(\eta)}{2}(b-a)^2,\eta\in(a,b)$.

7-2 提示：对式

$$f(x)=f\left(\frac{a+b}{2}\right)+f'\left(\frac{a+b}{2}\right)\left(x-\frac{a+b}{2}\right)+\frac{f''(\eta_x)}{2}\left(x-\frac{a+b}{2}\right)^2$$

两侧积分.

7-3 提示：$\int_a^b f(x)\mathrm{d}x=\frac{b-a}{2}[f(a)+f(b)]-\frac{(b-a)^3}{12}f''(\eta)$.

7-4 (1) $A_1=A_3=\frac{h}{3}$，$A_2=\frac{4}{3}h$，三次代数精度；

(2) $x_1=-0.2899$，$x_2=0.5266$ 或 $x_1=0.6899$，$x_2=-0.1266$，二次代数精度.

(3) $\alpha = \dfrac{1}{12}$，三次代数精度.

(4) $x_1 = 1$, $A_1 = \dfrac{2}{3}$, $A_2 = \dfrac{1}{6}$，二次代数精度.

(5) $A = A_3 = \dfrac{5}{9}$, $A_2 = \dfrac{8}{9}$，五次代数精度.

(6) $A = -\dfrac{3}{10}$, $A_2 = \dfrac{63}{40}$, $A_3 = \dfrac{207}{120}$，二次代数精度.

7-5 提示：Newton-Cotes 公式至少具有 $n$ 次代数精度.

7-6 $T = 0.346574$，$|I - T| < 0.084$；$S = 0.385835$，
$|I - S| < 0.0021$, $C = 0.386288$, $|I - C| < 0.000063$.

7-7 $n \geqslant 10$, $|I - T_{10}| < 10^{-3}$, $n \geqslant 2$, $|I - S_2| < 10^{-3}$，
$S_2 = 0.386259562$.

7-8 $T$ 数表为

| $k$ | $T_k^{(0)}$ | $T_k^{(1)}$ | $T_k^{(2)}$ | $T_k^{(3)}$ |
|---|---|---|---|---|
| 0 | 1.8591409 | | | |
| 1 | 1.7539311 | 1.7188612 | | |
| 2 | 1.7272219 | 1.7183188 | 1.7182827 | |
| 3 | 1.7205186 | 1.7182824 | 1.7182818 | 1.7182818 |

$I \approx T_1^{(3)} = 1.7182818$, $|T_1^{(3)} - T_0^{(3)}| < 10^{-6}$.

7-9 $I \approx 1.09863$, $I \approx 1.09804$, $I \approx 1.09863$.

7-10 $\int_0^1 \ln\dfrac{1}{x} f(x)\mathrm{d}x \approx A_1 f(x_1) + A_2 f(x_2)$，其中，$x_1 = \dfrac{15 - \sqrt{106}}{42}$, $x_2 = \dfrac{15 + \sqrt{106}}{42}$，

$A_1 = \dfrac{21}{\sqrt{106}}\left(\dfrac{1}{4} - x_1\right)$，$A_2 = 1 - A_1$.

7-11 (1) $\int_{-1}^{1} \sqrt{1 - \dfrac{1}{2}\cos^2 x}\,\mathrm{d}x \approx 1.611151$；

(2) $\int_0^{\infty} \dfrac{\sin x}{x}\mathrm{d}x \approx 1.096214$；

(3) $\int_0^{\infty} \mathrm{e}^{-x} x^2 \mathrm{d}x = 2.000100$；

(4) $\int_{-\infty}^{\infty} \mathrm{e}^{-x^2} \sqrt{1 + x^2}\,\mathrm{d}x \approx 2.170804$.

7-12　$\int_0^{2\pi} f(x)\sin\omega x \mathrm{d}x \approx \frac{1}{\omega}[f(0) - f(2\pi)]$.

7-13　$\int_0^{2\pi} x^2 \sin 100x \mathrm{d}x \approx \frac{4\pi^2}{100} = -0.394784$;

$$\int_0^{2\pi} \mathrm{e}^x \sin 100x \mathrm{d}x \approx -\frac{\mathrm{e}^{2\pi}}{100} = -5.354917.$$

7-14　(1) 作变换 $2x = t + 1$，$\int_0^1 \frac{\mathrm{e}^x}{\sqrt{1-x^2}}\mathrm{d}x = \int_{-1}^1 \frac{1}{\sqrt{1-t^2}}\mathrm{e}^{\frac{t+1}{2}}\sqrt{\frac{t+1}{t+3}}\mathrm{d}t$

利用 Gauss-Chebyshev 积分公式计算，如取 $n = 2$，有

$$\int_0^1 \frac{\mathrm{e}^x}{\sqrt{1-x^2}}\mathrm{d}x \approx 2.735099.$$

(2) 作变换 $2x = t$，$\int_0^\infty \mathrm{e}^{-2x}\ln(1+x)\mathrm{d}x = \frac{1}{2}\int_0^\infty \mathrm{e}^{-t}\ln\left(1+\frac{t}{2}\right)\mathrm{d}t$，利用 Gauss-Laguerre 积分公式计算，如取 $n = 2$，有 $\int_0^\infty \mathrm{e}^{-2x}\ln(1+x)\mathrm{d}x \approx 0.18257$.

7-15　提示：利用二次 Lagrange 插值及其余项.

7-16　提示：对四次 Lagrange 插值求导可得：

$$f'(x_2) = \frac{1}{12h}[f(x_0) - 8f(x_1) + 8f(x_3) - f(x_4)] + R'_4(x_2)$$

## 习题 8

8-1　部分结果

| $x_n$ | 0.2 | 0.4 | 0.6 | 0.8 | 1.0 |
|---|---|---|---|---|---|
| 欧拉 $y_n$ | 1.22 | 1.5282 | −1.9431 | 2.4871 | 3.1875 |
| 改进欧拉 $y_n$ | 1.24205 | 1.58181 | −2.04086 | 2.64558 | 3.43818 |

8-2　部分结果

| $x_n$ | 0.1 | 0.3 | 0.5 |
|---|---|---|---|
| $y_n$ | 0.0055 | 0.05015 | 0.14500 |

8-3　欧拉方法计算公式为 $y_{n+1} - y_n = h(ax_n + b)$，则有 $\sum_{k=0}^{n-1}(y_{k+1} - y_k) = ah\sum_{k=0}^{n-1}x_k + b\sum_{k=0}^{n-1}h$，由此，利用 $y_0 = 0$，$x_k = kh$，得 $y_n = ah^2\frac{n(n-1)}{2} + bnh = \frac{1}{2}ax_n^2 + bx_n - \frac{1}{2}ahx_n$，所以，$y(x_n) - y_n = \frac{1}{2}ahx_n$ 成立.

8-4　见表

| $x_n$ | 0.5 | 1.0 | 1.5 | 2.0 |
|---|---|---|---|---|
| $y_n$ | 0.3894 | 0.5733 | 0.6260 | 0.6351 |

8-5　见表

| $x_n$ | 梯形方法 $y_n$ | R-K 方法 $y_n$ | 精确值 $y(x_n)$ |
|---|---|---|---|
| 0.1 | 0.90476 | 0.90484 | 0.90484 |
| 0.3 | 0.74063 | 0.74082 | 0.74082 |
| 0.5 | 0.60628 | 0.60653 | 0.60653 |
| 0.7 | 0.49630 | 0.49659 | 0.49659 |
| 0.9 | 0.40626 | 0.40657 | 0.40657 |

8-6　见表

| $x_n$ | 0.2 | 0.4 | 0.6 | 0.8 | 1.0 |
|---|---|---|---|---|---|
| $y_n$ | 1.242805 | 1.583649 | 2.044236 | 2.651079 | 3.43656 |
| $y(x_n)$ | 1.242806 | 1.583649 | 2.044238 | 2.651082 | 3.436564 |

8-7　根据 Taylor 展开及 $K_1 = y'(x_n)$，可得

$$K_2 = f(x_n,y_n) + thf_x + thK_1 f_y + \frac{1}{2}t^2h^2f_{xx} + t^2h^2K_1 f_{xy} + \frac{1}{2}t^2h^2K_1^2 f_{yy} + O(h^3)$$

$$= y'(x_n) + thy''(x_n) + \frac{1}{2}t^2h^2(y'''(x_n) - f_x f_y + f_y^2 f) + O(h^3)$$

$$K_3 = y'(x_n) + (1-t)hy''(x_n) + \frac{1}{2}(1-t)^2h^2(y'''(x_n) - f_x f_y + f_y^2 f) + O(h^3)$$

则有

$$y_{n+1} = y_n + \frac{h}{2}(K_1 + K_2) = y_n + hy'(x_n) + \frac{1}{2}h^2y''(x_n) +$$

$$\frac{1}{4}h^3(t^2 + (1-t)^2)(y'''(x_n) - f_x f_y + f_y^2 f) + O(h^4)$$

现将 $y_{n+1}$ 的表达式与准确解 $y(x)$ 在 $x_n$ 点的 Taylor 展式相比较可知，两者直到 $h^2$ 项的系数都是相同的，但 $h^3$ 项的系数不同，所以对任何参数 $t$ 此方法都是二阶方法.

8-10　由于 $y_{n+1}^* = y_n + hf(x_{n+1},y_{n+1}^*)$，$y_{n+1}^{(k+1)} = y_n + hf(x_{n+1},y_{n+1}^{(k)})$，所以有 $|y_{n+1}^{(k+1)} - y_{n+1}^*| = h|f(x_{n+1},y_{n+1}^{(k)}) - f(x_{n+1},y_{n+1}^*)| \leqslant hL|y_{n+1}^{(k)} - y_{n+1}^*| \leqslant$

$(hL)^{k+1}\,|y_{n+1}^{(0)}-y_{n+1}^{*}|$，所以，$hL<1$ 时是收敛的.

8-11　(1) 将 $f(x_n,y_n)=-\lambda y_n$ 代入改进欧拉公式且解出 $y_{n+1}$，可得 $y_{n+1}=\left(1-\lambda h+\frac{1}{2}\lambda^2h^2\right)y_n$，所以绝对稳定性条件为 $\left|1-\lambda h+\frac{1}{2}\lambda^2h^2\right|<1$.

(2) 将 $f(x_n,y_n)=-\lambda y_n$ 代入四阶 R-K 方法计算公式且解出 $y_{n+1}$，可得 $y_{n+1}=\left(1-\lambda h+\frac{1}{2!}\lambda^2h^2-\frac{1}{3!}\lambda^3h^3+\frac{1}{4!}\lambda^4h^4\right)y_n$，所以绝对稳定性条件为 $\left|1-\lambda h+\frac{1}{2!}\lambda^2h^2-\frac{1}{3!}\lambda^3h^3+\frac{1}{4!}\lambda^4h^4\right|<1$.

8-12　$-\frac{5}{8}h^3y'''(x_n)$，二阶.

8-13　$\alpha=\frac{1}{2}$，$\beta_0=\frac{7}{4}$，$\beta_1=-\frac{1}{4}$，$\frac{3}{8}h^3y'''(x_n)$.

8-14　结果见表

| $x_n$ | R-K 方法 | Adams 显式 | 预-校公式 |
|---|---|---|---|
| -1 | 0 | | |
| -0.9 | 0.09005 | | |
| -0.8 | 0.16073 | | |
| -0.7 | 0.21348 | | |
| -0.6 | | 0.25047 | 0.25036 |
| -0.5 | | 0.27385 | 0.27376 |
| -0.4 | | 0.28627 | 0.28620 |
| -0.3 | | 0.29023 | 0.29019 |
| -0.2 | | 0.28816 | 0.28814 |
| -0.1 | | 0.28233 | 0.28232 |
| 0 | | 0.27489 | 0.27489 |

8-15　Simpson 公式为

$$\int_a^b f(x)\,dx\approx\frac{b-a}{6}\left[f(a)+4f\left(\frac{a+b}{2}\right)+f(b)\right]-\frac{(b-a)^5}{2880}f^{(4)}(\xi)$$

对题中积分应用此公式得

$$y_{n+1}=y_{n-1}+\frac{h}{3}[f_{n-1}+4f_n+f_{n+1}]-\frac{h^5}{90}y^{(5)}(\xi)$$

舍去截断误差即得隐式形式的 Milne-Simpson 公式，显然此公式是四阶的.

8-16　(1) 设 $y'=z$，则可得一阶方程组

$$y'=z,\ z'=3z-2y,\ y(0)=1,\ z(0)=1.$$

(2) $y'=z,\ z'=0.1(1-y^2)z-y,\ y(0)=1,\ z(0)=0$.

(3) 设 $x'(t) = x_1(t)$, $y'(t) = y_1(t)$, 则可得一阶方程组

$$x'(t) = x_1(t),\ x'_1(t) = -\frac{x}{r^3},\ y'(t) = y_1(t),\ y'_1(t) = -\frac{y}{r^3},$$

$$x'(t) = x_1(t),\ x(0) = 0.4,\ x_1(0) = 0, y(0) = 0,\ y_1(0) = 2.$$

8-17 首先将问题化为一阶方程组 $y' = z$, $z' = -\sin y$, $y(0) = 1$, $z(0) = 0$, 然后用四阶 R-K 方法求解, 计算结果见表

| $x_n$ | 0.4 | 0.8 | 1.2 | 1.6 | 2.4 | 3.2 |
|---|---|---|---|---|---|---|
| $y_n$ | 0.933176 | 0.739006 | 0.438683 | 0.071843 | −0.637120 | −0.99054 |

8-18 (1) $y_1 = y_3 = 0.2538, y_2 = 0.3369$.

(2) $y_0 = 1.01487, y_1 = 1.01785, y_2 = 1.07010, y_3 = 1.21930, y_4 = 1.51329$.

8-19 提示: 边值问题的解 $y(x) = 3\sin x + \cos x$.. 用打靶法归结为, 分别求解初值问题 (用 Euler 方法):

$$u'' + u = 0,\quad 0 \leqslant x \leqslant \frac{\pi}{2},\quad u(0) = 1,\quad u'(0) = 0$$

$$v'' + v = 0,\quad 0 \leqslant x \leqslant \frac{\pi}{2},\quad v(0) = 0,\quad v'(0) = 1$$

原边值问题的解为:

$$y(x) = u(x) + \frac{3 - u\left(\frac{\pi}{2}\right)}{v\left(\frac{\pi}{2}\right)} v(x)$$

## 习题 9

9-2 五点差分格式为

$$4u_{ij} - (u_{i+1j} + u_{i-1j} + u_{ij+1} + u_{ij-1}) = 0,\quad i = 1,2,3,\quad j = 1,2$$

$$u_{0j} = j(3-j), u_{4j} = 0,\quad j = 1,2,\quad u_{i0} = \sin\frac{\pi}{4}i, u_{i3} = 0, i = 1,2,3$$

其矩阵方程形式为

$$\begin{pmatrix} 4 & -1 & 0 & -1 & 0 & 0 \\ -1 & 4 & -1 & 0 & -1 & 0 \\ 0 & -1 & 4 & -1 & 0 & -1 \\ -1 & 0 & 0 & 4 & -1 & 0 \\ 0 & -1 & 0 & -1 & 4 & -1 \\ 0 & 0 & -1 & 0 & -1 & 4 \end{pmatrix} \begin{pmatrix} u_{11} \\ u_{21} \\ u_{31} \\ u_{12} \\ u_{22} \\ u_{32} \end{pmatrix} = \begin{pmatrix} 2 + \sin\frac{\pi}{4} \\ 1 \\ \sin\frac{3}{4}\pi \\ 2 \\ 0 \\ 0 \end{pmatrix}$$

9-5 截断误差为

$$R = (1 + 2\theta)\frac{\tau}{2}\left(\frac{\partial^2 u}{\partial t^2}\right)_j^k + O(\tau^2 + h^2)$$

9-6 截断误差为

$$R = -\tau\left(\frac{1}{12r} + \theta - \frac{1}{2}\right)\left(\frac{\partial^2 u}{\partial t^2}\right)_j^k + O(\tau^2 + h^4)$$

9-7 增长因子为

$$G = \frac{1 - 4(1-\theta) r\sin^2\dfrac{\sigma h}{2}}{1 + 4\theta r\sin^2\dfrac{\sigma h}{2}}, \quad r = \frac{a\tau}{h^2}$$

9-8 增长因子为

$$G = 1 - 4r\sin^2\frac{\sigma h}{2} + b\tau\frac{e^{i\sigma h} - e^{-i\sigma h}}{2h} + c\tau$$

$$|G|^2 = \left(1 - 4r\sin^2\frac{\sigma h}{2} + c\tau\right)^2 + \frac{b^2}{a}\tau r\sin^2\sigma h$$

当 $r \leqslant \frac{1}{2}$ 时，可有 $|G| \leqslant 1 + M\tau$.

9-9 记 $r = \frac{a\tau}{h}$. 格式（1）的增长因子为

$$G = 1 - r + re^{-i\sigma h}, \quad |G|^2 = 1 - 4r(1-r)\sin^2\frac{\sigma h}{2}$$

格式（2）的增长因子为

$$G = 1 + r - re^{i\sigma h}, \quad |G|^2 = 1 + 4r(1+r)\sin^2\frac{\sigma h}{2}$$

9-10 记 $r = \frac{a\tau}{h}$，增长因子为

$$G = (1 + ir\sin\sigma h)^{-1}, \quad |G|^2 = (1 + r^2\sin^2\sigma h)^{-1}$$

# 上 机 实 验

结合数值分析课程教学，配备适当的上机计算实验有利于培养学生运用数值计算方法解决实际问题的能力．通过编程计算实验可加强对数值算法的使用，程序设计，上机调试和计算结果分析等环节的训练．为使上机实验更有成效，要求学生写出实验报告，此报告可作为数值分析课程成绩评定的参考．

**基本要求：**

（1）用 Basic、Fortran 或 C 语言等你所熟悉的算法语言编制算法程序，使之尽可能具有通用性．

（2）根据上机计算实践，对所使用数值方法的特点、性质、有效性、误差和收敛性等方面进行必要的讨论和分析．

（3）完成下列实验课题中三到五个不同章节的课题，并形成实验报告．实验报告内容包括：课题名称，解决的问题，采用的数值方法，算法程序，数值结果，对实验计算结果的讨论和分析等．

## 课题 1　解线性方程组的直接方法

### A　问题提出

给定下列几个不同类型的线性方程组，请用适当的直接法求解．

（1）线性方程组

$$\begin{bmatrix} 4 & 2 & -3 & -1 & 2 & 1 & 0 & 0 & 0 & 0 \\ 8 & 6 & -5 & -3 & 6 & 5 & 0 & 1 & 0 & 0 \\ 4 & 2 & -2 & -1 & 3 & 2 & -1 & 0 & 3 & 1 \\ 0 & -2 & 1 & 5 & -1 & 3 & -1 & 1 & 9 & 4 \\ -4 & 2 & 6 & -1 & 6 & 7 & -3 & 3 & 2 & 3 \\ 8 & 6 & -8 & 5 & 7 & 17 & 2 & 6 & -3 & 5 \\ 0 & 2 & -1 & 3 & -4 & 2 & 5 & 3 & 0 & 1 \\ 16 & 10 & -11 & -9 & 17 & 34 & 2 & -1 & 2 & 2 \\ 4 & 6 & 2 & -7 & 13 & 9 & 2 & 0 & 12 & 4 \\ 0 & 0 & -1 & 8 & -3 & -24 & -8 & 6 & 3 & -1 \end{bmatrix} \begin{bmatrix} x_1 \\ x_2 \\ x_3 \\ x_4 \\ x_5 \\ x_6 \\ x_7 \\ x_8 \\ x_9 \\ x_{10} \end{bmatrix} = \begin{bmatrix} 5 \\ 12 \\ 3 \\ 2 \\ 3 \\ 46 \\ 13 \\ 38 \\ 19 \\ -21 \end{bmatrix}$$

精确解 $x^* = (1,-1,0,1,2,0,3,1,-1,2)^T$.

（2）对称正定线性方程组

$$
\begin{bmatrix}
4 & 2 & -4 & 0 & 2 & 4 & 0 & 0 \\
2 & 2 & -1 & -2 & 1 & 3 & 2 & 0 \\
-4 & -1 & 14 & 1 & -8 & -3 & 5 & 6 \\
0 & -2 & 1 & 6 & -1 & -4 & -3 & 3 \\
2 & 1 & -8 & -1 & 22 & 4 & -10 & -3 \\
4 & 3 & -3 & -4 & 4 & 11 & 1 & -4 \\
0 & 2 & 5 & -3 & -10 & 1 & 14 & 2 \\
0 & 0 & 6 & 3 & -3 & -4 & 2 & 19
\end{bmatrix}
\begin{bmatrix} x_1 \\ x_2 \\ x_3 \\ x_4 \\ x_5 \\ x_6 \\ x_7 \\ x_8 \end{bmatrix}
=
\begin{bmatrix} 0 \\ -6 \\ 6 \\ 23 \\ 11 \\ -22 \\ -15 \\ 45 \end{bmatrix}
$$

精确解 $x^* = (1,-1,0,2,1,-1,0,2)^T$.

（3）三对角线性方程组

$$
\begin{bmatrix}
4 & -1 & 0 & 0 & 0 & 0 & 0 & 0 & 0 & 0 \\
-1 & 4 & -1 & 0 & 0 & 0 & 0 & 0 & 0 & 0 \\
0 & -1 & 4 & -1 & 0 & 0 & 0 & 0 & 0 & 0 \\
0 & 0 & -1 & 4 & -1 & 0 & 0 & 0 & 0 & 0 \\
0 & 0 & 0 & -1 & 4 & -1 & 0 & 0 & 0 & 0 \\
0 & 0 & 0 & 0 & -1 & 4 & -1 & 0 & 0 & 0 \\
0 & 0 & 0 & 0 & 0 & -1 & 4 & -1 & 0 & 0 \\
0 & 0 & 0 & 0 & 0 & 0 & -1 & 4 & -1 & 0 \\
0 & 0 & 0 & 0 & 0 & 0 & 0 & -1 & 4 & -1 \\
0 & 0 & 0 & 0 & 0 & 0 & 0 & 0 & -1 & 4
\end{bmatrix}
\begin{bmatrix} x_1 \\ x_2 \\ x_3 \\ x_4 \\ x_5 \\ x_6 \\ x_7 \\ x_8 \\ x_9 \\ x_{10} \end{bmatrix}
=
\begin{bmatrix} 7 \\ 5 \\ -13 \\ 2 \\ 6 \\ -12 \\ 14 \\ -4 \\ 5 \\ -5 \end{bmatrix}
$$

精确解 $x^* = (2,1,-3,0,1,-2,3,0,1,-1)^T$.

**B　要求**

（1）对上述三个方程组分别利用 Gauss 顺序消去法与 Gauss 列主元消去法；平方根法与改进平方根法；追赶法求解（选择其一）.

（2）编出算法通用程序.

（3）在应用 Gauss 消去法时，尽可能利用相应程序输出系数矩阵的三角分解式.

**C　目的和意义**

（1）通过该课题的程序编制，掌握模块化结构程序设计方法.

（2）掌握求解各类线性方程组的直接方法，了解各种方法的特点.

（3）体会高斯消去法选主元的必要性.

## 课题 2 矩阵求逆运算

### A 问题提出

应用列主元消去法运算求矩阵 $\boldsymbol{A}$ 的逆矩阵 $\boldsymbol{A}^{-1}$（提示：运用初等行变换将 $\boldsymbol{A}$ 转化为单位矩阵时，同样的行变换可将单位矩阵转化为 $\boldsymbol{A}$ 的逆矩阵）. 给定矩阵如下：

$$\begin{bmatrix} 1 & 2 & 0 & 0 \\ 3 & 4 & 0 & 0 \\ 0 & 0 & 4 & 1 \\ 0 & 0 & 3 & 2 \end{bmatrix} \qquad \begin{bmatrix} 1 & 0 & -1 & 2 & 1 \\ 3 & 2 & -3 & 5 & -3 \\ 2 & 2 & 1 & 4 & -2 \\ 0 & 4 & 3 & 3 & 1 \\ 1 & 0 & 8 & -11 & 4 \end{bmatrix}$$

$$\begin{bmatrix} 1 & 0 & -1 & 2 & 1 & 0 & 2 \\ 1 & 2 & -1 & 3 & 1 & -1 & 4 \\ 2 & 2 & 1 & 6 & 2 & 1 & 6 \\ -1 & 4 & 1 & 4 & 0 & 0 & 0 \\ 4 & 0 & -1 & 21 & 9 & 9 & 9 \\ 2 & 4 & 4 & 12 & 5 & 6 & 11 \\ 7 & -1 & -4 & 22 & 7 & 8 & 18 \end{bmatrix}$$

### B 要求

（1）建立矩阵求逆的算法公式；

（2）编制下三角部分消元，上三角部分消元和对角元单位化等子程序；

（3）应用结构程序设计编制出求 n 阶矩阵的逆矩阵的通用程序.

### C 目的和意义

（1）通过该课题的实验，掌握求逆矩阵的程序设计方法；

（2）学会利用矩阵求逆运算求解线性方程组的方法，提高数值方法的运用和编程的能力.

## 课题 3　解线性方程组的迭代法

**A　问题提出**

对课题一所列的线性方程组，分别采用 Jacobi 迭代法，Gauss-Seidel 迭代法和 SOR 迭代法求解.

**B　要求**

（1）应用迭代法求解线性方程组，并与直接法做比较；

（2）分别对不同精度要求，如 $\varepsilon = 10^{-3}$，$10^{-4}$，$10^{-5}$，利用所需迭代次数体会该迭代法的收敛快慢；

（3）对方程组（2），（3）使用 SOR 方法时，选取松弛因子 $\omega = 0.8$，0.9，1，1.1，1.2 等，试观察对算法收敛性的影响，并找出你所选用松弛因子的最佳值；

（4）编制出各种迭代法的程序并给出计算结果.

**C　目的和意义**

（1）通过上机计算了解迭代法求解线性方程组的特点；掌握求解线性方程组的各类迭代法；

（2）体会上机计算时，终止准则 $\| \boldsymbol{x}^{(k+1)} - \boldsymbol{x}^{(k)} \|_\infty < \varepsilon$，对控制迭代解精度的有效性；

（3）体会初始值 $\boldsymbol{x}^{(0)}$ 和松弛因子 $\omega$ 的选取，对迭代收敛速度的影响.

## 课题 4　迭代格式的比较

**A　问题提出**

已知方程 $f(x) = x^3 - 3x - 1 = 0$ 有三个实根 $x_1 = 1.87938$，$x_2 = -0.34727$，$x_3 = -1.53209$. 采用下面六种不同的等价形式，用简单迭代法求 $f(x) = 0$ 的根 $x_1$ 或 $x_2$.

（1）$x = \dfrac{3x+1}{x^2}$；

（2）$x = \dfrac{x^3-1}{3}$；

(3) $x = \sqrt[3]{3x+1}$;

(4) $x = \dfrac{1}{x^2-3}$;

(5) $x = \sqrt{3+\dfrac{1}{x}}$;

(6) $x = x - \dfrac{1}{3}\left(\dfrac{x^3-3x-1}{x^2-1}\right)$.

**B 要求**

(1) 编制程序进行计算，打印出每种迭代格式的敛散情况；

(2) 用终止准则 $|x_{k+1}-x_k| < \varepsilon$ 来控制迭代解精度；

(3) 分析初始值选取对迭代收敛有何影响；

(4) 分析迭代收敛和发散的原因.

**C 目的和意义**

(1) 通过计算实验掌握非线性方程求根的简单迭代法；

(2) 认识选择迭代格式的重要性；

(3) 了解迭代法收敛性与初值选取的关系.

## 课题 5 求矩阵的部分特征值

**A 问题提出**

利用乘幂法或反幂法，求方阵 $\boldsymbol{A} = (a_{ij})_{n\times n}$ 的按模最大或最小特征值及其相应的特征向量. 设矩阵 $\boldsymbol{A}$ 的特征值分布为:

$$|\lambda_1| > \lambda_2 \geqslant |\lambda_3| \geqslant \cdots \geqslant |\lambda_{n-1}| > |\lambda_n|, \boldsymbol{A}\boldsymbol{x}_j = \lambda_j \boldsymbol{x}_j$$

考虑下列问题:

(1) $\boldsymbol{A} = \begin{bmatrix} -1 & 2 & 1 \\ 2 & -4 & 1 \\ 1 & 1 & -6 \end{bmatrix}$ 求 $\lambda_1$ 及 $\boldsymbol{x}_1$.

取 $\boldsymbol{u}^{(0)} = (1,1,1)^{\mathrm{T}}$，精度要求 $\varepsilon = 10^{-5}$. 计算结果: $\lambda_1 \approx -6.42106$，$\boldsymbol{x}_1 \approx (-0.046152, -0.374908, 1)^{\mathrm{T}}$.

(2) $A = \begin{bmatrix} 4 & -2 & 7 & 3 & -1 & 8 \\ -2 & 5 & 1 & 1 & 4 & 7 \\ 7 & 1 & 7 & 2 & 3 & 5 \\ 3 & 1 & 2 & 6 & 5 & 1 \\ -1 & 4 & 3 & 5 & 3 & 2 \\ 8 & 7 & 5 & 1 & 2 & 4 \end{bmatrix}$ 求 $\lambda_1$、$\lambda_6$ 及 $\boldsymbol{x}_1$.

取 $\boldsymbol{u}^{(0)} \approx (1,0,1,0,0,1)^{\mathrm{T}}$，$\varepsilon = 10^{-5}$. 计算结果：$\lambda_1 = 21.30525$，$\lambda_6 = 1.62139$，$x_1 \approx (0.8724, 0.5401, 0.9973, 0.5644, 0.4972, 1.0)^{\mathrm{T}}$.

(3) $A = \begin{bmatrix} 2 & 1 & 3 & 4 \\ 1 & -3 & 1 & 5 \\ 3 & 1 & 6 & -2 \\ 4 & 5 & -2 & -1 \end{bmatrix}$

取 $\boldsymbol{u}^{(0)} = (1,1,1,1)^{\mathrm{T}}$，$\varepsilon = 10^{-2}$，这是一个收敛很慢的例子，迭代一千二百次才达到 $10^{-5}$ 精度. 计算结果：$\lambda_1 \approx -8.028578$，$\boldsymbol{x}_1 \approx (1, 2.501460, -0.757730, -2.564212)^{\mathrm{T}}$.

(4) $A = \begin{bmatrix} -1 & 2 & 1 \\ 2 & -4 & 1 \\ 1 & 1 & -6 \end{bmatrix}$

已知 $\boldsymbol{A}$ 的一个近似特征值为 $-6.42$，试用原点位移法和反幂法求改进的特征值和对应的特征向量. 取 $\boldsymbol{u}^{(0)} = (1,1,1)^{\mathrm{T}}$，$\varepsilon = 10^{-4}$，计算结果：$\lambda \approx -6.42107$，$\boldsymbol{x} \approx (-0.0461465, -0.37918, 1)^{\mathrm{T}}$.

**B　要求**

(1) 掌握用乘幂法和反幂法求矩阵按模最大或者最小特征值的算法与程序编制；

(2) 会用原点位移法加速收敛；对矩阵 $\boldsymbol{B} = \boldsymbol{A} - p\boldsymbol{I}$ 取不同的 $p$ 值，考察其效果；

(3) 试取不同的初始向量 $\boldsymbol{u}^{(0)}$，观察对计算结果的影响.

**C　目的和意义**

(1) 求矩阵的特征值问题具有重要实际意义，例如求矩阵谱半径 $\rho(\boldsymbol{A}) = \max|\lambda|$，稳定性问题也往往取决于矩阵的谱半径.

(2) 掌握乘幂法、反幂法及原点位移加速方法的程序设计方法.

(3) 会利用原点位移法和反幂法求矩阵的任意特征值及其

特征向量.

## 课题 6 函数插值方法

### A 问题提出

给定函数 $y=f(x)$ 的 $n+1$ 个节点值 $y_j=f(x_j)$，$j=0.1,\cdots,n$. 试用 Lagrange 方法求其 $n$ 次插值多项式或分段插值多项式.

（1）给定数据如下：

| $x_j$ | 0.4 | 0.55 | 0.65 | 0.80 | 0.95 | 1.05 |
|---|---|---|---|---|---|---|
| $y_j$ | 0.41075 | 0.57815 | 0.69675 | 0.90 | 1.00 | 1.25382 |

构造 5 次 Lagrange 插值多项式和分段 2 次插值多项式，并计算 $f(0.596)$，$f(0.99)$ 的值.

（2）给定数据如下：

| $x_j$ | 1 | 2 | 3 | 4 | 5 | 6 | 7 |
|---|---|---|---|---|---|---|---|
| $y_j$ | 0.368 | 0.135 | 0.050 | 0.018 | 0.007 | 0.002 | 0.001 |

构造 6 次 Lagrange 插值多项式，并计算 $f(1.8)$ 的值.

### B 要求

（1）利用 Lagrange 插值公式，编制出构造插值多项式的程序；

（2）根据节点选取原则，对问题（2）用三点插值或二点插值，其计算结果如何；

（3）绘出插值多项式函数的曲线，观察其光滑性.

### C 目的和意义

（1）会用基本的插值方法求函数的近似表达式.

（2）了解插值多项式和分段插值多项式各自的特点.

（3）掌握构造插值多项式的程序编制.

## 课题 7 Runge 现象的产生与克服

### A 问题提出

给定函数 $f(x)=\dfrac{1}{1+x^2}$，$-5\leqslant x\leqslant 5$，及节点 $x_j=-5+j\times\dfrac{5}{N}$，

$j=0,1,2,\cdots,N$，试分析用何种插值方法可克服 Runge 现象，取 $N=10$, 20 等.

**B　要求**

（1）用十次插值多项式计算出下列值

$p_{10}(0.45+0.5\times k)$，$p_{10}=(-0.45-0.5\times k)$，$k=1,2,\cdots,9$

观察是否会产生 Runge 现象.

（2）选用下列插值方法中的两种进行计算，并比较它们克服 Runge 现象的效果：

1）分段线性插值；

2）三次样条函数插值，插值条件为：

$$S(x_j)=f(x_j),\quad j=0,1,2,\cdots,N$$
$$S'(x_0)=f'(x_0),\quad S'(x_{10})=f'(x_{10})$$

3）分段二次插值.

（3）绘出相应的插值多项式曲线，观察其光滑程度.

**C　目的和意义**

（1）认识各类多项式插值的特点；

（2）体会精度与节点数，插值方法的关系；

（3）利用计算机绘图来显示插值函数，使结果可视化；

（4）了解三次样条插值在实际应用中的价值.

## 课题 8　曲线拟合的最小二乘法

**A　问题提出**

从一组数据中找出其规律性，给出其数学模型的近似表达式问题，在生产实践和科学实验中大量存在，通常可利用数据拟合的最小二乘法解决这样的问题.

在某冶炼过程中，通过实验检测得到含碳量与时间关系的数据如下，试求含碳量 $y$ 与时间 $t$ 内在关系的拟合曲线.

| $t$ | 0, | 5, | 10, | 15, | 20, | 25, | 30, | 35, | 40, | 45, | 50 |
|---|---|---|---|---|---|---|---|---|---|---|---|
| $y$ | 0, | 1.27, | 2.16, | 2.86, | 3.44, | 3.87, | 4.15, | 4.37, | 4.51, | 4.58, | 4.02 |

**B　要求**

（1）用最小二乘法进行三次多项式的曲线拟合；

（2）计算 $y_j$ 与 $y(t_j)$ 的误差，$j = 1,2,\cdots,11$；

（3）另外选取一个拟合函数，进行拟合效果的比较；

（4）绘制出曲线拟合图形.

**C　目的和意义**

（1）掌握曲线拟合的最小二乘法；

（2）探求拟合函数的选择与拟合精度间的关系.

## 课题9　数值积分

**A　问题提出**

选用复化梯形公式，复化 Simpson 公式和 Romberg 求积公式，计算积分

(1) $I = \int_0^{1/4} \sqrt{4 - \sin^2 x}\,\mathrm{d}x \quad (I \approx 1.5343916)$；

(2) $I = \int_0^1 \frac{\sin x}{x}\mathrm{d}x \quad (I \approx 0.9460831)$；

(3) $I = \int_0^1 \frac{\mathrm{e}^x}{4 + x^2}\mathrm{d}x$；

(4) $I = \int_0^1 \frac{\ln(1 + x)}{1 + x^2}\mathrm{d}x$.

**B　要求**

（1）编制出数值积分的算法程序；

（2）分别用两种求积公式计算同一个积分，并比较计算结果；

（3）分别取不同步长 $h = \frac{b - a}{n}$，比较计算结果（如 $n = 10, 20$ 等）；

（4）给定精度要求 $\varepsilon$，试确定达到精度要求的步长选取.

**C　目的和意义**

（1）掌握各种数值积分方法；

（2）了解数值积分精度与步长的关系；

（3）体验各种数值积分方法的精度和计算量.

## 课题 10　常微分方程初值问题的数值方法

### A　问题提出

（1）利用 Euler 方法和改进的 Euler 方法求解初值问题：

$$\begin{cases} y' = \dfrac{4x}{y} - xy, & 0 < x \leqslant 2 \\ y(0) = 0 \end{cases}$$

分别取步长 $h = 0.1$，0.2，0.4. 此初值问题的精确解为 $y = \sqrt{4 + 5e^{-x^2}}$.

（2）利用 Runge-Kutta 方法求解初值问题：

$$\begin{cases} y' = x^2 - y^2, & -1 < x \leqslant 0 \\ y(-1) = 0 \end{cases}$$

分别取步长 $h = 0.1$，0.2.

（3）利用改进的 Euler 方法求解常微分方程组初值问题：

$$\begin{cases} y'_1 = y_2, & y_1(0) = -1 \\ y'_2 = -y_1, & y_2(0) = 0, \quad 0 \leqslant x \leqslant 1 \\ y'_3 = -y_3, & y_3(0) = 1 \end{cases}$$

取步长 $h = 0.01$，计算 $y(0.05)$, $y(0.10)$, $y(0.15)$ 的数值解，参考结果为 $y_1(0.15) \approx -0.9880787$, $y_2(0.15) \approx 0.1493359$, $y_3(0.15) \approx 0.8613125$.

（4）利用四阶标准 R- K 方法求解二阶常微分方程初值问题：

1）
$$\begin{cases} y'' - 3y' + 2y = 0, & 0 \leqslant x \leqslant 1 \\ y(0) = 0, y'(0) = 1 \end{cases}$$

取步长 $h = 0.02$.

2）
$$\begin{cases} y'' - 0.1(1 - y^2)y' + y = 0, & 0 \leqslant x \leqslant 1 \\ y(0) = 1, \quad y'(0) = 0 \end{cases}$$

取步长 $h = 0.1$.

**B 要求**

（1）选择二个初值问题进行编程计算；

（2）试分别取不同步长，考察数值解的误差变化情况；

（3）试用不同差分方法求解初值问题，比较计算精度.

**C 目的和意义**

（1）熟悉各种初值问题的差分方法，编制算法程序；

（2）体验差分方法的精度与所选步长的关系；

（3）通过计算了解各种差分方法的精度.

## 课题 11 两点边值问题

**A 问题提出**

利用差分方法求解二阶常微分方程边值问题：

$$(1)\ \begin{cases} y'' = (1+x^2)y, & -1 \leqslant x \leqslant 1 \\ y(-1) = y(1) = 1 \end{cases}$$

分别取步长 $h = 0.1, 0.2, 0.5$；

$$(2)\ \begin{cases} (1+x^2)y'' - xy' - 3y = 6x - 3, & 0 < x < 1 \\ y(0) - y'(0) = 1, \quad y(1) = 2 \end{cases}$$

分别取步长 $h = 0.1, 0.2$.

**B 要求**

（1）用差商近似微商进行方程的离散化，建立差分方程，用追赶法求解三对角线性方程组；

（2）编程计算求出上述边值问题的数值解（任选其一）；

（3）对不同的步长选取，考察数值解精度的变化.

**C 目的和意义**

（1）通过边值问题差分方法的运用，掌握连续问题的离散化方法；

（2）了解求解三对角线性方程组追赶法的应用；

（3）体会步长选取对差分解精度的影响；

（4）学会正确处理边界条件，提高计算精度.

## 课题 12　数值方法教学软件

### A　问题提出

将数值方法编制成算法程序，就能在计算机上运行，得出计算结果. 但是，程序具体执行到哪一模块，相应计算公式是什么，变量数据怎样变化等中间情况不能从计算结果中反映出来. 为了更直观地理解一个数值方法，可对每个数值方法编制一个演示程序，使人们在屏幕上能看到该算法的执行过程，从而形成一个数值方法教学软件.

### B　要求

（1）选择下列一个数值方法作为演示例子：

1）迭代法求根；

2）牛顿法求根；

3）复化梯形求积公式；

（2）利用绘图功能，自行设计画面，最直观、形象地表示出算法运行过程.

### C　目的和意义

（1）建立人机界面，学会数值软件的编制；

（2）通过图形手段演示数值方法；

（3）将本课题的思想方法应用于科学计算工作中.

# 参 考 文 献


1 李庆扬，关治，白峰衫．数值计算原理．北京：清华大学出版社，2000
2 武汉大学，山东大学计算数学教研室．计算方法．北京：人民教育出版社，1979
3 冯康等．数值计算方法．北京：国防工业出版社，1978
4 施妙根，顾丽珍．科学和工程计算基础．北京：清华大学出版社，1999
5 曹志浩．矩阵特征值问题．上海：上海科技出版社，1980
6 李岳生，黄友谦．数值逼近．北京：人民教育出版社，1979
7 陈明逵，凌永祥．计算方法教程．西安：西安交通大学出版社，1992
8 冯国忱．于庚蒲，郤继福．矩阵迭代分析．长春：吉林大学出版社，1991
9 颜庆津．数值分析．北京：北京航空航天大学出版社，1992
10 黄明游，梁振珊．计算方法．长春：吉林大学出版社，1994
11 李荣华，冯国枕．微分方程数值解．北京：高等教育出版社，1996
12 陆金甫，关治．偏微分方程数值解法．北京：清华大学出版社，1987
13 徐自新．微分方程近似解．上海：华东化工学院出版社，1990
14 阿特金森 K E. 数值分析引论（中译本）．上海：上海科学技术出版社，1986
15 吉尔 C W. 常微分方程初值问题（中译本）．北京：科学出版社，1978